国家出版基金项目
NATIONAL PUBLICATION FOUNDATION

"十二五"国家重点出版规划项目
雷达与探测前沿技术丛书

雷达地海杂波测量与建模

Measurement and Modeling of Radar Clutter from Land and Sea

李清亮　尹志盈　朱秀芹　张玉石　等编著

国防工业出版社

·北京·

内 容 简 介

本书是"雷达与探测前沿技术丛书"中有关地海杂波测量与建模技术的一本专著。本书从工程应用中所关心的地海杂波幅度特性(散射系数均值和幅度分布)、频谱特性(谱频移、展宽及形状)以及相关特性(时间相关和空间相关)分析入手,全面阐述了地海面环境特性、地海面电磁散射计算方法、地海杂波测量技术、地海杂波数据库技术、地海杂波特性与建模、地海杂波特性在雷达检测中的应用等内容,汇集了大量地海杂波测量数据、图表、模型及应用方面的实例。

本书可供雷达技术、信号处理、目标检测与识别、目标与环境特性等技术领域的科研及工程技术人员参考,也可作为相关专业研究生的参考书。

图书在版编目(CIP)数据

雷达地海杂波测量与建模/李清亮等编著. —北京:
国防工业出版社,2017.12
(雷达与探测前沿技术丛书)
ISBN 978 – 7 – 118 – 11460 – 7

Ⅰ. ①雷… Ⅱ. ①李… Ⅲ. ①雷达 – 干涉测量法
Ⅳ. ①P225.1

中国版本图书馆 CIP 数据核字(2017)第 330026 号

※

国防工业出版社出版发行
(北京市海淀区紫竹院南路 23 号　邮政编码 100048)
天津嘉恒印务有限公司印刷
新华书店经售
*
开本 710×1000　1/16　印张 31　字数 568 千字
2017 年 12 月第 1 版第 1 次印刷　印数 1—3000 册　定价 158.00 元

(本书如有印装错误,我社负责调换)

国防书店:(010)88540777　　发行邮购:(010)88540776
发行传真:(010)88540755　　发行业务:(010)88540717

总　序

　　雷达在第二次世界大战中初露头角。战后,美国麻省理工学院辐射实验室集合各方面的专家,总结战争期间的经验,于1950年前后出版了一套雷达丛书,共28个分册,对雷达技术做了全面总结,几乎成为当时雷达设计者的必备读物。我国的雷达研制也从那时开始,经过几十年的发展,到21世纪初,我国雷达技术在很多方面已进入国际先进行列。为总结这一时期的经验,中国电子科技集团公司曾经组织老一代专家撰著了"雷达技术丛书",全面总结他们的工作经验,给雷达领域的工程技术人员留下了宝贵的知识财富。

　　电子技术的迅猛发展,促使雷达在内涵、技术和形态上快速更新,应用不断扩展。为了探索雷达领域前沿技术,我们又组织编写了本套"雷达与探测前沿技术丛书"。与以往雷达相关丛书显著不同的是,本套丛书并不完全是作者成熟的经验总结,大部分是专家根据国内外技术发展,对雷达前沿技术的探索性研究。内容主要依托雷达与探测一线专业技术人员的最新研究成果、发明专利、学术论文等,对现代雷达与探测技术的国内外进展、相关理论、工程应用等进行了广泛深入研究和总结,展示近十年来我国在雷达前沿技术方面的研制成果。本套丛书的出版力求能促进从事雷达与探测相关领域研究的科研人员及相关产品的使用人员更好地进行学术探索和创新实践。

　　本套丛书保持了每一个分册的相对独立性和完整性,重点是对前沿技术的介绍,读者可选择感兴趣的分册阅读。丛书共41个分册,内容包括频率扩展、协同探测、新技术体制、合成孔径雷达、新雷达应用、目标与环境、数字技术、微电子技术八个方面。

　　(一)雷达频率迅速扩展是近年来表现出的明显趋势,新频段的开发、带宽的剧增使雷达的应用更加广泛。本套丛书遴选的频率扩展内容的著作共4个分册:

　　(1)《毫米波辐射无源探测技术》分册中没有讨论传统的毫米波雷达技术,而是着重介绍毫米波热辐射效应的无源成像技术。该书特别采用了平方千米阵的技术概念,这一概念在用干涉式阵列基线的测量结果来获得等效大口径阵列效果的孔径综合技术方面具有重要的意义。

(2)《太赫兹雷达》分册是一本较全面介绍太赫兹雷达的著作,主要包括太赫兹雷达系统的基本组成和技术特点、太赫兹雷达目标检测以及微动目标检测技术,同时也讨论了太赫兹雷达成像处理。

(3)《机载远程红外预警雷达系统》分册考虑到红外成像和告警是红外探测的传统应用,但是能否作为全空域远距离的搜索监视雷达,尚有诸多争议。该书主要讨论用监视雷达的概念如何解决红外极窄波束、全空域、远距离和数据率的矛盾,并介绍组成红外监视雷达的工程问题。

(4)《多脉冲激光雷达》分册从实际工程应用角度出发,较详细地阐述了多脉冲激光测距及单光子测距两种体制下的系统组成、工作原理、测距方程、激光目标信号模型、回波信号处理技术及目标探测算法等关键技术,通过对两种远程激光目标探测体制的探讨,力争让读者对基于脉冲测距的激光雷达探测有直观的认识和理解。

(二)传输带宽的急剧提高,赋予雷达协同探测新的使命。协同探测会导致雷达形态和应用发生巨大的变化,是当前雷达研究的热点。本套丛书遴选出协同探测内容的著作共10个分册:

(1)《雷达组网技术》分册从雷达组网使用的效能出发,重点讨论点迹融合、资源管控、预案设计、闭环控制、参数调整、建模仿真、试验评估等雷达组网新技术的工程化,是把多传感器统一为系统的开始。

(2)《多传感器分布式信号检测理论与方法》分册主要介绍检测级、位置级(点迹和航迹)、属性级、态势评估与威胁估计五个层次中的检测级融合技术,是雷达组网的基础。该书主要给出各类分布式信号检测的最优化理论和算法,介绍考虑到网络和通信质量时的联合分布式信号检测准则和方法,并研究多输入多输出雷达目标检测的若干优化问题。

(3)《分布孔径雷达》分册所描述的雷达实现了多个单元孔径的射频相参合成,获得等效于大孔径天线雷达的探测性能。该书在概述分布孔径雷达基本原理的基础上,分别从系统设计、波形设计与处理、合成参数估计与控制、稀疏孔径布阵与测角、时频相同步等方面做了较为系统和全面的论述。

(4)《MIMO 雷达》分册所介绍的雷达相对于相控阵雷达,可以同时获得波形分集和空域分集,有更加灵活的信号形式,单元间距不受 $\lambda/2$ 的限制,间距拉开后,可组成各类分布式雷达。该书比较系统地描述多输入多输出(MIMO)雷达。详细分析了波形设计、积累补偿、目标检测、参数估计等关键技术。

(5)《MIMO 雷达参数估计技术》分册更加侧重讨论各类 MIMO 雷达的算法。从 MIMO 雷达的基本知识出发,介绍均匀线阵,非圆信号,快速估计,相干目标,分布式目标,基于高阶累计量的、基于张量的、基于阵列误差的、特殊阵列结构的 MIMO 雷达目标参数估计的算法。

(6)《机载分布式相参射频探测系统》分册介绍的是 MIMO 技术的一种工程应用。该书针对分布式孔径采用正交信号接收相参的体制,分析和描述系统处理架构及性能、运动目标回波信号建模技术,并更加深入地分析和描述实现分布式相参雷达杂波抑制、能量积累、布阵等关键技术的解决方法。

(7)《机会阵雷达》分册介绍的是分布式雷达体制在移动平台上的典型应用。机会阵雷达强调根据平台的外形,天线单元共形随遇而布。该书详尽地描述系统设计、天线波束形成方法和算法、传输同步与单元定位等关键技术,分析了美国海军提出的用于弹道导弹防御和反隐身的机会阵雷达的工程应用问题。

(8)《无源探测定位技术》分册探讨的技术是基于现代雷达对抗的需求应运而生,并在实战应用需求越来越大的背景下快速拓展。随着知识层面上认知能力的提升以及技术层面上带宽和传输能力的增加,无源侦察已从单一的测向技术逐步转向多维定位。该书通过充分利用时间、空间、频移、相移等多维度信息,寻求无源定位的解,对雷达向无源发展有着重要的参考价值。

(9)《多波束凝视雷达》分册介绍的是通过多波束技术提高雷达发射信号能量利用效率以及在空、时、频域中减小处理损失,提高雷达探测性能;同时,运用相位中心凝视方法改进杂波中目标检测概率。分册还涉及短基线雷达如何利用多阵面提高发射信号能量利用效率的方法;针对长基线,阐述了多站雷达发射信号可形成凝视探测网格,提高雷达发射信号能量的使用效率;而合成孔径雷达(SAR)系统应用多波束凝视可降低发射功率,缓解宽幅成像与高分辨之间的矛盾。

(10)《外辐射源雷达》分册重点讨论以电视和广播信号为辐射源的无源雷达。详细描述调频广播模拟电视和各种数字电视的信号,减弱直达波的对消和滤波的技术;同时介绍了利用 GPS(全球定位系统)卫星信号和 GSM/CDMA(两种手机制式)移动电话作为辐射源的探测方法。各种外辐射源雷达,要得到定位参数和形成所需的空域,必须多站协同。

(三) 以新技术为牵引,产生出新的雷达系统概念,这对雷达的发展具有里程碑的意义。本套丛书遴选了涉及新技术体制雷达内容的6个分册:

(1)《宽带雷达》分册介绍的雷达打破了经典雷达 5MHz 带宽的极限,同时雷达分辨力的提高带来了高识别率和低杂波的优点。该书详尽地讨论宽带信号的设计、产生和检测方法。特别是对极窄脉冲检测进行有益的探索,为雷达的进一步发展提供了良好的开端。

(2)《数字阵列雷达》分册介绍的雷达是用数字处理的方法来控制空间波束,并能形成同时多波束,比用移相器灵活多变,已得到了广泛应用。该书全面系统地描述数字阵列雷达的系统和各分系统的组成。对总体设计、波束校准和补偿、收/发模块、信号处理等关键技术都进行了详细描述,是一本工程性较强的著作。

(3)《雷达数字波束形成技术》分册更加深入地描述数字阵列雷达中的波束形成技术,给出数字波束形成的理论基础、方法和实现技术。对灵巧干扰抑制、非均匀杂波抑制、波束保形等进行了深入的讨论,是一本理论性较强的专著。

(4)《电磁矢量传感器阵列信号处理》分册讨论在同一空间位置具有三个磁场和三个电场分量的电磁矢量传感器,比传统只用一个分量的标量阵列处理能获得更多的信息,六分量可完备地表征电磁波的极化特性。该书从几何代数、张量等数学基础到阵列分析、综合、参数估计、波束形成、布阵和校正等问题进行详细讨论,为进一步应用奠定了基础。

(5)《认知雷达导论》分册介绍的雷达可根据环境、目标和任务的感知,选择最优化的参数和处理方法。它使得雷达数据处理及反馈从粗犷到精细,彰显了新体制雷达的智能化。

(6)《量子雷达》分册的作者团队搜集了大量的国外资料,经探索和研究,介绍从基本理论到传输、散射、检测、发射、接收的完整内容。量子雷达探测具有极高的灵敏度,更高的信息维度,在反隐身和抗干扰方面优势明显。经典和非经典的量子雷达,很可能走在各种量子技术应用的前列。

(四) 合成孔径雷达(SAR)技术发展较快,已有大量的著作。本套丛书遴选了有一定特点和前景的5个分册:

(1)《数字阵列合成孔径雷达》分册系统阐述数字阵列技术在 SAR 中的应用,由于数字阵列天线具有灵活性并能在空间产生同时多波束,雷达采集的同一组回波数据,可处理出不同模式的成像结果,比常规 SAR 具备更多的新能力。该书着重研究基于数字阵列 SAR 的高分辨力宽测绘带 SAR 成像、极化层析 SAR 三维成像和前视 SAR 成像技术三种新能力。

（2）《双基合成孔径雷达》分册介绍的雷达配置灵活，具有隐蔽性好、抗干扰能力强、能够实现前视成像等优点，是 SAR 技术的热点之一。该书较为系统地描述了双基 SAR 理论方法、回波模型、成像算法、运动补偿、同步技术、试验验证等诸多方面，形成了实现技术和试验验证的研究成果。

（3）《三维合成孔径雷达》分册描述曲线合成孔径雷达、层析合成孔径雷达和线阵合成孔径雷达等三维成像技术。重点讨论各种三维成像处理算法，包括距离多普勒、变尺度、后向投影成像、线阵成像、自聚焦成像等算法。最后介绍三维 MIMO-SAR 系统。

（4）《雷达图像解译技术》分册介绍的技术是指从大量的 SAR 图像中提取与挖掘有用的目标信息，实现图像的自动解译。该书描述高分辨 SAR 和极化 SAR 的成像机理及相应的相干斑抑制、噪声抑制、地物分割与分类等技术，并介绍舰船、飞机等目标的 SAR 图像检测方法。

（5）《极化合成孔径雷达图像解译技术》分册对极化合成孔径雷达图像统计建模和参数估计方法及其在目标检测中的应用进行了深入研究。该书研究内容为统计建模和参数估计及其国防科技应用三大部分。

（五）雷达的应用也在扩展和变化，不同的领域对雷达有不同的要求，本套丛书在雷达前沿应用方面遴选了 6 个分册：

（1）《天基预警雷达》分册介绍的雷达不同于星载 SAR，它主要观测陆海空天中的各种运动目标，获取这些目标的位置信息和运动趋势，是难度更大、更为复杂的天基雷达。该书介绍天基预警雷达的星星、星空、MIMO、卫星编队等双/多基地体制。重点描述了轨道覆盖、杂波与目标特性、系统设计、天线设计、接收处理、信号处理技术。

（2）《战略预警雷达信号处理新技术》分册系统地阐述相关信号处理技术的理论和算法，并有仿真和试验数据验证。主要包括反导和飞机目标的分类识别、低截获波形、高速高机动和低速慢机动小目标检测、检测识别一体化、机动目标成像、反投影成像、分布式和多波段雷达的联合检测等新技术。

（3）《空间目标监视和测量雷达技术》分册论述雷达探测空间轨道目标的特色技术。首先涉及空间编目批量目标监视探测技术，包括空间目标监视相控阵雷达技术及空间目标监视伪码连续波雷达信号处理技术。其次涉及空间目标精密测量、增程信号处理和成像技术，包括空间目标雷达精密测量技术、中高轨目标雷达探测技术、空间目标雷达成像技术等。

（4）《平流层预警探测飞艇》分册讲述在海拔约 20km 的平流层,由于相对风速低、风向稳定,从而适合大型飞艇的长期驻空,定点飞行,并进行空中预警探测,可对半径 500km 区域内的地面目标进行长时间凝视观察。该书主要介绍预警飞艇的空间环境、总体设计、空气动力、飞行载荷、载荷强度、动力推进、能源与配电以及飞艇雷达等技术,特别介绍了几种飞艇结构载荷一体化的形式。

（5）《现代气象雷达》分册分析了非均匀大气对电磁波的折射、散射、吸收和衰减等气象雷达的基础,重点介绍了常规天气雷达、多普勒天气雷达、双偏振全相参多普勒天气雷达、高空气象探测雷达、风廓线雷达等现代气象雷达,同时还介绍了气象雷达新技术、相控阵天气雷达、双/多基地天气雷达、声波雷达、中频探测雷达、毫米波测云雷达、激光测风雷达。

（6）《空管监视技术》分册阐述了一次雷达、二次雷达、应答机编码分配、S 模式、多雷达监视的原理。重点讨论广播式自动相关监视（ADS-B）数据链技术、飞机通信寻址报告系统（ACARS）、多点定位技术（MLAT）、先进场面监视设备（A-SMGCS）、空管多源协同监视技术、低空空域监视技术、空管技术。介绍空管监视技术的发展趋势和民航大国的前瞻性规划。

（六）目标和环境特性,是雷达设计的基础。该方向的研究对雷达匹配目标和环境的智能设计有重要的参考价值。本套丛书对此专题遴选了 4 个分册:

（1）《雷达目标散射特性测量与处理新技术》分册全面介绍有关雷达散射截面积（RCS）测量的各个方面,包括 RCS 的基本概念、测试场地与雷达、低散射目标支架、目标 RCS 定标、背景提取与抵消、高分辨力 RCS 诊断成像与图像理解、极化测量与校准、RCS 数据的处理等技术,对其他微波测量也具有参考价值。

（2）《雷达地海杂波测量与建模》分册首先介绍国内外地海面环境的分类和特征,给出地海杂波的基本理论,然后介绍测量、定标和建库的方法。该书用较大的篇幅,重点阐述地海杂波特性与建模。杂波是雷达的重要环境,随着地形、地貌、海况、风力等条件而不同。雷达的杂波抑制,正根据实时的变化,从粗犷走向精细的匹配,该书是现代雷达设计师的重要参考文献。

（3）《雷达目标识别理论》分册是一本理论性较强的专著。以特征、规律及知识的识别认知为指引,奠定该书的知识体系。首先介绍雷达目标识别的物理与数学基础,较为详细地阐述雷达目标特征提取与分类识别、知识辅助的雷达目标识别、基于压缩感知的目标识别等技术。

（4）《雷达目标识别原理与实验技术》分册是一本工程性较强的专著。该书主要针对目标特征提取与分类识别的模式，从工程上阐述了目标识别的方法。重点讨论特征提取技术、空中目标识别技术、地面目标识别技术、舰船目标识别及弹道导弹识别技术。

（七）数字技术的发展，使雷达的设计和评估更加方便，该技术涉及雷达系统设计和使用等。本套丛书遴选了 3 个分册：

（1）《雷达系统建模与仿真》分册所介绍的是现代雷达设计不可缺少的工具和方法。随着雷达的复杂度增加，用数字仿真的方法来检验设计的效果，可收到事半功倍的效果。该书首先介绍最基本的随机数的产生、统计实验、抽样技术等与雷达仿真有关的基本概念和方法，然后给出雷达目标与杂波模型、雷达系统仿真模型和仿真对系统的性能评价。

（2）《雷达标校技术》分册所介绍的内容是实现雷达精度指标的基础。该书重点介绍常规标校、微光电视角度标校、球载 BD/GPS（BD 为北斗导航简称）标校、射电星角度标校、基于民航机的雷达精度标校、卫星标校、三角交会标校、雷达自动化标校等技术。

（3）《雷达电子战系统建模与仿真》分册以工程实践为取材背景，介绍雷达电子战系统建模的主要方法、仿真模型设计、仿真系统设计和典型仿真应用实例。该书从雷达电子战系统数学建模和仿真系统设计的实用性出发，着重论述雷达电子战系统基于信号/数据流处理的细粒度建模仿真的核心思想和技术实现途径。

（八）微电子的发展使得现代雷达的接收、发射和处理都发生了巨大的变化。本套丛书遴选出涉及微电子技术与雷达关联最紧密的 3 个分册：

（1）《雷达信号处理芯片技术》分册主要讲述一款自主架构的数字信号处理（DSP）器件，详细介绍该款雷达信号处理器的架构、存储器、寄存器、指令系统、I/O 资源以及相应的开发工具、硬件设计，给雷达设计师使用该处理器提供有益的参考。

（2）《雷达收发组件芯片技术》分册以雷达收发组件用芯片套片的形式，系统介绍发射芯片、接收芯片、幅相控制芯片、波速控制驱动器芯片、电源管理芯片的设计和测试技术及与之相关的平台技术、实验技术和应用技术。

（3）《宽禁带半导体高频及微波功率器件与电路》分册的背景是，宽禁带材料可使微波毫米波功率器件的功率密度比 Si 和 GaAs 等同类产品高 10 倍，可产生开关频率更高、关断电压更高的新一代电力电子器件，将对雷达产生更新换代的影响。分册首先介绍第三代半导体的应用和基本知识，然后详细介绍两大类各种器件的原理、类别特征、进展和应用：SiC 器件有功率二极管、MOSFET、JFET、BJT、IBJT、GTO 等；GaN 器件有 HEMT、MMIC、E 模 HEMT、N 极化 HEMT、功率开关器件与微功率变换等。最后展望固态太赫兹、金刚石等新兴材料器件。

　　本套丛书是国内众多相关研究领域的大专院校、科研院所专家集体智慧的结晶。具体参与单位包括中国电子科技集团公司、中国航天科工集团公司、中国电子科学研究院、南京电子技术研究所、华东电子工程研究所、北京无线电测量研究所、电子科技大学、西安电子科技大学、国防科技大学、北京理工大学、北京航空航天大学、哈尔滨工业大学、西北工业大学等近 30 家。在此对参与编写及审校工作的各单位专家和领导的大力支持表示衷心感谢。

2017 年 9 月

有了雷达,才出现了杂波。所谓杂波是指对雷达操作起干扰作用的、由非关心目标产生的不期望的雷达回波。雷达技术的发展,离不开对杂波的认识及其特性的掌握,特别是当今超宽带、高分辨、多基地、环境认知等新体制雷达的出现,更需要对杂波认知的深化与理解。

按杂波产生源类型,可将杂波分为两大类,一类是面目标杂波,主要是来自于地形地物和起伏海面的雷达回波,通常称为地海杂波;另一类是空间杂波或体杂波,主要是来自于箔条云、雨、鸟、昆虫等具有较大空间尺度的雷达回波。面目标杂波随区域或地点的不同发生变化,而体杂波则相对固定。按对雷达系统的作用,又将杂波分为由天线主瓣进入雷达系统的主瓣杂波和由天线副瓣或旁瓣进入雷达系统的副瓣杂波。

理论上讲,地海杂波是来自于面目标的电磁散射回波,可利用电磁散射理论结合现代高性能计算技术,对杂波进行模拟研究。但由于杂波产生源(地面、海面)类型的复杂性、多样性和时变性,逼近真实的理论建模较为困难,导致理论期望与实际问题的解决仍差距甚远。即便如此,多年来,人们对于杂波的理论研究工作从未间断,在努力寻求突破的同时,从现象解释及形成机理方面推动着杂波研究不断进步。

从实际应用角度,利用试验(或实验)测量手段获取杂波数据,并通过统计或非统计的数据处理方法,进而得到雷达所需要的杂波时空变化特性,是杂波研究及其应用的最直接途径。然而,这种看似简单的途径,在实际操作中却困难重重。首先,针对雷达应用场景,需要构建由测量雷达和环境参数测量设备构成的完备的杂波测量系统。若仅有测量雷达,没有场景环境参数(如地形地貌、浪高浪向、风速风向、温度、含盐度、电磁干扰等)测量设备,杂波特性与场景关系研究就无从谈起。对于测量雷达,除自校准外,还需要专门的定标器对其实施外定标,以获取杂波的绝对电平。其次,杂波测量需要获取充足的数据样本。对于雷达应用场景,只有足够多的数据样本,才能得到可用的杂波时空变化规律,这对于一些仅有少量次数的测量试验(如雷达定型试验),往往难以做到。最后,需要建立面向雷达应用的、具有统计意义的杂波模型。这既要求对杂波及其环境参数数据的持续积累,又要求具有对大量数据的存储与分析处理能力。这些因素体现了杂波研究的基础性、长期性及困难性。

为满足国内雷达界对杂波认知的愈发迫切需求,在王小谟院士的鼓励和支持下,基于中国电波传播研究所(中国电子科技集团公司第二十二研究所)多年从事地海面杂波研究与工程实践经验,尝试从地海杂波形成机理、地海杂波测量与数据处理、地海杂波数据库与统计建模、地海杂波研究在雷达中的应用等方面形成关于地海杂波的系统性论述,期望架起地海杂波基础研究与雷达应用的桥梁。全书共分7章,第1章介绍地海面环境特性,作为地海杂波产生的源头,地面和海面在空间和时间尺度上的几何构型(粗糙度等)、介电特性(复介电常数)是核心因素。第2章介绍地海面电磁散射计算方法,从物理机制上揭示地海杂波的形成机理。第3章介绍地海杂波测量技术,完备的测量系统、科学的测量方法和规范化的测量流程,是有效获取地海杂波数据的必备基础。第4章论述地海杂波数据库技术,对多参数、多维度海量杂波数据的存储与管理,是获取杂波统计特性的重要条件。第5章和第6章分别论述地杂波和海杂波特性与建模,基于数理统计方法而建立的幅度、频谱、时空相关等杂波特性模型,虽是基于大量实测数据,但均有一定的适用条件和场景,实际应用中应合理选择。第7章论述地海杂波特性在雷达检测中的应用,认知并充分利用杂波的时空特性,可有效提升地海杂波背景中雷达目标检测性能。

全书由李清亮提出撰写大纲,其中第1、2、7章由李清亮主笔,张金鹏、余运超、夏晓云等参与撰写,西安电子科技大学吴振森教授、郭立新教授、水鹏朗教授和中国海洋大学孙建博士提供了部分素材;第3、4章由尹志盈主笔,张浙东、黎鑫、李慧明、李善斌等参与撰写;第5章由朱秀芹主笔,尹雅磊、杜鹏等参与撰写;第6章由张玉石主笔,许心瑜、赵鹏等参与撰写,海军航空工程学院关键教授提供了部分素材。许心瑜负责书中图表的统一编排,李清亮对全书进行了统稿与修改。本书是在王小谟院士直接策划和指导下完成的,相关工作得到了贲德院士、陈定昌院士、邓泳高级工程师、董庆生研究员,以及中国电波传播研究所、电波环境特性及模化技术重点实验室等专家和单位的大力支持,国防工业出版社的王京涛主任、崔云编辑为本书的编辑与出版付出了辛勤努力,在此一并表示衷心感谢。

本书取材于多年的工程实践总结,力求做到系统全面、图文并茂,为从事雷达技术、信号处理、目标检测、杂波研究等领域的科研工作者提供一本具有一定参考价值的论著,但由于雷达技术发展迅速,加之作者水平有限,书中难免存在不足与错误,恳请读者予以批评指正。

作 者

2017 年 5 月于青岛

目 录

第 **1** 章

地海面环境特性

🔲 1.1 引　言

对于一部参数相对固定的雷达而言,其地海杂波主要取决于地海面的粗糙度及其介电特性。由地形、地物、海态等几何形态构成的相对于雷达波长而言的地海面粗糙度,是随空间和时间变化的,如城市、乡村、平原、山区、沙漠、湿地、海洋等大尺度地海面构型随地域(海域)、季节甚至是昼夜的变化而变化,即使对于一块平整土地上的麦田这样一种看似简单的小尺度地面,其构型也随光照度、季节、风速的变化而变化,因此,地海面是一种随时空变化的随机粗糙面。同时,由于地海面温度、湿度、盐分、土壤组分、植被种类等不同,地海面的介质特性也是随空间和时间变化的,即地海面是随机介质粗糙面。

随着雷达技术及其应用领域的发展,特别是航空和卫星遥感的出现与应用的普及,人们对更广泛、更复杂的地海面环境特性有了更多、更深入的了解与认识。即便如此,受时空分辨率的限制,对日益变化的地海面环境这种认识仍是典型和初步的。地海面的粗糙度和介电特性随雷达参数(如频率、极化、擦地角等)的变化而变化,即使对于同一部雷达,想要掌握其使用(或作战)场景下的所有地海面环境特性也是一项非常困难的任务。

本章仅从地海杂波研究角度对地海面环境特性进行概括性介绍。相对于海面环境而言,地面环境更为复杂多变,因此,对地面环境的描述更为定性和离散。实际上,无论是海面或地面,要获取其真实的时空变化特性,最直接和有效的途径是通过试验(实验)测量,即在获取雷达杂波回波数据的同时,获取地海面几何构型(粗糙度)和介电特性数据。

🔲 1.2 地面环境特性

1.2.1 地形与地表覆被分类

地面环境构型可概括为地形地貌和地表覆被两大主要特征。其中地形地貌主要反映地域之间的高低起伏关系和外貌形态,如丘陵、低山、冲积扇等。地表覆被主要用来体现地表的覆被状态,反映覆被与地表诸要素的综合体,包括自然的和人为形成的地表植被、土壤、水域、冰川、积雪、建筑物和道路等。

人们通过对地遥感和地杂波测量,对地面环境提出以下分类方法。

1. 乌拉比(Ulaby)分类法

F. T. Ulaby 等人[1]基于对地面状况的调查,结合散射数据,将地物分为9大类:①土壤和岩石表面(soil and rock surface);②树木(trees);③草(grasses);④灌木(shrubs);⑤矮植被(short vegetation);⑥路面(road surfaces);⑦城镇(urban);⑧干雪(dry snow);⑨湿雪(wet snow)。在各大类下又进行子类划分,例如树木继续分为针叶长绿树和有叶、无叶的阔叶树等。乌拉比分类法中没有涉及对地形(如地形起伏、坡度等)的描述。

2. 比林斯林(Billingsley)分类法

J. B. Billingsley[2]采用了与乌拉比类似的分类法,但不考虑雪,分为8大类:①农业地(agriculture);②森林(forest);③灌木(shrubland);④草地(grassland);⑤沙漠(desert);⑥湿地(wetlands);⑦山区(mountains);⑧城镇(urban)。地形根据平均坡度可分为高起伏地形和低起伏地形,如表1.1所示。在雷达波束小擦地角入射情况下,又将地物分为:由居民区、商业区构成的城镇和建筑群;由农田、草地等构成的农业地;由草本植物和灌木混合的牧场;由落叶林、针叶林混合的森林;由河流、溪流、沟渠构成的水面;林地、非林地组成的湿地;不毛之地。

表 1.1 Billingsley 地形分类

地形类别	地形起伏/英尺①	地形坡度/(°)	说明
平地(level)	<25	<1	—
倾斜(inclined)	>50	1~2	无方向性
波状起伏(undulating)	25~100	<1	轻微坡度,有规律,波浪状
起伏(rolling)	>150	2~5	中等坡度
多丘(hummocky)	25~100	<2	—
山脊(ridged)	50~100	2~10	顶部和底部坡度有突变
中等陡峭(moderately steep)	>100	2~10	无方向性
陡峭(steep)	>100	10~35	常无方向
断裂(broken)	>50	1~5	短的断裂
① 1 英尺=0.3048m			

3. 摩尔(Moore)分类法

L. F. Moore 等人[3]基于球载雷达,在地杂波测量和分析中将地物种类分为乡村和城镇两大类。而乡村中又按地物类型进行分类,如高的树林(高度大于

25 英尺)、低矮树林、中等高度树林、小的起伏山丘、开阔农场、棉花地等。而这些分类又进一步考虑是否有高速公路、孤立散布的树、谷仓或耕地等。城镇则分为农业村镇、中等城镇、渔村、商业区等。

Y. H. Dong[4]基于澳大利亚北部机载地杂波测量数据,按照摩尔分类法将地物进行更细化的分类,如桉树林、混合林、湿乔木地带、干乔木地带、红树林、高草丛地带、裸地等。

4. 赫兰德(Hellard)分类法

D. L. Hellard 等人[5]基于地杂波测量数据将地物分为 9 大类,包括:①光秃地面(bare ground);②农耕地(cultivated land);③岩石(rocks);④沙漠(desert);⑤水体(water);⑥湿地、沼泽(marsh);⑦森林(forest);⑧城镇(urban);⑨工业区(industrial zone)。对于植被覆盖的,用平均植被高度和植被类型划分子类;对于城镇和工业区,用房屋的平均高度和房屋植被的密度来划分。对于相对孤立的目标,采用高度、方向性、材质(如金属、石头、砖、水泥、木质、植物或混合等)等参数进行描述。

相对于乌拉比分类方法,该方法的分类更加细化,但不包含雪的类型。

5. 安德森(Anderson)分类法

J. R. Anderson 等人[6]从地理信息角度将地物类型分为 24 大类,包括:①冰雪(snow and ice);②裸地苔原(bare ground tundra);③混合苔原(mixed tundra);④木本苔原(wooded tundra);⑤草甸冻原(herbaceons tundra);⑥荒地(barren or sparsely vegetated);⑦草本湿地(herbaceous wetland);⑧木本湿地(wooded wetland);⑨水体(water bodies);⑩混合林(mixed forest);⑪常绿针叶林(evergreen needle leaf forest);⑫常绿阔叶林(evergreen broadleaf forest);⑬落叶针叶林(deciduous needle leaf forest);⑭落叶阔叶林(deciduous broadleaf forest);⑮热带稀树大草原(savanna);⑯灌丛草地混合(mixed shrubland/grassland);⑰灌丛(shrubland);⑱草地(grassland);⑲农田林地混合(cropland/woodland mosaic);⑳农田草地混合(cropland/grassland mosaic);㉑旱地水田(mixed dryland/irrigated cropland and pasture);㉒城市用地(urban and built - up land);㉓旱作农田(dryland cropland and pasture);㉔灌溉农田(irrigated cropland and pasture)。

6. 我国地貌与地物覆盖概况

我国地域辽阔,地貌类型多样、组合复杂,不同区域的基本地貌类型及其组合的规模差异很大,因而在进行全国地貌区划时通常采用多级分区。文献[7]系统探讨了地貌区划的原则、各级地貌区划的依据和标准等,提出地貌类型组合和地貌成因类型的基本异同是各级地貌区划的依据。结合中国三大地貌阶梯及其内部地貌格局的特点,通过分析我国各地基本地貌类型组合的差异及其形成原因,将中国地貌区划分为东部低山平原大区、东南低中山地大区、中北中山高原大区、西北高中山盆地大区、西南亚高山地大区和青藏高原大区 6 个地貌大区。各大区内部又根据次级基本地貌类型和地貌成因类型及其组合差异进一步分区,全国共划分了 38 个地貌区,如表 1.2 所示。

表 1.2　中国地貌分区表

地貌大区	地貌区
东部低山平原	A. 完达山三江平原；B. 长白山中低山地；C. 鲁东低山丘陵；D. 小兴安岭中低山；E. 松辽平原；F. 燕山 – 辽西中低山地；G. 华北华东平原；H. 宁镇平原丘陵
东南低中山	A. 浙闽低中山；B. 淮阳低山；C. 长江中游低山平原；D. 华南低山平原；E. 台湾平原山地
中北中山高原	A. 大兴安岭低山中山；B. 山西中山盆地；C. 内蒙古高平原；D. 鄂尔多斯高原与河套平原；E. 黄土高原
西北高中山盆地	A. 新甘蒙丘陵平原；B. 阿尔泰亚高山；C. 准噶尔盆地；D. 天山高山盆地；E. 塔里木盆地
西南亚高山地	A. 秦岭大巴亚高山；B. 鄂黔滇中山；C. 四川盆地；D. 川西南、滇中亚高山盆地；E. 滇西南亚高山
青藏高原	A. 阿尔金山祁连山高山；B. 柴达木 – 黄湟亚高盆地；C. 昆仑山高山极高山；D. 横断山高山峡谷；E. 江河上游高山谷地；F. 江河源丘状山原；G. 羌塘高原湖盆；H. 喜马拉雅山高山极高山；I. 喀喇昆仑山极高山

文献[8]以卫星遥感为基础数据源,借鉴目前国际上通用的联合国粮食及农业组织(Food and Agriculture Organization of the United Nations,FAO)土地覆被二分法分类体系,把强调自然地表状况的植被分类体系以及强调人类活动对自然利用状况的土地利用分类体系相结合,研究并提出了全国适用于遥感影像数据的1:100 万地表覆被分类系统。分类结构如图 1.1 所示,前三级采用二分法结构,第四级自然覆被物分类采用群落外貌、优势物种生活特点并且与气候带相结合的方式。图 1.1 中的自然覆被物是指自然状态下的各种植被类型,主要受自然力控制,人为干扰小,包括各种原生植被以及曾经受过人为干扰后靠自然力恢复起来的次生植被类型。而人为覆被物指人类为了满足自身生存、生活、休闲、娱乐等活动而营造或管理的地表覆被类型,这些覆被类型的共同特点就是体现人类的意志,包括有各种农业植被、城镇、工矿码头、大城市内的公共绿地或公园、风景名胜、人类文化遗址。水体包括水库、河流、湖泊、池塘、冰川冰雪以及海洋等。无植被地段指自然环境恶劣,植物很难生存或只能零星生长的地段,包括流动沙丘、盐壳、裸露戈壁、裸露石山等。表 1.3 给出了对于中国 1:100 万地表覆盖分类体系的划分方案,设定的地表覆被各级分类指标。

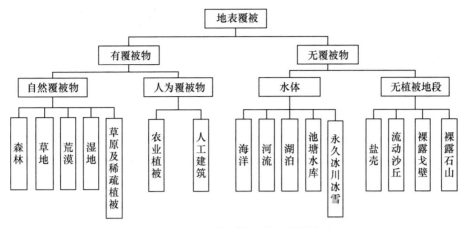

图 1.1　陆地地表覆被二分法分类体系

表 1.3　中国 1:100 万地表覆被各级分类指标

地表覆盖类型	分级指标选择		
	第一级	第二级	第三级
森林	有无植被	森林树种与外貌形态	水热条件及生物气候带
草地	植被大类型	草种和外貌形态	生物气候带及地带性
农田	土地利用状况	地域地带及利用状况	作物种类
人工建筑	—	功能及规模	—
水体湿地	—	成因及利用状况	物质组成及生物气候带
荒漠	—	有无植被及土壤物质组成	物种及生物气候带
稀疏或无植被地	—	有无植被及物质组成	生物气候带

　　结合图 1.1 和表 1.3,可将我国陆地地表覆被类型划分为森林、草地、荒漠、
稀疏或无植被地、水体湿地、农田、人工建筑等 7 类。其中前 3 类沿用植被分类
方案,后 3 类沿用土地利用的分类方案,稀疏或无植被地合并了两者的共同特
征。例如,森林按照树种及外貌形态可分为针叶林、针阔混交林、阔叶林、灌木林
和人工林等;草地按照草种和外表形态分为草原、草甸和草丛;荒漠按照有无植
被及物质组成分为盐漠、沙漠、砾漠、壤漠、石漠和高寒荒漠;水体和湿地类型则
按照成因和利用状况分为河流、湖泊、水库、池塘、冰雪和沼泽,该类型可按照地
域特征继续细划,如湖泊可按照盐分状况分为咸水湖和淡水湖等;稀疏或无植被
地按照物质组成可分为干盐滩、流动山丘、裸岩戈壁、裸岩和稀疏植被地等类型,
前面几种都为无植被地,稀疏植被地则主要指位于高山、极高山冰雪带与高山草
甸带之间的植被较为稀少的荒原或苔原地带,这里植被稀疏,气候条件较差,几
乎无人类活动干扰;农田按照地域水热条件和作物种类,参照土地利用分类结
果,其二级类型可分为灌溉水田、望天田、水浇田、旱田、菜地和园地,按照地域的

差异,该二级分类结果还可按照作物种类进行细分,如可分为小麦、玉米、棉花等;人工建筑类型按照规模和作用可分为城镇、农村居民点、工矿、码头、机场、城市公园等类型。

1.2.2 风的定性作用

由于风的存在,地面上的植被不再是静止不动的,会出现左右或上下甚至无规则的起伏和摆动,导致地物回波起伏、多普勒频移及多普勒谱展宽等特性。表1.4给出了风速等级及其对地面植被的定性作用[9]。该表提供了一种类似蒲氏海上风级的陆上风级。

表 1.4 风的定性作用

国际等级	速度/ (英里/h)	说　　明
无风(0 级风)	<1	烟直上,树和灌木不动,湖面平静如镜
软风(1 级风)	1 ~ 3	风向可由烟的漂移示出,但未能由风向标示出
轻风(2 级风)	4 ~ 7	风迎面吹来会有感觉,树叶沙沙作响,风向标开始转动
微风(3 级风)	8 ~ 12	树叶和细枝不停地晃动,轻的旗帜展开
和风(4 级风)	13 ~ 18	能吹动尘埃、散纸和小的树枝
清劲风(5 级风)	19 ~ 24	有叶的小树开始摆动
强风(6 级风)	25 ~ 31	大树枝不断晃动,在电线附近能听到呼啸声
疾风(7 级风)	32 ~ 38	整棵树在晃动,顶风行走感到不便
大风(8 级风)	39 ~ 46	树的细枝和小树枝被吹断,人难以行走
烈风(9 级风)	47 ~ 54	建筑物发生轻微的损坏,瓦自屋顶上吹落
狂风(10 级风)	55 ~ 63	内陆少见,树被折断或连根拔起。建筑物发生较严重的损坏
暴风(11 级风)	64 ~ 72	陆上极其少见,能发生大量的结构损坏
飓风(12 级风)	≥73	极度损坏和破坏
1 英里 = 1.609km		

1.2.3 地物的介电特性

在地杂波理论与实验研究中,地物的介电特性是需要关注的重要因素之一。地物的介电特性包括介电常数、电导率和磁导率。对于多数地物,为非磁性介质,即磁导率通常作单位值处理。地物的介电常数和电导率采用复介电常数表述。

任意介质(或媒质)的介电常数 ε 可表示成复数形式(采用时谐因子 e^{-iwt}),即

$$\varepsilon = \varepsilon' - i\varepsilon'' \tag{1.1}$$

式中,ε' 为介电常数的实部,代表电介质储存外电场能量的能力;ε'' 为介电常数的虚部,代表电介质在外电场作用下的能量耗散与损失。

用真空中的介电常数 ε_0 对其进行归一化处理,可以得到介质的相对介电常数的复数形式,即

$$\varepsilon_r = \frac{\varepsilon}{\varepsilon_0} = \varepsilon'_r - i\varepsilon''_r \tag{1.2}$$

式中,ε'_r 为相对介电常数的实部;ε''_r 为相对介电常数的虚部。

下面分别给出纯水、土壤和植被的介电常数。

1. 纯水的介电常数

淡水基本上可以看作纯水,其复介电常数的实部 ε'_w 和虚部 ε''_w 分别表示为

$$\varepsilon'_w = 4.9 + \frac{\varepsilon_{w0} - 4.9}{1 + (2\pi f \tau_w)^2} \tag{1.3}$$

$$\varepsilon''_w = \frac{2\pi f \tau_w (\varepsilon_{w0} - 4.9)}{1 + (2\pi f \tau_w)^2} \tag{1.4}$$

式中,f 为电磁波频率;τ_w 为张弛时间常数;ε_{w0} 为静态介电常数。

τ_w 和 ε_{w0} 与温度 $T(℃)$ 的关系可表示为

$$\tau_w = 1.7681 \times 10^{-11} - 6.086 \times 10^{-13} T + 1.104 \times 10^{-14} T^2 - 8.1105 \times 10^{-17} T^3 \tag{1.5}$$

$$\varepsilon_{w0} = 87.134 - 0.1949T - 1.276 \times 10^{-2} T^2 + 2.491 \times 10^{-4} T^3 \tag{1.6}$$

图 1.2 为纯水介电常数随频率的变化曲线,可以看出,纯水的介电常数随温度变化较小,但随频率变化较大,实部随频率增加单调下降,虚部先升后降,在10GHz 达到最大。

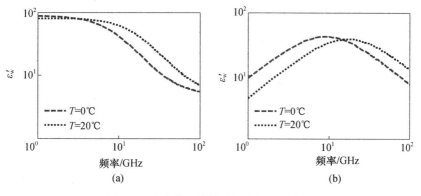

图 1.2　纯水介电常数随频率的变化曲线
（a）纯水介电常数实部；（b）纯水介电常数虚部。

2. 土壤的介电常数

土壤可以分为干燥土壤和湿土壤,按颗粒尺寸大小又分为沙土(sand)、泥土(silt)和黏土(clay)。干燥土壤是空气和固体颗粒的混合物,湿土壤是土壤颗粒、空气泡和液态水的混合体。液态水又分为束缚水和自由水。因此,土壤的复介电常数与其含水量、温度 T、含盐度 S 及电磁波频率 f 等因素有关。

对于不存在液态水的干土,在微波频段,其平均介电常数的实部为 $2 \sim 4$,虚部小于 0.05,且与温度和频率无关。对于存在液态水的湿土,其介电常数常用体积含水量 m_v 或重量含水量 m_g 进行描述,m_v 和 m_g 之间的关系为

$$m_g = 100 \cdot m_v / \rho_b (\%)$$

式中,ρ_b 为土壤混合体的体积密度。

介电常数可用半经验公式表示:

$$\varepsilon_{soil}^{\alpha} \approx 1 + \frac{\rho_b}{\rho_{ss}} (\varepsilon_{ss}^{\alpha} - 1) + m_v^{\beta} (\varepsilon_{fw}^{\alpha} - 1) \tag{1.7}$$

式中,$\rho_{ss} \approx 2.65 \text{g} \cdot \text{cm}^{-3}$ 为土壤固定成分的体积密度;$\varepsilon_{ss}^{\alpha} = 4.7 - \text{i}0$ 为土壤固定成分的介电常数;α 和 β 为经验常数,$\alpha = 0.65$,β 与土壤类型有关。

对于沙性黏土,假如沙和黏土所占的比例(按质量计算)分别用 r_s 和 r_c 表示,则

$$\beta = 1.09 - 0.11 r_s + 0.18 r_c \tag{1.8}$$

式中,β 在 1.0 和 1.6 之间。

若频率大于 4GHz,则土壤的盐分可以忽略,$\varepsilon_{fw}^{\alpha}$ 可以按纯水介电常数模型计算。ρ_b 的经验公式为

$$\rho_b = 3.4355 (25.1 - 0.21 r_s + 0.22 r_c)^{0.3018} \tag{1.9}$$

图 1.3 给出了频率 5GHz 下砂质土壤的介电常数测试结果与 m_v 和 m_g 的关系曲线[10],很明显,图 1.3(b)曲线与实测数据的拟合效果优于图 1.3(a)。此

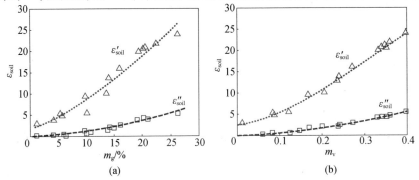

图 1.3 土壤介电常数测试结果与 m_v 和 m_g 的关系曲线(频率 5GHz)

(a)随 m_g 变化; (b)随 m_v 变化。

外,通过对不同土样对比测试发现,m_g 近似相同而 ρ_b 差异大的两土样,介电常数差异大;但 m_v 近似相同而 ρ_b 差异大的两土样,介电常数差异小。

图 1.4 给出了几种土壤的介电常数与 m_v 的关系曲线[11],图中 1、2、3、4、5分别对应 5 种不同土壤类型(表 1.5)。可以看出,土壤介电常数的实部与虚部均随 m_v 的增加而增大。

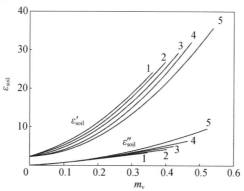

图 1.4　几种土壤介电常数与 m_v 的关系(频率 1.4GHz,$T = 23℃$)

表 1.5　不同土壤类型表

序号	土壤类型	沙/%	泥/%	黏土/%
1	砂质壤土(sand loam)	51.5	35.0	13.5
2	壤土(loam)	42.0	49.5	8.5
3	粉砂壤土(silt loam)	30.6	55.9	13.5
4	粉砂壤土(silt loam)	17.2	63.8	19.0
5	粉质黏土(silty clay)	5.0	47.6	47.4

图 1.5 给出了表 1.5 中 5 种类型的土壤分别在电磁波频率为 5GHz、10GHz和 18GHz 时的介电常数随 m_v 的变化曲线[11]。可以看出,当 $m_v = 0$ 时,不同类型土壤的介电常数具有相同的值。随着 m_v 的增加,介电常数具有类似的变化趋势,但不同土壤类型对应的曲线曲率不同。

图 1.6 给出了 m_g 分别为 10% 和 5%,频率范围 0.1～26GHz 条件下典型的土壤介电常数曲线[12]。在 1GHz 以下,随着频率的增加,实部 ε'_{soil} 减小,虚部 ε''_{soil} 增加。

图 1.7 给出了 10GHz 频率时黏土介电常数随温度的变化[12]。在 0℃ 以上,介电常数与温度弱相关。在冰点以下,介电常数与温度的相关性也弱,但稍强于冰点以上。在 10GHz 以下,盐水中离子的导电性对损耗因子 ε''_{soil} 有显著的影响。因此,高盐度会对湿土的介电特性有明显的影响。但由于实测数据很少,介电常数对土壤盐度的依赖性还未准确掌握。

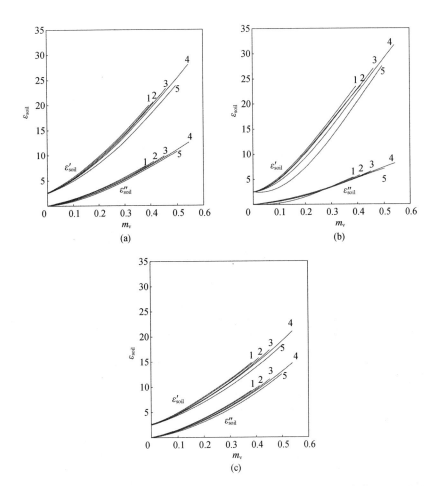

图 1.5　五种类型土壤在 5GHz、10GHz、18GHz 时介电常数随 m_v 的变化（$T = 23℃$）

（a）$f = 5GHz$；（b）$f = 10GHz$；（c）$f = 18GHz$。

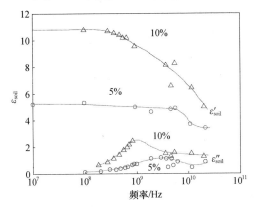

图 1.6　频率 0.1 ~ 26GHz 间典型土壤介电常数曲线

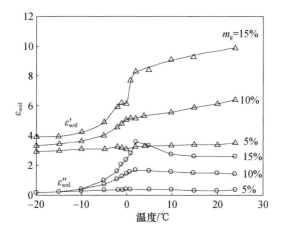

图 1.7　10GHz 频率时黏土介电常数与温度的关系

表 1.6 给出了几种典型土壤介电常数的实际测量结果[13]。

表 1.6　典型土壤介电常数

土壤类型	雷达波长	ε'	ε''
非常干燥的砂质壤土	9cm	2	1.62
非常湿润的砂质壤土	9cm	24	32.4
非常干燥的地面	1m	4	0.006
潮湿地面	1m	30	0.6
美国亚利桑那州土壤	3.2cm	3.2	0.19
美国德州奥斯汀非常干燥的土壤	3.2cm	2.8	0.014

图 1.8 给出了中国电波传播研究所对典型沙土和岩石介电常数的实际测量结果。从图中可以看出,不同种类的沙土介电常数不同,随着沙土含水量的增加,其介电常数的实部与虚部均变大。

潘金梅等[14]采用控制变量实验方法,通过测量 5 种不同有机质含量的东北黑土和加入不同比例的毛白杨碎屑的扁都口草甸土,研究了腐殖质和植物性残留物对土壤介电常数的影响。结果表明,腐殖质会降低干燥土壤的容积密度,从而发挥间接作用,使介电常数降低;而对于相同容积密度下观测的潮湿土壤,腐殖质含量较多的土壤介电常数更大。与腐殖质相比,植物性残留物对风干土壤和潮湿土壤的影响均十分明显。植物性残留物能有效地疏松土壤并影响植物组分的介电特征。当重量含水量为 30% 时,毛白杨含量为 20% 的混合土壤比纯扁都口土壤在实部平均减小 3 ~ 7,虚部减小 1 ~ 3。

3. 植被的介电常数

从波传播的观点看,植被是一些离散的介电材料(如叶、茎干、果实)分布在

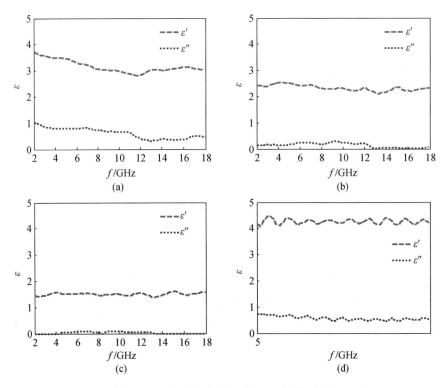

图 1.8 典型沙土和岩石介电常数的测量值

(a)沙子,黄棕色,似粉状黏土,$m_g = 4.46\%$；(b)沙子,极细,暗灰色,$m_g = 0.49\%$；

(c)沙子,均匀颗粒状,$m_g = 0.15\%$；(d)石头。

空气中的介电混合体。大多数植被的构成尺寸相当或者远大于微波波长,可将植被层看作是非均匀的各向异性媒质,波在此媒质中传播会存在吸收和散射效应。

基于德拜–科尔(Debye–Cole)双色散模型,植被的介电常数可表示为

$$\varepsilon_v = \varepsilon_r + v_f \varepsilon_f + v_b \varepsilon_b \qquad (1.10)$$

式中,ε_r、ε_f、ε_b 分别为表植被体、植被含自由水和植被含束缚水的介电常数；v_f、v_b 分别为植被自由水和植被束缚水的体积含量。

$$\varepsilon_r = 1.7 - 0.74 m_g + 6.16 m_g^2 \qquad (1.11)$$

$$\varepsilon_f = 4.9 + \frac{75.0}{1 + \mathrm{i}f/18} - \mathrm{i}\frac{18\sigma}{f} \qquad (1.12)$$

$$\varepsilon_b = 2.9 + \frac{55.0}{1 + (\mathrm{i}f/0.18)^2} \qquad (1.13)$$

式中,f 为电磁波频率(GHz)；σ 为自由水溶液的离子电导率(S/m)；m_g 为植被

的重量含水量(%)。

F. T. Ulaby 等人[15,16]通过对玉米叶的大量测量,得到了模型参数与 m_g 的关系,即

$$v_f = m_g(0.55m_g - 0.076) \tag{1.14}$$

$$v_b = 4.64m_g^2/(1 + 7.36m_g^2) \tag{1.15}$$

文献[17]给出了玉米叶在不同频率下的介电常数与 m_v 的关系,如图 1.9 所示,其中横坐标 m_v 为植被容积的含水量($g \cdot cm^{-3}$),与植被的重量含水量关系为 $m_v = m_g\rho/[1 - m_g(1-\rho)]$,$\rho$ 为干植物的体积密度。明显看出,与纯水介电常数的频谱特性相反,1.5GHz 对应的 ε_v'' 曲线在幅度上高于 5.0GHz 和 8.0GHz,这一特性与玉米叶中水分的含盐度有关。

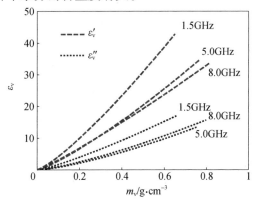

图 1.9 玉米叶介电常数在 1.5GHz、5.0GHz 和 8.0GHz 时与 m_v 的关系曲线

($T = 23℃$,植被水分含盐度 $S = 11‰$)

图 1.10 为冬小麦麦穗分别在频率 1.0GHz 和 12.1GHz 时介电常数随 m_g 的变化[18],麦穗的平均体积密度为 $0.76g \cdot cm^{-3}$,麦粒的体积密度为 $1.41g \cdot cm^{-3}$,m_g 不超过 25%。可以看出,介电常数的实部与虚部均随 m_g 的升高而增加,但两者随频率增加变化的趋势不同。

图 1.11 ~ 图 1.14 为廖静娟等人[19]对中国肇庆晚稻生长期介电常数的测量结果。其中,图 1.11 为 1996 年肇庆晚稻生长期介电常数随时间的变化,图 1.12 为水稻介电常数随含盐度的变化,图 1.13 为水稻介电常数随温度的变化,图 1.14 为水稻介电常数随水稻冠层干体密度的变化。从图 1.11 中可以看出,水稻在生长初期,随着水稻的生长,稻叶变大、变密,含水量升高,介电常数的实部与虚部均逐渐增大,在稻穗长成之后,随着时间的推移,水稻含水量降低,介电常数的实部与虚部均逐渐减小。从图 1.12 中可以看出,水稻介电常数随含盐度的变化基本保持不变。从图 1.13 中可以看出,水稻介电常数的实部与虚部均随温

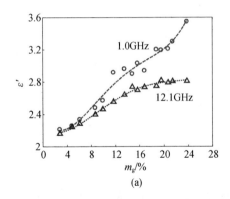

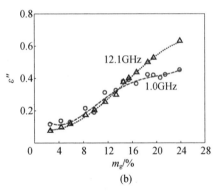

(a)

(b)

图 1.10 冬小麦麦穗不同频率下介电常数随 m_g 的变化（$T = 24℃$）

（a）介电常数实部；（b）介电常数虚部。

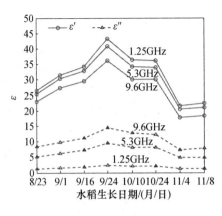

图 1.11 1996 年肇庆晚稻生长期
介电常数随时间的变化图

图 1.12 水稻介电常数随含盐度的变化图
（$f = 5.3\text{GHz}$，$T = 25℃$）

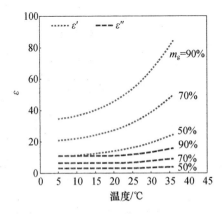

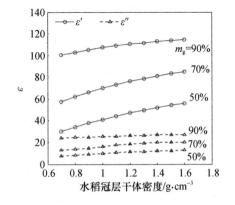

图 1.13 水稻介电常数随温度的变化图
（$f = 5.3\text{GHz}$，$S = 8‰$）

图 1.14 水稻介电常数随水稻冠层干体密度
的变化图（$f = 5.3\text{GHz}$，$T = 25℃$，$S = 8‰$）

度的增加而增加,但虚部变化不大。从图 1.14 中可以看出,水稻介电常数实部随水稻冠层干体密度的增加缓慢增加,虚部随水稻冠层干体密度的变化基本保持不变。

图 1.15 给出了中国电波传播研究所对几种典型树木介电常数的测量数据,以及与模型的对比结果,图中 T1、T2、T3 分别代表杨树、梧桐树和泡桐树。从图中可以看出,树叶介电常数的实部在 10GHz 以下随频率增加而减小,10GHz 以上变化不大,虚部在 10GHz 以下随频率增加而升高,10GHz 以上变化不大;树茎

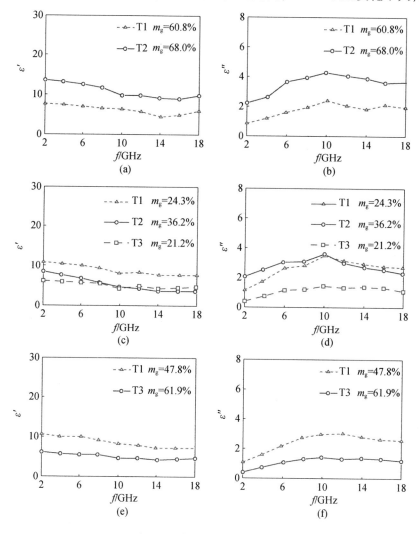

图 1.15　树木介电常数测量值

（a）树叶介电常数实部；（b）树叶介电常数虚部；（c）树茎介电常数实部；
（d）树茎介电常数虚部；（e）树皮介电常数实部；（f）树皮介电常数虚部。

介电常数实部随频率增加而下降,在频率大于 10GHz 时,下降趋势缓慢,虚部在频率小于 10GHz 时,随频率增加而缓慢增大,在频率大于 10GHz 时变化不大;树皮介电常数实部随频率增加而下降,虚部在 10GHz 以下随频率增加而升高,在 10GHz 以上变化不大。

1.3 海洋环境特性

1.3.1 海面描述

直观讲,海面是由大尺度、近似周期性的波浪和叠加在其上的波纹、泡沫及飞溅的浪花组成。通常把大尺度波浪称为海面的大尺度结构,小尺度的浪花等则称为海面的微细(或精细)结构。海面的大尺度结构一般用风浪和涌浪描述。风浪是由当地风所产生并驱动的较陡的短峰波所组成。涌浪则由一些具有较长波长、接近于正弦波的波浪所组成,是由远处的风所产生。各种风浪与涌浪相互间干涉以及局地大气扰动,形成了海面的极不规则形态。远离海岸时,海流对海面形态影响较小。而对于近岸,由于海流(通常是潮流)与风浪及涌浪的干涉会使波高大大增加。泡沫和浪花多由波的干涉引起,而波纹则通常由靠近海面的湍流阵风产生。

人们通常用风力、海况(海态或海情)对海面状态进行定性描述,主要有以下三种描述方法。

1. 蒲氏风级

蒲氏(Beaufort)海况等级表是第二次世界大战前提出的。由于蒲氏等级表分级的依据是风力而不是波高,因此称为蒲氏风级表较为合适[9]。表 1.7 给出了风力等级描述及对应的风速范围。

表 1.7 蒲氏风级表

风力等级	描述	风速/节
0	平静(calm)	<1
1	软风(light air)	1~3
2	轻风(light breeze)	4~6
3	微风(gentle breeze)	7~10
4	和风(moderate breeze)	11~16
5	清劲风(fresh breeze)	17~21
6	强风(strong breeze)	22~27
7	疾风(moderate gale)	28~33

(续)

风力等级	描　述	风速/节
8	大风(fresh gale)	34 ~ 40
9	烈风(strong gale)	41 ~ 47
10	狂风(whole gale)	48 ~ 55
11	暴风(storm)	56 ~ 63
12	飓风(hurricane)	>64

注:1 节 = 1.852km/h。

2. 道氏海况

道氏(Douglas)海况等级表是采用波高而非风力对海面进行描述,因此又称道氏波级表,如表 1.8 所示。与蒲氏风级表相比,道氏海况等级表更能反映海面的大尺度结构。

表 1.8　道氏海况等级表[20]

海况等级	描述	风速/节	有效波高/英尺	风区/海里	风时/小时
1	微浪(smooth)	<6	<1	—	—
2	小浪(slight)	6 ~ 12	1 ~ 3	50	5
3	中浪(moderate)	12 ~ 15	3 ~ 5	100	20
4	大浪(rough)	15 ~ 20	5 ~ 8	150	23
5	强浪(very rough)	20 ~ 25	8 ~ 12	200	25
6	巨浪(high)	25 ~ 30	12 ~ 20	300	27
7	狂浪(very high)	30 ~ 50	20 ~ 40	500	30
8	飓浪(precipitous)	>50	>40	700	35

注:1 节 = 1.852km/h;1 英尺 = 0.3048m;1 海里 = 1.852km。

表 1.8 中的有效波高是描述海面的常用术语,是指海面中最大的前三分之一波浪波谷与波顶间高度的平均值,记为 $h_{1/3}$。在粗糙海面电磁散射计算中常用到海面的均方根(Root Mean Square,RMS)高度,是指海面平均高度的均方根高度值,记为 σ_h。$h_{1/3}$ 与 σ_h 之间并不存在准确的通用关系。一种常用于风浪的近似关系为 $h_{1/3} = 4\sigma_h$,偶尔也采用近似关系 $h_{1/3} = 2.83\sigma_h$。而平均波高 h_{av} 与 RMS 之间存在确定关系,即

$$h_{av} = \sqrt{2\pi}\sigma_h \tag{1.16}$$

有时人们还用到十分之一波高($h_{1/10}$)。有效波高、平均波高和十分之一波高三者之间的换算关系如表 1.9 所示。

表 1.9 有效波高和其他波高的关系

波高类型	符号	相对值
平均波高	h_{av}	0.64
有效波高	$h_{1/3}$	1.00
十分之一波高	$h_{1/10}$	1.29

表 1.8 中的风区是指恒定风所吹的水平距离范围,风时是指恒定风吹的持续时间。在一定风速下,经历足够的风时和风区,海面达到平衡态,此时的海面称作充分生成海面。蒲氏海况等级和道氏海况等级均对应于充分生成的海面。

注意,风时和风区的对应关系实质上是在风浪且深水波条件下成立的。常见的海面波浪多为风浪和涌浪的混合体。风浪是由海面上空的本地风所生成的,在高度分布上较为随机。而涌浪则是当风浪已移出其所产生的风区或者本地风停止后,若浪改变形状后能固定下来,这样的浪为涌浪。涌浪更多呈现出类似正弦波的特点,波顶线宽而长。涌波周期通常为 6 ~ 16s,可由几千千米外的暴风雨产生。当水域足够深以至水底对波的传播影响可忽略时,此时的波浪称为深水波。一般而言,如果水深大于给定波波长的 1/2,深水近似是成立的。除近岸外,海洋波多为深水波。

3. 世界气象组织海况标准

世界气象组织(World Meteorological Organization,WMO)给出了与道氏海况等级不同的定义标准,如表 1.10 所示。

表 1.10 世界气象组织海况描述[20]

海况等级	有效波高/英尺	描述
0	0	无风,镜面(calm,glassy)
1	0 ~ 1/3	无风,涟漪(calm,rippled)
2	1/3 ~ 2	平稳,微波(smooth,wavelets)
3	2 ~ 4	小浪(slight)
4	4 ~ 8	中浪(moderate)
5	8 ~ 13	大浪(rough)
6	13 ~ 20	强浪(very rough)
7	20 ~ 30	巨浪(high)
8	30 ~ 45	狂浪(very high)
9	>45	飓浪(phenomenal)

注:1 英尺 = 0.3048m

表 1.11 给出了世界上不同海区内有效波高的相对出现频次统计结果。

表 1.11　不同海区内有效波高的相对出现频次[21]

海区	有效波高范围/英尺					
	0 ~ 3	3 ~ 4	4 ~ 7	7 ~ 12	12 ~ 20	>20
纽芬兰与英格兰之间的北大西洋	20%	20%	20%	15%	10%	15%
中赤道大西洋	20%	30%	25%	15%	5%	5%
处于阿根廷南部纬度的南大西洋	10%	20%	20%	20%	15%	10%
处于俄勒冈和阿拉斯加半岛南部纬度的北太平洋	25%	20%	20%	15%	10%	10%
东赤道太平洋	25%	35%	25%	10%	5%	5%
处于智利南部纬度的南太平洋西风带	5%	20%	20%	20%	15%	15%
东北季风季节时的北印度洋	55%	25%	10%	5%	0%	0%
西南季风季节时的北印度洋	15%	15%	25%	20%	15%	10%
马达加斯加与澳大利亚北部之间的南印度洋	35%	25%	20%	15%	5%	5%
好望角与澳大利亚南部之间航线上的南印度洋西风带	10%	20%	20%	20%	15%	15%
上述各海区的平均值	22%	23%	20.5%	15.5%	9.5%	9.0%
注:1 英尺 = 0.3048m						

1.3.2　海谱模型

海面上的浪谷、浪楔、波浪、泡沫、漩涡、浪花以及海浪下落时形成的大小各异的水花,这些大小尺度结构可归结为两种力的作用,即重力和表面张力。重力作用下,产生大尺度结构的海表面波,称为重力波;表面张力作用下,产生小尺度或细微结构的海表面波,称为张力波或毛细波。

若将海浪视为无数正弦波动的叠加,在较短的时间内,海浪波动过程为准平稳过程,同时具有各态历经性。海表面波可视作由无限多个振幅不同、频率不同、方向不同和相位杂乱的谐波组成,这些谐波在频域的分布便构成了海谱。海谱能够反映海浪的能量相对于组成海浪的各空间频率的分布。海谱各个频域分量随着时间流逝通过吸收风中的能量在空间中传播。高频分量逐渐饱和,当其破碎时将损失掉海谱中的能量,同时低频分量仍然在成长。通过这种方式,海谱能量逐渐增长,海谱峰值也向低频方向移动。

长期以来,海洋学界对海面结构进行了大量实验观测,统计得到了多种海谱模型。但由于海面结构的复杂性,例如,在充分发展的海面上,较大的海浪趋于沿风的方向移动,较小的海浪则显得无方向性,这就使得一方面对于较小尺度结构难以观测,另一方面对于海浪的破碎过程、泡沫空间分布难以准确描述。尽管如此,经验化的海谱模型仍为海杂波理论研究提供了比较有效的海面状态描述途径。下面给出几种常用的海谱模型。

1. 诺伊曼(Neumann)谱

诺依曼谱是 20 世纪 50 年代提出的重力波谱,它由观测到的不同风速下波高与波周期的关系推导得到,在早期的海浪预测工作中发挥着重要作用。其基本形式为[22]

$$S(\omega) = \frac{A}{\omega^6} \exp\left(-B \frac{1}{\omega^2} \right) \qquad (1.17)$$

式中,$A = C \cdot \pi/2$,$C = 3.05 \mathrm{m^2/s^5}$;$B = 2g^2/U_{10}^2$,$U_{10}$ 为海面 10m 高度处的风速,g 为重力加速度;ω 为频率。

诺依曼谱的低频部分主要取决于指数函数 $\exp(-B/\omega^2)$,而谱的高频部分主要取决于幂函数 A/ω^6。在 $\omega = 0$ 附近时,$S(\omega)$ 值很小;当 ω 增大时,$S(\omega)$ 迅速增大,并达到一个峰值,对应谱峰的频率称为谱峰频率。达到谱峰值以后,当 ω 增大时,$S(\omega)$ 迅速减小,并在 ω 趋于无穷时趋于 0。这说明诺依曼谱的显著部分集中于谱峰频率附近,这与实际海浪是相符的。

图 1.16 给出了诺依曼谱随风速的变化关系。从图中可以看出,虽然理论上谱包括各频率的组成波,但谱的主要部分集中于一狭窄的频段内,随着风速的增加,谱曲线下面的面积增大,谱峰向低频的方向推移,说明大尺度长周期波浪的比例逐渐增加。

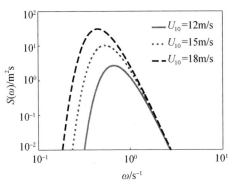

图 1.16 诺依曼谱随风速的变化

2. P-M 谱

P-M 海谱模型是由 W. J. Pierson 和 L. Moscowitz 在 1955—1960 年对北大西洋 460 次海洋观测的基础上进行谱分析得到的,它可以用来描述充分成长下

的稳态海面波浪频谱,因简洁的数学形式而得到了广泛应用。P-M 谱模型形式为[23]

$$S(\omega) = \alpha \frac{g^2}{\omega^5} \exp\left[-\beta\left(\frac{U_{19.5}\omega}{g}\right)^{-4}\right] \tag{1.18}$$

式中,$\alpha = 8.1 \times 10^{-3}$;$\beta = 0.74$;$U_{19.5}$ 为海面上 19.5m 高度处的平均风速。

相应的波数谱模型为

$$S_{\mathrm{PM}}(K) = \frac{\alpha}{2K^3} \exp\left(-\frac{\beta g^2}{K^2 U^4}\right) \tag{1.19}$$

式中,K 为海浪的空间波数。

图 1.17 给出了 P-M 谱随风速的变化曲线图。从图中可以看出,随着风速的增大,P-M 谱曲线下的面积急剧增大,说明海面能量随风速增大而增强。同时 P-M 谱的峰值随风速增大向低频方向移动并快速升高,可见在风速较大时,能量主要集中在波长较长的海面波浪上。对数坐标形式更容易看到这种变化,比一般坐标更易区分量值。从图中还可以看出,P-M 海谱是一个窄带能量谱,随风速增加,谱能量增加且集中分布在低频部分。

P-M 谱符合傅里叶(Fourier)谱的定义,以风速作为变量的完全发展的谱形,并且比诺依曼谱更合理有效。图 1.18 给出了 P-M 谱与诺依曼谱的比较,风速为 15m/s。由图可以看出,P-M 谱和诺依曼谱的谱形有一定的差别,尤其是在高频部分,P-M 谱数值小于诺依曼谱数值,但是两者的谱峰频率很接近。

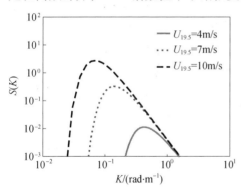
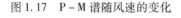

图 1.17　P-M 谱随风速的变化

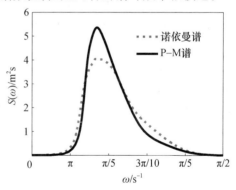

图 1.18　P-M 谱与诺依曼谱的比较
（风速 15m/s）

3. JONSWAP 谱

JONSWAP 谱是 20 世纪 60 年代末期,由 K. Hasselmann 等人[24]对联合北海波浪计划(Joint North Sea Wave Project,JONSWAP)在不同风速和风区下测得的 2500 余个波谱进行分析和拟合后,在 P-M 海谱的基础上提出的。该海谱是一种受限于风区大小的非稳态海谱,它的高频部分与 P-M 海谱几乎一致,而主波

浪部分的谱值则显著高于 P – M 海谱。JONSWAP 被公认为是国际标准海谱模型,其一维形式为

$$S(\omega) = \alpha g^2 \omega^{-5} \exp\left[-\frac{5}{4}\left(\frac{\omega_0}{\omega}\right)^4\right] \cdot \gamma^{\exp\left[-\frac{(\omega-\omega_0)^2}{2\sigma_p^2\omega_0^2}\right]} \tag{1.20}$$

式中,ω_0 为谱峰频率,是一个依赖于风速的参量,可由深水风浪频散关系 $\omega^2 = gk$ 求得,γ 为峰升因子,定义为同一风速下谱峰值 E_{max} 与 P – M 谱的谱峰值 $E_{(PM)max}$ 的比值,其值介于 1.5 与 6 之间,$\gamma = 3.3$ 时的 JONSWAP 谱称为平均 JONSWAP 谱,σ_p 称为峰形参数,其值为

$$\begin{cases} \sigma_p = 0.07, \omega \leq \omega_0 \\ \sigma_p = 0.09, \omega > \omega_0 \end{cases} \tag{1.21}$$

其中无因次常数 $\alpha = 0.07\,\tilde{x}^{-0.22}$,无因次风区 $\tilde{x} = gx/U_{10}^2$(x 为风区长度,U_{10} 为海面 10m 高度处风速),其值范围为 $\tilde{x} = 10^{-1}$ 至 10^5,无因次峰频率 $\tilde{\omega}_0 = U_{10}\omega_0/g = 22\,\tilde{x}^{-0.33}$。

JONSWAP 谱是以风区为参量的海浪频谱,风区同时影响尺度系数、谱峰频率和峰升因子,并且当风区取较大的值时,峰升因子向 1 趋近,此时 JONSWAP 谱和 P – M 谱逐渐重合。

图 1.19 给出了不同风速和风区情况下 JONSWAP 谱形状的变化。在风区长度 $x = 50$km 情况下,观察风速为 4m/s、7m/s、10m/s 时 JONSWAP 谱能量的变化,可以看出谱峰值随风速增大向低频方向移动并快速升高,谱曲线下的面积急剧增大,说明海面能量随风速增大而增强。在风速为 7m/s 情况下,观察风区为 10km、30km、50km 时 JONSWAP 谱能量的变化,同样发现谱峰值随风区增大向低频方向移动并快速升高,谱曲线下的面积增大,说明海面能量随风区的增大也增强,与随风速的变化规律基本类似,只是风区的变化对谱线高频部分的影响较小。

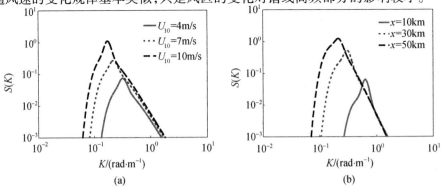

图 1.19 JONSWAP 谱随风速、风区的变化

(a)随风速的变化,$x = 50$km; (b)随风区的变化,$U_{10} = 7$m/s。

4. 文氏谱

根据我国的海洋工程和海浪预报业务的实际需要,我国研究者文圣常等[25]对海浪谱进行了深入的研究,得到具有普遍适用性(深水和浅水)的海谱形式。

文氏无因次谱定义为

$$\tilde{s}(\tilde{w}) = \frac{w_0(s(w))}{m_0} \tag{1.22}$$

式中,w_0 为谱峰频率;m_0 为谱面积。w_0 和 m_0 可分别表示为

$$w_0 = g/U_{10} \times 10.4 \cdot \tilde{x}^{-0.233} (\text{th}(30\,\tilde{d}^{0.8}/\tilde{x}^{0.35}))^{(-2/3)} \tag{1.23}$$

$$m_0 = U_{10}^4/g^2 \cdot 1.89 \times 10^{-6} \cdot \tilde{x}^{(-0.233)} (\text{th}(30\,\tilde{d}^{0.8}/\tilde{x}^{0.35}))^2 \tag{1.24}$$

式中,g 为重力加速度;U_{10} 为海面 10m 高处的风速(m/s);$\tilde{x} = gx/U_{10}^2$ 表示无因次风区;$\tilde{d} = gd/U_{10}^2$ 表示无因次水深;x 和 d 分别表示风区长度(m)和水深(m)。

经推导,式(1.22)可进一步表示为

$$\tilde{s}(\tilde{w}) = \frac{Q}{R_m^2 - 1} P_m \tilde{w}^{-p_m} \exp\left[-\frac{p_m}{q_m}(\tilde{w}^{-q_m} - 1) \right] +$$

$$\frac{3.62(1 - 0.65\eta)}{Q^{0.35}}\left(1 - \frac{Q}{R_m^2 - 1}\right)\exp\left[-\frac{41.1(1 - 0.615\eta)^2}{Q^{0.699}}(\tilde{w} - 1)^2 \right]$$

$$\tag{1.25}$$

其中

$$P_m = 1.444 + 0.888\eta$$

$$R_m = 1.44 + 0.113e^{6.38\eta}$$

$$p_m = 4.25 - 2.5\eta$$

$$q_m = 5.5 - 1.78\eta + 1.1\eta^2$$

$$Q = 4.14(1 + 15\eta^{1.85})P^{-4.8\eta^{1.5}}e^{0.809P^{0.766}}$$

$$P = (1.59 - 0.976\eta) \times 10.4\,\tilde{x}^{(-0.233)} (\text{th}(30\,\tilde{d}^{0.8}/\tilde{x}^{0.35}))^{(-2/3)}$$

式中,$\eta = h_{av}/d$ 为水深因子;h_{av} 为平均波高;其与有效波高 $h_{1/3}$ 的关系可表示为 $h_{1/3} = 1.598h_{av}$。

有效波高与无因次化水深 $\tilde{d}$、风区 $\tilde{x}$ 以及风速的关系为

$$h_{1/3} = U_{10}^2/g \times 5.5 \times 10^{-3} \times \tilde{x}^{0.35} \times \text{th}(30\,\tilde{d}^{0.8}/\tilde{x}^{0.35}) \tag{1.26}$$

因此,水深因子可进一步表示为

$$\eta = h_{\mathrm{av}}/d = h_{1/3}/(1.598 \cdot d) \tag{1.27}$$

综上,文氏谱的有因次形式为

$$s(w) = \frac{m_0(\tilde{s}(\tilde{w}))}{w_0} \tag{1.28}$$

即文氏浅水谱是关于水深 $d(\mathrm{m})$,风区 $x(\mathrm{m})$ 和海面 10m 高处的风速 $U_{10}(\mathrm{m/s})$ 三个参量的谱。

图 1.20 给出了在风区长度 $x = 150\mathrm{km}$ 情况下,文氏谱曲线随水深和风速的变化。从图中可以看出,对于不同水深,谱峰频率随着水深的减小而增大,说明浅水区的海波周期小,大尺度重力波相对比例较小,这与实际情况是一致的。另外,随水深减小,谱峰值越低,说明海浪能量减小。对于不同风速,风速越大,谱峰频率越小,峰值越大,这与实际情况也是吻合的。

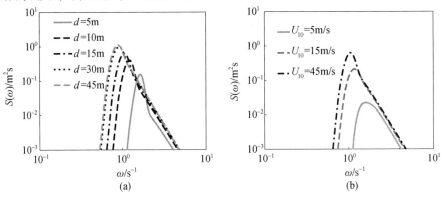

图 1.20 文氏谱随水深 d 与风速 U_{10} 的变化

(a)不同水深对比,$U_{10} = 15\mathrm{m/s}$;(b)不同风速对比,水深 $d = 15\mathrm{m}$。

5. Elfouhaily 谱

Elfouhaily 谱(简称 E 谱)是由 T. Elfouhaily 等人[26]基于实验测量数据,对 JONSWAP、P–M 等波谱进行修正后而建立的一种波谱模型,其一般形式为

$$S(k) = L_{\mathrm{PM}}(k)k^{-3}[B_{\mathrm{L}}(k) + B_{\mathrm{H}}(k)] \tag{1.29}$$

式中,下标 L、H 分别为低频、高频;B 为曲率谱;k 为波数;$L_{\mathrm{PM}}(k)$ 为 PM 饱和谱,可表示为

$$L_{\mathrm{PM}}(k) = \exp[-1.25(k/k_{\mathrm{P}})^{-2}] \tag{1.30}$$

式中,$k_{\mathrm{P}} = g/c_{\mathrm{P}}^2$ 为谱峰对应的波数;$c_{\mathrm{P}} = U_{10}/\Omega$ 为相速度;U_{10} 为海面 10m 高度处的风速,Ω 为无因次波龄,描述海面的发展状态,其值与无因次风区 $\tilde{x}$ 的关系为

$$\Omega = 0.84\tanh[-(\tilde{x}/2.2 \times 10^4)^{0.4}]^{-0.75} \tag{1.31}$$

式(1.29)中 $B_L(k)$ 表示长波曲率谱,其表达式为

$$B_L(k) = \frac{1}{2}\alpha_p \frac{c_p}{c(k)} F_p(k) \tag{1.32}$$

式中,$\alpha_p = 0.006\sqrt{\Omega}$ 为尺度因子;$c(k) = \sqrt{g/k(1+k^2/k_m^2)}$ 为波浪相速度;F_p 为长波作用函数,表达式为

$$F_p(k) = J_p(k)\exp\left[-\frac{\Omega}{\sqrt{10}}\left(\sqrt{\frac{k}{k_p}}-1\right)\right] \tag{1.33}$$

式中,$J_p = \gamma^{\Gamma}$ 为峰值加强因子。

$$\gamma = \begin{cases} 1.7, & 0.84 < \Omega \leqslant 1 \\ 1.7+6\ln(\Omega), & 1 < \Omega < 5 \end{cases} \tag{1.34}$$

$$\Gamma = \exp\{-(\sqrt{k/k_p}-1)^2/(2\sigma^2)\} \tag{1.35}$$

$$\sigma = 0.08(1+4\Omega^{-3}) \tag{1.36}$$

式(1.29)中 $B_H(k)$ 为短波曲率谱,表示为

$$B_H(k) = \frac{1}{2}\alpha_m \frac{c_m}{c} F_m(k) \tag{1.37}$$

式中,α_m 为小尺度波广义平衡参数,且

$$\alpha_m = 10^{-2}\begin{cases} 1+\ln(u_f/c_m), & u_f > c_m \\ 1+3\ln(u_f/c_m), & u_f < c_m \end{cases} \tag{1.38}$$

式中,u_f 为海表面摩擦风速(m/s);c_m 为取曲率谱重力 – 毛细波峰值 k_m 时的最小相速度,一般取值为

$$k_m = \sqrt{\rho_w g/T} = 370\text{rad/m} \tag{1.39}$$

$$c_m = \sqrt{2g/k_m} = 0.23\text{m/s} \tag{1.40}$$

式中,ρ_w 为水的体积密度。

　　式(1.37)中 $F_m(k)$ 为短波作用函数,表示为

$$F_m(k) = \exp\left[-\frac{1}{4}\left(1-\frac{k}{k_m}\right)^2\right] \tag{1.41}$$

　　E 谱模型是一个全波数范围内的风浪谱,由重力波和张力波两部分组成,并考虑到了海浪能量通过波浪间的相互作用在不同尺度之间传递的现象,是一种统一的海谱模型。图 1.21 显示了 E 谱相对于风区、风速的成长过程,可以很明显地看到谱曲线下的面积随风区及风速的增大而增大,谱峰频率随风区及风速

的增大而减小的规律。该现象说明随风区及风速的增大,谱能量范围增大,且主能量分布向低频推移,即大尺度重力波的能量随风区和风速的成长将占主导地位。另外,随风速的增大,E 谱高低频部分的毛细波与重力波谱能量都呈增大的趋势,但明显重力波谱对风速的变化要敏感。对于风区的成长,似乎只对大尺度重力波谱有影响,而对毛细波谱影响甚微。

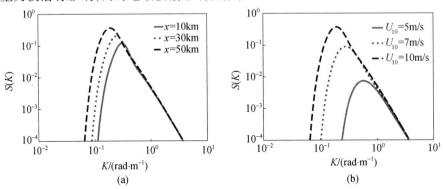

图 1.21　E 谱随风区、风速的变化

(a)随风区的变化,$U_{10} = 7\text{m/s}$;(b)随风速的变化,$x = 50\text{km}$。

6. 冯氏(Fung)谱

A. K. Fung 的半经验海谱是一种完全海谱,建立在 W. J. Pierson 和 L. Mokcowitz 提出的重力波谱和 W. J. Pierson 提出的张力波谱的基础上,并结合对海面雷达遥感数据拟合得到的。当波数 $k < 0.04\text{rad/cm}$ 时应用重力波谱,当波数 $k > 0.04\text{rad/cm}$ 时应用张力波谱,并令当波数 $k = 0.04\text{rad/cm}$ 时二者谱密度相等,从而得到一种完全谱。

W. J. Pierson 和 L. Mokcowitz 的重力波谱形式为

$$S_1(k) = \frac{\alpha_0}{k^3}\exp\left(-\frac{\beta g^2}{k^2 u^4}\right) \tag{1.42}$$

式中,$\alpha_0 = 1.4 \times 10^{-3}$,$\beta = 0.74$,相对于 P – M 海谱进行了常数调整。

A. K. Fung 等人[27]提出的半经验海谱模型为

$$S_2(k) = 0.875 \cdot (2\pi)^{p-1} \cdot \left(1 + \frac{3k^2}{k_m^2}\right)g^{\frac{1-p}{2}} \cdot \left[k\left(1 + \frac{k^2}{k_m^2}\right)\right]^{\frac{-p-1}{2}} \tag{1.43}$$

式中,$k_m = 3.63\text{rad/cm}$;$g = 981\text{cm/s}^2$;$p = 5 - \lg(u_*)$,u_* 为摩擦风速,单位为 cm/s。

u 是高度为 $z(\text{m})$ 处的风速,它与摩擦风速关系为

$$u = (u_*/0.4)\ln\left(\frac{z}{0.684/u_* + 4.28 \times 10^{-5}u_*^2 - 0.0443}\right)\text{cm/s} \tag{1.44}$$

式中,u_* 应大于 12cm/s,这意味着 $U_{19.5}$ 不能小于 3.46m/s。则总的海谱为

$$S(k) = \begin{cases} S_1(k), & k < 0.04 \\ S_2(k), & k > 0.04 \end{cases} \tag{1.45}$$

图 1.22 给出了风速变化对冯氏谱的影响,从图中可以看出,随着风速的增大,谱线的高低频部分均出现明显提升,低频部分受影响更为明显,中间频率部分受影响较小。

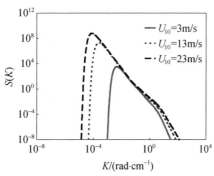

图 1.22　风速变化对冯氏谱的影响

1.3.3　海面数字化模型

尽管利用上述海谱模型和计算机技术,能够产生一系列随时间离散样本的动态粗糙海面,但这种模拟海面仅能表征不同尺度的波浪结构,不能反映波浪从生成、生长到塌陷的时空变化特性,而这些特性往往对于海杂波理论与试验研究是至关重要的。为此,这里介绍一种基于海谱模型、海浪破碎概率模型、白冠覆盖率模型和海面精细结构观测试验数据的海面复合建模方法,以及在此基础上建立的海面几何结构数字化模型。

1. 海浪破碎概率模型

海表面在风的连续作用下产生波浪,波浪逐渐成长,波动的非线性增强,当风速达到某一临界值时,波浪发生破碎,并在波峰处产生大量的水沫和水滴,在波动水体内和表面产生大量的气泡。这种在波面上清晰可见的白色水体就是所谓的海浪白冠(又称白浪、白泡云),它是空气和海水湍混合的结果。

通常用海浪破碎概率描述风速与波浪发生破碎的关系。海浪破碎概率定义为一个充分大的海面上某时刻发生破碎波的个数(n)与所观察波浪个数(N)之比,即

$$B = n/N \tag{1.46}$$

D. Xu 等人[28]建立了海浪破碎概率与风要素的经验关系式为

$$B = \exp\{-0.042\,\hat{x}^{0.5}\} \tag{1.47}$$

式中,$\tilde{x} = gx/U_{10}^2$ 为无因次风区(x 为风区长度)意味着海浪破碎概率不仅依赖于风速,还受风区影响。

由于 x 难以确定,该经验关系实际中难以应用。这里,利用正态海浪与平均波周期的经验关系为

$$\bar{T} = 0.0227 U_{10} x^{0.33} \tag{1.48}$$

得到海浪破碎概率 B 与平均波周期 $\bar{T}$ 的关系为

$$B = \exp\left[-13.01\left(\frac{\bar{T}}{U_{10}}\right)^{1.52}\right] \tag{1.49}$$

图 1.23 给出了海浪破碎概率随平均波周期和风速的变化趋势,可以看出,海浪破碎概率随风速的增加而增加,随平均波周期的增加而降低。

利用平均波高 h_{av} 与风速 U_{10} 的经验关系式 $g \cdot h_{av}/U_{10}^2 = 0.3$ 可进一步得到海浪破碎概率 B 与平均波周期 $\bar{T}$ 和平均波高 h_{av} 的关系为

$$B = \exp\left[-0.9195\left(\frac{\bar{T}^2}{h_{av}}\right)^{0.76}\right] \tag{1.50}$$

图 1.24 给出了海浪破碎概率随平均波周期和平均波高的变化趋势,可以看出,海浪破碎概率随平均波高的增加而增加,随平均波周期的增加而降低。

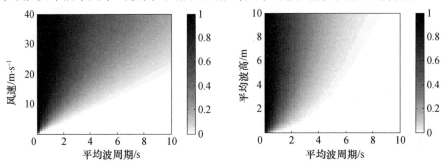

图 1.23　海浪破碎概率随平均波　　　　图 1.24　海浪破碎概率随平均波
周期和风速的变化趋势　　　　　　　周期和平均波高的变化趋势

2. 白冠覆盖率模型

用白冠覆盖率描述海浪破碎后白冠与风速的关系。白冠覆盖率定义为白冠区域所占观测海区总面积的比例。据观测统计,全球海面白冠覆盖率平均值约为 1% ~4% 。白冠覆盖率不仅是风速的函数,而且与大气稳定度特别是海面波浪状况有关,是一系列环境和气象因子的综合表征。假定某一瞬间在一个面积 S_0 充分大的海面上出现 n 个白冠,每个白冠覆盖的面积为 Δs_i,则覆盖率可定

义为[29]

$$W = \frac{1}{S_0} \sum_{i=1}^{n} \Delta s_i \tag{1.51}$$

通过测量数据拟合可得到关于白冠覆盖率的经验模型,即

$$W = aU_{10}^{b} \tag{1.52}$$

式中,a 和 b 为拟合系数。

采用不同的测量数据(表 1.12),将得到不同的 a 和 b 值,从而影响白冠覆盖率描述的准确性。表 1.13 给出了采用不同观测数据拟合得到的 a 和 b 值情况,其中序号为 20 的数据是将所有观测数据进行集合的结果,和方差(the Sum of Squares Due to Errror,SSE)代表拟合结果与原始数据相对应点误差的平方和,均方根(Root Mean Squared Error,RMSE)为拟合标准差,确定系数(R - square)表征拟合的好坏程度,取值范围为[0,1],越接近 1,表明拟合程度越强。

表 1.12　白冠覆盖率观测数据

序号	数据组	观测地点	观测时间	观测方法
1	4	北大西洋北海(North Sea,North Atlantic)	1969.3	航空相片
2	38	大西洋巴巴多斯(Barbados,Atlantic Ocean)	1969.5	照片
3	16	大西洋西海岸(West Atlantic Coast)	1969.7 ~ 1969.8	照片
4	13	北大西洋北海(North Sea,North Atlantic)	1969.3	航空相片
5	36	东海(East China Sea)	1972	照片
6	6	—	1975 ~ 1978	航空相片
7	39	西太平洋热带海域(Western Tropical Pacific)	1975 ~ 1978	照片
8	64	大西洋东北部(Northeastern Atlantic)	1978.8 ~ 1978.9	照片
9	84	阿拉斯加湾(Gulf of Alaska)	1980.11 ~ 1980.12	照片
10	34	北大西洋(North Atlantic)	1979 ~ 1983	照片
11	6	黑海和巴伦支海(Black and Barents seas)	1981	航空相片
12	31	斯科舍海和威德尔海(Seas Scotia,Weddell)	1981 ~ 1982	照片
13	32	北大西洋北冰洋(North Atlantic Arctic Ocean)	1983.6 ~ 1983.7	照片
14	102	北大西洋北冰洋(North Atlantic Arctic Ocean)	1984.6 ~ 1984.7	相片
15	32	北大西洋乔治浅滩(North Atlantic George Bank)	1990.4	视频图像
16	9	渤海湾(Bohai Bay,China)	1995.10 ~ 1995.11	相片
17	45	狮子湾(Gulf of Lion)	1998.3 ~ 1998.4	相片
18	62	北大西洋(North Atlantic)	1998.5 ~ 1998.6	视频图像
19	4	太平洋东北部(Northeastern Pacific)	2000.9 ~ 2000.10	视频图像
20	657	数据集合	集合	集合

表 1.13　由表 1.12 观测数据拟合得到的 a 和 b 值

序号	a	b	SSE	RMSE	R – square
1	1.364×10^{-1}	1.704	58.97	5.4300	0.8354
2	7.060×10^{-4}	3.375	7.04	0.4423	0.4344
3	9.470×10^{-7}	5.566	2.44	0.4172	0.9549
4	2.512×10^{-2}	2.253	259.40	4.8560	0.7221
5	1.746×10^{-2}	1.845	44.16	1.1400	0.4339
6	1.252×10^{0}	1.016	5.70	1.1930	0.9542
7	2.564×10^{-3}	3.147	95.93	1.6100	0.7000
8	4.760×10^{-3}	2.525	53.98	0.9331	0.5058
9	1.139×10^{-2}	2.033	86.75	1.0290	0.4052
10	2.501×10^{-4}	3.570	259.50	2.8480	0.6600
11	2.199×10^{-1}	0.853	0.54	0.3682	0.5046
12	1.042×10^{-2}	1.872	3.95	0.3690	0.6195
13	1.401×10^{-3}	2.132	0.93	0.1762	0.2595
14	2.395×10^{-3}	2.176	40.51	0.6365	0.0986
15	7.760×10^{-4}	2.483	1.19	0.1995	0.5618
16	1.001×10^{-1}	0.640	1.12	0.4002	0.1079
17	1.924×10^{-3}	2.654	18.79	0.6611	0.6413
18	3.970×10^{-5}	3.793	3.38	0.2372	0.6811
19	2.620×10^{-10}	8.791	0.09	0.2178	0.9752
20	2.680×10^{-5}	4.389	3.95	2.4550	0.6749

利用表 1.12 所有数据集合,得到的 a 和 b 值分别为 $a = 2.68 \times 10^{-5}$ 和 $b = 4.389$,将其作为白冠覆盖率经验模型的拟合系数。图 1.25 给出了采用不同测量数据得到的白冠覆盖率随风速变化曲线,可以看出,得到的拟合系数(图中短

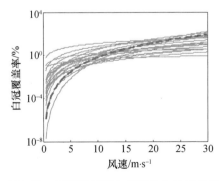

图 1.25　不同数据拟合得到的白冠覆盖率

虚线)在风速为 11m/s 附近白冠覆盖率的数值接近 1% ,在风速 19m/s 附近白冠覆盖率的数值接近 10% ,表明拟合得到的经验模型具有较好的稳定性。

3. 海面精细结构试验观测

海浪破碎概率模型和白冠覆盖率模型提供了不同风速下海面波浪破碎和白冠的发生概率,不能反映波浪从生成到消失的时间及空间尺度。为获取海面精细结构,通常采用对局部海域进行高速影像试验观测。这里给出一个试验例子。

试验地点位于广东茂名市的博贺海洋气象科学实验基地(21°26.5′E,111°23.5′N)。该基地的海上综合实验观测平台位于距离海岸线 6.5km、水深 17m 的海面。试验设备包括高速摄像仪、云台和测距仪等,架设在实验观测平台底部。同时,利用平台上的其他设备,获得相关海洋气象参数。

在 2013 年夏季开展了为期一个月的观测试验,获得了大量海面破碎影像数据。通过对影像分析处理(图 1.26),得到了 4 级海况下的白冠时空变化特性:沿波浪传播方向白冠扩展范围为 0.6 ~ 1.2m、垂直于波浪传播方向白冠高度为 1.0 ~ 4.0m,白冠从生成到消失的持续时间为 0.5 ~ 2.5s。

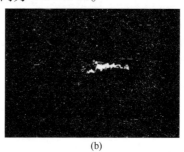

(a)　　　　　　　　　　　　　(b)

图 1.26　海面白冠原始影像与处理结果

(a)原始影像;(b)处理结果。

4. 多尺度海面数字化模型

多尺度海面几何结构建模方法流程如图 1.27 所示,利用输入参数(风速、空间范围、时间长度等),通过海浪谱模型生成大尺度(重力波形成的海浪)与小尺度(张力波形成的海浪)的海面(双尺度海面);在双尺度海面上利用海浪破碎概率模型和白冠覆盖率模型,给出双尺度海面上的海浪破碎和白冠覆盖概率;根据破碎判决准则,在破碎区域上叠加局部海面影像数据,形成多尺度海面几何结构数字化模型。

1)海浪破碎判决准则

理论上用于判别海浪破碎的判据可归为三类:一是运动学判据,水体运动的水平速度等于或大于波的相速度;二是动力学判据,水体的加速度等于或大于一定比例的重力加速度;三是几何学判据,自由表面的斜率(波陡)等于或大于一

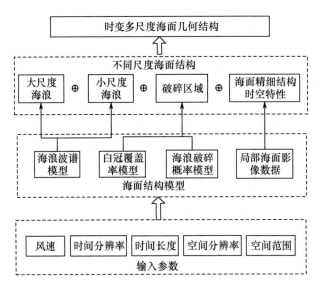

图 1.27 多尺度海面几何结构建模方法流程

定的值,海面发生破碎,出现白冠。

从破碎判据研究的现状来看,关于海浪破碎的动力学判据和运动学判据,目前的研究结果存在较大的分歧,越来越多的事实显示这两个判据的阈值并不是普适的常量,而是依赖于波浪的具体情况,如波浪的生成方法,包括谱形和方向性等。因此对破碎的判据,不能简单地以理论阈值为依据,要根据破碎发生率和白冠覆盖率以及观测的影像资料确定发生破碎的数量、白冠覆盖的面积和尺度大小。

在几何学判据中通过对波陡的判断作为海面是否破碎的依据,此方法较前两种方法简单合理。利用海面高度和波长的比值进行判断,可以利用已计算得到的海面高度数据,减少计算量。

2)白冠位置的选取方法

在计算破碎区域时,首先选取波峰的位置,而不必计算所有位置点的波陡,这样可以减少计算量并增加运算效率且科学合理。如果海面发生破碎,一定发生在波峰位置附近,通过选取波峰位置并对波峰附近位置进行波陡的计算和选择,海面波陡是连续变化的,根据白冠的实际尺度对波陡最大位置周围区域进行波陡计算,选择波陡较大的位置。结合风速、破碎发生率、白冠覆盖率设定一个合理的阈值,对波陡较大的点进行筛选,选出符合条件的位置,即为海面破碎发生位置。

3)多尺度海面几何结构数字化模型

根据不同风速要求,对海面高度和白冠位置进行叠加,可以得到不同风速下时变的海面多尺度几何结构模型。根据不同风速对应的海况和白冠覆盖率判断,当风速小于 6m/s 时,白冠覆盖率小于 0.1%,海面破碎不明显,可以认为,没有破碎。当风速大于 6m/s 时,根据上述方法计算白冠位置并进行叠加。当风速大于 18m/s,波峰部分区域会被风削去,形成白冠,在判断海面破碎时,主要考虑海面高度。

图 1.28 给出了几个典型海况下多尺度海面几何结构数字化模型,选取的空间范围为 500m×500m,空间分辨率为 0.1m。

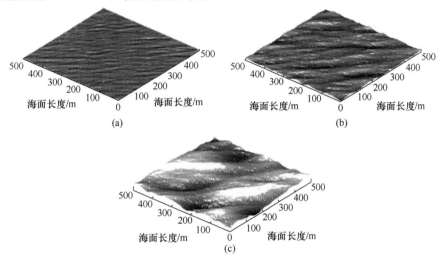

图 1.28　不同风速下多尺度海面几何结构数字化模型(见彩图)
(a)风速为 6m/s,无破碎海面; (b)风速为 10m/s,含破碎海面; (c)风速为 19m/s,含白冠海面。

1.3.4　海水的介电特性

1. 双德拜(Debye)海水介电常数模型

在研究电磁波与海面的相互作用中,海水介电常数是一个非常重要的参数。海水介电常数通常是电磁波频率、海水温度和海水含盐度的复函数。T. Meissner 和 F. J. Wentz 提出了双德拜海水介电常数模型[30],介电常数受温度、盐度和电磁波频率影响,与泡沫、浪花无关,适用范围为 100MHz ~ 1000GHz。

双德拜海水介电常数模型的表达式为

$$\varepsilon(T,S) = \varepsilon_\infty + \frac{\varepsilon_s(T,S) - \varepsilon_1(T,S)}{1 + [\mathrm{i}f/f_1(T,S)]} + \frac{\varepsilon_1(T,S) - \varepsilon_\infty(T,S)}{1 + [\mathrm{i}f/f_2(T,S)]} + \mathrm{i}\sigma(T,S)/2\pi\varepsilon_0 f$$

(1.53)

式中,T 为温度(℃); S 为盐度(‰); f 为入射电磁波的频率(GHz); $f_{i=1,2}(T,S)$ 表示德拜相关频率(GHz); σ 为海水的电导率; ε_∞ 为频率无限大时的介电常数; $\varepsilon_s(T,S)$ 为静态介电常数; $\varepsilon_0 = 8.854 \times 10^{-12}$ F/m 为自由空间的介电常数; 参数

ε_∞、$\varepsilon_s(T,S)$、$\varepsilon_1(T,S)$、$f_{1,2}(T,S)$ 等均为海水温度和盐度的函数,分别表示为

$$\varepsilon_s(T,S) = \frac{3.70886 \cdot 10^4 - 8.2168 \cdot 10T}{4.21854 \cdot 10^2 + T} \cdot \exp(b_0 S + b_1 S^2 + b_2 TS) \quad (1.54)$$

$$\varepsilon_\infty(T,S) = (a_6 + a_7 T) \cdot [1 + S \cdot (b_{11} + b_{12} T)] \quad (1.55)$$

$$f_1(T,S) = \frac{45 + T}{a_0 + a_4 T + a_5 T^2} \cdot [1 + S \cdot (b_3 + b_4 T + b_5 T^2)] \quad (1.56)$$

$$\varepsilon_1(T,S) = (a_0 + a_1 T + a_2 T^2) \cdot \exp(b_6 S + b_7 S^2 + b_8 TS) \quad (1.57)$$

$$f_2(T,S) = \frac{45 + T}{a_8 + a_9 T + a_{10} T^2} \cdot [1 + S \cdot (b_9 + b_{10} T)] \quad (1.58)$$

$$\sigma(T,S) = \sigma(T,S=35) \cdot R_{15}(S) \cdot \frac{R_T(S)}{R_{15}(S)} \quad (1.59)$$

$$\sigma(T,S=35) = 2.903602 + 8.607 \cdot 10^{-2} \cdot T + 4.738817 \cdot 10^{-4} \cdot T^2$$
$$- 2.991 \cdot 10^{-6} \cdot T^3 + 4.3047 \cdot 10^{-9} \cdot T^4 \quad (1.60)$$

$$R_{15}(S) = S \cdot \frac{(37.5109 + 5.45216 \cdot S + 1.4409 \cdot 10^{-2} \cdot S^2)}{(1004.75 + 182.283 \cdot S + S^2)} \quad (1.61)$$

$$\frac{R_T(S)}{R_{15}(S)} = 1 + \frac{\alpha_0(T-15)}{\alpha_1 + T} \quad (1.62)$$

$$\alpha_0 = \frac{(6.9431 + 3.2841 \cdot S - 9.9486 \cdot 10^{-2} \cdot S^2)}{(84.85 + 69.024 \cdot S + S^2)} \quad (1.63)$$

$$\alpha_1 = 49.843 - 0.2276 \cdot S + 0.198 \cdot 10^{-2} \cdot S^2 \quad (1.64)$$

其中 $a_n(n=0,1,\cdots,10)$ 和 $b_n(n=0,1,\cdots,12)$,如表 1.14 所示。

表 1.14 系数 a_n 和 b_n 的取值

n	a_n	b_n
0	5.7230×10^0	-3.56417×10^{-3}
1	2.2379×10^{-2}	4.74868×10^{-6}
2	-7.1237×10^{-4}	1.15574×10^{-5}
3	5.0478×10^0	2.39357×10^{-3}
4	-7.0315×10^{-2}	-3.13530×10^{-5}
5	6.0059×10^{-4}	2.52477×10^{-7}
6	3.6143×10^0	-6.28908×10^{-3}
7	2.8841×10^{-2}	1.76032×10^{-4}
8	1.3652×10^{-1}	-9.22144×10^{-5}
9	1.4825×10^{-3}	1.99723×10^{-2}

（续）

n	a_n	b_n
10	2.4166×10^{-4}	1.81176×10^{-4}
11	—	-2.04265×10^{-3}
12	—	1.57883×10^{-4}

图 1.29 给出了海水介电常数理论值与实验值的对比。可以看出，在 1～300GHz 频率范围内，理论值与实验结果值吻合较好。另外，也可看出，对于介电常数的实部而言，当电磁波频率小于 30GHz 时，近似成单调下降趋势，大于 30GHz 时基本保持不变；对于介电常数的虚部而言，当电磁波频率大于 10GHz 时，近似成单调下降趋势，小于 10GHz 时出现先下降后增加趋势，而拐点约出现在 3GHz 左右（S 波段）。

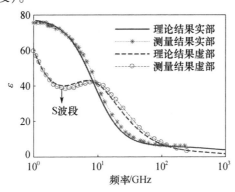

图 1.29　海水介电常数理论值与实验结果值对比（$T = 20℃ , S = 35‰$）

图 1.30 和图 1.31 分别为不同频率（选取 L、S、X 和 Ku 四个波段）时海水介电常数随温度和盐度变化的计算结果。可以看出，对低频段，如 L 波段，海水介

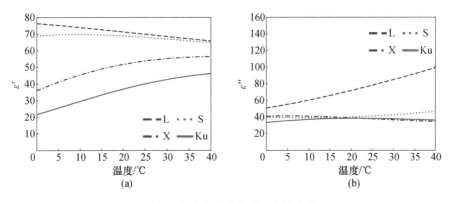

图 1.30　不同波段海水介电常数随温度的变化（$S = 35‰$）

（a）实部；（b）虚部。

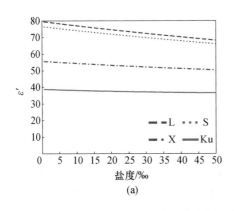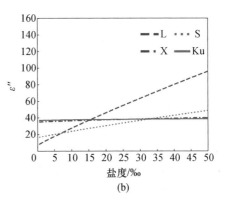

图 1.31　不同波段海水介电常数随盐度的变化（$T=20℃$）

（a）实部；（b）虚部。

电常数的实部随温度与盐度的增大而减小,海水介电常数的虚部随温度与盐度的增大而增大,温度与盐度的变化主要对介电常数的虚部有较大影响;对高频段,如 X、Ku 波段,海水介电常数的实部随温度的升高而增加,随盐度的升高而减小,但变化范围小,海水介电常数的虚部随温度、盐度的变化基本不变。

图 1.32 和图 1.33 分别给出了不同波段下海面后向散射系数随海水温度、盐度的变化。其中擦地角为 $2°$,风速为 $10\mathrm{m/s}$,后向散射系数的计算采用的是修正双尺度计算方法（见本书第 2.4 节）。由图中结果可以看出,海水温度和盐度的变化对同一波段的海面散射系数影响很小,起伏约为 $0.1\mathrm{dB}$。

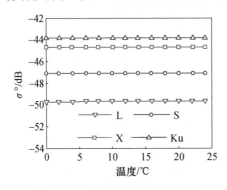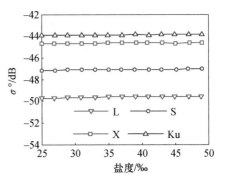

图 1.32　不同波段后向散射系数　　图 1.33　不同波段后向散射系数随
随海水温度的变化（$S=35‰$）　　海水盐度的变化（$T=20℃$）

2. 含泡沫海水的等效介电常数模型

海面在风驱动作用下,将空气卷入海水中形成空气泡,由于空气与海水的介电常数差异大,所以在计算风驱海面后向散射系数时必须给予考虑。这种空气包裹了一层海水壳的泡沫,可以看作是由海水构成的多孔物质,因此泡沫的介电

常数 $\varepsilon_{\text{bubble}}$ 可用海水的介电常数表示为

$$\varepsilon_{\text{bubble}} = \varepsilon_{\text{sea}}\left[1 - \frac{3V_s(\varepsilon_{\text{sea}}-1)}{1+2\varepsilon_{\text{sea}}+V_s(\varepsilon_{\text{sea}}-1)}\right] \tag{1.65}$$

式中,ε_{sea} 为海水的介电常数;V_s 为气泡的占空比,$V_s = n_0 v_0$,其中 n_0 为气泡总数,$v_0 = 4/3\pi r^3$ 为单个气泡的体积,r 为单个气泡的半径。海水中气泡含量与风速间存在如下经验公式

$$V_s = 7.757 \times 10^{-6} \times U^{3.321} \tag{1.66}$$

对于由海水和泡沫构成的海面混合介质,其等效介电常数 ε_{eff} 可采用麦克斯韦 – 加尼特(Maxwell – Garnett)混合介质模型,简称 MG 模型,即

$$\varepsilon_{\text{eff}} = \varepsilon_{\text{sea}} + \frac{3V_s(\varepsilon_{\text{bubble}}-\varepsilon_{\text{sea}})\varepsilon_{\text{sea}}/(\varepsilon_{\text{bubble}}+2\varepsilon_{\text{sea}})}{1 - V_s(\varepsilon_{\text{bubble}}-\varepsilon_{\text{sea}})/(\varepsilon_{\text{bubble}}+2\varepsilon_{\text{sea}})} \tag{1.67}$$

图 1.34 给出了由式(1.66)计算得到的海水气泡含量曲线图。可以看出,只有当海面风速达到约 7m/s 时,才有泡沫产生,随着风速的增加,气泡的占空比迅速增加,与实际情况相符。

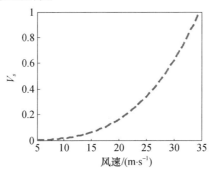

图 1.34 气泡占空比随风速的变化

图 1.35 给出了由式(1.67)计算得到的海面等效介电常数随频率的变化曲线。可以看出,当海面风速为 10m/s(4 级海况)时,海水中仅有些许气泡,海面的等效介电常数与海水介电常数几乎完全重合,表明中低海况下,海面的等效介电常数可直接采用海水的介电常数;当海面风速为 15m/s(6 级海况)时,海水中气泡含量达到 6.24%,对于电磁波频率小于 10GHz 的低频部分海面的等效介电常数出现明显变化;当海面风速达到 20m/s 时,气泡含量达到 16.22%,海面等效介电常数的变化更趋明显。总之,气泡对海面等效介电常数的影响主要集中在高海况和电磁波频率的低端。

3. 冰的复介电常数

这里所说的冰指洁净水结成的冰,不含杂质,是一种均匀媒质。在微波范

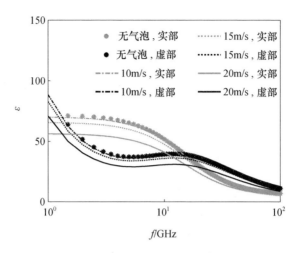

图 1.35　海面等效介电常数随频率的变化($T = 20℃$, $S = 35‰$)

围,冰的介电常数可用修正的德拜公式进行计算。

$$\varepsilon_{i}' = \varepsilon_{i\infty} + \frac{\left(\varepsilon_{i0} - \varepsilon_{i\infty}\right)\left[1 + p^{1-\alpha}\sin\left(\frac{1}{2}\alpha\pi\right)\right]}{1 + 2p^{1-\alpha}\sin\left(\frac{1}{2}\alpha\pi\right) + p^{2(1-\alpha)}} \qquad (1.68)$$

$$\varepsilon_{i}'' = \frac{\left(\varepsilon_{i0} - \varepsilon_{i\infty}\right)p^{1-\alpha}\cos\left(\frac{1}{2}\alpha\pi\right)}{1 + 2p^{1-\alpha}\sin\left(\frac{1}{2}\alpha\pi\right) + p^{2(1-\alpha)}} + \frac{\sigma}{\sigma_0}\lambda \qquad (1.69)$$

式中,ε_{i}'、ε_{i}''分别为冰的介电常数实部和虚部;$\varepsilon_{i\infty} = 3.168$ 为冰的高频介电常数;$\sigma_0 = 1.88496 \times 10^{11}$;$\lambda$ 为电磁波波长;其他参数与温度 T 有关,可用下列公式计算,即

$$\alpha = 0.288 + 0.0052T + 0.00023T^2$$

$$\varepsilon_{i0} = 203.168 + 2.5T + 0.15T^2$$

$$p = 9.99.288 \times 10^{-5}\exp\left(0.664 \times \frac{10^4}{T + 273}\right)$$

$$\sigma = 1.26\exp\left(-0.6291 \times \frac{10^4}{T + 273}\right)$$

冰的介电常数实部,无论随温度,还是随频率变化都很小,在 1% 以下,基本可以当作常数。虚部的数量级很小,但变化大。在实际工程中,都采用下面的简化模型进行计算,即

$$\varepsilon_{i}' = 3.2 \qquad (1.70)$$

$$\varepsilon_i'' = -\mathrm{i}60\frac{C}{f\times10^6}\sigma_e \qquad (1.71)$$

式中,f 为电磁波频率(MHz);σ_e 为电导率。

$$\sigma_e = \begin{cases} 0.000057 & f<2000 \\ 0.000057+6.79(f-2000)\times10^{-8} & 2000\leqslant f\leqslant10000 \end{cases} \qquad (1.72)$$

1.3.5　中国及其周边海域海浪及水文要素特点

利用国内外卫星(如欧空局的 ERS - 1 和 ERS - 2)遥感和浮标数据(如 Argo 浮标),并结合欧洲中尺度天气预报中心数值预报模型,得到了我国及其周边海域关于海水温度、盐度、风速、波高、波向和波周期等海洋环境参数的数据集。该数据集数据覆盖范围为:2007 年 01 月 ~ 2011 年 12 月,时间间隔 6h,东经 105° ~ 145°、北纬 5° ~ 45°。

该区域涉及渤海、黄海、东海、南海及外海等海域,通过统计分析发现,海水温度呈现南高北低的特征,从东南大洋区域向北侧递减,在渤海区域和日本海北侧区域最低,平均温度呈现明显的季节变化。盐度呈现中低纬度较高而低纬度和高纬度较低的情形,大洋区域高于近海,平均盐度随季节也有明显的变化规律,夏季略高于冬季。有效波高也呈现大洋高于近海的特征,一个主要的原因是大洋区域风速较大,同时不受岸界的影响,风区较大。平均波周期的分布与有效波高的分布类似,总体也呈现大洋高于近海的趋势。

1. 5 年平均海浪及水文要素空间分布特征

图 1.36 给出数据覆盖区域 5 年平均的海表温度空间分布,从图上看出,海表温度的分布总体呈现南高北低的特征,在低纬度太平洋海域可以接近 30°,在北部高纬度海域低于 7°,同纬度大洋的温度高于近岸的温度。图中所示的区域内最高温度为 29.54°,位于东经 145°,北纬 5°;最低温度为 6.67°,位于东经 144°,北纬 45°;整个区域的平均温度为 25.04°。

图 1.37 给出数据覆盖区域 5 年平均的盐度空间分布,从图中可以看到,盐度的最大值区域集中在北纬 23°附近的北太平洋海区,其次为日本北部海域,其盐度值大约为 34‰,南中国海海区次之,大约为 33.5‰,盐度最低区域集中在我国的渤海和黄海海区,盐度为 31‰左右。图中所示的区域内盐度最大值为 34.85‰,位于东经 145°,北纬 22.5°;盐度最低值为 30.49‰,位于东经 118°,北纬 38.5°;整个区域的平均盐度为 33.92‰。形成这种中间高两侧低的盐度分布特征主要是由于低纬度海区降水大于蒸发,导致其盐度低于中纬度地区。

图 1.38 给出数据覆盖区域 5 年平均的有效波高分布,从图中可以看到,有效波高的高值区域主要在大洋区域,其次为各个边缘海地区,紧靠陆地的区域其

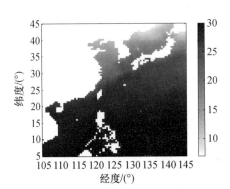

图 1.36　5 年平均的温度空间
分布特征（见彩图）

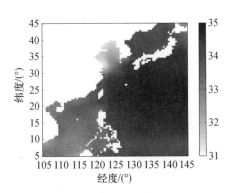

图 1.37　5 年平均的盐度空间
分布特征（见彩图）

数值较小。5 年平均的有效波高最大值为 2.41m，位于东经 145°，北纬 34.5°；5 年平均的有效波高最小值为 0.31m，位于东经 124°，北纬 7.1°；整个区域平均的有效波高为 1.56m，陆地边界区域对于波浪传递具有明显的阻挡效应。

图 1.39 给出数据覆盖区域 5 年平均的平均波周期空间分布，从图中可以看到，区域内的平均波周期为 3～9s，其中大洋区域的平均周期较长，随着到陆地距离的减小而逐渐减小，在相对封闭的渤海海区和陆地区域的后侧周期相对较短。区域的平均波周期最大值为 8.44s，位于东经 145°，北纬 25.5°；平均波周期最小值为 3.38s，位于东经 126°，北纬 35.2°；整个区域平均的平均波周期为 7.04s。

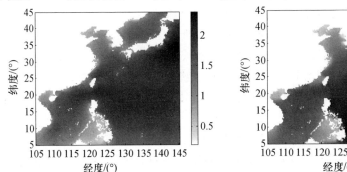

图 1.38　5 年平均的有效波
高空间分布特征（见彩图）

图 1.39　5 年平均的平均波
周期空间分布特征（见彩图）

2. 不同海区海浪及水文要素随时间变化特征

上面对数据覆盖区域的物理量整体特点进行了分析，下面选择渤海（东经 120°，北纬 39°），黄海（东经 123°，北纬 36°），东海（东经 123°，北纬 30°）和南中国海（东经 117°，北纬 18°）四个典型地理位置，分析它们的海表温度、盐度、风向、风速、波向和有效波高随时间变化的特点。

1）不同海区海水温度随时间变化特点

图1.40 给出了不同海区海表温度随时间的变化。其中图1.40(a)为渤海海区,海水表层温度范围在零下2℃到29℃之间,有明显的季节变化趋势,不同年份总的时间分布趋势类似,年际循环特征显著,在2月份前后该海区温度最低,8月份该海区温度最高。图1.40(b)为黄海海区,海水表层温度范围在5℃到29℃之间,同样有明显的季节变化趋势,不同年份总的时间分布趋势类似,年际循环特征显著,在2月份前后该海区温度最低,8月份该海区温度最高。图1.40(c)为东海海区,海水表层温度范围在9℃到30℃之间,有明显的季节变化趋势,不同年份总的时间分布趋势类似,年际循环特征显著,在2月份前后该海区温度最低,8月份该海区温度最高。图1.40(d)为南海海区,海水表层温度范围在22℃到32℃之间,有明显的季节变化趋势,但是相对其他海域季节变化不是非常明显,不同年份总的时间分布趋势类似,在1月份前后该海区温度最低,6~8月份该海区温度最高。

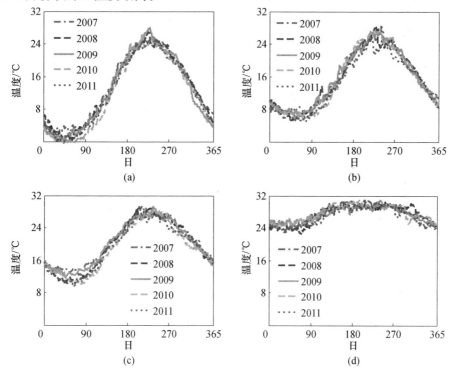

图 1.40　不同海区海水表层温度随时间的变化趋势

(a)渤海;(b)黄海;(c)东海;(d)南海。

2）不同海区海水盐度随时间变化特点

图1.41 给出了不同海区海水盐度随时间的变化。其中图1.41(a)为渤

海海区,海水盐度范围在 29.7‰到 31‰之间,有明显的季节变化趋势,不同年份总的时间分布趋势类似,冬季盐度数值相对高于夏季,主要由于冬季对应海区蒸发大于降水,而夏季相对降水较多,盐度较低。图 1.41(b)为黄海海区,海水盐度范围在 30.9‰到 32.7‰之间,同样有明显的季节变化趋势,不同年份总的时间分布趋势类似,冬季盐度数值相对高于夏季,主要由于冬季对应海区蒸发大于降水,而夏季相对降水较多,盐度较低。图 1.41(c)为东海海区,海水盐度范围在 32.3‰到 34.1‰之间,有明显的季节变化趋势,不同年份总的时间分布趋势类似,同渤海、黄海海区相比,该海区的最高盐度出现在 4~5月份,而最低盐度在 10 月前后。图 1.41(d)为南海海区,海水盐度范围在 33‰到 34.2‰之间,有明显的季节变化趋势,不同年份总的时间分布趋势类似,冬季盐度数值相对高于夏季,相对其他海区而言,该区域的季节变化趋势不是非常明显。

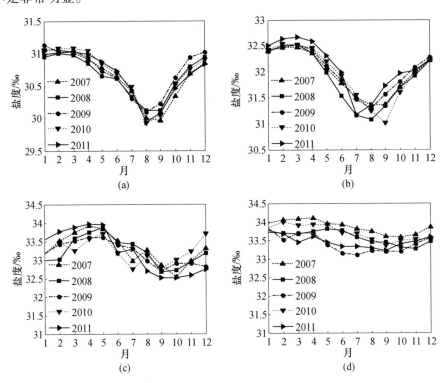

图 1.41　不同海区海水盐度随时间的变化趋势

(a)渤海;(b)黄海;(c)东海;(d)南海。

3) 不同海区风向与波向的相关性

图 1.42 给出了不同海区风向与波向的相关性。从图中可以看出,尽管风向

和波向存在一定的偏差,总的来说二者具有较好的相关性,近岸区域的风场随时间变化相对杂乱而言,大洋区域的季风特征更为明显。

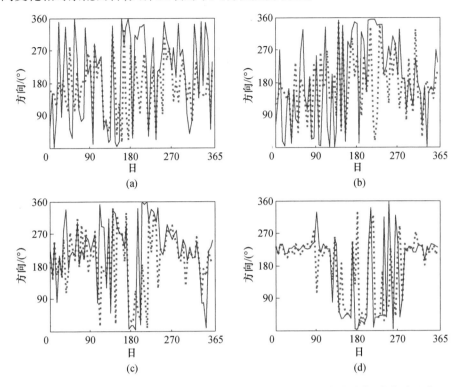

图 1.42　2007 年不同海区风向与波向随时间的变化趋势(实线为波向,虚线为风向)

(a)渤海;(b)黄海;(c)东海;(d)南海。

4) 不同海区风速与有效波高的相关性

图 1.43 给出了 2007 年不同海区风速与有效波高的相关性。从时间序列的分布来看,风速与有效波高具有较好的相关性。

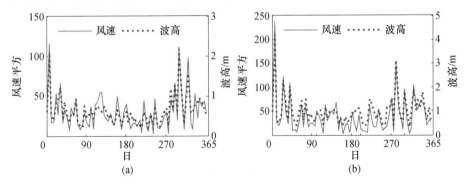

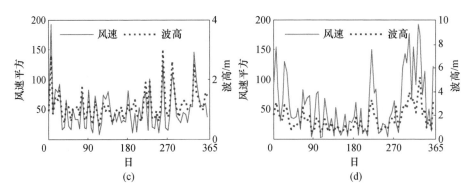

图 1.43　2007 年不同海区风速与有效波高随时间的变化趋势

(a)渤海；(b)黄海；(c)东海；(d)南海。

参考文献

[1] ULABY F T,DOBSON M C. Handbook of radar scattering statistics for terrain[M]. Norwood, MA：Artech House,1989.

[2] BILLINGSLEY J B. Low – angle radar land clutter：measurements and empirical models[M]. Norwich,NY：William Andrew,2002.

[3] MOORE L F,WILLIAMSON F R,CASSADAY W L,et al. Ground clutter measurements using an aerostat surveillance radar[C]//IET International Radar Conference. London：IET,1992：30 – 33.

[4] DONG Y H. L – band VV clutter analysis for natural land in northern territory areas[R]. Edinburgh,South Australia：DSTO Systems Sciences Laboratory,2003.

[5] HELLARD D L,HENRY J Ph,AGNESINA E,et al. Ground clutter simulation for surface – based radars [C]// IEEE International Radar Conference Record. Piscataway, NJ： IEEE Press,1995：579 – 582.

[6] ANDERSON J R,HARDY E E,ROACH J T,et al. A land use and land cover classification system for use with remote sensor data[M]. Washington DC：U. S. Government Printing Office,1976.

[7] 李炳元,潘保田,程维明,等. 中国地貌区划新论[J]. 地理学报,2013,(3)：291 – 306.

[8] 程维明,刘海江,张旸,等. 中国1:100万地表覆被制图分类系统研究[J]. 资源科学, 2004,(6)：2 – 8.

[9] 朗 M W. 陆地和海面的雷达波散射特性[M]. 薛德镛,译. 北京:科学出版社,1981:103.

[10] HALLIKAINEN M,ULABY F T,DOBSON M C,et al. Microwave dielectric behavior of wet soil – Part I：empirical models and experimental observations[J]. IEEE Transactions on Geoscience and Remote Sensing,1985,23(1):25 – 34.

[11] ULABY F T,MOORE R K,and FUNG A K. Microwave remote sensing：active and passive, Vol. Ⅲ：from theory to applications [M]. Norwood,MA：Artech House,1986:2091 – 2094.

[12] HOEKSTRA P,DELANEY A. Dielectric properties of soils at UHF and microwave frequencies[J]. Journal of Geophysical Research,1974,79(11):1699 – 1708.

[13] KERR D E. Propagation of short radio waves[M]//Massachusetts Institute of Technology,Radiation Laboratory Series,Vol 13. New York:McGraw – Hill,1951:398.

[14] 潘金梅,张立新,吴浩然,等. 土壤有机物质对土壤介电常数的影响[J]. 遥感学报,2012,16(1):1 – 24.

[15] ELRAYES M A,ULABY F T. Microwave dielectric spectrum of vegetaion,Part I:experimental observation [J]. IEEE Transactions on Geoscience and Remote Sensing,1987,GE – 25(5):541 – 549.

[16] ULABY F T,ELRAYES M A. Microwave dielectric spectrum of vegetaion,Part II:dual dispersion model [J]. IEEE Transactions on Geoscience and Remote Sensing,1987,GE – 25(5):550 – 557.

[17] ULABY F T,JEDLICKA R P. Microwave dielectric properties of plant materials[J]. IEEE Transactions on Geoscience and Remote Sensing,1984,GE – 22(4):406 – 415.

[18] NELSON S O,STETSON L E. Frequency and moisture dependence of the dielectric properties of hard red winter wheat[J]. Journal of Agricultural Engineering Research,1976,21(2):181 – 192.

[19] 廖静娟,邵芸,郭华东,等. 水稻生长期微波介电特性研究[J]. 遥感学报,2002,6(1):19 – 23.

[20] WARD K D,TOUGH R J A,WATTS S. Sea clutter:scattering,the K distribution and radar performance[M]. London:The Institution for Engineering and Technology,2006:16.

[21] LONG M W,WETHERINGTON R D,EDWARDS J L,et al. Wavelength dependence of sea echo[R]. Atlanta,GA:Georgia Institute of Technology,1965.

[22] NEUMANN G,PIERSON W J. A detailed comparison of theoretical wave spectra and wave forecasting methods[J]. Deutsche Hydrografische Zeitschrift,1957,10(4):134 – 146.

[23] PIERSON W J,MOSKOWITZ L. A proposed spectral form for fully developed wind seas based on the similarity theory of SA Kitaigorodskii[J]. Journal of Geophysical Research,1964,69(24):5181 – 5190.

[24] HASSELMANN K,BARNETT T P,BOUSW E,et al. Measurements of wind – wave growth and swell decay during the Joint North Sea Wave Projects(JONSWAP)[R]. Deutches Hydrographisches Institut,1973.

[25] 文圣常,余宙文. 海浪理论与计算原理[M]. 北京:科学出版社,1984.

[26] ELFOUHAILY T,CHAPRON B,KATSAROS K,et al. A unified directional spectrum for long and short wind – driven waves[J]. Journal of Geophysical Research:Oceans,1997,102(C7):15781 – 15796.

[27] FUNG A K,LEE K. A semi – empirical sea – spectrum model for scattering coefficient estimation[J]. IEEE Journal of Oceanic Engineering,1982,7(4):166 – 176.

[28] XU D,HUANG P A,WU J. Breaking of wind – generated waves[J]. Journal of Physical Oce-

anography,1986,16(12): 2172 – 2178.

[29] SNYDER R L,KENNEDY R M. On the formation of whitecaps by a threshold mechanism, Part I: Basic formalism[J]. Journal of Physical Oceanography,1983,13(13):1482 – 1492.

[30] MEISSNER T,WENTZ F J. The complex dielectric constant of pure and sea water from microwave satellite observations[J]. IEEE Transactions on Geoscience and Remote Sensing, 2004,42(9): 1836 – 1849.

第❷章
地海面电磁散射计算方法

◤ 2.1 引　言

地海杂波是地海面对雷达照射波的散射回波。理论上讲，在背景地海面形态(几何构造)和介电特性已知的条件下，利用电磁散射理论可以对地海杂波特性进行理论模拟与评估。然而，在实际操作中却遇到诸多困难。绝大多数情况下，雷达照射波束内的地海面呈现凹凸不平和不规则分布，即使在少数情况下存在的平静海面或均匀地面(裸地或具有植被、雪等覆盖)，也需简化为空气与无限大均匀半空间的双层或多层介质的散射问题[1]。在风场作用下，地海面形态更为复杂。虽然利用随机粗糙面或经验半经验谱模型，可对这种复杂形态的地海面进行一定程度上的数学描述，但对于精细结构、复合地形、各向异性等还难以形成准确与精确描述，而这些复杂结构在某些情况下对地海杂波的形成又是至关重要的。

在微波波段，雷达照射波束内的地海面是一种电大尺寸"目标"，其几何尺寸可达成千上万个雷达照射波波长。采用高频近似电磁散射建模方法，忽略了不同结构间的耦合作用及多径效应，导致这种简化模型下的模拟结果偏离实际较大。而采用更为精确的电磁场散射数值建模方法，存在整体电大尺寸与局部精细结构之间的矛盾。也就是说，为了实现对局部精细结构的刻画，将会导致整体电大尺寸结构剖分网格数量的"放大"，使得计算内存和计算时间难以承受。另外，对于低仰角雷达，地海面上方时常存在的对流层波导(反常传播)现象，会引起杂波功率的额外起伏，无疑增加了地海杂波理论研究的难度[1]。

尽管存在上述诸多困难，人们仍不懈努力发展地海杂波理论模型，虽然还无法对地海杂波特性进行彻底、完整的定量表述，但对地海杂波形成机理和试验(实验)数据的解释及统计建模仍起到至关重要的作用。

地海杂波理论研究方法可大致归结为两类：解析近似方法和数值方法[2]。解析近似方法主要包括基尔霍夫近似法、微扰法、双尺度法和小斜率近似法等，采用高斯粗糙面模型或谱经验模型对地海面进行简化模拟，通过边界条件处理对粗糙表面的散射特性进行近似计算。数值方法主要包括矩量法、时域有限差分法、有限元法、快速多极子方法以及基于这些方法的改进方法等,采用麦克斯韦积分方程或微分方程,通过对地海面介质剖分离散,实现对地海面散射特性的模拟计算。理论上,数值方法可实现任意构型及介电特性地海面散射特性的精确计算,但受计算能力、时间及地海面复杂性限制,数值方法也仅能实现一定条件下的近似计算。

本章首先介绍经典的粗糙面散射解析近似方法,包括微扰法、基尔霍夫法和双尺度法;其次,介绍一种近年发展的修正双尺度建模方法,该方法从粗糙面所具有的特定斜率联合概率密度分布、面元间遮挡、海面倾斜、小擦地角多径干涉、以及曲率效应等方面对经典的双尺度法进行修正,使得粗糙面后向散射系数的计算更加逼近物理实际;再次,针对小擦地角下电大尺寸地海面后向散射特性计算问题,介绍一种区域分解并行计算方法,在满足一定计算精度条件下,实现电大尺寸地海面后向散射系数的快速计算;最后,借助 LONGTANK 卷浪模型,分析"海尖峰"的形成机理,并进一步计算不同波段下卷浪的后向散射系数,用于讨论不同波段下"海尖峰"的形成条件。

2.2 微扰法

微扰法(Small Perturbation Method, SPM)[3]是微粗糙面面散射计算的最基本方法。该方法认为散射场可以用沿远离边界传播的未知振幅的平面波谱叠加,未知振幅通过要求每阶微扰满足边界条件及微分关系获得。它要求粗糙面均方根高度小于入射电磁波波长的 5% 左右,且表面平均斜度应该与电磁波波数和表面均方根高度之积为同一数量级,即

$$k\delta < 0.3, \sqrt{2}\delta/l < 0.3 \tag{2.1}$$

式中,k 为电磁波波数;δ 为粗糙面均方根高度;l 为表面相关长度。

应当指出,对微扰法来说,不存在很精确的有效性条件。式(2.1)的两个条件也只能作为其中一种散射模式推导时的一种准则。

2.2.1 散射场的表达式

假定有一水平极化平面波入射到微粗糙面上,如图 2.1 所示。粗糙面的高度起伏可用 $z(x,y)$ 来描述,对其进行傅里叶变换,有

$$z(x,y) = \frac{1}{2\pi} \int \int_{-\infty}^{\infty} Z(k_x, k_y) \exp(ik_x x + ik_y y) dk_x dk_y \tag{2.2}$$

$$Z(k_x, k_y) = \frac{1}{2\pi} \int \int_{-\infty}^{\infty} z(x,y) \exp(-ik_x x - ik_y y) dx dy \tag{2.3}$$

粗糙面上半空间中的散射场可用多个振幅未知的平面波叠加来表示,即

$$E_x = \frac{1}{2\pi} \int\!\!\int_{-\infty}^{\infty} U_x(k_x,k_y)f\mathrm{d}k_x\mathrm{d}k_y \qquad (2.4)$$

$$E_y = \frac{1}{2\pi} \int\!\!\int_{-\infty}^{\infty} U_y(k_x,k_y)f\mathrm{d}k_x\mathrm{d}k_y +$$

$$\exp(\mathrm{i}k_x x\sin\theta_\mathrm{i})\left[\exp(-\mathrm{i}kz\cos\theta_\mathrm{i}) + R_{\mathrm{HH}}\exp(\mathrm{i}kz\cos\theta_\mathrm{i})\right] \qquad (2.5)$$

$$E_z = \frac{1}{2\pi} \int\!\!\int_{-\infty}^{\infty} U_z(k_x,k_y)f\mathrm{d}k_x\mathrm{d}k_y \qquad (2.6)$$

式中,$f = \exp(-\mathrm{i}k_x x - \mathrm{i}k_y y - \mathrm{i}k_z z)$;$U_x$,$U_y$,$U_z$ 分别为三个方向的场强幅度;R_{HH} 为水平极化的菲涅尔反射系数。

根据式(2.4)~式(2.6),在确定场强幅度之后,即可求得散射场。

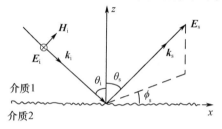

图 2.1　微粗糙面电磁散射坐标系示意图

2.2.2　场强幅度

场强幅度可以通过边界条件和散度关系式来确定,边界条件可写为

$$\Delta E_y + \frac{\partial z}{\partial y}\Delta E_z = 0 \qquad (2.7)$$

$$\Delta E_x + \frac{\partial z}{\partial x}\Delta E_z = 0 \qquad (2.8)$$

及

$$\frac{\partial \Delta E_x'}{\partial z} - \frac{\partial \Delta E_z'}{\partial x} + \frac{\partial z}{\partial y}\left(\frac{\partial \Delta E_y'}{\partial x} - \frac{\partial \Delta E_x'}{\partial y}\right) = 0 \qquad (2.9)$$

$$\frac{\partial \Delta E_z'}{\partial y} - \frac{\partial \Delta E_y'}{\partial z} + \frac{\partial z}{\partial x}\left(\frac{\partial \Delta E_y'}{\partial x} - \frac{\partial \Delta E_x'}{\partial y}\right) = 0 \qquad (2.10)$$

式中,$\Delta E_{x/y/z}' = E_{x/y/z} - E_{x/y/z}'/\mu_\mathrm{r}$,$\mu_\mathrm{r}$ 为相对磁导率,上标(·)′代表下半空间介质 2 中的物理量。

把上半空间场方程式(2.4)~式(2.6),以及相应的下半空间场方程代入

$\nabla \cdot E = 0$ 中,可得

$$k_z U_z = k_x U_x + k_y U_y \tag{2.11}$$

$$k_z' D_z = -(k_x D_x + k_y D_y) \tag{2.12}$$

由式(2.7)~式(2.12)能解出六个场强幅度未知量 U_x, U_y, U_z 和 $D_x, D_y,$ D_z。为了引用边界条件,场强计算应该在 $z = z(x, y)$ 上进行。由于假设 k_z 是小量,因此所有包含 k_z 的指数项均可展开成泰勒级数。此外,将场强幅度展开成扰动级数,例如, $U_x = U_{x1} + U_{x2} + U_{x3} + \cdots$,在表面边界上,可写出前两阶表达式为

$$E_x = \frac{1}{2\pi} \iint_{-\infty}^{\infty} [U_{x1} + U_{x2} + \cdots][1 + ik_z z - \cdots] \exp(-ik_x x - ik_y y) dk_x dk_y \tag{2.13}$$

$$E_x' = \frac{1}{2\pi} \iint_{-\infty}^{\infty} [D_{x1} + D_{x2} + \cdots][1 + ik_z' z - \cdots] \exp(-ik_x x - ik_y y) dk_x dk_y \tag{2.14}$$

因此

$$\Delta E_x = \frac{1}{2\pi} \iint_{-\infty}^{\infty} [U_{x1} - D_{x1} + U_{x2} - D_{x2} + iz(k_z U_{x1} + k_z' D_{x1}) + \cdots]$$
$$\times \exp(-ik_x x - ik_y y) dk_x dk_y \tag{2.15}$$

$$\Delta E_y = \frac{1}{2\pi} \iint_{-\infty}^{\infty} [U_{y1} - D_{y1} + U_{y2} - D_{y2} + iz(k_z U_{y1} + k_z' D_{y1}) + \cdots]$$
$$\times \exp(-ik_x x - ik_y y) dk_x dk_y + \Delta S \tag{2.16}$$

$$\Delta E_z = \frac{1}{2\pi} \iint_{-\infty}^{\infty} [U_{z1} - D_{z1} + U_{z2} - D_{z2} + iz(k_z U_{z1} + k_z' D_{z1}) + \cdots]$$
$$\times \exp(-ik_x x - ik_y y) dk_x dk_y \tag{2.17}$$

根据电场强度的微商关系和边界条件,推导可得含有六个未知幅度量的代数式,即

$$U_{x1} = D_{x1} \tag{2.18}$$

$$U_{y1} = D_{y1} - \alpha \tag{2.19}$$

$$k_x(U_{z1} - D_{z1}/\mu_r) + k_z U_{x1} + k_z' D_{x1}/\mu_r + \beta_1 = 0 \tag{2.20}$$

$$k_y(U_{z1} - D_{z1}/\mu_r) + k_z U_{y1} + k_z' D_{y1}/\mu_r + \beta_2 = 0 \tag{2.21}$$

$$k_z U_{z1} = k_x U_{x1} + k_y U_{y1} \tag{2.22}$$

$$k_z' U_{z1} = -(k_x D_{x1} + k_y D_{y1}) \tag{2.23}$$

式中

$$\alpha = -\mathrm{i}k'\cos\theta'(1/\mu_\mathrm{r} - 1)T_{\mathrm{HH}}Z \tag{2.24}$$

$$\beta_1 = -\mathrm{i}kk_y\sin\theta(1 - 1/\mu_\mathrm{r})T_{\mathrm{HH}}Z \tag{2.25}$$

$$\beta_2 = -\mathrm{i}T_{\mathrm{HH}}\left[k'^2\cos^2\theta'/\mu_\mathrm{r} - k^2\cos^2\theta - (k_x + k\sin\theta)k\sin\theta(1 - 1/\mu_\mathrm{r})\right]Z \tag{2.26}$$

$$Z = Z(k_x + k\sin\theta, k_y) \tag{2.27}$$

其中,k' 为介质 2 中的电磁波波数;T_{HH} 为水平极化透射系数。最后得到方程组的解为

$$DU_{x1} = k_x k_y(ak'_z - k_z)\alpha - \mu_\mathrm{r}(k_z k'_z + ak_y^2)\beta_1 + a\mu_\mathrm{r}k_x k_y\beta_2 \tag{2.28}$$

$$DU_{y1} = -(ak_x^2 k'_z + k_z k'^2_z + k_y^2 k_z)\alpha + a\mu_\mathrm{r}k_x k_y\beta_1 - \mu_\mathrm{r}(k_z k'_z + ak_x^2)\beta_2 \tag{2.29}$$

其中

$$D = (k_x^2 + k_y^2)(k_z + \mu_\mathrm{r}k') + k_z k'_z(\mu_\mathrm{r}k_z + k'_z) \tag{2.30}$$

$$a = \frac{\mu_\mathrm{r}k'_z + k_z}{\mu_\mathrm{r}k_z + k'_z} \tag{2.31}$$

2.2.3　极化幅度

为了求出散射场的场强幅度,将垂直和水平极化散射波的单位极化矢量分别选定为标准球坐标系的单位坐标矢量 $\hat{\boldsymbol{\theta}}_\mathrm{s}$ 和 $\hat{\boldsymbol{\phi}}_\mathrm{s}$,即

$$\hat{\boldsymbol{\theta}}_\mathrm{s} = \hat{\boldsymbol{x}}\cos\theta_\mathrm{s}\cos\phi_\mathrm{s} + \hat{\boldsymbol{y}}\cos\theta_\mathrm{s}\sin\phi_\mathrm{s} - \hat{\boldsymbol{z}}\sin\theta_\mathrm{s} \tag{2.32}$$

$$\hat{\boldsymbol{\phi}}_\mathrm{s} = -\hat{\boldsymbol{x}}\sin\phi_\mathrm{s} + \hat{\boldsymbol{y}}\cos\phi_\mathrm{s} \tag{2.33}$$

因此,介质 1 中的水平极化散射场为

$$E^s_{\mathrm{HH}} = \hat{\boldsymbol{\phi}}_\mathrm{s} \cdot \boldsymbol{E}_\mathrm{s} = \frac{1}{2\pi}\int\int_{-\infty}^{\infty}(U_{y1}\cos\phi_\mathrm{s} - U_{x1}\sin\phi_\mathrm{s})f\mathrm{d}k_x\mathrm{d}k_y \tag{2.34}$$

式中,$k_x = -k\sin\theta_\mathrm{s}\cos\phi_\mathrm{s}, k_y = -k\sin\theta_\mathrm{s}\sin\phi_\mathrm{s}$。

式(2.34)中被积函数可以化简为

$$U_{y1}\cos\phi_\mathrm{s} - U_{x1}\sin\phi_\mathrm{s} = -\mathrm{i}2k\cos\theta\alpha_{\mathrm{HH}}Z \tag{2.35}$$

式中,α_{HH} 为 HH 极化下的极化幅度系数,可表示为

$$\alpha_{\mathrm{HH}} = \left\{\left[k'_z(\mu_\mathrm{r}\varepsilon_\mathrm{r} - \sin^2\theta)^{1/2}\cos\phi_\mathrm{s} - \mu_\mathrm{r}\sin\theta\sin\theta_\mathrm{s}\right](\mu_\mathrm{r} - 1) - \mu_\mathrm{r}^2(\varepsilon_\mathrm{r} - 1)\cos\phi_\mathrm{s}\right\}$$

$$\times (k'_z + \mu_\mathrm{r}\cos\theta_\mathrm{s})^{-1}\left[\mu_\mathrm{r}\cos\theta + (\mu_\mathrm{r}\varepsilon_\mathrm{r} - \sin^2\theta)^{1/2}\right]^{-1} \tag{2.36}$$

式中,ε_r 为相对介电常数。

同理可得 VH、HV、VV 等极化下的系数为

$$\alpha_{VH} = \left[(\mu_r - 1)\varepsilon_r (\mu_r \varepsilon_r - \sin^2\theta)^{1/2} - \mu_r (\varepsilon_r - 1)k_z' \right] (k_z' + \varepsilon_r \cos\theta_s)^{-1}$$
$$\times \left[\mu_r \cos\theta + (\mu_r \varepsilon_r - \sin^2\theta)^{1/2} \right]^{-1} \sin\phi_s \tag{2.37}$$

$$\alpha_{HV} = \left[\mu_r (\varepsilon_r - 1)(\mu_r \varepsilon_r - \sin^2\theta)^{1/2} - \varepsilon_r (\mu_r - 1)k_z' \right] \sin\phi_s$$
$$\times (k_z' + \mu_r \cos\theta_s)^{-1} \left[\varepsilon_r \cos\theta + (\mu_r \varepsilon_r - \sin^2\theta)^{1/2} \right]^{-1} \tag{2.38}$$

$$\alpha_{VV} = \left\{ \left[k_z'(\mu_r \varepsilon_r - \sin^2\theta)^{1/2} \cos\phi_s - \varepsilon_r \sin\theta \sin\theta_s \right] (\varepsilon_r - 1) - \varepsilon_r^2 (\mu_r - 1)\cos\phi_s \right\}$$
$$\times (\varepsilon_r \cos\theta_s + k_z')^{-1} \left[\varepsilon_r \cos\theta + (\mu_r \varepsilon_r - \sin^2\theta)^{1/2} \right]^{-1} \tag{2.39}$$

2.2.4 散射系数

散射系数可由散射场幅度平方的集平均来描述。根据式(2.34)和式(2.35),经推导可得

$$\langle E_{pq} E_{pq}^* \rangle = \frac{\left| 2k\delta\cos\theta\alpha_{pq} \right|^2}{2\pi} \int\int_{-\infty}^{\infty} W(k_x + k\sin\theta, k_y) \, dk_x dk_y \tag{2.40}$$

式中,下标 $p,q =$ H、V 表示电磁波矢量的极化方式,H 表示水平极化,V 表示垂直极化。散射场场强的幅度平均还可表示为

$$\langle E_{pq} E_{pq}^* \rangle = \int\int_{-\infty}^{\infty} f(k_{1x}, k_{1y}) \, dk_{1x} dk_{1y} \tag{2.41}$$

令式(2.40)与式(2.41)相等,可得

$$f(k_x, k_y) = \left| 2k\delta\cos\theta\alpha_{pq} \right|^2 W(k_x + k\sin\theta, k_y) / 2\pi \tag{2.42}$$

根据散射系数定义可得

$$\sigma_{pq}^o = 4\pi k^2 \cos^2\theta_s f(k_x, k_y) = 8 \left| k^2 \delta\cos\theta\cos\theta_s \alpha_{pq} \right|^2 W(k_x + k\sin\theta, k_y) \tag{2.43}$$

式中,$W(k_x, k_y)$ 为表面相关系数的傅里叶变换,可称为归一化粗糙度频谱,表示为

$$W(k_x, k_y) = \frac{1}{2\pi} \int\int_{-\infty}^{\infty} \rho(u, v) \exp(ik_x u + ik_y v) \, du dv \tag{2.44}$$

式中,$\rho(u, v)$ 为表面相关系数。

当 $\mu_r = 1$ 时,令 $\theta = \theta_s$,$\phi_s = \pi$,由式(2.43)可得微粗糙表面的后向散射系数为

$$\sigma_{pq}^o = 8k^4 \delta^2 \cos^4\theta \left| \alpha_{pq} \right|^2 W(2k\sin\theta, 0) \tag{2.45}$$

相应的极化系数为

$$\alpha_{HH} = \frac{-(\varepsilon_r - 1)}{\left[\cos\theta + (\varepsilon_r - \sin^2\theta)^{1/2} \right]^2} \tag{2.46}$$

$$\alpha_{VV} = (\varepsilon_r - 1) \frac{\sin^2\theta - \varepsilon_r(1 + \sin^2\theta)}{[\varepsilon_r\cos\theta + (\varepsilon_r - \sin^2\theta)^{1/2}]^2} \tag{2.47}$$

$$\alpha_{HV} = \alpha_{VH} = 0 \tag{2.48}$$

◤ 2.3　基尔霍夫近似法

基尔霍夫近似(Kirchhoff Approximation, KA)[3], 又称为切平面近似, 将粗糙面用局部切平面代替, 由菲涅尔反射定律获得切平面的总场, 从而近似计算远区散射场。该方法适用于平缓型粗糙面, 从而可以假设入射波照射到与该点相切的一个无限大平面上。

基尔霍夫近似要求粗糙面相关长度 l 必须大于波长 λ, 且垂直方向上的粗糙面均方根高度 δ 必须足够小, 这些限制的数学表达式为

$$kl > 6, \quad l^2 > 2.76\delta\lambda \tag{2.49}$$

根据格林第二定理, 包含辐射源的区域所产生的场完全由包含辐射源的表面上的切向场决定, 因此粗糙表面上方任意点处的场可以表示为

$$\begin{aligned}
\boldsymbol{E}_s(\boldsymbol{r}) = \int_{s'} \{ & i\omega\mu_0 \overline{\overline{G}}(\boldsymbol{r}, \boldsymbol{r}') \cdot [\hat{\boldsymbol{n}} \times \boldsymbol{H}(\boldsymbol{r}')] \\
& + \nabla \times \overline{\overline{G}}(\boldsymbol{r}, \boldsymbol{r}') \cdot [\hat{\boldsymbol{n}} \times \boldsymbol{E}(\boldsymbol{r}')] \} \, ds'
\end{aligned} \tag{2.50}$$

式中, $\hat{\boldsymbol{n}}$ 为 $\boldsymbol{r}'$ 处界面的局部法线单位矢量, 可表示为

$$\hat{\boldsymbol{n}}(\boldsymbol{r}') = \frac{-\hat{\boldsymbol{x}}\alpha - \hat{\boldsymbol{y}}\beta + \hat{\boldsymbol{z}}}{\sqrt{1 + \alpha^2 + \beta^2}} \tag{2.51}$$

式中, α、β 分别为 x 和 y 方向的局部坡度, 定义为

$$\alpha = \frac{\partial f(x', y')}{\partial x'} \tag{2.52}$$

$$\beta = \frac{\partial f(x', y')}{\partial y'} \tag{2.53}$$

若观察点位于远区时, 自由空间的并矢格林函数 $\overline{\overline{G}}(\boldsymbol{r}, \boldsymbol{r}')$ 近似为

$$\overline{\overline{G}}(\boldsymbol{r}, \boldsymbol{r}') = [\overline{\overline{I}} - \hat{\boldsymbol{k}}_s \hat{\boldsymbol{k}}_s] \frac{\exp(ikr)}{4\pi r} \exp(-i\boldsymbol{k}_s \cdot \boldsymbol{r}') \tag{2.54}$$

则远区散射场为

$$\begin{aligned}
\boldsymbol{E}_s(\boldsymbol{r}) = {} & \frac{ik\exp(ikr)}{4\pi r} (\overline{\overline{I}} - \hat{\boldsymbol{k}}_s \hat{\boldsymbol{k}}_s) \\
& \cdot \int_{s'} \{ \hat{\boldsymbol{k}}_s \times [\hat{\boldsymbol{n}} \times \boldsymbol{E}(\boldsymbol{r}')] + \eta[\hat{\boldsymbol{n}} \times \boldsymbol{H}(\boldsymbol{r}')] \} \exp(-i\boldsymbol{k}_s \cdot \boldsymbol{r}') \, ds'
\end{aligned} \tag{2.55}$$

式中，η 为上半空间的波阻抗；$\hat{k}_s$ 为散射波单位波矢量。

建立场点 r' 处的直角坐标系 $(\hat{p}_i, \hat{q}_i, \hat{k}_i)$，坐标轴定义为

$$\hat{q}_i = \frac{\hat{k}_i \times \hat{n}}{|\hat{k}_i \times \hat{n}|} \tag{2.56}$$

$$\hat{p}_i = \hat{q}_i \times \hat{k}_i \tag{2.57}$$

式中，$\hat{k}_i$ 为入射波单位波矢量；$\hat{q}_i$ 和 $\hat{p}_i$ 分别为水平和垂直极化单位矢量。

设入射场 $E_i = \hat{e}_i E_0 \exp(i k_i \cdot r)$ 能分解成水平极化场 E_H 和垂直极化场 E_V，不考虑时谐场因子 $\exp(i k_i \cdot r)$，则

$$\begin{cases} E_H^i = (\hat{e}_i \cdot \hat{q}_i)\hat{q}_i E_0 & E_V^i = (\hat{e}_i \cdot \hat{p}_i)\hat{p}_i E_0 \\ H_H^i = (\hat{e}_i \cdot \hat{q}_i)\hat{p}_i E_0/\eta & H_V^i = -(\hat{e}_i \cdot \hat{p}_i)\hat{q}_i E_0/\eta \end{cases} \tag{2.58}$$

电磁场的切向分量分别为

$$\begin{cases} \hat{n} \times E_H = \hat{n} \times E_H^i (1 + R_H) \\ \hat{n} \times H_H = -(\hat{n} \cdot \hat{k}_i)(1 - R_H)E_H^i/\eta \\ \hat{n} \times H_V = \hat{n} \times H_V^i (1 + R_V) \\ \hat{n} \times E_V = \eta(\hat{n} \cdot \hat{k}_i)H_V^i (1 - R_V) \end{cases} \tag{2.59}$$

于是

$$\begin{cases} \hat{n} \times E = \left[(1 + R_H)(\hat{e}_i \cdot \hat{q}_i)(\hat{n} \times \hat{q}_i) + (1 - R_V)(\hat{n} \cdot \hat{k}_i)(\hat{e}_i \cdot \hat{p}_i)\hat{q}_i\right]E_0 \\ \eta(\hat{n} \times H) = -\left[(1 - R_H)(\hat{n} \cdot \hat{k}_i)(\hat{e}_i \cdot \hat{q}_i)\hat{q}_i + (1 + R_V)(\hat{e}_i \cdot \hat{p}_i)(\hat{n} \times \hat{q}_i)\right]E_0 \end{cases} \tag{2.60}$$

将式(2.60)代入式(2.55)中，经过代数乘法，可得

$$E_s(r) = \frac{i k e^{ikr}}{4\pi r} E_0 (\bar{\bar{I}} - \hat{k}_s \hat{k}_s) \cdot \int_{s'} F(\alpha, \beta) e^{i(k_i - k_s) \cdot r'} ds' \tag{2.61}$$

其中

$$\begin{aligned} F(\alpha, \beta) = (1 + \alpha^2 + \beta^2)^{1/2} \cdot \{ & -(\hat{e}_i \cdot \hat{q}_i)(\hat{n} \cdot \hat{k}_i)\hat{q}_i(1 - R_H) \\ & + (\hat{e}_i \cdot \hat{q}_i)[\hat{k}_s \times (\hat{n} \cdot \hat{q}_i)](1 + R_H) + (\hat{e}_i \cdot \hat{p}_i)(\hat{n} \times \hat{q}_i)(1 + R_V) \\ & + (\hat{e}_i \cdot \hat{p}_i)(\hat{n} \cdot \hat{k}_i)(\hat{k}_s \times \hat{q}_i)(1 - R_V) \} \end{aligned} \tag{2.62}$$

式中，R_H 和 R_V 分别为水平和垂直极化的菲涅尔反射系数。

式(2.61)给出的散射场表达式如不加简化假设仍难以求解。因此为求解此积分,需做进一步的近似,根据近似方法不同,可分为驻留相位法和标量近似法。

2.3.1　驻留相位法

驻留相位法[4]适用于表面高度起伏均方根较大的粗糙面,它通过稳定相位法求解积分方程得到散射场,然后由单位面积稳定点的平均数以及每一点的平均贡献求出散射场的均值。采用这种近似,意味着电磁波只能沿着在表面上存在镜面点的方向上发生散射,因而忽略了绕射效应。

在式(2.61)中,令 $\boldsymbol{k}_\mathrm{d} = \boldsymbol{k}_\mathrm{i} - \boldsymbol{k}_\mathrm{s}$,则根据指数相位因子可得到驻留相位点为

$$\alpha_0 = -k_{\mathrm{dx}}/k_{\mathrm{dz}} \tag{2.63}$$

$$\beta_0 = -k_{\mathrm{dy}}/k_{\mathrm{dz}} \tag{2.64}$$

式中,α_0 与 β_0 分别为镜面反射时入射波和反射波方向的坡度。

$\boldsymbol{F}(\alpha,\beta)$ 对驻留相位点展开可得

$$\boldsymbol{F}(\alpha,\beta) = \boldsymbol{F}(\alpha_0,\beta_0) + \alpha \left.\frac{\partial \boldsymbol{F}}{\partial \alpha}\right|_{\alpha_0,\beta_0} + \beta \left.\frac{\partial F}{\partial \beta}\right|_{\alpha_0,\beta_0} + \cdots \tag{2.65}$$

在高频近似下,仅取上式第一项,代入式(2.61)可得

$$\boldsymbol{E}_\mathrm{s}(\boldsymbol{r}) = \frac{\mathrm{i}k\mathrm{e}^{\mathrm{i}kr}}{4\pi r}\mathrm{E}_0(\bar{\bar{\mathrm{I}}} - \hat{\boldsymbol{k}}_\mathrm{s}\hat{\boldsymbol{k}}_\mathrm{s}) \cdot \boldsymbol{F}(\alpha_0,\beta_0)I \tag{2.66}$$

$$I = \int_{s'} \mathrm{e}^{\mathrm{i}(\boldsymbol{k}_\mathrm{i} - \boldsymbol{k}_\mathrm{s})\cdot\boldsymbol{r}'}\mathrm{d}s' \tag{2.67}$$

散射场可以分解为一个平均场和场的波动部分,即

$$\boldsymbol{E}_\mathrm{s}(\boldsymbol{r}) = \boldsymbol{E}_{\mathrm{sm}}(\boldsymbol{r}) + \varepsilon_{\mathrm{sf}}(\boldsymbol{r}) \tag{2.68}$$

则总的散射场强度可分为相干与不相干散射强度的和,即

$$\langle |\boldsymbol{E}_\mathrm{s}(\boldsymbol{r})|^2 \rangle = |\boldsymbol{E}_{\mathrm{sm}}|^2 + \langle |\varepsilon_{\mathrm{sf}}(\boldsymbol{r})|^2 \rangle \tag{2.69}$$

根据式(2.66)与式(2.67)可得

$$|\boldsymbol{E}_{\mathrm{sm}}(\boldsymbol{r})|^2 = \frac{k^2|\boldsymbol{E}_0|^2}{16\pi^2 r^2}[\,|\hat{\boldsymbol{v}}_\mathrm{s} \cdot \boldsymbol{F}(\alpha_0,\beta_0)|^2 + |\hat{\boldsymbol{h}}_\mathrm{s} \cdot \boldsymbol{F}(\alpha_0,\beta_0)|^2\,]\,|\langle I \rangle|^2 \tag{2.70}$$

$$\langle |\varepsilon_{\mathrm{sf}}(r)|^2 \rangle = \frac{k^2|\boldsymbol{E}_0|^2}{16\pi^2 r^2}[\,|\hat{\boldsymbol{v}}_\mathrm{s} \cdot \boldsymbol{F}(\alpha_0,\beta_0)|^2 + |\hat{\boldsymbol{h}}_\mathrm{s} \cdot \boldsymbol{F}(\alpha_0,\beta_0)|^2\,]D_\mathrm{I} \tag{2.71}$$

式中，$D_{\mathrm{I}} = \langle\,|I|^2\,\rangle - |\langle I \rangle|^2$。

对于一个统计均匀的各向同性高斯粗糙面，可得

$$\langle\,|I|\,\rangle^2 = 4\pi^2 A_0 \exp(-k_{\mathrm{dz}}^2\delta^2)\delta(k_{\mathrm{dx}})\delta(k_{\mathrm{dy}}) \tag{2.72}$$

式中，$A_0 = 4L_xL_y$，$2L_x$ 和 $2L_y$ 为粗糙面在 $\hat{x}$、$\hat{y}$ 方向被照亮的长度。

$$D_{\mathrm{I}} = \pi A_0 \sum_{m=1}^{\infty} \frac{(-k_{\mathrm{dz}}^2\sigma^2)}{m!\,m} l^2 \exp\left[-(k_{\mathrm{dx}}^2 + k_{\mathrm{dy}}^2)l^2/4m\right] \cdot \exp(-\sigma^2 k_{\mathrm{dz}}^2)$$

$$\tag{2.73}$$

式中，l 为粗糙面相关函数服从高斯形式情况下的相关长度。

双站散射系数可定义为

$$\sigma_{\mathrm{B}}^{pq}(\hat{k}_{\mathrm{s}},\hat{k}_{\mathrm{i}}) = \frac{4\pi r^2 \langle\,|E_{\mathrm{s}}(r)|^2\,\rangle_p}{A_0\cos\theta_{\mathrm{i}}\,|E_0|_q^2} \tag{2.74}$$

式中，p 代表散射波的极化；q 代表入射波的极化；A_0 是投影到 $x-y$ 粗糙表面的面积；θ_{i} 为入射角。该式可进一步分解为相干部分和非相干部分

$$\sigma_{\mathrm{B}}^{pq}(\hat{k}_{\mathrm{s}},\hat{k}_{\mathrm{i}}) = \frac{k^2}{4\pi A_0\cos\theta_{\mathrm{i}}}\,|\hat{a}_{\mathrm{s}} \cdot \boldsymbol{F}_q(\alpha_0,\beta_0)|^2 \{\,|\langle I \rangle|^2 + D_I\,\} \tag{2.75}$$

应用式(2.62)可得

$$|\hat{a}_{\mathrm{s}} \cdot \boldsymbol{F}_q(\alpha_0,\beta_0)|^2 = \frac{|k_{\mathrm{d}}|^4}{k^2\,|\hat{k}_{\mathrm{i}} \times \hat{k}_{\mathrm{s}}|^4 k_{\mathrm{dz}}^2} f_{pq} \tag{2.76}$$

其中

$$f_{\mathrm{HH}} = |(\hat{v}_{\mathrm{s}} \cdot \hat{k}_{\mathrm{i}})(\hat{v}_{\mathrm{i}} \cdot \hat{k}_{\mathrm{s}})R_{\mathrm{H}} + (\hat{h}_{\mathrm{s}} \cdot \hat{k}_{\mathrm{i}})(\hat{h}_{\mathrm{i}} \cdot \hat{k}_{\mathrm{s}})R_{\mathrm{V}}|^2 \tag{2.77}$$

$$f_{\mathrm{VV}} = |(\hat{h}_{\mathrm{s}} \cdot \hat{k}_{\mathrm{i}})(\hat{h}_{\mathrm{i}} \cdot \hat{k}_{\mathrm{s}})R_{\mathrm{H}} + (\hat{v}_{\mathrm{s}} \cdot \hat{k}_{\mathrm{i}})(\hat{v}_{\mathrm{i}} \cdot \hat{k}_{\mathrm{s}})R_{\mathrm{V}}|^2 \tag{2.78}$$

2.3.2　标量近似法

标量近似法[3]适用于表面高度起伏均方根中等或较小的粗糙面，因此其应用基于两点假设：①在本地坐标系单位矢量 $(\hat{p}_{\mathrm{i}},\hat{q}_{\mathrm{i}})$ 中所有的斜率项可忽略；②本地表面的单位法矢量 $\hat{n} \simeq -Z_x\hat{x} - Z_y\hat{y} + \hat{z}$，其中 Z_x 与 Z_y 分别表示 x 和 y 方向的表面斜度。这两点假设使基尔霍夫矢量公式退化为极化散射下的标量公式，因此称之为标量近似法。它提供了数学上的简化，同时保留了极化散射中的所有主要项。

在上述假设下，式(2.61)的散射场可以写为

$$\boldsymbol{E}_{pq}(\boldsymbol{r}) = \frac{ik\mathrm{e}^{ikr}}{4\pi r}E_0\int_{s'}\boldsymbol{U}_{pq}\mathrm{e}^{i(k_{\mathrm{i}}-k_{\mathrm{s}})\cdot r'}\mathrm{d}s' \tag{2.79}$$

式中，$U_{pq} = a_0 + a_1 Z_x + a_2 Z_y$；$a_i$ 是与极化有关的系数，称其为极化系数；下标 p 代表散射波极化，q 代表入射波极化。

将 $U_{pq} U_{pq}^*$ 近似到一阶斜度项来表示

$$U_{pq} U_{pq}^* \simeq a_0 a_0^* + a_0 a_1^* Z_x' + a_0^* a_1 Z_x + a_0 a_2^* Z_y' + a_0^* a_2 Z_y \qquad (2.80)$$

式中，$*$ 表示共轭，式（2.80）第一项代表粗糙表面斜度为 0 时的贡献，其集平均为

$$I_0 = |a_0|^2 \int_{-2L}^{2L} \int_{-2L}^{2L} (2L - |u|)(2L - |v|)$$

$$\exp[-ik_{dx}u - ik_{dy}v - k_{dz}\sigma^2(1-\rho)] du dv \qquad (2.81)$$

式中，ρ 为粗糙面相关系数。

由于 $k_{dz}^2 \sigma^2$ 为小值，因此

$$\exp(k_{dz}^2 \sigma^2 \rho) = \sum_{m=0}^{\infty} \frac{(k_{dz}^2 \sigma^2 \rho)^m}{m!} \qquad (2.82)$$

式（2.81）可以写为

$$I_0 = |a_0|^2 \exp(-k_{dz}^2 \sigma^2) \sum_{m=0}^{\infty} \frac{(k_{dz}^2 \sigma^2)^m}{m!}$$

$$\times \int_{-2L}^{2L} \int_{-2L}^{2L} \rho^n (2L - |u|)(2L - |v|) \exp(-ik_{dx}u - ik_{dy}v) du dv \qquad (2.83)$$

式中，$m = 0$ 项代表了相干散射的效应，相干散射系数可以表示为

$$\sigma_{pqc} = \pi k^2 |a_0|^2 \delta(k_{dx}) \delta(k_{dy}) \exp(-k_{dz}^2 \sigma^2) \qquad (2.84)$$

式（2.84）表明，只有当 $k_{dz}\sigma$ 值较小时，相干散射项才是显著的。式（2.83）中级数的其余各项均代表非相干散射。由于 u 与 v 值均受表面相关长度所限制，且照射面积的线性尺寸要比相关长度大很多，因此可对式（2.83）中 $m \geq 1$ 的级数项进行近似，得

$$I_0 \simeq |a_0|^2 A_0 \exp(-k_{dz}^2 \sigma^2) \sum_{m=1}^{\infty} \frac{(k_{dz}^2 \sigma^2)^m}{m!} \times \iint_{-\infty}^{\infty} \rho^m (-ik_{dx}u - ik_{dy}v) du dv$$

$$(2.85)$$

对各向同性的高斯粗糙表面而言，设其相关长度为 l，高斯相关系数为 $\rho = \exp(-\xi^2/l^2)$，上式中的积分项可推导为

$$\iint_{-\infty}^{\infty} \exp(-m\xi^2/l^2 - ik_{dx}u - ik_{dy}v) du dv = \frac{\pi l^2}{m} \exp\left[-\frac{(k_{dx}^2 + k_{dy}^2)l^2}{4m}\right]$$

$$(2.86)$$

零斜度项 $a_0 a_0^*$ 对应的非相干散射系数为

$$\sigma_{pqn} = (\mid a_0 \mid kl/2)^2 \exp(-k_{dz}^2 \delta^2) \cdot \sum_{m=1}^{\infty} \frac{(k_{dz}^2 \delta^2 C)^m}{m!\, m} \exp\left[-\frac{(k_{dx}^2 + k_{dy}^2) l^2}{4m}\right]$$

(2.87)

对于式(2.80)中的其他各非零斜度项,采用相同的方法可以得由表面斜度引起的散射系数项为

$$\sigma_{pqs} = -(k\sigma l)^2 (k_{dz}/2) \exp(-k_{dz}^2 \sigma^2) \mathrm{Re}\{a_0 (k_{dx} a_1^* + k_{dy} a_2^*)\}$$

$$\times \sum_{m=1}^{\infty} \frac{(k_{dz}^2 \sigma^2)^{m-1}}{m!\, m} \exp\left[-\frac{(k_{dx}^2 + k_{dy}^2) l^2}{4m}\right]$$

(2.88)

标量近似法给出的粗糙面完整散射系数值可表示为

$$\sigma_{pq} = \sigma_{pqc} + \sigma_{pqn} + \sigma_{pqs}$$

(2.89)

◪ 2.4 修正双尺度法

2.4.1 经典双尺度散射模型

在粗糙海面电磁散射研究中,双尺度法(Two Scale Method, TSM)是经常应用的方法。对粗糙海面而言,它是在近似周期的风浪和涌浪上叠加着小尺度的波纹、泡沫和浪花,其中双尺度由大尺度的重力波和小尺度的张力波组成,因此可以将它简化为仅含两种大小尺度粗糙度的表面,小尺度粗糙度是按照表面大尺度粗糙度的斜率分布来倾斜的。基尔霍夫近似法和微扰法是求解粗糙面电磁散射问题的两种基本方法,它们的适用条件是由表面的粗糙度与入射波长相比范围来决定的,由于这两种方法的适用范围不能覆盖整个粗糙面电磁散射问题,因此,经典的双尺度法就是基于这两种方法发展起来的。

假设一入射面位于 $y-z$ 平面的平面电磁波照射到各向异性非高斯粗糙海面上,如图2.2所示,经典双尺度模型[5]下后向散射系数公式可以写为

$$\sigma_{\mathrm{HH}}^{\circ}(\theta_i) = \int_{-\infty}^{\infty} \int_{-\mathrm{ctan}\theta_i}^{\infty} (\hat{\boldsymbol{h}} \cdot \hat{\boldsymbol{h}}')^4 \sigma_{\mathrm{HH}}^{1s}(\theta_i') (1 + z_x \tan\theta_i) \cdot P(z_x, z_y) \mathrm{d}z_x \mathrm{d}z_y$$

(2.90)

$$\sigma_{\mathrm{VV}}^{\circ}(\theta_i) = \int_{-\infty}^{\infty} \int_{-\mathrm{ctan}\theta_i}^{\infty} (\hat{\boldsymbol{v}} \cdot \hat{\boldsymbol{v}}')^4 \sigma_{\mathrm{VV}}^{1s}(\theta_i') (1 + z_x \tan\theta_i) \cdot P(z_x, z_y) \mathrm{d}z_x \mathrm{d}z_y$$

(2.91)

式中,$\hat{h}$、$\hat{v}$、$\hat{h}'$、$\hat{v}'$分别为基准坐标系和本地坐标系中的单位水平和垂直极化矢量;θ_i,θ_i'分别为基准坐标系下的入射角和本地入射角;z_x 和 z_y 分别为粗糙面在 x 方向和 y 方向的斜率;$P(z_x,z_y)$为大尺度粗糙度在 x 方向和 y 方向上的斜率所满足的联合概率密度函数,它的前面乘以$(1+z_x\tan\theta_i)$表示从入射方向看斜率 z_x 和 z_y 所服从的联合概率密度函数;$\sigma_{HH}^{1s}(\theta_i')$ 和 $\sigma_{VV}^{1s}(\theta_i')$分别为水平极化和垂直极化时表面小尺度粗糙度引起的一阶后向散射系数,可由微扰法计算,其表达式参见式(2.45)。

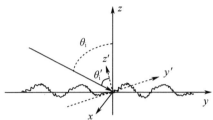

图 2.2　二维双尺度粗糙面的电磁散射示意图

2.4.2　修正双尺度散射模型

上述经典双尺度模型在计算实际的粗糙海面散射中还存在不足,是因为实际的动态粗糙海面所具有的特定斜率联合概率密度分布、面元间的遮挡、海面的倾斜、小擦地角多径干涉以及曲率效应等因素,经典双尺度模型并没有考虑在内。为了得到更为精确的计算结果,根据上述五种因素对经典双尺度模型进行修正,得到修正双尺度散射模型[6]。

1. 海面后向散射的五种修正

1) 对曲率效应的修正

经典双尺度模型对大尺度粗糙度采用了基尔霍夫切平面近似,它忽略了入射波在表面上的绕射效应,这要求表面的大尺度成分起伏变化比较缓慢,用数学表达式表示即为

$$k_i R\cos^3\theta_i \gg 1 \qquad (2.92)$$

式中,k_i 为入射波波数;R 为表面大尺度成分的曲率半径。

根据式(2.92)的限制,对于海面而言,只有在入射角 $\theta_i < 70°$ 时基尔霍夫切平面近似才有效,而在 $\theta_i > 70°$ 即在掠入射情况下,组成海面的大尺度成分的面元就不能再被看作是平面,而应当作曲面来处理,即不仅要考虑大尺度的斜率对散射波的影响,也要将它的曲率的调制作用包括进去。

A. G. Voronovich[7]计算了半径为 R 的表面上有微起伏粗糙面的电磁散射,将入射波和散射波看作是柱面波的叠加,然后用电磁场所满足的边界条件确定

其未知系数,最后得到曲率半径 R 对散射系数的影响,可表示为

$$\sigma_{\mathrm{HH}}(\theta_i') = c_{\mathrm{HH}}(\theta_i', k_i R)\left[\sigma_{\mathrm{HH}}(\theta_i')\right]_{R=\infty} \tag{2.93}$$

$$\sigma_{\mathrm{VV}}(\theta_i') = c_{\mathrm{VV}}(\theta_i', k_i R)\left[\sigma_{\mathrm{VV}}(\theta_i')\right]_{R=\infty} \tag{2.94}$$

式中,$\left[\sigma_{\mathrm{HH}}(\theta_i')\right]_{R=\infty}$ 和 $\left[\sigma_{\mathrm{VV}}(\theta_i')\right]_{R=\infty}$ 是不考虑曲率效应下微扰法的结果,$c_{\mathrm{HH}}(\theta_i', k_i R)$ 和 $c_{\mathrm{VV}}(\theta_i', k_i R)$ 分别为水平和垂直极化下的曲率修正因子,可表示为

$$c_{\mathrm{HH}}(\theta_i', k_i R) = \frac{\left|\sqrt{\varepsilon_2 - \varepsilon_1 \sin^2\theta_i'} + \sqrt{\varepsilon_1}\cos\theta_i'\right|^4}{\left|\sqrt{\varepsilon_2 - \varepsilon_1 \sin^2\theta_i'}A^* + \sqrt{\varepsilon_1}\cos\theta_i'B^*\right|^4} \tag{2.95}$$

$$c_{\mathrm{VV}}(\theta_i', k_i R) = \frac{\left|\varepsilon_1\sqrt{\varepsilon_2 - \varepsilon_1 \sin^2\theta_i'} + \varepsilon_2\sqrt{\varepsilon_1}\cos\theta_i'\right|^4}{\left|\varepsilon_1\sqrt{\varepsilon_2 - \varepsilon_1 \sin^2\theta_i'}A^* + \varepsilon_2\sqrt{\varepsilon_1}\cos\theta_i'B^*\right|^4} \tag{2.96}$$

式中,$*$ 表示共轭;ε_1 和 ε_2 分别为空气和海水的介电常数,且

$$A = \sqrt{\frac{\pi t}{2}}H_{1/3}^{(1)}\exp\left(-\mathrm{i}t + \mathrm{i}\frac{5\pi}{12}\right)$$

$$B = -\frac{\mathrm{i}}{3\sin^2\theta_i'}\sqrt{\frac{\pi}{2t}}\left[(1 - 3\mathrm{i}t\cos^2\theta_i')H_{1/3}^{(1)}(t) + 3tH_{1/3}^{(1)'}(t)\right]\exp\left(-\mathrm{i}t + \mathrm{i}\frac{5\pi}{12}\right)$$

$$t = \frac{1}{3}k_i\sqrt{\varepsilon_1}R\frac{\cos^3\theta_i'}{\sin^2\theta_i'}$$

式中,$H_{1/3}^{(1)}(t)$ 为第一类1/3 阶 Hankel 函数。

图 2.3 给出了不同曲率半径下曲率修正因子 $c_{\mathrm{HH}}(\theta_i', k_i R)$ 和 $c_{\mathrm{VV}}(\theta_i', k_i R)$ 随入射角的变化曲线。从图中可以看出,曲率效应只在大入射角下才出现,并且曲率半径越小,曲率效应越显著,而且水平极化下的曲率修正因子比垂直极化下的大。

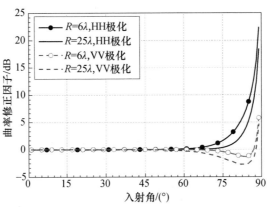

图 2.3　曲率修正因子随入射角的变化

对于二维粗糙海面,沿着风向比垂直于风向上的粗糙度要大,因此可近似只考虑沿着风向上的大尺度粗糙度的曲率对散射回波的影响。假设风向沿 x 方向,这时式(2.90)和式(2.91)可分别修正为

$$\sigma_{HH}^{o}(\theta_i) = c_{HH}(R_x) \cdot \int_{-\mathrm{ctan}\theta_i}^{\infty} \int_{-\infty}^{\infty} (\hat{\boldsymbol{h}} \cdot \hat{\boldsymbol{h}}')^4 [\sigma_{HH}^{1s}(\theta_i')]_{R=\infty}$$

$$(1 + z_x \tan\theta_i) P(z_x, z_y) \mathrm{d}z_x \mathrm{d}z_y \qquad (2.97)$$

$$\sigma_{VV}^{o}(\theta_i) = c_{VV}(R_x) \cdot \int_{-\mathrm{ctan}\theta_i}^{\infty} \int_{-\infty}^{\infty} (\hat{\boldsymbol{v}} \cdot \hat{\boldsymbol{v}}')^4 [\sigma_{VV}^{1s}(\theta_i')]_{R=\infty}$$

$$(1 + z_x \tan\theta_i) P(z_x, z_y) \mathrm{d}z_x \mathrm{d}z_y \qquad (2.98)$$

式中,下标 $R = \infty$ 表示不考虑曲率效应;R_x 为曲率半径,且

$$R_x^2 = \int \int W(k_x, k_y) k_x^4 \mathrm{d}k_x \mathrm{d}k_y \qquad (2.99)$$

式中,$W(k_x, k_y)$ 为二维海谱。

图 2.4 所示是随着风速的变化,考虑曲率修正过后的双尺度(用 TSM + C 表示)后向散射系数与经典双尺度的后向散射系数的比较。频率 f 取 13.9GHz,海水的介电常数为(43.18,36.95),入射角为 85°,逆风向,海谱采用冯氏谱。从图中可以看出,曲率的修正对于 HH 和 VV 极化的影响有所不同,HH 极化时,曲率的修正因子使得后向散射系数曲线整体上移,后向散射系数增强;VV 极化情况下,曲率的修正因子使得曲线整体向下平移,后向散射系数变小。另外,在 VV 极化时,在风速比较小的情况下,曲率修正因子对于后向散射的贡献比较明显,而随着风速的增加,这一参数的贡献越来越趋于微小,即考虑曲率修正与不考虑曲率修正时的后向散射系数之间的差异随着风速的增大有减小的趋势。同样的

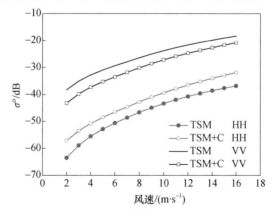

图 2.4　曲率效应对后向散射系数的影响

曲率修正因子,对 HH、VV 两种极化的贡献有很大差异,说明了不同极化方式电磁波海面散射机制的不同。侧风和顺风情况可以得出类似结论。

2)对海面倾斜的修正

实际粗糙海面后向散射系数的分布在顺风和逆风时通常会表现出不对称性,这是由海浪水平及垂直方向上的倾斜引起的。经典双尺度模型计算主要是基于高斯分布粗糙面的电磁散射,计算公式中只包含粗糙面的表面轮廓谱,而不包含高阶统计特征和高阶谱,因此并不能解释后向散射在顺风和逆风向上的不对称性。在粗糙面电磁散射积分方程法的基础上,假设在海浪小尺度部分的高度起伏均方根很小的条件下,包含双谱的非高斯微粗糙面散射系数的附加修正项[8]为

$$\sigma_{pp}^{2s}(\theta_i') = -k_i^5 \cos^3\theta_i' B_a(2k_i \sin\theta_i', \varphi)\left[4|f_{pp}|^2 + 1.5\text{Re}[f_{pp} \cdot F_{pp}] + 0.125|F_{pp}|^2\right]$$

(2.100)

其中,下标 p 代表了水平极化或垂直极化状态,而

$$\begin{cases} f_{VV} = \dfrac{2R_{VV}}{\cos\theta_i'} \\[3mm] f_{HH} = \dfrac{-2R_{HH}}{\cos\theta_i'} \end{cases}$$

(2.101)

$$\begin{cases} F_{VV} = \dfrac{2\sin^2\theta_i'}{\cos\theta_i'} \cdot \left[\left(1 - \dfrac{\varepsilon_r \cos^2\theta_i'}{\varepsilon_r - \sin^2\theta_i'}\right)(1 - R_{VV})^2 + \left(1 - \dfrac{1}{\varepsilon_r}\right)(1 + R_{VV})^2\right] \\[3mm] F_{HH} = \dfrac{2\sin^2\theta_i'}{\cos\theta_i}\left[4R_{VV} - \left(1 - \dfrac{1}{\varepsilon_r}\right)(1 + R_{HH})^2\right] \end{cases}$$

(2.102)

式中,R_{HH}、R_{VV} 分别为 HH 极化和 VV 极化下粗糙面的菲涅尔反射系数;ε_r 为粗糙海面的相对介电常数。由于反映海浪垂直不对称性的双谱实部对散射场的影响很小,式(2.100)只包含反映水平倾斜效应的双谱虚部 $B_a(2k_i \sin\theta_i', \varphi)$,它可以表示为

$$B_a(K, \varphi) = -\frac{K s_0^6 (6 - K^2 s_0^2 \cos^2\varphi)\cos\varphi}{16} \times \exp\left(-\frac{K^2 s_0^2}{4}\right)$$

(2.103)

式中,K 为海浪的空间波数;s_0 为双谱函数的相关距离,定义为

$$s_0 = \varsigma\xi\frac{\sigma_R}{(u_{12.5} - A/B)^{1/3} U_{12.5}^{1/2}}$$

(2.104)

其中,$\sigma_R = \delta/k_i$;$\delta = 0.205\lg u_* - 0.00125$;$\xi = (6/B)^{1/3}/\sqrt{0.5C} = 103.5$;$A =$

5.0×10^{-2};$B = 42 \times 10^{-3}$;$C = 5.1 \times 10^{-3}$;$U_{12.5}$ 为海上 12.5m 高度处的风速;ς 为与风速和入射波频率有关的变量因子。

对于不对称的非高斯海面而言,应用 $[\sigma_{HH}^{1s}(\theta_i') + \sigma_{HH}^{2s}(\theta_i')]$ 和 $[\sigma_{VV}^{1s}(\theta_i') + \sigma_{VV}^{2s}(\theta_i')]$ 分别代替式(2.90)和式(2.91)中的一阶微扰散射系数 $\sigma_{HH}^{1s}(\theta_i')$ 与 $\sigma_{VV}^{1s}(\theta_i')$ 即可计算倾斜海面的后向散射系数。由于考虑了海面的三阶统计特性,即引入了表面双谱,因此计算结果可以体现后向散射系数在顺风和逆风时的差别。

3)对海面斜率联合概率密度的修正

在应用经典双尺度模型求解海面电磁散射的过程中,通常只是将粗糙面按照粗糙度的大小划分为大尺度部分和小尺度部分,并没有对粗糙面斜率的联合概率密度函数进行修正,且一般均假设满足高斯分布或韦布尔分布等。对于实际海面而言,其斜率通常不是满足这两种类型分布的。根据有关测量结果,实际海面在顺风向和侧风向情况下其斜率分布满足考克斯-芒克(Cox-Munk)模型[9,10],可表示为

$$P(z_u, z_c) = \frac{1}{2\pi\nu_{su}\nu_{sc}} \exp\left(-\frac{z_u^2}{2\nu_{su}^2} - \frac{z_c^2}{2\nu_{sc}^2}\right) \times \left[1 + \frac{c_{21}}{2}(\Gamma_c^2 - 1)\Gamma_u + \frac{c_{03}}{6}(\Gamma_u^2 - 3)\Gamma_u\right.$$

$$\left. + \frac{c_{22}}{4}(\Gamma_u^2 - 1)(\Gamma_c^2 - 1) + \frac{c_{40}}{24}(\Gamma_c^4 - 6\Gamma_c^2 + 3) + \frac{c_{04}}{24}(\Gamma_u^4 - 6\Gamma_u^2 + 3)\right]$$

$$(2.105)$$

其中

$$\Gamma_{u,c} = \frac{z_{u,c}}{\nu_{su,sc}} \quad (2.106)$$

$$\begin{cases} \nu_{su}^2 = (3.16U_{12.5} \pm 4)10^{-3} \\ \nu_{sc}^2 = (1.92U_{12.5} + 3 \pm 4)10^{-3} \end{cases} \quad (2.107)$$

$$\begin{cases} c_{21} = (0.86U_{12.5} - 1 \pm 3)10^{-2} \geq 0 \\ c_{03} = (3.3U_{12.5} - 4 \pm 12)10^{-2} \geq 0 \end{cases} \quad (2.108)$$

$$\begin{cases} c_{04} = 0.23 \pm 0.41 \\ c_{40} = 0.40 \pm 0.23 \\ c_{22} = 0.12 \pm 0.06 \end{cases} \quad (2.109)$$

式中,ν_{su}^2、ν_{sc}^2 分别为海面逆风和侧风向时的斜率方差。

基本坐标系中的斜率和本地坐标系中的斜率关系为

$$\begin{cases} z_u = -z_x\cos\phi - z_y\sin\phi \\ z_c = -z_y\cos\phi + z_x\sin\phi \end{cases} \quad (2.110)$$

在用双尺度模型求解粗糙海面电磁散射过程中,式(2.90)和式(2.91)中的$P(z_x,z_y)$只是大尺度粗糙度的斜率联合概率密度函数,而考克斯 - 芒克的光滑海面模型却同时包括了大尺度和小尺度的整个粗糙海面的斜率联合分布密度函数,所以应对此模型进行修正。由式(2.90)可知影响斜率分布的核心物理量是斜率方差,因此应用大尺度部分在逆风和侧风向上的斜率方差来代替整个粗糙海面斜率方差的方法对式(2.90)进行修正。大尺度粗糙海面部分的不同方向上的斜率方差由下式给出,即

$$\nu_{\text{su-large}}^2 = \int_0^{K_L} \int_0^{2\pi} (K\cos\varphi)^2 S(K,\varphi) \mathrm{d}K \mathrm{d}\varphi \tag{2.111}$$

$$\nu_{\text{sc-large}}^2 = \int_0^{K_L} \int_0^{2\pi} (K\sin\varphi)^2 S(K,\varphi) \mathrm{d}K \mathrm{d}\varphi \tag{2.112}$$

式中,K_L为海面大尺度和小尺度粗糙度的空间截止波数;S为二维海谱;φ为方位角。

综上,式(2.90)和式(2.91)表示的后向散射系数可修正为

$$\sigma_{\text{HH}}^{\circ}(\theta_i) = \int_{-\infty}^{\infty} \int_{-\infty}^{\infty} (\hat{\boldsymbol{h}} \cdot \hat{\boldsymbol{h}}')^4 \cdot [\sigma_{\text{HH}}^{1s}(\theta_i')]_{R=\infty} \cdot (1 + z_x\tan\theta_i) \times P(z_x,z_y) \mathrm{d}z_x \mathrm{d}z_y$$

$$\tag{2.113}$$

$$\sigma_{\text{VV}}^{\circ}(\theta_i) = \int_{-\infty}^{\infty} \int_{-\infty}^{\infty} (\hat{\boldsymbol{v}} \cdot \hat{\boldsymbol{v}}')^4 \cdot [\sigma_{\text{VV}}^{1s}(\theta_i')]_{R=\infty} \cdot (1 + z_x\tan\theta_i) \times P(z_x,z_y) \mathrm{d}z_x \mathrm{d}z_y$$

$$\tag{2.114}$$

式中,$P(z_x,z_y)$为修正后的粗糙面斜率联合概率密度分布函数。

图2.5给出了随着风速的变化,考虑对斜率联合概率密度函数修正过后的双尺度(用 TSM + P 表示)粗糙海面后向散射系数与经典双尺度的后向散射系数的比较。入射波频率f取 13.9GHz,海水的介电常数为(43.18,36.95),入射角为 40°,逆风向。从图中可以看出,修正对于 HH 和 VV 极化的影响有所不同,修正的斜率联合概率密度函数使得后向散射系数曲线整体向上平移,后向散射增强。但对于 HH 极化,随着风速的增加,曲线的斜率变大,此修正效应更加明显。对于 VV 极化,修正因子对散射的贡献基本保持不变,两种极化的贡献有很大差异,体现了不同极化之间的不同特征。

4)遮蔽效应

P. Beckmann[11]在提出面散射理论后不久,就发现在大入射角或大散射角时理论预测与实际结果有较大差异,其原因被归结为遮蔽效应。即在进行粗糙

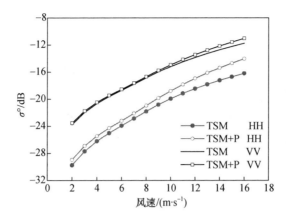

图 2.5 粗糙海面斜率联合概率密度的修正对后向散射系数的影响

面散射计算时,如果入射角较大或掠入射情况,某些面元会因为其它面元的遮挡而入射波照射不到,而没有参与对散射场的贡献。同样,在大散射角时,被某些面元散射的波会被其他的面元遮挡而观察不到,在进行散射计算时必须去除这部分散射波的影响。因此必须考虑入射遮蔽和散射遮蔽。另外,对于那些法线与入射波或散射波的夹角大于90°的面元,还存在入射自遮挡和散射自遮挡,这些也必须考虑进去。经典双尺度法只考虑了自遮挡效应,没有计及面元间的相互遮挡,因此需要进行修正。

对于各向异性二维粗糙海面而言,在不考虑粗糙面斜率和高度分布相关性的条件下,后向散射的遮蔽函数[12]通常可以表示为

$$S(v) = \Lambda' \times \frac{1}{\Lambda + 1} \qquad (2.115)$$

其中

$$\Lambda' = 1 - \mathrm{erfc}(v)/2, v = \mu/(\sqrt{2}\sigma_x), \mu = \cos\theta_i,$$

$$\Lambda = [\exp(-v^2) - v\sqrt{\pi}\mathrm{erfc}(v)]/(2v\sqrt{\pi}) (\mathrm{erfc}(v) = 1 - \mathrm{erf}(v) \text{为余误差函数}),$$

$$\sigma_x^2 = \alpha + \varepsilon\cos(2\varphi), \alpha = (\sigma_u^2 + \sigma_c^2)/2, \varepsilon = (\sigma_u^2 - \sigma_c^2)/2,$$

$$\sigma_u^2 = 3.16 \times 10^{-3} U_{12.5}, \sigma_c^2 = 0.003 + 1.92 \times 10^{-3} U_{12.5}。$$

式中,$U_{12.5}$ 为海面上 12.5m 高度处的风速。

考虑遮蔽修正后的后向散射系数公式为

$$\sigma_{\mathrm{HH}}^o(\theta_i) = S(v) \cdot \int_{-\infty}^{\infty}\int_{-\infty}^{\infty} (\hat{\boldsymbol{h}}\cdot\hat{\boldsymbol{h}}')^4 \cdot [\sigma_{\mathrm{HH}}^{1s}(\theta_i')]_{R=\infty}$$
$$\cdot (1 + z_x\tan\theta_i) \times P(z_x, z_y)\mathrm{d}z_x\mathrm{d}z_y \qquad (2.116)$$

$$\sigma_{VV}^{0}(\theta_i) = S(v) \cdot \int_{-\infty}^{\infty} \int_{-\infty}^{\infty} (\hat{\boldsymbol{v}} \cdot \hat{\boldsymbol{v}}')^4 \cdot [\sigma_{VV}^{1s}(\theta_i')]_{R=\infty}$$

$$\cdot (1 + z_x \tan\theta_i) \times P(z_x, z_y) dz_x dz_y \qquad (2.117)$$

图 2.6 所示是随着风速的变化,逆风情况下 HH 和 VV 两种极化时考虑遮蔽修正之后的双尺度粗糙海面后向散射系数(用 TSM + S 表示)与经典双尺度的比较。入射波频率 f 取 13.9GHz,海水的复相对介电常数为(43.18,36.95),入射角为 85°。

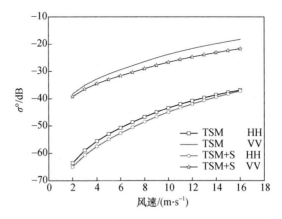

图 2.6　遮蔽效应对散射系数的影响

从图 2.6 中可以看出,HH 极化时,遮蔽效应使得后向散射系数曲线整体微弱下移,后向散射系数减小。VV 极化时,遮蔽效应对后向散射的影响程度在不同风速情况下是不同的,后向散射系数曲线斜率随风速的增大逐渐减小,说明随着风速的增大,海面的粗糙度变大,因此遮蔽效应越明显。通过对式(2.115)分析知,在入射角小于 60°时,遮蔽函数几乎不随风速和风向角的变化而变化,遮蔽效应可以忽略,而当入射角大于 60°时,随入射角增大遮蔽函数幅值逐渐减小,遮蔽效应愈加明显。

5) 小擦地角下的多径干涉效应

在中等擦地角(入射方向与水平面的夹角)的海面电磁散射计算中,作为复合散射模型的双尺度法具有一定的极化敏感性,可以解释水平极化和垂直极化的差异,相对微扰法和基尔霍夫近似法,适用性更强,计算精度更高。然而,在小擦地角下,该方法的后向散射系数计算结果近似趋于恒定值,这与很多实验数据是不相符的。例如,在小擦地角下,GIT 模型[13]给出的海面后向散射系数随擦地角 ψ 的减小而呈现近似以 ψ^4 规律下降的趋势。双尺度法在该角度区间内的建模误差是由于未考虑小擦地角下的多径干涉效应引起的。

小擦地角海面电磁散射中的多径和遮蔽问题作为研究热点进行了多年研

究。M. Katzin[14]首先发现了海杂波中的临界角现象。通常情况下,海杂波功率随距离的衰减速度为 R^{-3},而 M. Katzin 指出,当擦地角小于一个临界角时,衰减速度变为 R^{-7},认为是由多径干涉引起的,但这一解释尚未被广泛接受。另外一种解释来自 L. B. Wetzel[15],他指出上述现象的主要原因为遮蔽效应,而多径干涉并不重要。两种解释的差异体现在临界角随海情的变化趋势上。对于多径效应,当擦地角小于临界角时,直达波与其它反射波的路程差小于 $\lambda/2$,而当擦地角大于临界角时大于 $\lambda/2$。因此,海面越粗糙,多径干涉的临界角越小。然而,越粗糙的海面,将产生更强的遮蔽效应,因此,如果存在一个由于遮蔽效应引起的临界角,其数值将越大。

为了明确临界角随海情变化的实际趋势,K. D. Ward 等人[16]利用洛伦兹互易定理,通过对不同粗糙度导体粗糙面的电磁散射计算,验证得出随海情的升高,临界角越小。该结论意味着 M. Katzin 提出的多径干涉模型相对 L. B. Wetzel 的遮蔽模型更为合理。

根据 M. Katzin 给出的临界角效应[14],多径干涉的平均效应可以通过粗糙度因子进行建模:

$$\rho = \frac{4\pi\delta\sin\psi}{\lambda} \tag{2.118}$$

式中,δ 为海浪均方根高度(m);λ 为电磁波波长(m);ψ 为擦地角(rad)。

海面散射系数可以通过如下因子进行近似修正:

$$F = \frac{\rho^4}{1+\rho^4} \tag{2.119}$$

上述多径干涉因子 F 的效果是引入了当 $\rho=1$ 情况下的一个临界角。大于该临界角,海面散射系数基本不受影响,小于该临界角,海面散射系数按一定规律减小。

图 2.7 给出了不同海面均方根高度情况下多径干涉因子随擦地角的变化情况。从图中可以看出,在擦地角小于 1° 的情况下,多径干涉因子随擦地角的减

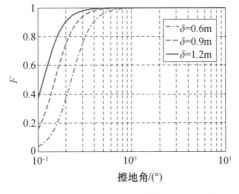

图 2.7　多径干涉因子随擦地角的变化

小而出现明显下降,从而会导致该擦地角范围内海面散射系数的减小。而且,随着海面粗糙度的升高,多径干涉的临界角变小,整体上对小擦地角海面散射系数的影响变小,这与 Katzin 给出的结论一致。

2. 修正双尺度模型

在对经典的双尺度法进行上述五个方面的修正后,对各向异性非高斯粗糙海面而言,平面入射波后向散射系数的修正双尺度法计算公式为

$$\sigma_{HH}^{o}(\theta_i) = F \cdot S(v) \int_{-\infty}^{\infty}\int_{-\infty}^{\infty} (\hat{\boldsymbol{h}} \cdot \hat{\boldsymbol{h}}')^4 c_{HH}(\theta_i', k_i R_x) \cdot [\sigma_{HH}^{1s}(\theta_i')$$
$$+ \sigma_{HH}^{2s}(\theta_i')]_{R=\infty} \cdot (1 + z_x tg\theta_i) P(z_x, z_y) dz_x dz_y \qquad (2.120)$$

$$\sigma_{VV}^{o}(\theta_i) = F \cdot S(v) \int_{-\infty}^{\infty}\int_{-\infty}^{\infty} (\hat{\boldsymbol{v}} \cdot \hat{\boldsymbol{v}}')^4 c_{VV}(\theta_i', k_i R_x) \cdot [\sigma_{VV}^{1s}(\theta_i')$$
$$+ \sigma_{VV}^{2s}(\theta_i')]_{R=\infty} \cdot (1 + z_x tan\theta_i) P(z_x, z_y) dz_x dz_y \qquad (2.121)$$

式中,$P(z_x, z_y)$ 为修正后的粗糙面斜率联合概率密度分布函数;$\sigma_{HH}^{2s}(\theta_i')$ 和 $\sigma_{VV}^{2s}(\theta_i')$ 是考虑海面倾斜引入的附加散射系数项;$c_{HH}(\theta_i', k_i R_x)$ 和 $c_{VV}(\theta_i', k_i R_x)$ 是曲率修正因子,使得双尺度法在大入射角以及掠入射角情况下的精确度得到提高;$S(v)$ 为后向散射遮蔽函数;F 为多径干涉因子。

图 2.8 给出了不同风速(海面上 10m 高度处的风速 U_{10})时,修正双尺度模型计算的海面后向散射系数和入射波频率的关系,图中散点代表 4 种风速下的实验数据[17],入射角为 60°。从图中可以看出,模型计算结果与实验数据吻合较好。无论在何种极化状态,当风速较小时(3.46m/s,7.0m/s),后向散射系数随着入射波频率的增大先逐渐增大而后又缓慢减小,而当风速较大时(13.5m/s,23.6m/s)时,后向散射系数随着入射波频率的增大而增大。

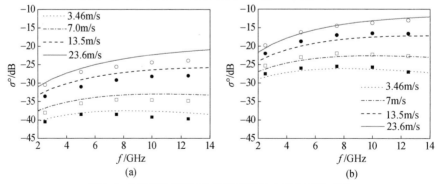

图 2.8　不同风速下后向散射系数随入射频率的变化

(图中散点代表 4 种风速下实验数据)

(a)HH 极化；(b)VV 极化。

图 2.9 给出了修正双尺度模型结果与经典双尺度模型所得结果的比较,其中,风速为 10m/s,入射波频率为 14.6GHz,海水的相对介电常数为(47.0,38.0),海谱采用冯氏谱。从图中可以看出,经典双尺度模型所得结果不能反映顺风观测及逆风观测时后向散射系数的不对称性(其中顺风对应于图中的 180°,逆风对应于图中的 0°和 360°),而修正模型却能较好地体现这种不对称性。另外可以看出,修正双尺度模型结果的最小值不再出现在侧风方向(图中对应于 90°和 270°),而是向顺风方向靠拢。

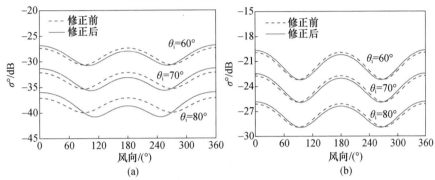

图 2.9　修正双尺度模型后向散射系数与传统模型结果的比较

(a)HH 极化;(b)VV 极化。

图 2.10 给出了修正双尺度模型和经典双尺度模型计算出的粗糙海面后向散射系数与实验数据[18]的比较,入射波频率为 34.43GHz,VV 极化,入射角为 70°,海水介电常数为(48.3,34.9),海面上 10m 高处风速为 14.1m/s,海谱采用冯氏谱。由图可知,逆风时($\varphi = 0°$,360°)修正双尺度结果相对经典双尺度结果变大,顺风时($\varphi = 180°$)变小,并且曲线的最小值从侧风($\varphi = 90°$,270°)往顺风向移动。另外,根据实测数据可以看出,逆风时后向散射系数的值要大于顺风时

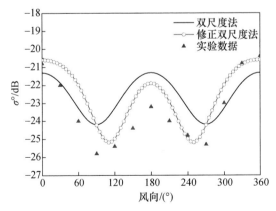

图 2.10　经典双尺度模型、修正双尺度模型与实验数据的比较

的结果,表明逆风时海面的粗糙度要大于顺风时的粗糙度,这是由于受风的影响,波峰总是顺着风向倾斜,因而在顺风与逆风方向呈现不对称性。当不考虑修正时,曲线在顺风和逆风两种情况下并无差别,而修正双尺度曲线在逆风时的后向散射系数比顺风时大,与实验数据吻合。

2.4.3　含泡沫层海面复合散射模型

在修正双尺度模型的基础上,运用矢量辐射传输(Vector Radiative Transfer, VRT)理论建立复合散射模型,计算分析含泡沫层体散射情况下粗糙海面的后向散射问题。

假设在海面波浪破碎区,随机粗糙海面被一层球形泡沫粒子覆盖,如图 2.11 所示。为简化讨论,假设泡沫半径比电磁波长小得多,$\sigma_i,\varepsilon_i(i=0,1,2)$ 分别为空气、泡沫和海水的电导率与介电常数。在计算泡沫层的散射中,首先确定一层泡沫粒子的 VRT 方程和边界条件,然后运用迭代法进行求解。

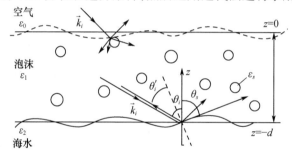

图 2.11　含泡沫实际粗糙海面的散射模型示意图

如图 2.11 所示,泡沫粒子层中的 VRT 方程可写为[19,20]

$$\cos\theta \frac{\mathrm{d}}{\mathrm{d}z} \boldsymbol{I}(\theta,\varphi,z) = -\boldsymbol{\kappa}_e(\theta,\varphi)\cdot\boldsymbol{I}(\theta,\varphi,z) + \int_0^{\pi/2}\mathrm{d}\theta'\sin\theta'$$

$$\cdot \int_0^{2\pi}\mathrm{d}\varphi'\,\boldsymbol{P}(\theta,\varphi;\theta',\varphi')\boldsymbol{I}(\theta',\varphi',z) + \boldsymbol{Q}(z) \qquad (2.122)$$

$$-\cos\theta \frac{\mathrm{d}}{\mathrm{d}z}\boldsymbol{I}(\pi-\theta,\varphi,z) = -\overline{\boldsymbol{\kappa}}_e(\theta,\varphi)\cdot\boldsymbol{I}(\pi-\theta,\varphi,z) + \int_0^{\pi/2}\mathrm{d}\theta'\sin\theta'$$

$$\int_0^{2\pi}\mathrm{d}\varphi'[\boldsymbol{P}(\pi-\theta,\varphi;\theta',\varphi')\cdot\boldsymbol{I}(\theta',\varphi',z)$$

$$+\boldsymbol{P}(\pi-\theta,\varphi;\pi-\theta',\varphi')\cdot\boldsymbol{I}(\pi-\theta',\varphi',z)] + \boldsymbol{Q}(z)$$

$$(2.123)$$

式中,$\boldsymbol{I}(\theta,\varphi,z)$ 和 $\boldsymbol{I}(\pi-\theta,\varphi,z)$ 分别为斯托克斯(Stokes)矢量向上行和向下行的辐射强度;$\boldsymbol{P}$ 为多次散射相矩阵,描述泡沫粒子间多次散射的耦合关系,对球

形粒子而言,可根据瑞利近似求出;κ_e 为消光矩阵;Q 为海面下方的热发射源,在主动 VRT 中,电磁波从上方空气中入射,因此可忽略。

边界条件可写为

$$I(\pi - \theta, \varphi, z = d) = I_{0i} \delta(\cos\theta - \cos\theta_i) \delta(\varphi - \varphi_i) \tag{2.124}$$

$$I(\theta, \varphi, z = 0) = \int_0^{\pi/2} \mathrm{d}\theta' \sin\theta' \int_0^{2\pi} \mathrm{d}\varphi' R(\theta, \varphi; \pi - \theta', \varphi') \cdot I(\pi - \theta', \varphi', z = 0) \tag{2.125}$$

式中,d 为泡沫层厚度;I_{0i} 为入射电磁波的辐射强度;R 为 $z = 0$ 处粗糙界面的双站反射率矩阵。

含泡沫海面的双站散射系数定义为

$$\sigma_{B,pq}^0(\theta, \varphi; \theta_i, \varphi_i) = \frac{4\pi\cos\theta I_{sp}(\theta, \varphi)}{\cos\theta_i I_{iq}(\theta_i, \varphi_i)} \tag{2.126}$$

式中,I_{iq} 为 q 极化的入射强度;I_{sp} 为 p 极化的散射强度。

利用常数变易法和边界条件,可得到 VRT 方程的形式解,再运用迭代法求出各阶解,即可得各阶散射强度 $I^{(0)}(\theta, \varphi, z = d)$、$I^{(1)}(\theta, \varphi, z = d)$、$I^{(0)}(\theta, \varphi, z = 0)$ 及 $I^{(1)}(\theta, \varphi, z = 0)$,将其代入式(2.126)即可得含泡沫层粗糙海面的各阶散射系数。

零阶后向散射系数为

$$\begin{aligned}
\sigma_{pq}^{(0)}(\theta_i) &= \cos\theta_i \gamma_{pq}(\theta_i, \pi + \varphi_i; \pi - \theta_i, \varphi_i) \mathrm{e}^{-2\kappa_e d \sec\theta_i} \\
&= \sigma_{pq0}(\theta_i) \mathrm{e}^{-2\kappa_e d \sec\theta_i}
\end{aligned} \tag{2.127}$$

式中,κ_e 为泡沫粒子的消光系数;d 为泡沫层厚度(cm);$\sigma_{pq0}(\theta_i)$ 为无泡沫层存在时粗糙海面的后向散射系数,可采用修正双尺度法计算。

简化后的一阶后向散射系数为

$$\begin{aligned}
\sigma_{HH}^{(1)}(\theta_i) &= \frac{3}{4}\cos\theta_i \frac{\kappa_s}{\kappa_e}(1 - \mathrm{e}^{-2\kappa_e d \sec\theta_i}) \\
&\quad + \frac{3}{4}\cos\theta_i \frac{\kappa_s}{\kappa_e}|R_{HH}|^4 \cdot \mathrm{e}^{-2\kappa_e d \sec\theta_i}(1 - \mathrm{e}^{-2\kappa_e d \sec\theta_i})
\end{aligned} \tag{2.128}$$

$$\begin{aligned}
\sigma_{VV}^{(1)}(\theta_i) &= \frac{3}{4}\cos\theta_i \frac{\kappa_s}{\kappa_e}(1 - \mathrm{e}^{-2\kappa_e d \sec\theta_i}) \\
&\quad + \frac{3}{4}\cos\theta_i \frac{\kappa_s}{\kappa_e}|R_{VV}|^2 \cdot \mathrm{e}^{-2\kappa_e d \sec\theta_i}(1 - \mathrm{e}^{-2\kappa_e d \sec\theta_i})
\end{aligned} \tag{2.129}$$

式中,κ_s 为粒子的散射系数,R_{HH} 和 R_{VV} 分别为水平极化和垂直极化的菲涅尔反射系数。

因此,含泡沫粗糙海面同极化后向散射系数可表示为

$$\sigma_{pp}(\theta_i) = \sigma_{pp}^{(0)}(\theta_i) + \sigma_{pp}^{(1)}(\theta_i) \tag{2.130}$$

在实际的高海况粗糙海面中,海面部分被泡沫层覆盖,因此实际海面的后向散射系数为无泡沫覆盖海面和有泡沫覆盖海面两部分的后向散射系数之和,即

$$\sigma_{pp}^{\circ}(\theta_i) = (1 - C_w)\sigma_{pp0}(\theta_i) + C_w\sigma_{pp}(\theta_i) \tag{2.131}$$

式中,$\sigma_{pp0}(\theta_i)$为由修正双尺度法计算出的未被泡沫覆盖的同极化海面后向散射系数;C_w为白冠覆盖率。

图2.12给出了使用含泡沫层海面复合散射模型与修正双尺度模型计算的海面后向散射系数随入射角的变化,入射波频率为17.16GHz(Ku波段),VV极化。实验数据[21]测量时相应的海情分别为3级和4级,风速分别为5m/s和8m/s,泡沫层厚度假设为4cm,白冠覆盖率在两种海情下分别为1.9%和2.4%。从图中后向散射系数的整体幅度与趋势来看,含泡沫层海面复合散射模型计算结果与实验数据吻合得更好,尤其是在风速为8m/s的情况下,这是由于相对于风速5m/s而言,风速8m/s情况下海面白冠覆盖率更高,泡沫体散射贡献更大造成的。另外,在较大入射角情况下,含泡沫层海面复合散射模型相对修正双尺

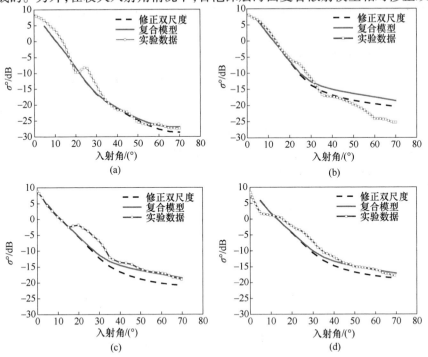

图2.12 含泡沫海面后向散射系数与实验数据比较

(a)顺风5m/s;(b)逆风5m/s;(c)顺风8m/s;(d)逆风8m/s。

度模型的优势更为明显,说明泡沫体散射相对海面面散射在大入射角(小擦地角)下更为重要。

图 2.13 给出了入射角为 40° 时,逆风、顺风、侧风三种情况下考虑泡沫体散射的海面复合散射模型后向散射系数随风速的变化与实验测量数据[22]的比较。入射波频率为 13.9GHz,相应的海水介电常数为 (43.18,36.95)。从图中可以看出,随着风速的增大,后向散射系数逐渐变大,表明随着风速的增大,海面粗糙度

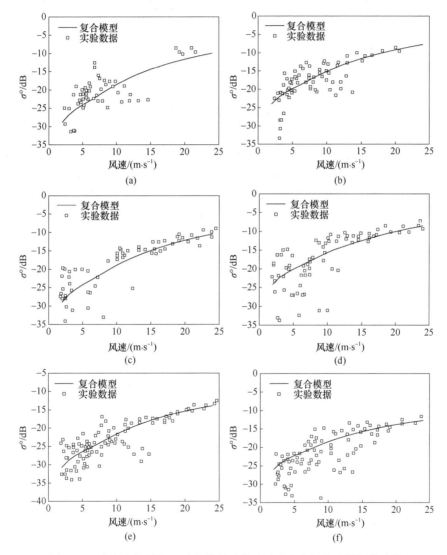

图 2.13　含泡沫粗糙海面后向散射系数随风速变化与实验数据的比较

(a)逆风,HH 极化;(b)逆风,VV 极化;(c)顺风,HH 极化;

(d)顺风,VV 极化;(e)侧风,HH 极化;(f)侧风,VV 极化。

变大,面散射增强;而且风速增大时海面泡沫增多,粗糙海面白冠覆盖率增加,体散射的贡献增大,散射系数迅速变大。然而,后向散射系数曲线的斜率逐渐减小,说明当风速增大到一定程度时,海面的粗糙度和白冠覆盖率逐渐达到极限,对后向散射系数的影响趋于稳定。同一风速下,逆风、顺风、侧风三种风向的后向散射系数逐渐减小,体现出了海面倾斜对散射系数的影响。通过整体比较可以看出,粗糙海面面散射和体散射的复合修正双尺度模型计算出的后向散射系数与实验数据吻合得较好,验证了这种复合模型能更好地反映随机粗糙海面的散射特性。

为了分析泡沫层厚度对海面后向散射特性的影响,分别假设泡沫厚度为0.5cm,3cm 和6cm,计算不同波段情况下的海面后向散射系数角分布。海面风速假设为 10m/s,浪向为顺风向。图 2.14 显示了泡沫厚度 d 对 UHF、S、X、Ku 四个波段后向电磁散射的影响。从图中可以看出,泡沫厚度对 UHF 波段基本上没有影响;在 S 波段,VV 极化基本不受影响,但是在 HH 极化的小擦地角情况下,泡沫厚度的影响开始显现。随着频率的升高,在 X 波段下泡沫厚度的影响非常明显,且随厚度增加两种极化的差异减小;在 Ku 波段,泡沫粒子体散射的非线性效应,使得海面后向散射系数随擦地角和泡沫厚度的变化关系较为复杂。但与 S 波段类似,泡沫厚度具有显著的影响,且随厚度的增加,两种极化差异明显减小。

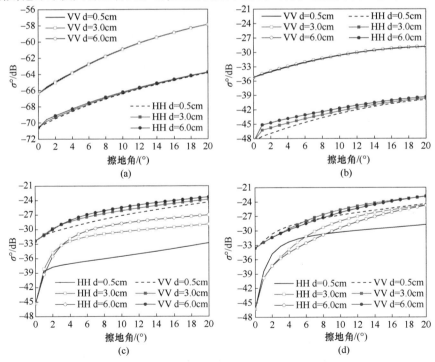

图 2.14　泡沫厚度对海面后向散射系数的影响

(a)UHF 波段;(b)S 波段;(c)X 波段;(d)Ku 波段。

2.5　电大尺寸海面电磁散射的区域分解计算方法

在以实际应用为目的的海面电磁散射计算中,通常涉及的海面散射计算区域较大。例如在机载雷达波海面电磁散射计算中,由于载机高度较高,机载雷达分辨单元面积可达几万平方米,对微波段而言,采用高频渐进或者数值计算方法,面元剖分数量通常在 $10^7 \sim 10^{10}$ 量级,属于电大尺寸海面的电磁散射计算。受计算机硬件和计算时间的限制,该情况下海面的后向散射特性计算十分困难。

电大尺寸海面电磁散射的区域分解计算方法,采用局部海面分区面元模型假设,在计算过程中将海面看成很多个不同斜率的大尺度面元上同时叠加小尺度毛细波,并考虑小面元的倾斜效应。基于该思想将海面分为不同的子区域,如图 2.15 所示,每个子区域剖分成不同的小面元,得到不同子区域的散射场和散射截面,最后求得整个海面的后向电磁散射系数随擦地角的变化。由于基于 CPU 计算的海面电磁散射分区计算在时间的消耗上仍然无法接受,因此可以采用统一计算设备架构(Compute Unified Device Architecture,CUDA)高性能并行计算技术,将海面的各个子分区进行并行计算,提高计算效率。

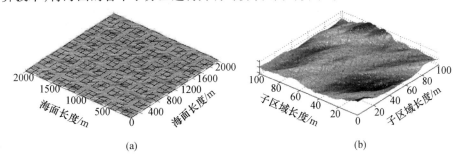

(a)　　　　　　　　　　　　(b)

图 2.15　电大尺寸海面示意图

(a)电大尺寸海面电磁散射分区示意图;(b)海面子区域示意图。

2.5.1　电大区域二维粗糙海面建模

海浪几何形态的模拟是海面电磁散射分析的基础。考虑到波浪模拟的真实性和实时性,可以采用基于海浪谱的二维线性模拟方法进行海面几何结构建模。本书结合 Efouhaily 全向谱和方向分布函数进行二维双边线性叠加海面的模拟。

线性叠加方法将海面视为一个平稳随机过程,它可以由多个(理论上为无穷多个)不同周期和不同随机初始相位的余弦波叠加而成。尽管这种简单叠加模拟的海面不能反映真实海面中长波与短波的相互作用,E. R. Jefferys[23]通过观察分析认为在数值计算和物理实验中该模型是可行的。根据线性叠加法,假

设某时刻 t,海上一个固定点的水面波动可以用多个随机余弦波叠加来描述,并假定只在平面内产生波浪,且波浪沿固定方向传播,则海面上某一点的波高 $\zeta(x,y,t)$ 可以表示为

$$\xi(x,y,t) = \sum_{l=1}^{N_k} \sum_{j=1}^{N_\varphi} A_{i,j}\cos\left[\omega_l t - k_l\left(x\cos\varphi_j + y\sin\varphi_j\right) + \tau_{lj}\right] \quad (2.132)$$

$$A_{i,j} = \sqrt{S(k_i,\varphi_j)\Delta k \Delta \varphi} \quad (2.133)$$

式中,$S(\boldsymbol{k})$ 为二维 Efouhaily 谱;k_l、ω_l、φ_j 和 τ_{lj} 分别为组成波的波数、圆频率、方位角和初始相位,初始相位 τ_{lj} 在 $0 \sim 2\pi$ 之间满足均匀分布;N_k、N_φ 分别为频率和方位角的采样点数。

假设要产生的二维海面在 x 和 y 方向上的长度分别为 L_x 和 L_y,等间隔离散点数为 M 和 N,相邻两点间的距离分别是 Δx 和 Δy,模拟出不同风速与风向条件下的海面轮廓,如图 2.16 所示。图中灰度代表海面高度起伏(单位 m),其它相关参数为:沿 x 与 y 方向的离散点数为 $M = N = 256$,$\Delta x = \Delta y = 0.5$m;频率采样点数为 $N_k = 256$。

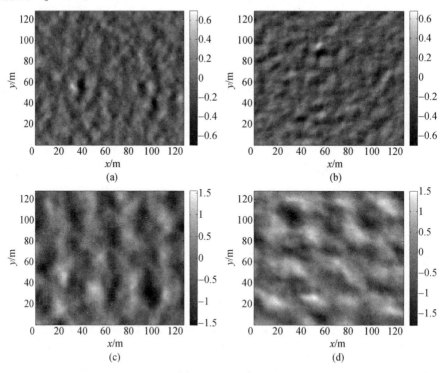

图 2.16　不同风速和风向情况下的海面结构

(a)风速 5m/s,风向 0°; (b)风速 5m/s,风向 45°;

(c)风速 10m/s,风向 0°; (d)风速 10m/s,风向 45°。

图 2.17 给出了模拟的海面在风速为 5m/s 和 10m/s、风向角为 0 度时,x 方向与 y 方向上的斜率概率密度函数。从图中可以看出,在低风速下海面粗糙度较低,同时相对于高海情,斜率概率密度函数分布曲线变窄且峰值尖锐。图中还给出了模拟海面的概率密度函数与考克斯 – 芒克理论模型的对比,从图中可以看出模拟海面的结果与理论模型基本吻合,说明模拟的海面是有效的。在 y 方向上的差别是由于方向谱的误差引起的。

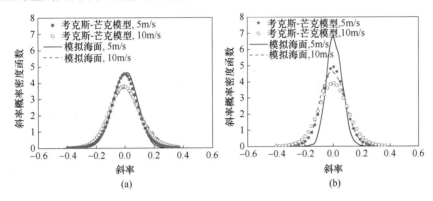

图 2.17　模拟海面的斜率概率密度函数与考克斯 – 芒克理论模型对比
(a)x 方向; (b)y 方向。

通过线性叠加法与海浪分布的频谱特性联系,能够比较真实地实现不同海况条件下的粗糙海面仿真。然而,由于该方法中海面上任意一点都需要进行大量的叠加运算,使得采用串行方案进行二维海面模拟非常耗时。因此,可基于 CPU – GPU 异构平台实现二维海面的并行模拟,充分利用二维海面仿真的内在并行性,采取粗粒度线程的并行策略,即一个 GPU 线程完成一个采样点的计算,使得整体计算速度得到大幅提升,可以模拟得到更大尺寸和剖分网格更加精细的海面。假设采用 Elfouhaily 谱,模拟的海面大小为 512m × 2048m,海面风速为 10m/s,剖分精度为 1m × 1m,并行方案相对串行方案的加速比约为 334。

2.5.2　电大尺寸海面电磁散射的分区计算

当电磁波以近垂直角度入射到海面上时,大尺度重力波表面产生的相干散射是该入射区间的主要散射机制。在这种机制下,电磁散射特性可以通过 KA 模型进行计算。KA 假设入射波照射到散射源的切平面上,然后由菲涅尔反射定律计算出该处的散射场。由于采用了切平面近似,KA 在入射角为 30° 以内的计算结果较为准确。但是由于其形式简洁,物理意义明确,因而被广泛应用于近垂直入射区域海面电磁散射的计算。根据该模型,海面的电磁散射系数可以借助大尺度斜率的概率密度分布函数来获得,即

$$\sigma_{pq}^{\mathrm{KA}}(\boldsymbol{k}_i,\boldsymbol{k}_s)=\frac{\pi k^2\,|\,\boldsymbol{q}\,|^2}{q_z^4}|\,\widehat{F}_{pq}^{\mathrm{KA}}\,|^2 P(Z_x^{\tan},Z_y^{\tan}) \tag{2.134}$$

式中, $\boldsymbol{q}=k(\boldsymbol{k}_s-\boldsymbol{k}_i)$; $\boldsymbol{k}_i$ 和 $\boldsymbol{k}_s$ 分别为入射和散射方向上的单位矢量; k 为电磁波波数; P 为表面斜率的概率密度函数; $Z_x^{\tan}$ 和 $Z_y^{\tan}$ 为镜像点切平面的斜率, 根据驻留相位近似, 该斜率可表示为

$$\begin{cases} Z_x^{\tan}=-q_x/q_z \\ Z_y^{\tan}=-q_y/q_z \end{cases} \tag{2.135}$$

式(2.134)中 $\widehat{F}_{pq}^{\mathrm{KA}}$ 为极化因子, 下标 $p=\mathrm{H}$ (或 V)表示散射波矢量的极化方式, $q=\mathrm{H}$ (或 V)表示入射波矢量的极化方式, 极化因子可表示为

$$\widehat{F}_{\mathrm{VV}}^{\mathrm{KA}}=M_0\big[\,R_{\mathrm{V}}(\theta_i')(\boldsymbol{V}_s\cdot\boldsymbol{k}_i)(\boldsymbol{V}_i\cdot\boldsymbol{k}_s)+R_{\mathrm{H}}(\theta_i')(\boldsymbol{H}_s\cdot\boldsymbol{k}_i)(\boldsymbol{H}_i\cdot\boldsymbol{k}_s)\,\big]$$
$$\tag{2.136}$$

$$\widehat{F}_{\mathrm{VH}}^{\mathrm{KA}}=M_0\big[\,R_{\mathrm{V}}(\theta_i')(\boldsymbol{V}_s\cdot\boldsymbol{k}_i)(\boldsymbol{H}_i\cdot\boldsymbol{k}_s)+R_{\mathrm{H}}(\theta_i')(\boldsymbol{H}_s\cdot\boldsymbol{k}_i)(\boldsymbol{V}_i\cdot\boldsymbol{k}_s)\,\big]$$
$$\tag{2.137}$$

$$\widehat{F}_{\mathrm{HV}}^{\mathrm{KA}}=M_0\big[\,R_{\mathrm{V}}(\theta_i')(\boldsymbol{H}_s\cdot\boldsymbol{k}_i)(\boldsymbol{V}_i\cdot\boldsymbol{k}_s)+R_{\mathrm{H}}(\theta_i')(\boldsymbol{V}_s\cdot\boldsymbol{k}_i)(\boldsymbol{H}_i\cdot\boldsymbol{k}_s)\,\big]$$
$$\tag{2.138}$$

$$\widehat{F}_{\mathrm{HH}}^{\mathrm{KA}}=M_0\big[\,R_{\mathrm{V}}(\theta_i')(\boldsymbol{H}_s\cdot\boldsymbol{k}_i)(\boldsymbol{H}_i\cdot\boldsymbol{k}_s)+R_{\mathrm{H}}(\theta_i')(\boldsymbol{V}_s\cdot\boldsymbol{k}_i)(\boldsymbol{V}_i\cdot\boldsymbol{k}_s)\,\big]$$
$$\tag{2.139}$$

式中, $\{\boldsymbol{k}_i,\boldsymbol{k}_s\}$ 和 $\{\boldsymbol{H}_i,\boldsymbol{V}_i,\boldsymbol{H}_s,\boldsymbol{V}_s\}$ 分别为电磁波入射散射单位矢量及其对应的极化单位矢量, 且 $M_0=|\,\boldsymbol{q}\,|\,|\,q_z|/\{[\,(\boldsymbol{H}_s\cdot\boldsymbol{k}_i)^2+(\boldsymbol{V}_s\cdot\boldsymbol{k}_i)^2\,]kq_z\}$; R_{V} 和 R_{H} 分别为两种极化下的菲涅尔反射系数。

随着入射角度的增大, 相干散射分量的影响越来越小, 重力波上叠加的微粗糙度开始起主要作用, 如图2.18所示。假设微粗糙表面表示为 $\zeta(\boldsymbol{r})$, 上半空间 $\zeta(\boldsymbol{r})$ 为真空介质, 即相对介电常数为1, 下半空间 $z\leqslant\zeta(\boldsymbol{r})$ 的相对介电常数为 ε , 根据一阶微扰解公式, 考虑单位平面波沿 xoz 平面入射, 则对应的散射幅度为

$$S_{pq}(\boldsymbol{k}_i,\boldsymbol{k}_s)=\frac{k^2(1-\varepsilon)}{8\pi^2}F_{pq}\int\zeta(\boldsymbol{r})\mathrm{e}^{-\mathrm{i}q\cdot\boldsymbol{r}}\mathrm{d}\boldsymbol{r} \tag{2.140}$$

其中, 极化因子 F_{pq} 可表示为

$$F_{\mathrm{VV}}=\frac{1}{\varepsilon}\big[\,1+R_{\mathrm{V}}(\theta_i)\,\big]\big[\,1+R_{\mathrm{V}}(\theta_s)\,\big]\sin\theta_i\sin\theta_s$$
$$-\big[\,1-R_{\mathrm{V}}(\theta_i)\,\big]\big[\,1-R_{\mathrm{V}}(\theta_s)\,\big]\cos\theta_i\cos\theta_s\cos\varphi_s \tag{2.141}$$

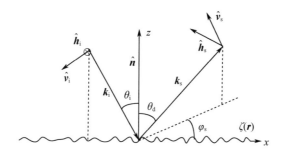

图 2.18　微粗糙面电磁散射示意图

$$F_{VH} = \left[1 - R_V(\theta_i) \right]\left[1 + R_H(\theta_s) \right]\cos\theta_i\sin\varphi_s \tag{2.142}$$

$$F_{HV} = \left[1 + R_H(\theta_i) \right]\left[1 - R_V(\theta_s) \right]\cos\theta_s\sin\varphi_s \tag{2.143}$$

$$F_{HH} = \left[1 + R_H(\theta_i) \right]\left[1 + R_H(\theta_s) \right]\cos\varphi_s \tag{2.144}$$

式中，θ_i，θ_s，φ_s 分别为入射角、散射角和散射方位角。

假设接收点到坐标中心的距离为 R_0，根据式(2.140)可得单位面积的散射场为

$$E_{pq}^{scatt}(\boldsymbol{k}_i,\boldsymbol{k}_s) = 2\pi\frac{e^{ikR_0}}{iR_0}S_{pq}(\boldsymbol{k}_i,\boldsymbol{k}_s) \tag{2.145}$$

雷达后向散射系数为

$$\sigma_{pq}^{o}(\boldsymbol{k}_i,\boldsymbol{k}_s) = \pi k^4\left| \varepsilon - 1 \right|^2\left| F_{pq} \right|^2 S_\zeta(\boldsymbol{q}_l) \tag{2.146}$$

式中，$S_\zeta(\boldsymbol{q}_l)$ 为微粗糙面的空间功率谱；$\boldsymbol{q}_l$ 为 q 在均值面 $z = 0$ 上的投影矢量。

为将上述微扰解用到确定性海面电磁散射的计算中，还需要考虑大尺度倾斜对散射场的影响。假设 $\{\boldsymbol{x}_g,\boldsymbol{y}_g,\boldsymbol{z}_g\}$ 为全局直角坐标系，在任意倾斜微粗糙均值平面上建立如下本地坐标系

$$\boldsymbol{z}_l = \boldsymbol{n} \tag{2.147}$$

$$\boldsymbol{y}_l = \boldsymbol{n} \times \boldsymbol{k}_i / \left| \boldsymbol{n} \times \boldsymbol{k}_i \right| \tag{2.148}$$

$$\boldsymbol{x}_l = \boldsymbol{y}_l \times \boldsymbol{z}_l \tag{2.149}$$

式中，$\boldsymbol{n} = (-Z_x\boldsymbol{x}_g - Z_y\boldsymbol{y}_g + \boldsymbol{z}_g)/\sqrt{1 + Z_x^2 + Z_y^2}$ 为小面元的法向矢量。

定义入射和散射方向在两种坐标系下对应的全局角和本地角分别为 $(\theta_i,\theta_s,\phi_i,\phi_s)$ 和 $(\theta_i^l,\theta_s^l,\phi_s^l)$，所对应的单位极化矢量分别用 $\{\boldsymbol{H}_i,\boldsymbol{V}_i,\boldsymbol{H}_s,\boldsymbol{V}_s\}$ 和 $\{\boldsymbol{h}_i,\boldsymbol{v}_i,\boldsymbol{h}_s,\boldsymbol{v}_s\}$ 表示，则它们的关系式为

$$H_i = (H_i \cdot v_i)v_i + (H_i \cdot h_i)h_i, \quad V_i = (V_i \cdot v_i)v_i + (V_i \cdot h_i)h_i \quad (2.150)$$

$$H_s = (H_s \cdot v_s)v_s + (H_s \cdot h_s)h_s, \quad V_s = (V_s \cdot v_s)v_s + (V_s \cdot h_s)h_s$$

$$(2.151)$$

如果用 $\widehat{F}_{pq}$ 表示全局坐标系下的极化因子,通过上述关系可以得到

$$\begin{bmatrix} \widehat{F}_{VV} & \widehat{F}_{VH} \\ \widehat{F}_{HV} & \widehat{F}_{HH} \end{bmatrix} = \begin{bmatrix} V_s \cdot v_s & H_s \cdot v_s \\ V_s \cdot h_s & H_s \cdot h_s \end{bmatrix} \begin{bmatrix} F_{VV} & F_{VH} \\ F_{HV} & F_{HH} \end{bmatrix} \begin{bmatrix} V_i \cdot v_i & V_i \cdot h_i \\ H_i \cdot v_i & H_i \cdot h_i \end{bmatrix}$$

$$(2.152)$$

这样可以写出任意倾斜微粗糙面小面元的散射系数为

$$\sigma_{pq}^{\text{facet}}(\boldsymbol{k}_i, \boldsymbol{k}_s) = \pi k^4 |\varepsilon - 1|^2 |\widehat{F}_{pq}|^2 S_\zeta(\boldsymbol{q}_l) \quad (2.153)$$

假设二维风驱海面的大尺度轮廓可以用无数多个合适尺寸的小平面来表征,那么每个小平面均可按照海面的确定模拟样本的倾斜特征来调制。忽略小面元之间的相互作用以及多次散射,将所有小面元的散射贡献叠加起来,即为总的散射贡献,这样就得到了具体时刻的海面样本的电磁散射特性。

令二维海面模拟样本在 x 和 y 方向的长度分别为 L_x 和 L_y,面积为 $A = L_x L_y$,等间隔离散点数为 M 和 N,相邻两点间的距离分别为 Δx 和 Δy,那么,将所有面元的散射截面叠加起来,即可得到总的散射系数

$$\sigma_{pq}^{\text{total}}(\boldsymbol{k}_i, \boldsymbol{k}_s) = \frac{1}{A} \sum_{m=1}^{M} \sum_{n=1}^{N} \left[\sigma_{pq,mn}^{\text{TSPM}}(\boldsymbol{k}_i, \boldsymbol{k}_s) \Delta x \Delta y \right] \quad (2.154)$$

式中,$\sigma_{pq,mn}^{\text{TSPM}}$ 为对应第 mn 面元的布拉格散射贡献的归一化雷达散射截面。

对于每一个倾斜面元,在局部坐标下,不仅存在漫散射分量,在镜像区域还存在着镜像分量。对于一个具体的二维海面散射问题,如果将所有散射区域划分为相干散射区和漫散射区,那么具体到每个面元也相应被划分为对镜像散射有主要贡献的面元和对漫散射有主要贡献的面元。在使用面元法计算海面散射系数结果时,借助基尔霍夫模型来修正倾斜调制的微扰系数,这样式(2.154)可重新表示为

$$\sigma_{pq}^{\text{total}}(\boldsymbol{k}_i, \boldsymbol{k}_s) = \frac{1}{A} \sum_{m=1}^{M} \sum_{n=1}^{N} \left\{ \left[\sigma_{pq,mn}^{\text{KA}}(\boldsymbol{k}_i, \boldsymbol{k}_s) + \sigma_{pq,mn}^{\text{TSPM}}(\boldsymbol{k}_i, \boldsymbol{k}_s) \right] \Delta x \Delta y \right\}$$

$$(2.155)$$

以 Ku 波段为例,利用电大尺寸海面电磁散射的区域分解方法,计算了不同风速和极化情况下二维介质海面的后向散射系数,并将结果与整个海面计

算结果以及 SASS – II 实验数据[24]进行了对比,如图 2.19 所示。入射波频率 $f=13.9\mathrm{GHz}$,海面介电常数设为 $(32.35,36.62)$,海面风速分别为 5m/s 和 10m/s,在计算中海面分区个数为 8192 个。从图中可以看出,区域分解算法与海面整体计算结果一致,说明了算法在提高计算效率的同时,保证了计算结果的正确性。另外,理论计算结果在不同风速、不同极化情况下与实验数据吻合得较好,说明了利用该区域分解算法进行电大尺寸海面电磁散射计算的有效性。

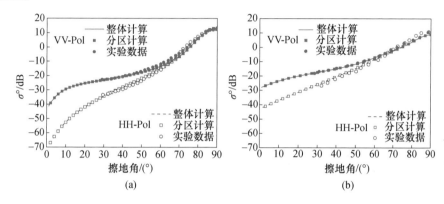

图 2.19　不同风速分区面元算法与实验数据的对比

(a)风速 5m/s;(b)风速 10m/s。

　　上述电磁散射计算实例证明,区域分解算法能够实现电大尺寸海面电磁散射特性的准确计算。然而,由于电大尺寸海面的散射单元太多,该算法非常耗时,海面上任意一个面元都需要进行大量的电磁散射运算。为了提高运算速度,通过在 CPU – GPU 异构平台上设计并实现一个并行方案,海面的每个子分区为一个块(grid),每一个子分区中划分的海面面元为一个线程(thread),这样可以同时进行计算,大大减少二维电大尺寸海面分区电磁散射的计算时间。

　　图 2.20 给出了海面尺寸为 256m × 2048m 情况下,区域分解方法计算的不同波段海面后向散射系数串行结果与并行结果的比较,风速为 10m/s,风向角为 $\varphi_w=0°$,UHF 波段(500MHz)海水介电常数为 $(74.54,141.12)$,L 波段(1.3GHz)海水介电常数为 $(73.60,54.58)$,S 波段(4.0GHz)海水介电常数为 $(70.61,39.36)$,X 波段(10GHz)海水介电常数为 $(56.53,36.50)$。从图中可以看出,每个波段海面后向散射系数的并行计算结果与串行计算结果完全一致,表明了并行方案的正确性,而并行计算的效率远超过串行计算,如表 2.1 所示。在各个波段情况下,海面后向散射系数均随着擦地角的增大而增大,VV 极化散射系数始终大于 HH 极化散射系数,且随着频率的升高(不同波段),后向散射系数也随着增大,这与实际的海面电磁散射特性是相符的。

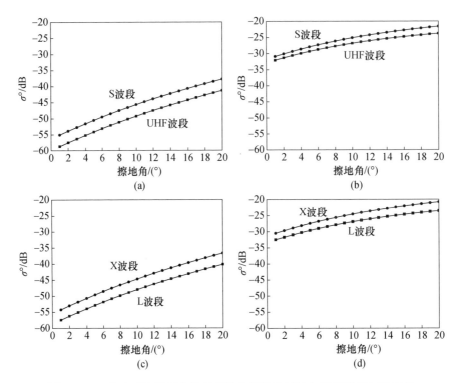

图 2.20 二维介质海面后向散射系数串行结果(线)与并行结果(点)对比
(a)UHF、S 波段 HH 极化; (b)UHF、S 波段 VV 极化;
(c)L、X 波段 HH 极化; (d)L、X 波段 VV 极化。

表 2.1 电大尺寸海面后向电磁散射串行与并行计算效率对比

波段	计算耗时/s		加速比
	串行方案	并行方案	
X	3744.35	9.3158	402
S	1872.3	4.7265	396
UHF、L	936.27	2.3976	391

▓ 2.6 破碎波电磁散射特性

在中低海况下,海面电磁散射研究主要专注于粗糙海面面散射研究。然而,在高海情海况下,风速大、波浪高、海面结构复杂,在卷浪区域通常会有破碎波产生,这种类似于劈结构的碎波,在海面电磁散射中体现为破碎波散射,成为引起雷达海杂波"海尖峰"现象的重要原因之一。

与布拉格散射相比,破碎波散射是由波浪破碎过程中的卷浪结构产生的,具有时间上的短时性。正是由于这种短时性,导致在雷达分辨单元内出现短时间、高强度的杂波回波,即所谓的"海尖峰"现象。由于该现象具有一定的持续时间(可达数百毫秒),不能通过脉间频率捷变去相关,因此类似于目标的回波,容易导致雷达探测虚警。研究破碎波海面的后向电磁散射特性,有助于分析"海尖峰"产生的电磁散射机理和特征,对雷达目标检测应用中海杂波的有效抑制、降低虚警率具有重要意义。

2.6.1　破碎波仿真模型

1. LONGTANK 模型

破碎波的电磁散射特性计算需首先对海浪中的卷浪进行数值建模。真实的海浪发生卷曲是一个完整的过程,随着卷浪的产生,海浪的最前端缓慢地向内弯曲,浪尖的部分向下降落,形成喷射体,其下方形成波腔结构,随后,整个海浪发生整体的坍塌。整个过程可以分为卷浪生长阶段、持续阶段和坍塌阶段。

LONGTANK 模型是一种由美国学者 P. Wang 等人[25]提出的二维卷浪模型,已经广泛地应用于小擦地角破碎波电磁散射研究中。该模型给出的不同时刻卷浪剖面如图 2.21 所示。从图中可以看出,该模型的 18 条卷浪剖面曲线,基本囊括了从卷浪逐渐生成到发生卷曲的全过程,分别代表不同阶段的卷浪形态。图中风向为自左至右方向。

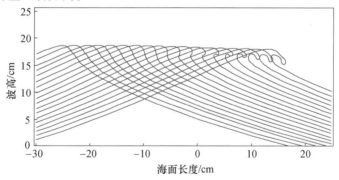

图 2.21　LONGTANK 卷浪模型

为了便于进行三维破碎波电磁散射计算,相应的准三维 LONGTANK 模型可以由上述二维模型拓展得到,其中第 1、10、14 和 18 条卷浪形态对应的准三维模型如图 2.22 所示,从第 1 个卷浪结构到第 18 个卷浪结构,卷浪持续生长,到第 18 个时,卷曲程度达到最大。

为了计算不同频段下 LONGTANK 卷浪模型的后向散射 RCS,考虑到该模型尺寸较小,而 UHF、L 波段波长较大,面元剖分无法体现出卷浪的轮廓,尤其是卷曲部分的精细结构,因此可将模型尺寸按照波长的尺寸进行扩大,形状保持不

图 2.22　LONGTANK 卷浪形态对应的三维模型

变,这样有利于研究卷曲海浪在低频段时对散射结果的影响。另外,LONGTANK 卷浪模型在顺风侧和逆风侧的高度不同,为了计算顺逆风入射时卷浪模型的后向散射特性的变化,将扩大后的卷浪模型顺风侧和逆风侧的高度进行统一,得到改进的 LONGTANK 卷浪模型剖面示意图如图 2.23 所示。

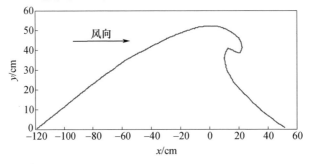

图 2.23　扩展后的 LONGTANK 卷浪模型剖面示意图

2. 时变卷浪模型

LONGTANK 卷浪模型由一系列的固定曲线组成,不能够随风速和时间变化,且仅对孤立的卷浪结构进行了描述,没有实现对粗糙海面和卷浪结构的总体建模。因此,为了研究不同风速下卷浪的后向散射特性,在 Fournier 基本海浪模型[26]的基础上,加入时间参数来控制海浪的形态,建立一种时变卷浪模型,该卷浪模型的浪高和波长与海面上方的风速有关。

在卷浪建模过程中,发现卷浪的顺风面和逆风面其变化规律是有差别的。因此,考虑风速对卷浪模型的影响,并对时间因子进行修改,使卷浪中期和后期在时间上连续[27,28],引入参数 s 来模拟海浪。

在空间坐标(卷浪的整个部分)中,将 s 以 $s=0.5$ 为分界点把整个卷浪部分划分为两段,这两个部分中任一部分的变化相对于另一部分是独立的,因此在 s 的范围($0 \leqslant s \leqslant 1$)内引入了 2 个参数 s_1 和 s_2。s_1 的范围定在 $0 \sim 0.5$ 或 $0.5 \sim 1$ 之间,s_2 的范围定在 $0 \sim 1$ 之间。

在范围 $0 \leqslant s \leqslant 0.5$ 中,s_1 和 s_2 的值分别为

$$\begin{cases} s_1 = \dfrac{(2s)^{k_1}}{2} \\ s_2 = (2s)^{k_2} \end{cases} \tag{2.156}$$

在范围 $0.5 \leqslant s \leqslant 1$ 中, s_1 和 s_2 的值分别为

$$\begin{cases} s_1 = \dfrac{1 + (2s-1)^{k_1}}{2} \\ s_2 = 1 - (2s-1)^{k_1} \end{cases} \tag{2.157}$$

常量 k_1 在不同卷浪时段的值,可以通过表 2.2 中查询出来。

卷浪所对应的坐标值可以根据 s_1 和 s_2 的值计算,即

$$\begin{cases} x = L \cdot [(0.5 - s_1)\cos(\phi) - r\sin(\phi) + 0.5] \\ z = \overline{H}z'/z_{\max} = \overline{H} \cdot [(0.5 - s_1)\sin(\phi) + r\cos(\phi)]k_7/z_{\max} \end{cases} \tag{2.158}$$

其中

$$\phi = \pi k_5 s_2^{k_6}/2 \tag{2.159}$$

$$r = k_2(1 + \cos((s_2 - 1)\pi))/2 + k_3 s_2^{k_4} \tag{2.160}$$

$$z_{\max} = \max\{z'\} \tag{2.161}$$

$$\overline{H} = 7.705 \times 10^{-3} U_{10}^{2.5} \tag{2.162}$$

$$L = 17.03 \cdot \exp\left(-\frac{\alpha^2}{18.3269}\right)/S + 2.361 \cdot \exp\left(-\frac{\beta^2}{8.8646}\right)/S \tag{2.163}$$

$$\alpha = U_{10}^{2/3} - 12.6549 \tag{2.164}$$

$$\beta = U_{10}^{2/3} - 6.4463 \tag{2.165}$$

式中, U_{10} 为海面上 10m 高度处的风速; S 为波陡; k 的各阶段值如表 2.2 所示,是与时间 t 有关的参数,卷曲中 t 的变化范围为 $0 \sim 1s$,卷曲后 t 的变化范围为 $1 \sim 2s$,卷浪周期为 $T = 2s$。

表 2.2　不同时段 k 值

k	卷曲中		卷曲后	
	$s > 0.5$	$s \leqslant 0.5$	$s > 0.5$	$s \leqslant 0.5$
k_1	2	0.7	2	0.5
k_2	$(1 - t^{0.85})/4$	0.25	0	0.25
k_3	$t^{0.85}/4$	0	$-t/4$	$(t+1)^{0.7}/2$
k_4	4	0	4	40
k_5	$t^{1.5}$	$t^{1.5}$	1	1
k_6	16	4	16	4
k_7	$(t+4)/5$	$(t+4)/5$	$-t$	$-t$

根据上述模型,模拟得到不同风速下卷曲中 16 个时间采样点下的卷浪如图 2.24 所示。时间采样间隔是 $\Delta t = 60\text{ms}$,风速分别为 $U_{10} = 5\text{m/s}$ 和 $U_{10} = 7\text{m/s}$,风向沿 x 轴负方向,波陡 $S = 1/3$。从图中可以看出,每个卷曲中的卷浪模型包含 16 条卷浪曲线,代表了卷浪从生长初期到生长完成过程中 16 个不同时刻的卷浪形态。在 $t = \Delta t$ 时刻,卷浪处于生长初期,卷浪还未开始弯曲,并且相应的浪高和浪长较小。随着时间的不断推进,卷浪逐渐生长,浪高和浪长逐渐变大,在 $t = 16\Delta t$ 时刻卷浪生成完毕,因此,相应的浪高和浪长也达到最大值。另外,同一时刻,卷浪的浪高和浪长也随着风速的增加而增大,这与实际情况相符。

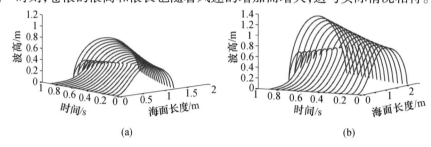

图 2.24　不同风速下卷曲中的卷浪轮廓示意图

(a) $U_{10} = 5\text{m/s}$;(b) $U_{10} = 7\text{m/s}$。

为了研究含卷浪粗糙海面的总体后向电磁散射特性,需建立含卷浪的三维局部海面总体几何结构模型。该模型可通过给定海面上方的风速,通过布尔运算将上述时变卷浪模型与三维海面模型相结合,并对卷浪与海面的衔接处进行差值处理得到。图 2.25 给出了海面风速为 $U_{10} = 7\text{m/s}$ 情况下,$t = \Delta t$,$10\Delta t$,$14\Delta t$,$16\Delta t$ 四个时刻的含卷浪三维海面总体模型,海面尺寸为 $9\text{m} \times 3\text{m}$。从图中可以看出,当海面尺寸固定后,随着风速的增大,卷浪尺寸逐渐增大,卷浪区域所占海面比例也逐渐增大,这与实际情况相符。另外,随着时间的推进,卷浪逐渐发生卷曲,相应的浪高和浪长也随之增长,对海面散射影响加强。

2.6.2　"海尖峰"形成机理

实验数据分析表明,某些情况下"海尖峰"在海杂波时间序列中能够持续几百毫秒,并且快速起伏,HH 极化幅值超过 VV 极化 10dB 甚至更大,不能用 Bragg 散射机制予以解释。M. J. Smith 等人[32]从实验上观测到当雷达照射区域存在破碎浪时,"海尖峰"容易出现。近年来,破碎波被认为是小擦地角下"海尖峰"产生的主要缘由。

人们逐渐认识到破碎波引起的多径散射是"海尖峰"形成的主要散射机制。L. B. Wetzel[33]认为"海尖峰"是由于电磁波在破碎波波冠上的镜反射造成的。波冠的直接后向反射波与波冠到浪前表面的多径反射波的干涉,造成了散射截

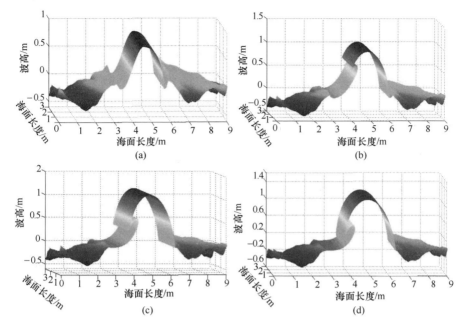

图 2.25　含卷浪的三维局部海面总体模型

(a)$t=\Delta t$; (b)$t=10\Delta t$; (c)$t=14\Delta t$; (d)$t=16\Delta t$。

面的快速起伏。D. B. Trizna[34] 进一步考虑有限电导率海面,认为多径反射波以靠近介质海面布儒斯特角的角度入射到波浪前表面上,从而导致 VV 极化下的多径干涉波被大幅衰减。最近,J. C. West 等人[35,36] 给出了另外一种解释,认为来自破碎波凸起喷射体区域的后向反射波与来自喷射体下方凹陷波腔区域的后向反射波产生干涉,在 HH 极化下干涉增强,在 VV 极化下干涉相消,导致出现大的 HH/VV 极化幅度比。

　　Y. Z. Li 和 J. C. West[37] 在 LONGTANK 二维卷浪模型的基础上,人工合成了三维破碎波波冠结构,采用分层快速多极子算法[38] 计算了 X 波段下其小擦地角后向散射截面,并结合波冠表面的镜反射点位置,分析了海面卷浪在不同时刻出现不同的 HH/VV 极化比的物理原因。图 2.26 给出的是三维破碎波波冠在不同时刻的示意图,其在入射角 80° 情况下三个不同方位的后向镜反射点用不同的标示符(圆点 ●、方块 ■ 和菱形 ◆)在图中予以标定。图 2.27 给出了所对应四个卷浪剖面的后向散射截面随方位角 ϕ 和入射角 θ 变化的计算结果,其中图 2.27(a1)、(b1)、(c1)、(d1)代表 VV 极化结果,图 2.27(a2)、(b2)、(c2)、(d2)代表 HH 极化结果。

　　首先,观察图 2.26(a)和图 2.27(a1)、(a2)所对应的卷浪前期第 8 个剖面的情况。HH/VV 极化比在所有的入射角和方位角情况下都非常接近 1,表

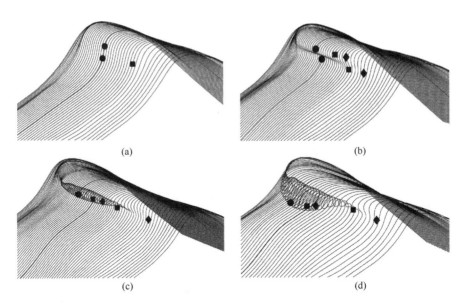

图 2.26　三维破碎波波冠在入射角 80°情况下的后向反射点示意图,
圆点表示 0°方位角,方块表示 7°方位角,菱形表示 15°方位角[32]
(a)剖面 8;(b)剖面 12;(c)剖面 15;(d)剖面 18。

明在这些情况下的后向散射为光学反射,不存在多径效应。散射截面随入射角或方位角的增加而缓慢的下降。用反射点位置的变化对计算结果可进行如下解释:

(1) 当逆浪向(方位角为 0°)观测时,两个反射点(圆点)同时出现在浪表面上,上面一个在卷浪喷射体上,下面一个在喷射体下面的波腔内。两个反射点处的表面曲率半径相对电磁波波长都较大,后向散射为光学反射,HH/VV 极化比等于 1。

(2) 随着方位角的增大,反射点沿着波冠水平移动,并逐渐靠在一起,直至它们几乎合成一个反射点,该反射点位置处的曲率半径变得足够大,使得 HH/VV 极化比等于 1。

(3) 随着方位角逐渐增大至 15°,反射点消失,后向散射完全来自于凹凸临界点的绕射,HH/VV 极化比变为 1。

其次,看一下图 2.26(b)和图 2.27(b1)、(b2)所对应的第 12 个卷浪剖面的情况。VV 极化出现大的干涉相消区域,在方位向一直持续到 7°,其相消程度与对应的入射角在不同方位上有所不同。当方位角大于 10°时,干涉相消现象不明显。在 HH 极化下,后向散射截面较为平滑,随方位角的增大而缓慢减小,仅在入射角为 60°,方位为 9°时,出现一个较小的相消点。总体而言,该卷浪时刻下 HH 极化普遍大于 VV 极化。同样,用反射点位置的变化对计算结果进行

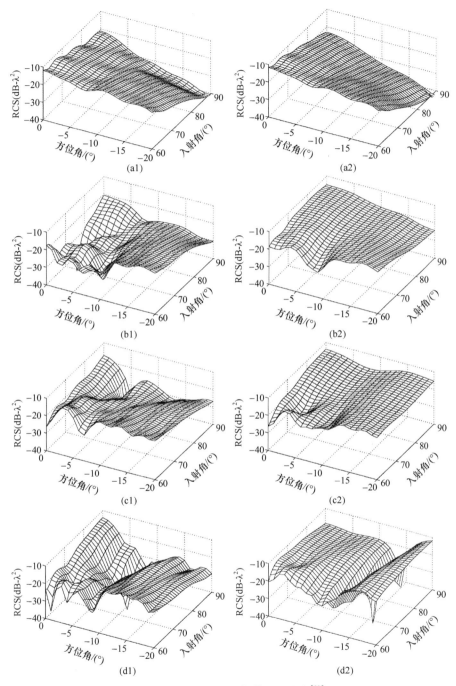

图 2.27　卷浪后向散射截面角分布[32]

（a1）剖面 8,VV 极化；（a2）剖面 8,HH 极化；（b1）剖面 12,VV 极化；（b2）剖面 12,HH 极化；
（c1）剖面 15,VV 极化；（c2）剖面 15,HH 极化；（d1）剖面 18,VV 极化；（d2）剖面 18,HH 极化。

解释：

（1）同卷浪剖面 8 的情况类似，在逆浪观测时，两个反射点出现在卷浪剖面的中间，一个在卷浪喷射体上，一个在喷射体下方的波腔内。然而，在卷浪剖面 12 的情况下，由于喷射体进一步形成，反射点位置处的表面曲率半径（在距离方向上）相对电磁波波长变的较小，因此 VV 极化的后向反射波干涉相消。

（2）随着方位角增大至 7°，反射点在波冠上移动，但喷射体上反射点处的表面仍然是凸起的，波腔反射点处的表面仍然是凹陷的，这可能是 VV 极化后向反射干涉相消的原因，导致 HH/VV > 1。

（3）当方位角增加至 15° 时，反射点往一侧进一步移动，此时喷射体与波腔反射点处的曲率半径进一步增大，但仍小于电磁波波长，表面在该两点位置处仍然分别是凸起的和凹陷的，HH/VV 极化比接近于 1，但仍大于 1。

再次，看一下图 2.26(c) 和图 2.27(c1)、(c2) 所对应的第 15 个卷浪剖面的情况。VV 极化散射截面表现出与之前情况所不同的显著特征。当逆浪观测时，后向散射没有出现干涉相消。然而，当方位角增加到 5° 时，在较大的入射角下出现了强的干涉相消现象，并且一直持续到方位角为 20° 时。在 HH 极化下，后向散射截面随着方位角和入射角的增大而平缓的增大，这与之前卷浪剖面的结果是不同的。用反射点位置的变化对计算结果可进行如下解释：

（1）由于卷浪的持续发展，在剖面 15 情况下，当逆浪观测时，波腔结构被完全形成的卷浪喷射体遮蔽住，因此，波腔内没有反射点，只在喷射体上有一个未遮蔽的反射点。该反射点非常靠近喷射体的顶端，曲率半径非常小，使其后向散射不完全是光学反射，还存在喷射体顶部的绕射。在该情况下 HH 极化的后向散射截面要大于 VV 极化平均约 3dB。

（2）随着方位角增大至 7°，波腔结构内的镜反射点变的可见，来自该点的散射信号与喷射体散射信号的干涉，导致 VV 极化在方位角 7° 和入射角 80° 时出现强的干涉相消现象。在 HH 极化下，两个镜反射点出现干涉增强，导致后向散射截面随着方位角的增大而增大。

（3）当方位角继续增大至 15° 时，镜反射点进一步移动，距离波冠中心更远，但仍在卷浪喷射体上与波腔内，该情况下 HH/VV 极化比仍大于 1。

（4）在方位角为 7° 和 15° 情况下，由于卷浪喷射体的镜反射点位于其最顶端，因此，其散射特性不完全遵从光学反射理论。波腔反射波也受到附近上方喷射体顶端绕射的影响。尽管如此，由于反射波的相位移动较大，当与两个反射点之间的双程反射路程差叠加在一起后，就会出现 VV 极化的干涉相消现象。

最后，看一下图 2.26(d) 和图 2.27(d1)、(d2) 所对应的第 18 个卷浪剖面的情况。当方位角为 10°，入射角大约在 70° 以上时，VV 极化出现强的干涉相消现象。HH 极化与之前情况不同，后向散射截面在较小的方位角下近似保持为一

个常数,但在方位角约为 15° 时出现强的干涉相消现象。用反射点位置的变化对计算结果可进行如下解释:

(1) 与剖面 15 类似,当逆浪观测时,波腔结构被遮蔽,只有卷浪喷射体上的反射点可见。喷射体的边缘继续使得其后向散射不仅仅是光学后向反射。随着入射角的变化,HH/VV 极化差从 +5dB 变化到 −3dB。

(2) 随着方位角增加至 7°,波腔结构再次变得可见,卷浪喷射体与波腔镜反射点之间的干涉再次导致 VV 极化出现强的干涉相消现象。

(3) 随着方位角的进一步增大,剖面 18 的后向散射特性与剖面 15 的情况显著不同。在方位角 15° 情况下,HH 极化散射截面中出现一个强的干涉相消区域,而此时 VV 极化却没有出现,导致 HH/VV 极化比远远小于 1。该现象的出现是由于卷浪喷射体完全扩展开,并且喷射体镜反射点刚好在波腔反射点之前,导致两个反射点之间的双程反射路程差非常大,该路程差引起的相位差加上散射点的相位移动,使得 HH 极化在方位角 15° 时出现干涉相消现象。

综上所述,在破碎波的后向电磁散射中,VV 极化后向散射出现干涉相消,同时伴随较大的 HH 极化散射截面,从而引起大的 HH/VV 极化比的现象经常出现。这一现象可能主要由两个镜反射点散射波的干涉引起,一个位于卷浪喷射体顶端,另一个位于喷射体下方的波腔内,这些位置处的表面曲率半径都较小。在破碎浪进化的不同时刻,两个镜反射点的干涉程度不同,当 HH 极化显著大于 VV 极化后向散射截面时,满足"海尖峰"的电磁散射特征,这可能是最终导致"海尖峰"形成的电磁散射机理。

2.6.3　UHF 和 L 波段"海尖峰"形成的可能性

上节利用 X 波段下破碎波后向散射截面的数值计算结果,分析了"海尖峰"的形成机理。一般来讲,X 波段波长短且雷达分辨率高,由此得到的结论是否适应于其它更低频段呢? 换句话说,X 以下波段可否出现"海尖峰"现象? 本节以 UHF、L 两个波段为例,基于 2.6.1 节给出的扩展准三维 LONGTANK 卷浪模型和含卷浪的三维局部海面总体模型,采用矩量法[2]分别计算两种情况下的后向散射截面,尝试分析更低频段下形成"海尖峰"现象的可能性。之所以要计算含卷浪三维局部海面的情况,是因为 UHF 和 L 波段波长较长,雷达分辨率较低,照射单元内破碎波及其下方的粗糙海面结构(或称为下垫海面)同时存在。

1. UHF 波段

首先,观察仅有卷浪时的情况。图 2.28 ~ 图 2.30 分别给出了 UHF 波段下卷浪模型在三个不同阶段的后向散射截面计算结果,其中取入射波频率 $f = 0.5\text{GHz}$,海水相对介电常数为 $\varepsilon_r = (72.94, 177.09)$,入射角度从 0° 到 180°,0° ~ 90° 代表顺风入射,90° ~ 180° 代表逆风入射。

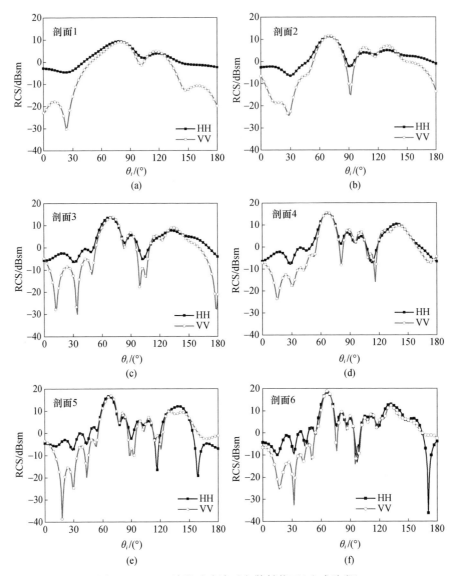

图 2.28　UHF 波段破碎波后向散射截面(生成阶段)

(a)剖面1;(b)剖面2;(c)剖面3;(d)剖面4;(e)剖面5;(f)剖面6。

　　从图 2.28 中可以看到,在卷浪的生成阶段,顺风和逆风向小擦地角下均出现了 HH 极化散射截面高于 VV 极化散射截面的现象。在顺风小擦地角入射下,可能是由于二面角多径效应和接近布鲁斯特角极化效应,使得 VV 极化幅度明显低于 HH 极化。然而,对比"海尖峰"定义和 X 波段情形,这些情况并不能表明"海尖峰"的出现。其原因一是 HH 极化明显大于 VV 极化,二是回波强度必须"足够"大,接近甚至超过海上目标回波。然而,图 2.28 中除了中等入射角(擦地角)

下出现的峰值外,其它角度下后向散射截面均较小,不满足"海尖峰"特征。

图 2.29 为卷浪持续阶段的计算结果,可以看出,与卷浪生成阶段相比,RCS 曲线振荡明显加强,中等擦地角下的双峰现象比卷浪生成阶段更加明显。在小擦地角入射时,卷浪尖峰的绕射现象明显,两种极化幅度接近,在整个角度范围内振荡起伏加剧。另外,在顺风和逆风侧,破碎波小擦地角后向散射截面在 HH 与 VV 极化之间的差异不明显,顺风情况下中等擦地角的破碎波散射,也会出现 HH 极化散射强度高于 VV 极化散射强度的现象,这是由于倾斜波面极化因子的

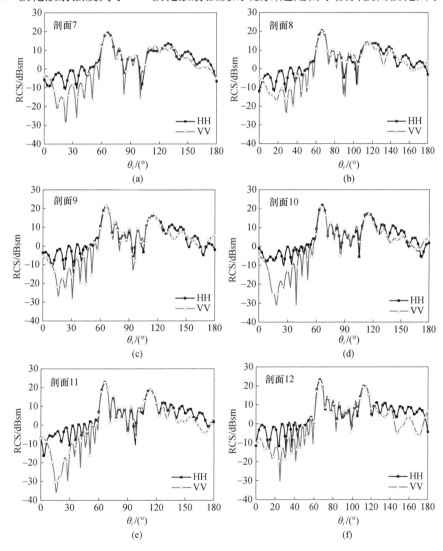

图 2.29 UHF 波段破碎波后向散射截面(持续阶段)

(a)剖面 7;(b)剖面 8;(c)剖面 9;(d)剖面 10;(e)剖面 11;(f)剖面 12。

影响造成的。由于其幅度较小,也不能认为其满足"海尖峰"特征。

图 2.30 为卷浪坍塌阶段的计算结果,可以看到,由于顺风面倾斜陡峭,逆风面形成可以产生多次反射的卷浪喷射体与波腔结构,使得散射截面在整个角度范围内振荡起伏。破碎波小擦地角散射截面均出现 HH 极化大于 VV 极化的现象,且回波强度较大,满足"海尖峰"形成的必要特征。

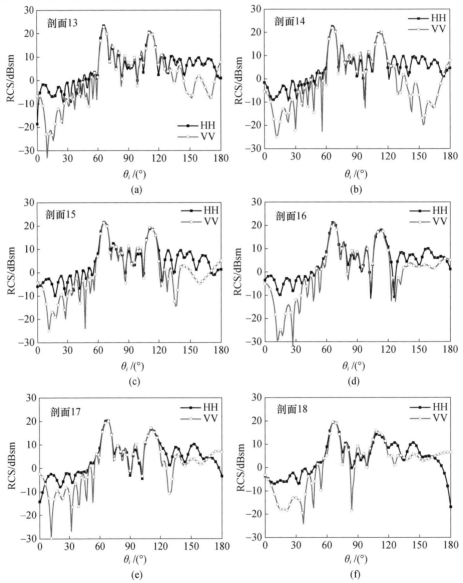

图 2.30　UHF 波段破碎波后向散射截面(坍塌阶段)

(a)剖面 13;(b)剖面 14;(c)剖面 15;(d)剖面 16;(e)剖面 17;(f)剖面 18。

　　其次,观察含卷浪三维局部海面的情况。基于图 2.25 给出的海面风速为 7m/s 下含卷浪的三维局部海面总体几何结构,图 2.31 给出了 UHF 波段下单纯粗糙海面及含卷浪粗糙海面的后向散射截面计算结果。其中入射波频率和海水的相对介电参数与仅有卷浪的情况一致(图 2.28 ~ 图 2.30),图 2.31(a)为单纯粗糙海面后向散射截面,图 2.31(b) ~ (d)分别对应 $t = 10\Delta t, 14\Delta t, 16\Delta t$ 三个不同时刻下含卷浪三维局部海面后向散射截面。

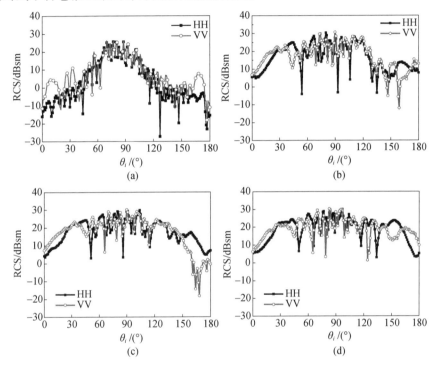

图 2.31　UHF 波段下海面及含卷浪的粗糙海面总体后向散射特性
(a)单纯海面;(b)$t = 10\Delta t$;(c)$t = 14\Delta t$;(d)$t = 16\Delta t$。

　　由图 2.31(a)可以看出,对于单纯海面后向散射,VV 极化的散射截面总是大于 HH 极化,基本不会出现 HH 极化散射截面大于 VV 极化的现象,并且在小擦地角情况下,VV 极化与 HH 极化散射截面之间的差值更加明显。与单纯海面后向散射相比,在顺风小擦地角(对应图中 0° ~ 40°)入射时,由于卷浪与海面之间存在多次散射现象,含卷浪三维局部海面的 HH 极化和 VV 极化的后向散射截面均得到提升,且 VV 极化持续大于 HH 极化。在逆风小擦地角(对应图中 140° ~ 180°)入射时,在 $t = 10\Delta t$ 和 $14\Delta t$ 时刻,根据射线理论,卷浪形成的腔体结构对电磁波传播路径的影响更加明显,海面与卷浪间的多次散射效应增强,含卷浪的三维局部海面总体后向散射结果出现 VV 极化散射强度急速下降,而 HH 极化散射强度进一步提升的现象(图 2.31(b)和(c)),符合"海尖峰"的形成特征。在 $t = 16\Delta t$ 时刻,由于卷浪喷射体完全形成,卷浪腔体结构对电磁波不可见,因此由图 2.31(d)可以看出,在逆风小擦地角下多次散射效应不再显著,后向散射结果仍然是 VV 极化大于 HH 极化,不满足"海尖峰"形成的特征。

含卷浪的三维局部海面中下垫海面对卷浪散射特性的影响,可通过与仅有卷浪情况下剖面 10、剖面 14 和剖面 16 的结果(图 2.28 ~ 图 2.30)对比得到。通过对比发现,在顺风小擦地角入射时,仅有卷浪情况下出现的 HH 极化大于 VV 极化的现象消失,说明在散射特性计算中下垫海面的引入使得该入射角度下的 HH/VV 极化比产生反转,"海尖峰"形成的必要特征消失。在逆风小擦地角入射时,尽管 HH/VV 极化比没有产生反转,但 HH 极化大于 VV 极化的幅度大大减小,该"海尖峰"特征减弱。根据两种电磁散射情况下海面的几何结构分析可知,上述现象是由于在含卷浪的三维局部海面总体结构情况下,卷浪长度约为 2 ~ 3m,总体结构长度为 9m(图 2.25),从而使得卷浪的散射特性被下垫海面的散射特性平均化造成的,而在仅有卷浪情况下不存在该平均效应。若含卷浪的三维局部海面总体结构的长度相对卷浪长度更大,该平均效应将会更加强烈,当下垫海面长度无穷大时,其散射特性将趋于与不含卷浪的海面散射特性一致。

2. L 波段

首先,观察仅有卷浪时的情况。图 2.32 ~ 图 2.34 给出了 18 个准三维 LONGTANK 卷浪剖面的 L 波段后向散射截面计算结果。频率取 $f = 1.0 \text{GHz}$,海水相对介电常数为 $\varepsilon_r = (72.61, 67.07)$,入射角度从 0°到 180°,其中(0° ~ 90°)代表顺风入射,(90° ~ 180°)代表逆风入射。

由图 2.32 中可以看出,在卷浪的生成阶段,后向散射特性与 UHF 波段类似,但倾斜面散射的幅度小于 UHF 波段(介电常数作用)。顺风侧小擦地角电磁散射产生 HH 极化高于 VV 极化现象,但极化差值小于 UHF 波段。逆风面除生成初期外,两种极化幅度相差较小,不满足"海尖峰"特征。

由图 2.33 可以看出,在卷浪的持续阶段,顺风面小擦地角破碎波电磁散射的 HH 极化幅度高于 VV 极化,但整体幅度较低;后向散射截面在整个入射角度范围内振荡起伏加剧,这是由于多次散射效应开始出现的原因。在逆风侧,从剖面 12 开始,由于卷浪喷射体及其下方的波腔结构与海面之间的多径效应加剧,小擦地角 HH 极化幅度明显高于 VV 极化,且整体幅度较大,符合"海尖峰"的形成特征。在 UHF 波段下,在剖面 12 时该现象还不是特别明显。

由图 2.34 可以看出,在卷浪的坍塌阶段,由于顺风面倾斜陡峭,逆风面形成卷浪喷射体与波腔结构,后向散射受强多径效应的影响,幅度在整个角度范围振

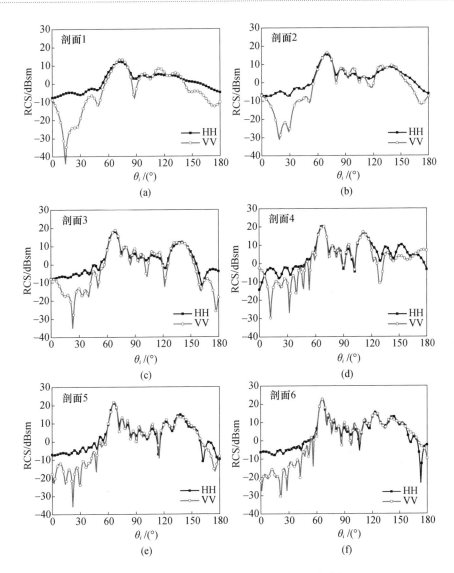

图 2.32　L 波段破碎波后向散射截面(生成阶段)

(a)剖面 1；(b)剖面 2；(c)剖面 3；(d)剖面 4；(e)剖面 5；(f)剖面 6。

荡起伏；破碎波小擦地角后向散射截面均出现 HH 极化幅度大于 VV 极化的现象，逆风侧比顺风侧更为明显，且幅度高于顺风侧，该现象比 UHF 波段更显著，表明更易产生"海尖峰"现象。

其次，观察含卷浪三维局部海面的情况。图 2.35 给出了 L 波段、风速为 7m/s 时，单纯粗糙海面后向散射以及含卷浪的粗糙海面总体后向散射对比结果。其中入射波频率和海水的相对介电参数与仅有卷浪的情况一致(图 2.32 ～

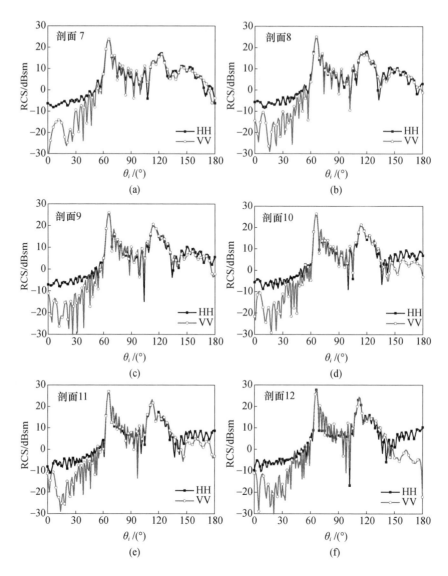

图 2.33　L 波段破碎波后向散射截面(持续阶段)

(a)剖面 7；(b)剖面 8；(c)剖面 9；(d)剖面 10；(e)剖面 11；(f)剖面 12。

图 2.34)。图 2.35(a)为单纯粗糙海面后向散射结果。图 2.35(b)～(d)为 $t = 10\Delta t, 14\Delta t, 16\Delta t$ 三个不同时刻下，含卷浪粗糙海面后向散射结果。

从图 2.35 中可以看出，与 UHF 波段结果相似，单纯粗糙海面后向散射截面的 VV 极化散射强度总是大于 HH 极化散射强度。而当海面上存在卷浪时，由于卷浪腔体结构的多径效应，在逆风小擦地角入射时，出现了 VV 极化散射强度急速下降，而 HH 极化散射强度却得到提升的现象(图 2.35(b)和(c))，导致

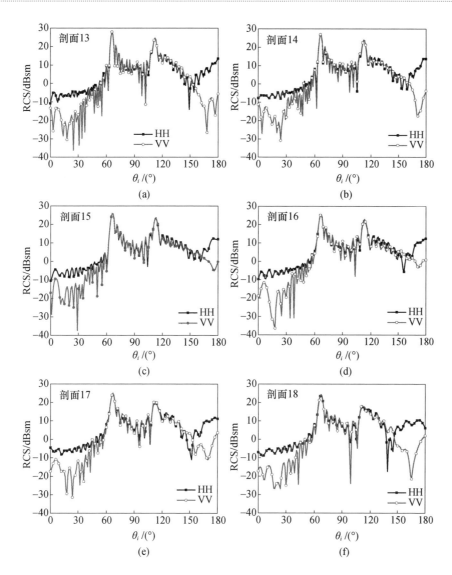

图 2.34　L 波段破碎波后向散射截面(坍塌阶段)

(a)剖面 13;(b)剖面 14;(c)剖面 15;(d)剖面 16;(e)剖面 17;(f)剖面 18。

HH/VV 极化比大于 1。其余入射角度情况下,含卷浪的粗糙海面后向散射的 HH 极化和 VV 极化散射强度较单纯海面时,均有提升,但由于卷浪腔体在这些入射角度下引起的电磁波多径效应相对较弱,HH 极化和 VV 极化并没有产生极化幅度反转。

　　对比图 2.35 与图 2.32 ~ 图 2.34 可以看出,在含卷浪的粗糙海面总体结构中,下垫海面的引入,除使得顺风小擦地角情况下不再产生极化幅度反转外,还使得逆风小擦地角情况下,HH/VV 极化比大大减小,但仍大于 1,这与 UHF 波段类似,同样是由于下垫海面散射特性的平均效应引起的。上述现象说明,在含卷浪的粗糙海面总体后向散射中,仅在逆风小擦地角下才可能出现 HH/VV 极化比大于 1 的"海尖峰"特征,而这还要取决于卷浪的演变阶段,当卷浪结构坍塌、多次散射消失后,该特征也将消失,如图 2.35(d)所示。

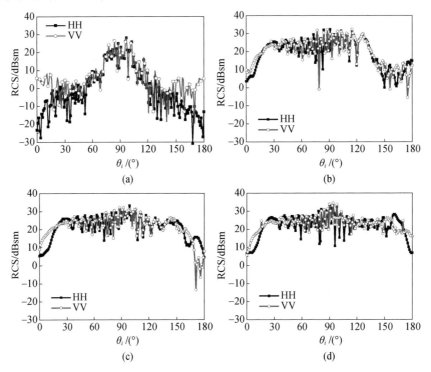

图 2.35 L 波段下海面及含卷浪的粗糙海面总体后向散射特性
(a)单纯海面;(b)$t = 10\Delta t$;(c)$t = 14\Delta t$;(d)$t = 16\Delta t$。

综合上述两个波段的卷浪破碎结构电磁散射结果可以看出,在卷浪的生成阶段,卷浪还没有出现卷曲,卷浪破碎结构的后向散射截面曲线振荡较弱,且整体幅度较小。随着卷浪的不断生成,在持续阶段和坍塌阶段,卷浪的卷曲程度不断增强,卷浪顺风侧斜坡更加陡峭,卷浪与海面间多径效应明显,振荡也比生成阶段更加强烈。在小擦地角入射时,UHF、L 波段均出现明显的 HH 极化幅度大于 VV 极化幅度的现象,但 L 波段相比 UHF 波段更为明显,该现象成为"海尖峰"形成的必要特征。

相对仅有卷浪结构散射的情况,当引入下垫海面时,含卷浪的三维局部海面的后向散射特性产生显著的变化。在前一种情况下,顺风小擦地角出现的 HH/VV 极化比大于 1 的现象,在引入下垫海面后不再出现。在逆风小擦地角出现的较大 HH/VV 极化比,在引入下垫海面后被削弱。因此,在实际的雷达海面电磁散射中,能否出现 HH/VV > 1 的现象,以及 HH/VV 极化比幅度的大小,还与雷达分辨率的大小有关(即与海面电磁散射中海面尺寸的大小有关)。当雷达分辨率较高,分辨单元内除包含卷浪结构外,包含的下垫海面长度较短时,卷浪结构引起的多次散射效应对整体散射特性的影响更大,小擦地角下 HH/VV 极化比更大,更易出现"海尖峰"现象。当下垫海面的尺寸远大于卷浪尺寸时,由于平均效应的影响,整体散射特性接近不含卷浪的海面散射特性,不易出现"海尖峰"现象。

在实际的雷达应用中,由于天线结构和尺寸的影响,UHF 波段通常较难实现较高分辨率的海杂波测量,雷达分辨单元内海面的尺寸相对卷浪结构而言较大,因此在 UHF 波段雷达海杂波中"海尖峰"现象较为少见。然而,L 波段频率相对更高,能够实现较高分辨率测量的天线结构更易设计,因此,在 L 波段雷达对海测量中,卷浪结构的影响更大,HH 极化幅度大于 VV 极化幅度的特征更为明显,"海尖峰"现象更易出现。

综上,卷浪是产生"海尖峰"现象的一个主要原因,但不是充分条件,造成"海尖峰"现象的原因有很多,还与入射波频率、入射角度、雷达分辨率、卷浪与海面构成的类似二面角角反射器的外形结构有关。除此之外,卷浪破碎往往会伴随有泡沫产生,也是形成"海尖峰"的原因之一。

参考文献

[1] LONG M W. Radar Reflectivity of Land and Sea [M]. London: Artech House,2001.

[2] 郭立新,王蕊,吴振森. 随机粗糙面散射的基本理论与方法[M]. 北京:科学出版社,2010.

[3] ULABY F T,MOORE R K,FUNG A K. Microwave Remote Sensing (Active and Passive) II [M]. New York: Addison – Wesley,1982.

[4] KONG J A. Electromagnetic Wave Theory [M]. New York: Wiley,1986.

[5] CHEN K S,FUNG A K,SHI J C,et al. Interpretation of backscattering mechanisms from non – gaussian correlated randomly rough surfaces[J]. Journal of Electromagnetic Waves and Applications,2006,20(1): 105 – 118.

[6] WU Z S,ZHANG J P,GUO L X,et al. An improved two – scale model with volume scattering for the dynamic ocean surface[J]. Progress In Electromagnetics Research,2009,89: 39 – 56.

[7] VORONOVICH A G. On the theory of electromagnetic waves scattering from the sea surface at low grazing angles [J]. Radio Science,1996,31(6):1519 – 1530.

[8] CHEN K S,FUNG A K,AMAR F. An empirical bispectrum model for sea surface scattering [J]. IEEE Transactions on Geoscience and Remote Sensing,1993,31(4):830 – 835.

[9] Cox C,Munk W. Statistics of the sea surface derived from sun glitter [J]. Journal of Marine

Research,1954,13:198 – 226.

[10] MCDANIEL S T. Microwave backscatter from non – Gaussian seas [J]. IEEE Transactions on Geoscience and Remote Sensing,2003,41(1):52 – 58.

[11] BECKMANN P,SPIZZICHINO A. The Scattering of Electromagnetic Waves from Rough Surfaces[M]. New York:Pergamon,1963.

[12] BOURLIER C,BERGINC G,SAILLARD J. One and two – dimensional shadowing functions for any height and slope stationary uncorrelated surface in the monostatic and bistatic configurations [J]. IEEE Transactions on Antennas and Propagation,2002,50(3):312 – 324.

[13] HORST M M,DYER F B,TULEY M T. Radar sea clutter model[C]. International Conference on Antennas and Propagation,London,1978:6 – 10.

[14] KATZIN M. On the mechanisms of radar sea clutter [J]. Proceedings of IRE,1957,45:44 – 54.

[15] WETZEL L B. Electromagnetic scattering from the sea at low grazing angles [M]. Norwell MA:Kluwer Academic Publishers,1990.

[16] WARD K D,TOUGH R J A,Watts S. Sea Clutter:Scattering,the K Distribution and Radar Performance 2nd Edition[M]. London:The Institution of Engineering and Technology,2013.

[17] FUNG A K,LEE K K. A semi – empirical sea – spectrum model for scattering coefficient estimation [J]. IEEE Journal of Oceanic Engineering,1982,OE – 7(4):166 – 176.

[18] CHEN K S,FUNG A K,Weissman D E. A backscattering model for ocean surface [J]. IEEE Transactions on Geoscience and Remote Sensing,1992,30(4):811 – 817.

[19] JIN Y Q. Some results from the radiative wave equation for a slab of randomly,densely – distributed scatterers [J]. Journal of Quantitative Spectroscopy and Radiative Transfer,1988,39(2):83 – 98.

[20] JIN Y Q. Electromagnetic scattering modelling for quantitative remote sensing [C],Sigapore:World Scientific,1994.

[21] 周平,张新征,黄培康,等. 海面后向散射机载测量结果及分析[J]. 系统工程与电子技术,2006,28(3):325 – 328.

[22] SCHROEDER L C,BOGGS D H,DOME G. The relationship between wind vector and normalized radar cross section used to derive SEASAT – A satellite scatterometer winds [J]. Journal of Geophysical Research,1982,87:3318 – 3336.

[23] JEFFERYS E R. Directional seas should be ergodic [J]. Applied Ocean Research,1987,9(4):186 – 191.

[24] SCHROEDER L C,SCHAFFNER P R,MITCHELL J L,et al. AAFE RADSCAT 13.9 – GHz measurement and analysis:Wind – speed signature of the ocean [J]. IEEE Journal of Oceanic Engineering,1985,10(4):346 – 357.

[25] WANG P,YAO Y T,TULIN M P. An efficient numerical tank for non – linear water waves,based on the multi – subdomain approach with BEM [J]. International Journal for Numerical Method in Fluids,1995,20:1315 – 1336.

[26] FOURNIER A. A simple model of ocean waves [J]. ACM SIGGRAPH,1986,20(4): 75 – 84.

[27] 李文龙. 改进的时变卷浪建模及其电磁散射研究:硕士学位论文[D],西安:西安电子科技大学,2014.

[28] 李文龙,郭立新,孟肖,等. 含卷浪 Pierson – Moscowitz 谱海面电磁散射研究[J]. 物理学报,2014,63(16):164102.

[29] THORSOS E I. The validity of the Kirchhoff approximation for rough surface scattering using a Gaussian roughness spectrum [J]. Journal of Acoustic Society American,1988,83(1): 78 – 92.

[30] YANG W,ZHAO Z Q,QI C H,et al. Electromagnetic modeling of breaking waves at low grazing angles with adaptive higher order Hierarchical Legendre basis functions [J]. IEEE Transactions on Geoscience and Remote Sensing,2011,49(1):346 – 352.

[31] ROSENBERG L. Sea – spike detection in high grazing angle X – band sea – clutter [J]. IEEE Transactions on Geoscience and Remote Sensing,2013,51(8): 4556 – 4562.

[32] SMITH M J,POULTER E M,MCGREGOR J A. Doppler radar measurements of wave groups and breaking waves [J]. Journal of Geophysical Research,1996,101(C6):14269 – 14282.

[33] WETZEL L. B. Electromagnetic scattering from the sea at low grazing angles in Surface Waves and Fluxes [M]. The Springer Netherlands,1990.

[34] TRIZNA D B. A model for Brewster angle damping and multipath effects on the microwave radar sea echo at low grazing angles [J]. IEEE Transactions on Geoscience and Remote Sensing,1997,35(5):1232 – 1244.

[35] WEST J C. Low – Grazing – Angle (LGA) sea – spike backscattering from plunging breaker crests [J]. IEEE Transactions on Geoscience and Remote Sensing,2002,40(2):523 – 526.

[36] ZHAO Z Q,WEST J C. Low – Grazing – Angle microwave scattering from a three – dimensional spilling breaker crest: A numerical investigation [J]. IEEE Transactions on Geoscience and Remote Sensing,2005,43(2): 286 – 294.

[37] LI Y Z,WEST J C. Low – Grazing – Angle scattering from 3 – D breaking water wave crests [J]. IEEE Transactions on Geoscience and Remote Sensing,2006,44(8):2093 – 2101.

[38] ZHAO Z Q,WEST J C. Resistive suppression of edge effects in MLFMA scattering from finite conductivity surfaces [J]. IEEE Transactions on Antennas and Propagation,2005,53(5): 1848 – 1852.

第 **3** 章
地海杂波测量技术

▣ 3.1 引　言

　　地海杂波测量是获取地海杂波数据进而开展地海杂波特性研究的重要手段。对于地海面这类扩展目标而言，目前采用电磁散射理论还无法准确模拟的情况下，开展地海杂波测量尤为重要。

　　原理上讲，任何一部目标探测雷达均可用于地海杂波测量。然而，若不作定标以及按一定要求测量，那么获得的测量数据对于地海杂波特性研究及应用而言有可能没有任何实质性意义。因此，与目标特性测量工作一样，地海杂波测量也是一项专门的测量技术。

　　一个完整的地海杂波测量系统应包括测量雷达、外定标设备和辅助测量设备。测量雷达可分为专用测量雷达和目标探测雷达经适当改进后的非专用测量雷达。专用与非专用的区别主要在于对地海杂波测量的动态范围及测量精度的满足程度。外定标设备是对测量雷达系统常数（即损耗）进行标定（或校准）的装置，无源或有源均可。经定标后的测量雷达才能获取地海杂波回波的绝对电平，否则只能得到地海杂波回波的相对值，很大程度上失去了对地海杂波特性研究的支持作用。因此，外定标成为地海杂波测量中一项关键技术。辅助设备是用于获取地海面背景电性能参数（如电导率、介电常数等）和几何特征参数（如地形起伏、波高、波向等）的测量设备，这些辅助参数，某些情况下需要与地海杂波同步测量（如风速风向、波高波向），某些情况下可在事前或事后取样测量（如地形起伏）。另外，辅助测量又分为精细化测量和普查性测量。精细化测量主要针对某一特定区域或地点，获得更多和更准确的地海面背景电性能参数和几何特征参数。普查性测量主要针对大面积、大范围地海杂波测量情况，通常采用地理信息系统、历史数据及气象预报数据相结合，获取相关区域的地海面背景参数。

　　地海杂波的测量要按照测量目的和内容选择测量系统，同时对测量系统的标定必不可少。定标设备和定标方式很多,实际选择也是考虑多种因素的结果,如环境的影响,定标体雷达散射截面(Radar Cross Section, RCS)须满足一定要求。测量中还要考虑站点选址布设,并且按照一定的流程开展。最后对测量结果从多个影响因素进行不确定度分析。

　　本章首先从面目标测量雷达方程出发,阐述不同体制雷达地海杂波测量的基本原理,讨论照射面积、远场条件、传播特性等几个需关注的问题,简要介绍国内外几种典型的地海杂波测量雷达系统,并结合不同的测量平台,重点讨论地海杂波测量的实施过程与流程、外定标方法与定标场选取、测量数据处理与不确定度分析等,以形成对地海杂波测量的较为系统性论述。

◼ 3.2　地海杂波测量原理

3.2.1　基本方程

　　将雷达信号发射、目标散射信号以及雷达信号接收联系起来的是雷达方程。对于点目标而言,其雷达方程为[1]

$$P_r = \frac{P_t G_t G_r \lambda^2}{(4\pi)^3 R_t^2 R_r^2} \sigma \tag{3.1}$$

式中,P_r 为雷达接收功率;P_t 为雷达发射功率;G_t 为雷达发射天线增益;G_r 为雷达接收天线增益;λ 为雷达波长;R_t 为目标至雷达发射天线的距离;R_r 为目标至雷达接收天线的距离;σ 为目标雷达散射截面积。

　　对于单站(单基地)系统或者单天线雷达系统(在本书中未加特别说明时,均指单站雷达系统),一般有 $R_t = R_r = R$,$G_t = G_r = G$。对于有些单站系统,接收和发射并不相同,可以采用等效形式 $G_t G_r = G^2$。则单站雷达方程形式为

$$P_r = \frac{P_t G^2 \lambda^2}{(4\pi)^3 R^4} \sigma \tag{3.2}$$

　　实质上,式(3.1)和式(3.2)的雷达方程既适用于点目标,也适用于面目标。然而,由于陆地和海面的雷达截面积随照射面积的变化而变化,照射面积与具体的雷达和测量状态密切相关,因此,使用雷达截面积定义十分不便。对于地海面这一类的扩展面目标,人们引入了每单位表面积的雷达截面积 σ° 的概念,以作为一种能用来描述雷达截面积的归一化参数,一般称为散射系数(有时也称为微分散射截面)。根据 σ° 的定义,目标的雷达散射截面积 σ 就等于 $\sigma^\circ \times A$,这里 A 相当于包含在雷达分辨单元内的地或海面面积。代入式(3.2),得

$$\sigma^\circ = \frac{(4\pi)^3 R^4 P_r}{G^2 \lambda^2 A P_t} \tag{3.3}$$

式(3.3)即为地海杂波测量的基本方程。

对于脉冲压缩体制,不能直接使用式(3.3)。脉压的影响可从能量的角度分析。假设发射的脉压前脉冲宽度为 τ_t,则发射能量为 $\tau_t P_t$。脉压后分辨单元(即一个距离门)信号能量为 $\tau_c P_r$,$\tau_c = 1/B$ 为脉压后脉冲宽度,B 为带宽,此时假定系统为匹配接收。这样,对于脉冲压缩雷达,单脉冲条件下的雷达方程为

$$\tau_c P_r = \frac{\tau_t P_t G^2 \lambda^2}{(4\pi)^3 R^4} \sigma^\circ A \tag{3.4}$$

令 $\rho = \tau_t / \tau_c$,称为脉冲压缩比,则

$$\sigma^\circ = \frac{(4\pi)^3 R^4 P_r}{\rho G^2 \lambda^2 A P_t} \tag{3.5}$$

式中,A 为脉压后照射面积,在3.2.2节估算照射面积时采用 τ_c 而非 τ_t。

3.2.2 照射面积的计算

由于地海面包含大量空间不同位置的散射体,不同位置散射体所处的雷达入射方向和雷达接收方向上稍有差别,导致天线增益 G 会不同,而且散射体到雷达的斜距也稍有差异,上述关系式中 R、G、A 的计算要引起注意。实际上,在从式(3.2)到式(3.3),其转换过程是基于这样的假设,面目标在任何时刻被照射的面积内由完全位置随机分布的许多点散射体所组成,它们的散射幅度也同样是随机的,相位彼此独立。如此可认为,所有散射体信号中不会存在一个起支配作用的散射信号,所有散射体散射信号对总的接收信号的贡献均不能忽略,这样总的平均接收功率可表达为

$$\overline{P_r} = \sum_{i=1}^{N} \overline{P_{ri}} \tag{3.6}$$

式中,N 为散射体的数目;$\overline{P_{ri}}$ 为第 i 个散射体的平均接收功率,代入式(3.2)后,可得

$$\overline{P_r} = \frac{\lambda^2}{(4\pi)^3} \sum_{i=1}^{N} \frac{P_{ti} G_i^2 \sigma_i}{R_i^4} \tag{3.7}$$

式(3.7)体现了随着散射体位置的不同,G_i、R_i、P_{ti} 以及单个散射体散射截面积 σ_i 的变化。对每个独立的散射体仍引入微分散射系数的概念,即

$$\sigma_i = \sigma^\circ \Delta A_i$$

如果在 P_t、G、R 近乎相等的每块面积 ΔA_i 内包含有多个散射中心,并可以对它们进行合理平均的话,可将式(3.7)中的 σ_i 用平均意义上的 $\sigma^\circ \Delta A_i$ 来代替,则雷达方程可写成

$$\overline{P}_r = \frac{\lambda^2}{(4\pi)^3} \sum_{i=1}^{N} \frac{P_{ti} G_i^2 \sigma^\circ \Delta A_i}{R_i^4} \tag{3.8}$$

将求和式推广到极限情况,用积分来代替,则有

$$\overline{P}_r = \frac{\lambda^2}{(4\pi)^3} \int \frac{P_t G^2 \sigma^\circ}{R^4} \mathrm{d}A \tag{3.9}$$

式中,积分对应于整个照射面积,式(3.9)就是一般的面扩展目标的雷达方程。

一般意义下,假设天线增益为 $G = G_0 G(\theta,\varphi)$, G_0 为天线最大增益, $G(\theta,\varphi)$ 代表天线的方向性因子。同样假设照射面积内位置为 $R = R_0 R(\theta,\varphi)$, R_0 为天线到散射面的平均距离, $R(\theta,\varphi)$ 代表散射体距离修正因子。在照射单元内,若忽略散射系数的变化或者用平均散射系数等价,照射功率的不一致归结于天线方向性因子,那么有

$$\overline{P}_r = \frac{P_t G_0^2 \lambda^2 \sigma^\circ}{(4\pi)^3 R_0^4} \int \frac{G(\theta,\varphi)^2}{R(\theta,\varphi)^4} \mathrm{d}A \tag{3.10}$$

记

$$A_e = \int \frac{G(\theta,\varphi)^2}{R(\theta,\varphi)^4} \mathrm{d}A \tag{3.11}$$

称为等效照射面积(或者有效照射面积),有

$$\overline{P}_r = \frac{P_t G_0^2 \lambda^2 \sigma^\circ}{(4\pi)^3 R_0^4} A_e \tag{3.12}$$

则该式与式(3.3)形式上完全相同。显然,只要求出等效照射面积的估算值,即可利用式(3.12)对地海杂波散射系数进行测量。

等效照射面积的计算取决于雷达发射脉冲形状和天线方向图形状,利用式(3.12)估算照射面积是比较复杂的,需要根据测量精度合理选取积分区域。在实际工程应用中,对于单天线体制的脉冲雷达,其天线主波瓣照射区域为一椭圆形,但其分辨单元却有可能小于该区域,这取决于天线距离向波束宽度和脉冲宽度间的大小。设雷达天线方位向单程 3dB 波束宽度为 ϕ_a,俯仰向单程 3dB 波束宽度为 ϕ_e,以时间表示的脉冲宽度为 τ,擦地角为 ψ,天线至地海面的距离为 R。对于小擦地角,有

$$\frac{c\tau}{2} < \frac{R\tan\varphi_e}{\tan\psi}$$

即脉冲宽度分辨单元大于天线波束宽度分辨单元时,照射面积可近似为

$$A_e = 2R \frac{c\tau}{2} \tan\frac{\phi_a}{2} \sec\psi \tag{3.13}$$

此时对于窄方位波束宽度,式(3.13)的照射面积可简化为

$$A_e = R \frac{c\tau}{2} \phi_a \sec\psi \qquad (3.14)$$

这属于脉冲宽度小于雷达距离向波束宽度的情况,如图 3.1 所示。

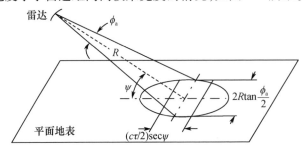

图 3.1 脉冲宽度大于雷达距离向波束宽度时照射面积计算

而对于大擦地角,有

$$\frac{c\tau}{2} > \frac{R\tan\phi_e}{\tan\psi}$$

即脉冲宽度分辨单元小于天线波束宽度分辨单元时,照射面积可近似为

$$A_e = \pi R^2 \tan\frac{\phi_a}{2}\tan\frac{\phi_e}{2}\csc\psi \qquad (3.15)$$

此时对于窄方位波束宽度,式(3.15)的照射面积还可简化为

$$A_e = \frac{\pi}{4}R^2 \phi_a\phi_e\csc\psi \qquad (3.16)$$

这属于雷达波束距离向宽度小于脉冲宽度的情况,如图 3.2 所示。

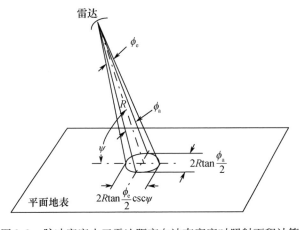

图 3.2 脉冲宽度小于雷达距离向波束宽度时照射面积计算

由近似方法得到的照射面积估计值一般要比利用积分式估算的实际面积小 $1\sim2dB$，因而由此导致的散射系数测量值要高 $1\sim2dB$。对于目前常见的相控阵体制雷达，收发波束宽度有可能不相同，对于式(3.13)、式(3.14)和式(3.15)、式(3.16)中的波束宽度处理方法，可以采用收发天线双程合成后等效的单程天线波束宽度，但这样简单的近似处理方法会带来不确定性增加的风险，必要时仍需要按积分式进行估算。

以上近似针对单天线系统，对于双天线系统，照射面积的计算有可能复杂得多。当双天线系统作用距离远远大于天线间隔，此时两天线照射区域基本重合时，可以采用单天线时的近似方法。但遗憾的是，双天线系统一般作用距离不大，此时两天线照射区域部分重合，如图 3.3 所示，在此情况下，照射面积积分公式(3.11)中的 G^2 应代之以 $G_t G_r$，R^4 应代之以 $R_t^2 R_r^2$。同时注意到，该公式并不要求两天线的波束宽度相同。对该积分式，没有可以简化的解析关系，只能采用积分近似方法求解。在参考文献[2]中，对于一个双天线散射计系统，收发天线并置，采用相同抛物面，馈源为脊喇叭时，频率为 $2.2\sim17.5GHz$，架设高度不超过 15m，给出了等效照射面积随频率 $f(GHz)$、入射角 $\theta(°)$ 和天线高度 $H(m)$ 的一个近似计算式

$$A(f,\theta,H) = 33.4\exp\left\{-\left(0.145\_0.025\sin\left[1.9\left(\frac{\pi}{4}-\theta\right)\right]\sqrt{f-2}\right)\right\}$$
$$-(29.5+30.4\lg\cos\theta)+[0.65-0.17(H-13)/9](H-15)$$

$$(3.17)$$

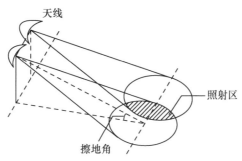

图 3.3　双天线体制下照射面积

3.2.3　其他应注意的问题

除照射面积的计算外，雷达杂波测量的基本方程应用时还要考虑到远场条件、传播特性、距离模糊等一些问题[3,4]。

1. 远场条件

从雷达截面积的定义来说，其要求满足远距离条件，因而从雷达截面积演化

而来的归一化雷达截面积,即散射系数,仍需满足所谓的远场条件。在不考虑目标表面粗糙度时,远场条件为目标和天线间距离满足

$$R \gg 2(l_\text{t} + l_\text{a})^2 / \lambda \qquad (3.18)$$

式中,l_t 和 l_a 分别为目标和天线口径的横向尺寸。

对于地海面目标,一般有 $l_\text{t} \gg l_\text{a}$,此时,远场条件简化为 $R \gg 2l_\text{t}^2/\lambda$。目标的远场条件是比较严格的,常常要求距离为式(3.18)右边计算值的 4 倍以上才可能得到满足要求的测量精度,否则测量结果会存在较大的偏差。幸运的是,考虑到地海面表面的粗糙度,地海面远场条件要求可简化为 $R \gg 2l^2/\lambda$,l 为地海面表面粗糙引入的表面相关长度。

2. 传播特性

雷达信号在空中传播时由于被大气中的各种气体、云、雨和雪吸收而衰减,同时由于像雨滴、雹和雪花之类的大粒子对雷达波的散射也会使雷达信号发生衰减。就吸收而言,吸收的谐振效应对频率的变化极为敏感,在某些频率点存在吸收峰值,而且衰减有随着频率的增高而增高的趋势。雷达信号在粗糙的地海面传播时,存在直达波和非直达波的传播路径,这两类路径间的干涉效应会使得总的回波出现起伏。

上述雷达方程中未考虑大气传播衰减、雷达系统自身引入的衰减以及粗糙地海面的干涉作用,若将这些因素考虑在内,则式(3.3)变为

$$P_\text{r} = \frac{P_\text{t} G^2 \lambda^2}{(4\pi)^3 R^4 L} \sigma^\circ F^4 A \qquad (3.19)$$

其中,F 为粗糙面干涉因子(或称传播因子);L 为系统各种损耗的总和,包括发射机和天线间的损耗、信号处理损耗(信号常在基带接收,从射频到基带也存在损耗)以及空间传播损耗等,可由雷达系统标定得到。

F 因子是很难测量和计算的,一般将其和散射系数 σ° 作为一个整体考虑,即 $\sigma^\circ F^4$,通常情况下简记为 σ°,也就是说,通常所说的 σ° 即是指 $\sigma^\circ F^4$。

关于雷达电波的空间损耗计算,可参考相关文献[5]。这里仅给出一个需要注意的问题,即关于擦地角的定义。通常情况下,擦地角是指沿雷达直线传播路径的本地平均擦地角,球面地球模式下(为方便起见,常采用等效地球模型,如标准大气折射下的 4/3 地球半径模型)为图 3.4 中的 ψ,θ 为入射角,α 为入射余角(也常称为俯角)。在平面地球模式下,不考虑折射效应,擦地角和入射余角是等价的,如图 3.5 所示,在近距离和大入射角时正常大气传播下这种近似是可行的。真实有效的擦地角依赖于当时的传播条件,如存在表面蒸发波导时擦地角会明显改变。

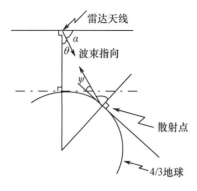

图 3.4 球面地球模式下角度关系

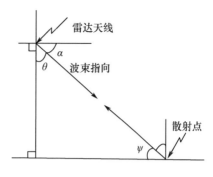

图 3.5 平面地球模式下角度关系

3. 杂噪比估计

杂波测量雷达有一定的动态范围,其测量的最小值受限于雷达的本底噪声。假设雷达的噪声系数为 F_n,雷达的噪声功率电平可由下式得到,即

$$P_n = kT_0BF_n \tag{3.20}$$

式中,k 为波尔兹曼常数,即 $1.38 \times 10^{-23} \text{J/K}$;$T_0 = 290\text{K}$;$B$ 为信号带宽。

一般常用雷达噪声功率电平作为雷达测量的灵敏度,但当测量的杂波功率与噪声功率平均值相当时,是无法分辨杂波和噪声的,此时的测量值并不能体现杂波水平。杂波测量值要达到一定的精度,杂波与噪声功率之比(Clutter to Noise Ratio,CNR)需满足一定的条件,即 $\text{CNR} \geqslant \text{CNR}_{\min}$,这样对应的最小可测量值为 $P_{\min} = kT_0BF_n \cdot \text{CNR}_{\min}$。

4. 功率和波束宽度

在雷达方程中,要求发射功率和接收功率定义一致,因而一般并不指明是峰值功率或者平均功率。对于连续波雷达来说不会带来使用上的问题,但在不同的文献中,峰值功率和平均功率的定义有可能存在差别,对于脉冲体制下针对具体体制形式而变形后的雷达方程易引起混乱。对于脉冲体制雷达,最通用的说法:峰值功率实质是指脉冲功率(即在脉冲持续期内的平均功率),平均功率则为整个射频周期内的平均功率。以矩形脉冲为例,脉冲持续时间(即脉冲宽度)为 τ,脉冲重复频率为 PRF(Pulse Repetition Frequency),按照以上定义,峰值功率 $P_{\max}$ 和平均功率 P_{av} 可通过能量关系建立联系,即 $P_{\max}\tau = P_{av}/\text{PRF}$。

需要注意的是,有些文献中并未注明波束宽度是双程 3dB 波束宽度或单程 3dB 波束宽度,单程与双程波束宽度相差 $\sqrt{2}$ 倍。

5. 距离模糊和增益控制

对脉冲体制雷达,还要注意杂波测量时可能产生的距离模糊问题,脉冲体制雷达不模糊距离 $R_u = c/(2 \cdot \text{PRF})$,$c$ 为光速。当雷达作用距离大于 R_u 时,超过

R_u 范围的杂波将会混叠进入模糊距离内的杂波单元,杂波是多个不同位置单元杂波的叠加,在不同位置时,距离、角度、面积大小均不同,前述的雷达方程均不适用,也无法对杂波解模糊。所以一般杂波测量时,采用 PRF 较低,避免出现作用距离大于模糊距离的情况。

一般的雷达系统中,为提高系统的动态范围,采取了诸如自动增益控制(Automatic Gain Control,AGC)、灵敏度时间控制(Sensitivity Time Control,STC)电路等。但对于杂波测量,其目的就是要得到散射系数,而不是要产生一个灰度相当均匀的图像。因而只有当 AGC 和 STC 能精确已知并能在测量结果得到补偿时,才可用于雷达杂波测量。有鉴于此,AGC 功能在杂波测量时一般不予使用,STC 功能则酌情考虑。

3.2.4　杂波测量的基本内容

杂波测量的目的不外乎为研究杂波特性随雷达参数、地海面环境的关系,如杂波随极化、频率、角度等的关系、杂波与地形地貌的关系、杂波与植被覆盖的关系、杂波随季节的关系、杂波与土壤含水量、杂波与风速、杂波与波高、杂波与海水盐度温度的关系等。从这里可看出,杂波测量涉及两个方面,一是杂波特性本身的测量,二是雷达参数和地海面环境的描述,然后进一步研究两者间存在的联系,即实现测量的目的。虽然杂波特性的测量常常是关注的重点,但从上面分析可以发现,没有雷达参数和地海面环境的描述,杂波特性的测量就毫无意义。由于在测量时,雷达参数是已知的,在测量时做好记录即可。在地海面的描述中,由于地海面的复杂性,常常需要定性与定量结合的方式,如对地面环境,用地物类型、地貌特征结合地面粗糙度、植被密度等来描述;对海面环境,则主要是风浪参数和海面状况描述相结合。

那么杂波特性本身的测量是什么呢?目前杂波特性关注的基本量主要是幅度和多普勒,但是在雷达杂波测量系统中,直接得到的量并不是这两个基本量,可能的输出值有两种。对于非相参体制的测量系统,直接测量值是幅值,是实信号,将该幅值转化为接收功率后,利用雷达方程就能得到杂波散射系数值。对于相参体制雷达,测量值进行正交化处理,即所谓的 I、Q 两路信号,两路信号的采样值能组合成复信号形式,包含幅度和相位信息,同样利用幅度信息得到杂波散射系数,但由于有了相位信息,则还可以得到杂波的多普勒值。

对雷达杂波进行不同空间的连续测量,则得到杂波随空间变化的数据序列,对这些数据序列进行分析,获得杂波的空间特性。对雷达杂波进行同一空间连续时间测量,则得到杂波随时间变化的数据序列,对这些数据序列进行分析,获得杂波的时间特性。对雷达杂波进行同一空间连续扫频测量,则得到杂波随频率变化的数据序列,对这些数据序列进行分析,获得杂波的频率特性。空时频特性描述的基本量一般为相关特性,即时间相关、空间相关和频率相关。需要说明的是无论实信号或者复信号均能进行相关特性分析,但其结果具有不同的含义。对于相参体制雷达测量得到的复信号数据序列,其功率密度谱即是多普勒谱,而非相参体制雷达测量得到的实信号数据序列,其功率密度谱不能称之为多普勒谱。

时间相关是描述某一时刻信号与另一时刻信号之间的相关程度,可用自相关函数来表征。通常自相关函数在未做特殊说明时,即指时间相关而言。信号时间序列为 $X(t)$,这里 τ 为时延,则自相关函数为

$$R(\tau) = \lim_{T \to \infty} \frac{1}{2T} \int_{-T}^{T} X(t) X^*(t + \tau) \mathrm{d}t \tag{3.21}$$

信号功率密度谱为

$$P(f) = \lim_{T \to \infty} \frac{1}{2T} \left| \int_{-T}^{T} X(t) \mathrm{e}^{-\mathrm{i}2\pi f t} \mathrm{d}t \right|^2 \tag{3.22}$$

自相关函数和功率谱互为傅里叶变换,即有

$$R(\tau) = \int_{-\infty}^{\infty} P(f) \mathrm{e}^{\mathrm{i}2\pi f \tau} \mathrm{d}f \tag{3.23}$$

空间特性是描述雷达某一空间单元的信号和另一不同位置单元信号之间的相关程度。其数学形式和时间相关是一致的,只是用空间变量代替时间变量、用空间位置差代替时间延迟。空间相关还可分为距离向相关和方位向相关,前者指雷达视线不同径向距离间的相关,而后者指同一径向距离,但不同方位位置间的相关。

实际上,一般而言,不同空间位置的雷达回波同时也存在时间上差异,其相关特性是空、时相关耦合在一起的,难以进行分离。因而,计算空间相关或者时间相关常常需要基于某些前提假设,所得计算结果是近似结果。

3.3　地海杂波测量系统

地海杂波测量系统包含直接测量地海面散射特性的雷达及其用于地海面背景参数的辅助测量设备。测量雷达的重要性是毋庸质疑的,但是对地海面参数(如地面粗糙度、电导率、介电常数,海水温度、盐度、波高、风速、风向等)的测量认识有一个发展的过程。早期由于对影响地海面杂波特性的因素不太了解,在杂波测量的同时,哪些参数需要测量具有随意性,或者由于手段的限制,参数测量很少。随着杂波特性研究的不断进展,已经认识到两者的测量是相辅相成的。

3.3.1 测量雷达

一般情况下,把地海杂波测量雷达分为两种,一种是专用测量雷达(如散射计),另一种是结合任务的非专用测量雷达。专用测量雷达由于考虑到具体的测量需求,在使用上限制较少。而非专用测量雷达往往是在其他任务中,附带对地海杂波的测量,有些会进行有限的改造,或者仅仅是增加记录设备,在使用上局限性较多。原则上讲,可用于测量散射特性的任何体制的雷达,都可作为地海杂波测量系统中的测量雷达。在微波遥感领域,专门为测量后向散射而设计的一种雷达,常称作散射计。对于一般雷达,只有定标足够准确,才可兼作杂波测量。

测量雷达按体制划分,主要有连续波体制雷达和脉冲体制雷达。连续波体制雷达由于能量连续发射,一般功率较低,但是存在严重的信号收发隔离度问题,为此常为收发天线分离的双天线形式。脉冲体制雷达信号收发隔离容易解决,一般为单天线形式,但是占空比低,脉冲的峰值功率要求较高,而且存在盲区问题。为解决脉冲体制雷达占空比和分辨率之间的矛盾,又发展了脉冲压缩体制雷达,但脉冲压缩体制雷达由于增加脉冲宽度,盲区增加。

按测量平台划分,可分为地基固定、地基移动、船(舰)载、球载、机载、星载等测量平台。按照此顺序,其测量成本是逐渐增加的,但是可测量范围也大大增加。由于从一固定站点所能观察到的视野受限制,如果对观测区域要求从不同入射角来测量,显然固定站点不能满足这些要求,因此将测量系统安装在移动装置上(如吊车),一定程度上增加了灵活性。但是地基测量常常存在许多被测地点不易接近,机载和球载系统可以满足此要求,而且能够快速地从一个被测目标转移到另一个目标。星载系统一般为定轨工作,可对固定区域重复测量,且不受国界限制。

不同测量平台提供了不同但有互补性的杂波测量信息。机载杂波测量单位时间内可以获取较多的数据,但是它的空间分辨率是比较低的。如果载机高度较低(如500m以下),那么天线波束在地面上的投影尺寸足够小,可以测量均匀目标的散射特性。但一般飞行高度较高,波束宽度较大,波束照射区域内同时包括几种地形,不满足均匀目标的条件,这种测量就较粗。而较宽阔的海面、大沙漠、大森林则例外,对于这些类型的区域,机载杂波测量雷达比车载更合适。

有的雷达只能在特定角度、特定频率和特定极化情况下测量,但也有一些雷达设计成覆盖一个或几个参数变化范围内都可测量。显然,不同用途设计的雷达,在性能上可以各不相同。下面介绍几种典型的地海杂波测量雷达。

1. 美国海军研究实验室四波段机载测量雷达(NRL-4FR)

20世纪六七十年代,美国海军研究实验室(Naval Research Laboratory,NRL)

构建了一个四波段机载测量雷达(简称为 NRL - 4FR)系统,其雷达为单纯的脉冲体制雷达,脉宽可调,可以进行 HH、VV、VH、HV 四种极化测量,具体参数见表3.1。开展大量机载飞行测量,较为典型的是 1965 年在波多黎各、1969 年在北大西洋以及 1970—1971 年联合海面研究计划(Joint Ocean Surface Study, JOSS)下在百慕大阿格斯(Argus)岛附近进行的海杂波测量[6,7]。到目前为止,同时获取如此宽的频率范围、如此大的擦地角范围、覆盖如此多的地形地貌和海况下的地海杂波数据,仍是世界上独一无二的,为多年来深入开展地海杂波特性研究提供了重要数据来源。

表 3.1　NRL - 4FR 雷达参数

波段	频率 /MHz	峰值功 率/kW	脉冲重 频/Hz	脉冲宽 度/μs	极化 形式	方位波束 宽度/(°)	俯仰波束 宽度/(°)	天线增 益/dBi	噪声系 数/dB
P	428	35 ~ 40	从 100.45 到 2926 可变	0.1、 0.25、 0.5、 1.2	H	12.3	40	17.4	9 ~ 11
					V	12.1	41.0	17.4	
L	1228	35 ~ 40			H	5.5	13.8	25.9	
					V	5.5	13.0	26.2	
C	4455	25			H	5.0	23.2	26.2	
					V	5.0	23.0	31.4	
X	8910	40			H	5.3	23.6	31.4	
					V	5.0	23.6	31.4	

2. 美国林肯实验室多波段地杂波测量雷达

为改善雷达工作在小擦地角状态下地杂波中检测、跟踪目标能力,林肯实验室开展了一个为期近 20 年的地杂波测量计划[8],以解决小擦地角杂波问题。该计划分为两个阶段(Phase Zero 和 Phase One),第一个阶段借用商用的 X 波段海上导航雷达,配以精密的 IF 衰减器,采用车载移动方式,共计开展了 106 个地点的地杂波测量。第二个阶段采用专用的相干体制多波段地杂波测量雷达,共分五个波段,相继开展了 42 个地点的地杂波测量,具体参数见表3.2。每次杂波测量均对雷达进行外定标,第一阶段使用标准增益天线和角反射器放置在简易塔上,第二阶段则使用气球载球目标进行外定标。

表 3.2　林肯实验室多波段地杂波测量雷达参数

参数名称	技术指标				
波段	VHF	UHF	L	S	X
频率/MHz	167	435	1230	3240	9200
方位波束宽度/(°)	13	5	3	1	1
俯仰波束宽度/(°)	42	15	10	4	3

参数名称	技术指标				
天线增益/dB	13	25	28.5	35.5	38.5
脉冲宽度/μs	0.25,1	0.25,1	0.1,1	0.1,1	0.1,1
峰值功率/kW	10	10	10	10	10
体制	相参脉冲体制				
极化	VV、HH				
脉冲重复频率/Hz	500,1000,1500,2000,2500,3000,3500,4000				
灵敏度	10km 处杂波可测量 $\sigma°$ 为 -60dB				
RCS 精度	2dB				
动态范围	100dB,其中瞬时动态范围 60dB				
扫描模式	连续扫描,驻留,步进扫描				

3. 美国 L-88 球载杂波测量雷达

在 ADI(Air Defense Initiation) 和 SBR(Space - borne Radar) 计划支持下,为机载预警雷达检测低空飞行目标提供技术支持,美国佐治亚技术研究所(Georgia Tech Research Institute, GTRI) 和美国空军罗姆(Rome) 实验室联合开展了地海杂波测量工作[9,10],重点测量区域包括高速公路周围、城区和海面。计划分为两个阶段。第一阶段是"原理验证"阶段,利用通用电气公司(General Electric Company, GE) 的 L 波段 L-88 雷达在 1991 年 7 月和 8 月进行了杂波测量,雷达主要参数见表 3.3。通过数据分析,采用信号处理方法验证了杂波模型的有效性,并且确定系留气球作为测量平台的可靠性。明确了在第二阶段需改善雷达系统性能,增加动态范围,为大范围的杂波测量打好基础。第二阶段的进展情况,未见资料报道。

表 3.3 L-88 球载雷达参数

参数名称	技术指标
天线方位波束宽度/(°)	1.9
天线垂直波束宽度/(°)	3.5
天线增益/dB	35.6
工作频率/GHz	1.215 ~ 1.4
PRF/Hz	371、312 或 185.5
发射机峰值功率/kW	15.6
发射机平均功率/W	1388、1460
接收机动态范围/dB	90(含 STC)

（续）

参数名称	技术指标
接收通道数	2
采样率/MHz	1.67MHz
脉冲压缩比	200∶1、250∶1
A/D 变换	12 位

4. 美国"山顶计划"杂波测量雷达

为评估空时二维自适应处理（Space Time Adaptive Processing，STAP）方法，研究建立单站、双站杂波模型，1990 年由美国国防部高级研究计划署（Defense Advanced Research Projects Agency，DAPRA）和美国海军共同发起了"山顶计划"（Moutaintop Program）[11,12]。该计划的核心部分为一部架高的 UHF 波段雷达，称之为超高频频段的监视技术试验雷达（RSTER）。该雷达具有一个 5m 宽、10m 高并由 14 列子阵构成的平面天线，水平极化方式。在每个列子阵后面都有独立的移相器、发射机和接收机。整个雷达系统具有很大的功率孔径积（发射功率峰值为 100kW，平均值为 6kW），可以在方位维进行实时的全自适应处理，在俯仰维具有低副瓣电平，且系统稳定性好。它原来是一部地基搜索雷达，在 1992 年被用于"山顶计划"中。

RSTER 雷达采用了一种称为逆偏置相位中心天线阵（Inverse Displaced Phase Center Antenna，IDPCA）技术，如图 3.6 所示，以使地面固定雷达能够模拟机载平台运动下的工作状态。RSTER 雷达有两种 IDPCA 的工作方式。第一种是单个列子阵轮流发射，即第一个脉冲由天线的第一列发射，所有的列均接收回波信号，第二个脉冲由天线的第二列发射，所有的列均接收回波信号，依次循环。第二种方式是三个列子阵轮流发射，即第一个脉冲由天线的第一到三列发射，所有的列均接收回波信号，第二个脉冲由天线的第二到四列发射，所有的列均接收

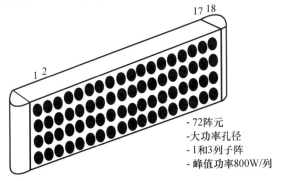

图 3.6　IDPCA 概念的天线结构示意图

回波信号,依次循环。这样通过发射孔径的移动,使得天线等效相位中心的移动,从而实现对机载平台径向运动的模拟。

1993 年,RSTER 雷达架设在位于美国新墨西哥州白沙导弹基地北部的奥斯克拉峰(Oscura Peak)上。奥斯克拉峰海拔 8000 英尺(约 2438.4m),距沙漠地面 3500 英尺(约 1066.8m)高,可以进行 360°观测。可观测的地物类型包括沙漠、裸地、丛林、山脉、火山岩和小城区。1994 年,该雷达又架设在位于夏威夷太平洋导弹基地靶场的马卡哈山脊(Makaha Ridge)上。山脊海拔 1500 英尺(约 457.2m),可以观测临近岛屿和海面杂波,观测回波信号还包括海面船只和低空无人遥控飞机等目标信号。

虽然,采用 IDPCA 技术可使得岸基平台录取的杂波数据比较接近于机载运动平台录取的杂波数据,相比于直接机载杂波测量,是一种非常经济的方法。但是,与真实的机载运动平台相比,采用的 IDPCA 技术仍存在一些问题,包括:

(1)由于发射天线和接收天线不能转动,发射孔径只能沿着天线阵列的轴向移动,即 IDPCA 只能模拟雷达天线沿航向安装的情况,对应于机载预警雷达正侧视照射情况。

(2)由于雷达天线的不同阵元存在不同的通道误差和阵元方向图误差,采用不同的阵元轮流发射,会使发射信号受到误差的调制,每个回波信号也会叠加不同的误差。一些信号,特别是从副瓣来的信号,会出现一定程度的时间白化。

(3)由于 IDPCA 只能采用孔径移动阵元间距整数倍的脉冲间发射方式,它只能模拟特定脉冲重复频率和载机速度的情况。

(4)由于发射时采用 1 列或者 3 列子阵发射信号,实际上是一个方位宽波束发射,与机载预警雷达通常的窄波束发射的工作方式明显不同。

尽管如此,在与美国空军的机载多通道雷达测量(Multi – Channel Airborne Radar Measurements,MACARM)[13,14]计划得到的几种典型地海多通道杂波数据对比分析后,验证了 RSTER 雷达在一定程度上用于模拟机载平台运动、进而开展 STAP 方法研究的可行性及其重要的实用价值。

5. 加拿大 McMaster 大学的海杂波测量雷达

在加拿大自然科学和工程研究委员会的支持下,由麦克马斯特大学(McMaster University)的通信研究实验室在 1984 年研制 IPIX(Intelligent PIXel – processing)雷达,1986 年样机经过了系统测试,其主要技术指标如表 3.4 所示。

该雷达架设在加拿大东海岸纽芬兰的博纳维斯塔海角(Cape Bonavista)一个海拔高度 22m 的崖顶平台上,面向大西洋观测,方位观测范围为 20°~150°,海水深度 300 英尺(约 91.44m)[15]。

接收通道由 H、V 两种极化,每种极化 I、Q 两个支路合计四个通道组成,每个通道 8 位 4 字节,每个文件共 16MB,每个通道 4MB。设备仅能存储 16MB 大

表 3.4　1986 年研制的 IPIX 雷达主要技术指标

名称	技术指标	备注
频率	9.39GHz	—
峰值功率	8kW	—
信号体制	相参脉冲	—
极化方式	HH、VV	脉间变极化,开关转换速率2kHz
波束宽度	2.2°	—
极化隔离度	25dB	—
带宽	50MHz	—
脉冲宽度	5μs	有效脉冲压缩宽度32ns
距离分辨率	4.8m	—
脉冲重复频率	最大2kHz	不模糊测量速度小于30节
数据采样率	30MHz	对应5m的距离
AD 采样	8 位	—
内存大小	16MB	—
其他功能	内校准支路,STC控制,计算机控制	

小文件,将文件导出后执行下一个测试。每个距离窗进行 33 个连续距离门采样,即 160m 的距离范围。在采用 200Hz 脉冲重复频率进行测试时的持续时间为几分钟,以保证足够的统计独立采样数。在高脉冲重复频率时(2kHz)驻留时间为 34s,单个距离门连续采样 68608 个点。系统校准的处理包括两个阶段,一是两个正交 I 和 Q 信号校正,包括平衡和正交性(用于谱特性分析);二是 I 和 Q 输出功率到输入功率电平之间的线性映射。表 3.5 和表 3.6 给出了部分测试数据的参数,其中 c 代表杂波,g 代表海冰。从数据 B195 ~ B213 可以看出,采用 H 极化和 V 极化对比观测方法,即发射一种极化观测三个典型方位角度后更换为另一种极化发射,接着改变脉冲宽度和采样起始距离后再进行极化对比测试,便于不同极化、不同方位及不同擦地角下海杂波的对比分析与研究。

表 3.5　IPIX 雷达海杂波试验部分数据参数(Ⅰ)

ID	日期 (月/日/年)	类型 (c/g)	发射极化 (H/V)	脉冲重复 频率/Hz	脉冲宽 度/ns	采样开始 距离/m	采样长 度/m	方位角 /(°)
B97	6/7/89	g	H	2000	200	6570	200	118.5
B98	6/7/89	g	H/V	2000	200	6420	200	119.0
B99	6/7/89	g	V	2000	200	6300	200	118.0
B110	6/7/89	g	H	2000	200	4170	200	86.0
B111	6/7/89	g	V	2000	200	4140	200	85.0

ID	日期 （月/日/年）	类型 （c/g）	发射极化 （H/V）	脉冲重复 频率/Hz	脉冲宽度/ns	采样开始距离/m	采样长度/m	方位角/（°）
B1l2	6/7/89	g	H/V	2000	200	4080	200	81.0
B1l3	6/7/89	g	H	2000	200	4020	200	71.0
B1l4	6/7/89	g	V	2000	200	4050	200	69.5
B115	6/7/89	g	H/V	2000	200	4080	200	67.0
B123	6/7/89	g	H	1000	200	4500	150	63.5
B124	6/7/89	g	V	2000	200	4530	150	61.5
B125	6/7/89	g	H/V	2000	200	4530	150	59.5

表3.6　IPIX 雷达海杂波试验部分数据参数（Ⅱ）

ID	日期 （月/日/年）	类型 （c/g）	发射极化 （H/V）	脉冲重复 频率/Hz	脉冲宽度/ns	采样开始距离/m	采样长度/m	方位角度/（°）
B100	6/7/89	g	H	200	200	6030	200	116.0
B122	6/7/89	g	V	200	200	4440	160	67.0
B195	6/9/89	c	H	200	200	6000	160	30.0
B196	6/9/89	c	H	200	200	6000	160	75.0
B197	6/9/89	c	H	200	200	6000	160	120.0
B198	6/9/89	c	V	200	200	6000	160	120.0
B199	6/9/89	c	V	200	200	6000	160	30.0
B200	6/9/89	c	V	200	200	6000	160	75.0
B202	6/9/89	c	H	200	1000	8400	160	30.0
B203	6/9/89	c	H	200	1000	8400	160	75.0
B204	6/9/89	c	H	200	1000	8400	160	120.0
B205	6/9/89	c	V	200	1000	7050	160	120.0
B206	6/9/89	c	V	200	1000	7050	160	30.0
B207	6/9/89	c	V	200	1000	7050	160	75.0
B208	6/9/89	c	H	200	30	6000	80	30.0
B209	6/9/89	c	H	200	30	6000	80	75.0
B210	6/9/89	c	H	200	30	6000	80	120.0
B211	6/9/89	c	V	200	30	6000	80	120.0
B212	6/9/89	c	V	200	30	6000	80	30.0
B213	6/9/89	c	V	200	30	6000	80	75.0

进行谱特性分析时,将采样点按每 512 个相干采样分成 134 个块,进行 FFT 变换。当地海浪的最大周期约 7s,覆盖了几个海浪周期。海浪浮标放置于距海岸线 6.75km 处,记录了风速、波高和波向。杂波测量的同时,同步进行了场景摄像。

1991 年和 1995 年,McMaster 大学对 IPIX 雷达先后进行了两次升级改进,改进后的雷达(技术指标如表 3.7 所示)具备以下更强的海杂波试验观测能力。

(1)脉冲重复频率由 2kHz 提升至 20kHz,可实现高脉冲重复频率模式下的海杂波测试。

(2)极化转换速率由 2kHz 提升至 4kHz,可保证 H 和 V 极化在 2kHz 脉冲重复频率下同步对比观测。

(3)增加频率捷变模式,与雷达抗干扰的模式相适应,可开展海杂波时间相关特性研究及频率捷变的效果影响研究。

(4)增大了系统动态范围,提升了不同距离上海杂波数据获取的能力。

(5)脉冲宽度可调范围增大,距离分辨率提高,并可进行多个距离分辨率的对比观测与研究。

(6)提高雷达的方位分辨率,即天线的波束宽度由 2.2° 减小至 0.9°。

(7)数据存储能力改进,可增加观测时长,获取更多的连续脉冲采样。

表 3.7　改进后的 IPIX 雷达的主要技术指标

名称	技术指标	备　　注
频率	8.9 ~ 9.4GHz	固定频率(9.39GHz)和频率捷变,双频同时发射
峰值功率	8kW	—
信号体制	相参脉冲	—
极化方式	H 或 V	脉间切换,最大 4kHz 速率
脉冲宽度	20 ~ 5000ns	通常用 200ns,压缩后 32ns
脉冲重复频率	0 ~ 20kHz	最小脉冲周期 100μs
瞬时动态范围	>50dB	—
波束宽度	0.9°	—
天线口径	2.4m	—
极化隔离	>33dB	—
天线增益	45.7dB	—
天线副瓣	< -30dB	—
扫描速率	0 ~ 30rpm	—

1993 年,将 IPIX 雷达搬移到新斯科省达特茅斯市的一个靠近海边的 30m 高悬崖上,继续开展海杂波试验观测,并建立了 OHGR(Osborne Head Gunnery

Range)数据库[16]。1998年,将雷达架设于安大略湖海拔20m的平台上,获取湖面杂波和小型目标信号回波。

利用 IPIX 雷达观测数据,众多学者开展了大量的海杂波统计特性、非线性特性、海杂波抑制方法及海杂波中目标检测方法等研究,是目前开展海杂波特性及其应用研究的重要公开数据源。

6. 澳大利亚 XPAR 海杂波测量雷达和 Ingara 雷达

澳大利亚防国防科学与科技部(Defence Science and Technology Organisation,DSTO)为支持反舰导弹防御计划,于2008年构建了一个车载多通道海杂波测量雷达(简称 XPAR),采用 L 波段 16 通道接收阵列,配上宽波束的发射系统,组成了一个多通道的海杂波测量系统,发射机位于车顶,其参数如表3.8。该雷达架设在南澳大利亚坎加鲁(Kangaroo)岛上,开展长时间的海杂波测量。

表 3.8　XPAR 雷达参数[17]

参数名称	技术指标
雷达波长	0.23m
发射波束宽度	120°
发射峰值功率	500W
发射带宽	5MHz
发射天线增益	12dBi
脉冲宽度	20μs
脉冲重复频率	5kHz
方位接收通道数	16
通道方位间隔	0.5 个波长
接收通道波束宽度	120°
接收天线增益	12dBi
噪声系数	2.5dB
阵列波束合成后波束宽度	6.3°
极化	VV

为检验引进的以色列 Elta EL/M2022A(V)3 对海监视雷达在澳大利亚海洋环境条件下的性能,1999年 DSTO 专门研制了与该雷达模式相当的机载 Ingara 雷达(主要参数见表3.9),在澳大利亚北部海域录取海杂波数据。

7. 南非 CSIR 海杂波观测雷达

为支持对海目标监测雷达技术发展,南非科技与工业研究委员会(Council for Scientific and Industrial Research,CSIR)下属的防卫和平安全保卫部门于2006年研制了宽频段对海观测试验雷达,其主要技术参数如表3.10所示。自2007年,

表 3.9　Ingara 雷达主要技术指标[18]

主要参数	指标
频率	9.15GHz ~ 9.65GHz
峰值功率	8kW
线性调频带宽	96MHz
AD 采样速率	100MHz
距离分辨率	1.5m
脉冲宽度	8μs
脉冲重复频率	500Hz
天线方位波束宽度	3.8°
天线俯仰波束宽度	3.8°
极化	VV

表 3.10　CSIR 测量雷达技术参数

参数名称		技术指标
发射机	频率	6.5 ~ 17.5GHz
	峰值功率	2kW
	脉冲重频	0 ~ 30kHz
	波形	100 ~ 300ns 脉冲式连续波、定频或脉冲间频率捷变
天线	形式	双偏馈反射面
	增益	≥30dB
	波束宽度	≤2°
	副瓣电平	≤ −25dB
接收机	动态范围	60dB(瞬时)或 120dB(总)
	测量距离	200m ~ 15km
	距离分辨率	15m 或 45m
	采样类型	I/Q 中频采样
	镜像干扰抑制	≤ −41dBc

将该雷达架设在南非西海岸好望角,开展海杂波及海上目标观测试验。有关文献和网络公开两次试验数据[19-21]:一次是 2007 年底的试验数据,工作频率为 6.5 ~ 17.5GHz,采用连续波脉冲信号,脉冲间频率捷变带宽为 500MHz;另一次是 2009 年的试验数据,主要集中于 X 波段脉冲多普勒雷达观测结果。

在 CSIR 观测试验中,除记录雷达数据外,对测试区域的气象数据(风、气温、降雨),从南非气象服务部门以及配置在测量站点的气象传感器获得。对测量海域的波向、有效波高和波周期则由配置在测量点附近的浮标记录。差分

GPS(绝对精度 3 ~ 5m)接收机安装于实验用的合作船上,用于估计船的真实轨迹,评估信号检测和跟踪算法。两个照相机安装在雷达天线一侧,照相机视轴和天线波束方向一致。两部照相机的视频输出(宽和窄的视场)作为雷达数据补充,尤其对观测数据的现象解释很有帮助。所有这些辅助数据均包含在数据库中。

8. 中国地海杂波测量雷达

针对不同的雷达应用系统,我国相关科研单位研制了不同体制、不同平台的地海杂波测量系统。这里,对于中国电波传播研究所近年来用于地海杂波试验观测研究的测量雷达作简单介绍。

1) 车载散射计

测量面目标(或体目标)散射特性的专用设备称为散射计,它是为测量后向散射系数专门设计的一种雷达。目前,国际上已发展了多种体制的散射计,如脉冲测距体制散射计、调频连续波散射计、连续波 – 多普勒散射计等[3]。

图 3.7 是由中国电波传播研究所研制的多波段车载散射计系统。该系统以宽频带矢量网络分析仪(简称矢网)为收发核心装置,采用脉冲体制,单天线结构,其组成框图如图 3.8 所示。其中天线由 L、S、C、X、Ku、Ka 等六个波段共计八套天线组成,六套分别适用于此六个波段的宽波束天线,两套适用于 X、Ka 波段的窄波束天线,其参数如表 3.11 所示。伺服装置适用于所有天线的独立安装,实现对天线波束指向角度的控制。抱闸由四个制动器组成,在吊装平台下确保系统的平衡、天线波束指向角的准确以及设备的升降安全。矢网保护柜用于安装矢网、以太网交换机、串口联网服务器、温度传感器、DC 直流电源等设

图 3.7　多波段车载散射计系统实物图

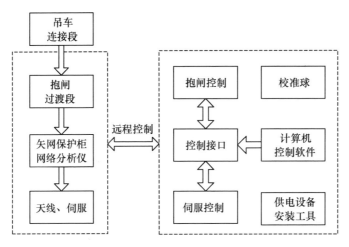

图 3.8　多波段车载散射计系统的组成框图

备,用于对矢网的保护、系统的集成等功能。主控计算机通过以太网,实现对设备的远程控制、信号采集和显示、数据保存以及测试数据的管理。辅助设备包括定标球、供电设备等,用于系统外定标和提供电力保障等。本系统以野外工作为主,包括吊装平台与固定平台两种工作模式,可实现典型目标、地海面背景等散射特性的测量。

表 3.11　多波段车载散射计系统的基本参数

参数名称	技术指标					
波段	L	S	C	X	Ku	Ka
中心频率/GHz	1.34	3.2	6	9.5	15	37.5
最大带宽/GHz	0.1	0.2	0.2	1	1	1
天线方位波束/(°)	≥20			≥4	≥20	≥20	≥4
天线俯仰波束宽度/(°)	≥10			≥4	≥10	≥10	≥4
天线增益/dB	≥18			≥30	≥18	≥18	≥30
方位副瓣电平/dB	≤ -15			≤ -20	≤ -15	≤ -15	≤ -20
俯仰副瓣电平/dB	≤ -17			≤ -20	≤ -17	≤ -17	≤ -20
极化隔离度/dB	≥20		≥25	≥25			
极化方式	HH、VV、HV、VH						
发射功率	≥9dBmW,可调						
最小脉冲宽度	33ns						
噪声	≤ -118dBmW						

2）机载地海杂波测量雷达

为支持对地(海)目标检测雷达技术发展,20 世纪 90 年代中国电波传播研究所与南京电子技术研究所合作,建立了机载 L 波段雷达地海杂波测量系统,主要包括 L 波段雷达、GPS 接收机、陀螺以及用于绝对校准的标准目标。L 波段雷达主要参数如表 3.12 所示。测试数据包括雷达正交双通道数据,飞机的俯仰、偏航及横滚等姿态角以及高度、速度、经纬度等位置参数数据。高度、速度、经纬度采样率为 1Hz,飞机姿态角的采样速率为 4Hz。雷达、陀螺以及 GPS 数据记录系统通过 GPS 时间同步。GPS 数据通过与地面基准 GPS 接收机数据的事后差分以提高定位精度。绝对校准设备包括 5 个边长为 2m 的三面角反射器(反射面为正方形)以及一个有源校准器。L 波段雷达天线的指向与机身垂直形成正侧视工作方式。

1995—2000 年,利用机载 L 波段雷达地海杂波测量系统,先后获取了多个地区、多个架次的地海杂波数据[22,23],包括黄土高原地区、秦岭山区、安徽平原、苏北平原和东南沿海等,为我国大范围地海杂波研究积累了宝贵的试验数据。

表 3.12　杂波测量雷达主要参数

参数	技术指标
中心频率	1.35GHz
峰值功率	3.3kW
噪声系数	≤2.5dB
灵敏度	-100dBm
相位噪声	-90dBc/1Hz/1kHz(连续波)
极化	HH、VV
波瓣宽度	4.98°(水平),45.5°(垂直)
脉宽	40μs、4μs、1μs
重复频率	500Hz、1kHz、2kHz、4~32kHz

3）岸基海杂波测量雷达

为支持对海目标检测雷达技术发展,中国电波传播研究所近年来先后构建了 UHF 波段、L 波段、S 波段等岸基或船载海杂波测试系统,主要包括测量雷达、岸基和海上有源校准器、海上浮标、风速计、海上目标自动识别系统(Automatic Identification System ,AIS)以及电磁干扰监测仪等,其中测量雷达的主要技术参数如表 3.13 ~ 表 3.15 所示。

从 2000 年开始,分别将测量雷达架设在青岛沿海的高山、建筑物、远离海岸线的灵山岛以及科学考察船上,开展了多海况、多海域海杂波持续测量工作[24-26],并在此基础上,建立了海杂波数据库,用于海杂波特性研究。

表 3.13　UHF 波段测量雷达主要参数

名　称	技术指标
雷达体制	脉冲相参体制
频率	408～456MHz
极化	HH
峰值功率	3.2kW
天线增益	23dB
天线形式	平面阵列天线
带宽	1MHz、2MHz、2.5MHz
脉冲重复频率	200Hz、500Hz、1kHz、1.5kHz、2kHz
脉冲宽度	10μs、20μs、40μs、50μs
方位波束宽度	≤10.2°
俯仰波束宽度	≤11°
噪声系数	≤2.5dB

表 3.14　L 波段测量雷达主要参数

名　称	技术指标
雷达体制	非相参体制(频率步进连续波)
频率范围	1.24～1.44GHz
极化	VV、HH
峰值功率	200W
天线形式	抛物面天线
带宽	10MHz、20MHz、50MHz、100MHz、200MHz
方位波束宽度	≤7°
俯仰波束宽度	≤7°
距离分辨率	<15m

表 3.15　S 波段测量雷达主要参数

名　称	技术指标
频率	3.2～3.4GHz
工作带宽	2.5MHz、5MHz、10MHz、20MHz
发射峰值功率	1kW
极化	HH
信号体制	脉冲相参体制
脉冲重频	500Hz、2kHz、5kHz、10kHz

名　称	技术指标
脉冲宽度	0.3μs、0.5μs、0.8μs、3μs
观测范围	方位：±120°（机扫，扫描速度和扫描区域人工可设）；俯仰固定
天线波束宽度	≤5.3°
天线增益	56dB（双程）
接收机动态范围	60dB

3.3.2　辅助测量设备

1. 地杂波测量辅助设备

地物散射特性来源于电磁波与地面及地表植被的相互作用，因此，除了测量雷达可控参数外，所对应的地物实况测量是研究其散射特性的基础，也是整个测试过程不可或缺的重要组成部分。测试时应与散射特性测试同步实时录取地物实况参数，作为散射特性数据定量分析的一个依据。地面实况参数采集主要包括测试点的地面粗糙度、土壤湿度和介电常数、植被类型、植株高度和间距以及地面风速等。测试数据以表格形式予以记录，以便于事后进行数据处理和相关分析。同时，对各测试点地面情况进行实况照相或摄像，该资料也作为地面实况描述的一种形式保存，便于数据处理人员对现场有一个直观印象。具体测试方法如下。

1）粗糙度测量

准备一根横杆，在横杆上等距离打孔。横杆越长，孔与孔之间距离越小，则测量数据越多，对于地面的起伏状况反映的越准确。测量时，首先用水平仪将横杆调到水平，将等长的塑料棒穿过横杆上的孔垂直置于地面，地表的实际起伏情况可以从塑料棒高出横杆的部分测量得到。固定横杆的一端作为所选定区域的中心，另一端围绕该点在不同方位上进行测量。方位间隔可以视地物均匀性而定，越不均匀的地物选取的方位应越多。测试中可以在圆周上等方位取几个点分别测量，这样就得到了以横杆长度为圆周区域内的粗糙度，它基本可以反映整个测试点地物的粗糙程度。

2）土样采集

土样样本采集范围尽量覆盖测试区域，均匀分布采样点，采集深度按测量频段为地表下 1~5cm 甚至更深处的土壤。土样采样完毕后放入质量已知的采样盒中密闭保存，并立刻称重确定所采集的土样质量，并在每个采样盒粘贴标签注明采样标号和时间。

3）土壤介电常数测量

土壤的介电常数可由多种方法测量得到，这里给出一种基于矢量网络分析仪(如 Agilent8362B)的测量系统,如图 3.9 所示。该系统主要由计算机、矢量网络分析仪、定向耦合器、同轴线及探头、测量架等部分组成。计算机通过总线同网络分析仪连接,实现校准、测量、数据传输、处理和输出的自动化。表 3.16 给出了该系统的主要技术参数。

表 3.16　介电常数测量系统的主要技术参数

序号	技术参数	测量范围
1	频率	$200\text{MHz} \sim 20\text{GHz}$
2	温度	$-40°\text{C} \sim 200°\text{C}$
3	最大介电常数	$<100, \mu_r = 1$
4	最小损耗正切	>0.05
5	样品不平度	$<25\,\mu\text{m}$
6	样品直径	$>20\text{mm}$
7	样品厚度	$>\dfrac{20\text{mm}}{\sqrt{\varepsilon'}}$
8	校准标准	空气、短路器、蒸馏水
9	ε' 测量精度	$<20\%, 200\text{MHz} \sim 5\text{GHz}$ 时; $<5\%, 5 \sim 10\text{GHz}$ 时。

　　图 3.9 属于间接测量方法,它是以传输线理论、特性阻抗和传输常数为基础,建立起介电常数与测量值之间的函数关系。因土壤样品大多与环境因素(特别是湿度)密切相关,应尽可能采用实时测量。现场条件不允许时,可以将样品密闭保存,事后进行测量。测量误差主要来自土样样品的采集质量、同轴探头与土样的接触紧密度。测量时应对同种土样进行多次测量,对结果进行平均,消除偶然误差。

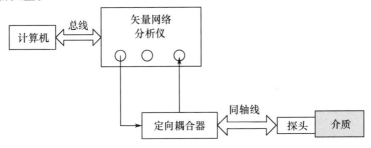

图 3.9　介电常数测量系统方框图

4)土壤湿度测量

利用蒸发土壤中水分的办法来获得重量湿度。土样带回实验室用烘箱烘干,为了减小误差,烘干时土样仍放在金属盒中。在烘干过程中,每隔一段时间

对土样进行搅拌,加快烘干速度。待土样烘干后,立刻对其进行称重,利用重量含水量表征湿度,重量含水量定义为

$$m_{\mathrm{g}} = \frac{W_{\mathrm{w}}}{W_{\mathrm{dry}}} \times 100 \tag{3.24}$$

式中,W_{w} 和 W_{dry} 分别为土样中水的重量和烘干后土样的重量。

5）植株高度和间距测量

本项测量利用一般的长度测量工具,如米尺即可。在测试范围内随机选择具有一定代表性地物,进行多个样本植株高度和植株之间距离测量并记录测量结果。若测量植株在方位上是均匀分布,间距测量可选择多个样本测量最后求均值计算植株间距。否则,需按植株的方向性在相应方位上分别测量植株间距。

6）风速测量

测量植被的动态特性时,要记录相关的风力和风向以及植被几何特性与雷达波束指向的相对几何关系。利用风速仪(通常为一分钟内平均值)测量风力,同时用指北针测定风向(以正北为参考方向)。这一工作和散射特性测量同步进行,视情况每间隔固定时间记录一次,以便和散射特性数据记录时间相匹配。通常而言,风速测量应以风速仪架设在 10m 高度,周围无遮挡时测量为准[27]。但实际中,风速仪架设 10m 高度较为困难,则需将测量结果转化为 10m 高度风速。风速与高度的关系一般满足

$$u = u_0 \left(\frac{h}{h_0} \right)^n \tag{3.25}$$

式中,u 为高度 h 处风速;u_0 为高度 h_0(一般为 10m)处风速;n 为地表摩擦系数,根据地表状况取值在 $0.1 \sim 0.4$ 之间。

7）实况描述和现场录像照相

对测试点需要进行简单的文字记录(如植被类型和植被覆盖情况,当时测试条件等),同时可对现场测试场景实况拍摄。

上述辅助测量比较适用于小范围、局部定点的地杂波测量情况。对于具有普查性的大范围地杂波测量(如机载地杂波测量)情况,其地物的复杂程度大得多,详细的地物普查不是杂波测量计划中所能完全实现的。这时可以借鉴林肯实验室在北美大陆多频地杂波测量中的地物信息采集和分类方式。

林肯实验室北美大陆多频地杂波测量中[8],对每个站点的地形进行系统分类,分类的依据是地面上的覆盖物即地物和地面本身特点即地形地貌(见第1.2.1节地形与地表覆被分类),主要利用一定比例尺的地形图和航空立体照片。在一个小块区域内,使用 2 到 3 级的分类,来获得对杂波有重要影响的地物特征描述。对于大一点的区域,由于地形的非均匀,单一分类是不够的,使用多

种类型描述,按其所占比重递减的顺序排列,部分地域特点的描述见表 3.17(表中地点均位于加拿大境内)。除地物信息外,地面实况信息采集,如风况、天气、季节条件等,可以有多达 60 个地物实况参数录入原始的杂波数据中。在雷达测量点和测试区域的气象站提供气象信息。雷达架设塔顶安装电视照相机沿着天线视线对方位 360°范围扫描录像记录。地物还进行实地的照相,照相位置和方向记入地图的对应点。如此详细的地物描述对于杂波统计分类中细分很关键。

表 3.17　对典型测量地域的描述

基本类型	地点	俯角/(°)	地形类型	地物覆盖类型	距离/km	方位/(°)
城镇	阿尔伯塔省斯特斯考纳(Strathcona, Alta)	1.5	起伏或者倾斜地	居民区、商业区、河流	1~10	62~82
	阿尔伯塔省利萨桥(Lethbridge West, Alta)	0.3	起伏或者陡峭地	居民区、商业区、庄稼地	6~11.9	92~102
	曼尼托巴省阿尔托纳(Altona II, Man)	0.2	平地	庄稼地、居民区	2.5~8.4	262~272
	阿尔伯塔省皮克彻比尤特(Picture Butte II, Alta)	0.1	起伏或者陡峭地	居民区、商业区	22~27.9	172~182
	曼尼托巴省海丁利(Headingley, Man)	0.04	平地	居民区、商业区、落叶林	14~19.9	82~92
山脉	阿尔伯塔省高原山(Plateau ountain, Alta)	1.2	陡峭	松树林、荒地	11~16.7	255~265
	阿尔伯塔省沃特顿(Waterton, Alta)	~1.8	中等或者很陡峭	松树林、荒地、落叶林	9~14.9	175~185

2. 海杂波测量辅助设备

为建立海杂波与海面背景的直接联系,在录取海杂波回波的同时,需要同步录取海面背景相关参数。这些参数主要包括:

(1) 海水温度与含盐度,以获取海水的电参数(复介电常数)特性。

(2) 波高、波向和波周期,以获取海面大尺度结构特性。

(3) 风速与风向,以考察风速风向与波高波向的关系,区分风浪和涌浪。

(4) 海面上方一定高度范围内的温湿压,以获取大气折射指数,分析传播影响。

当然,某些情况下,可能还需要了解更多的海面背景参数,如潮汐、洋流、风暴、礁石、暗礁、岛屿等。

海面背景参数的获取不外乎三种途径。一是根据海洋气象数据,对海杂波测量区域的当时海况进行估计。由于测量站点布点的稀疏性,海洋气象数据是根据多来源测量点数据综合处理的结果,它代表的是一种大时间尺度和大空间尺度平均效应。二是浮标,投放在测量海域的浮标测量结果是测量海域海面状况的真实表现。浮标测量结果一般是几分钟到几十分钟海况变化的平均效应,其时间尺度优于一般的海洋气象数据。三是拍照或录像,用于研究海尖峰与海面结构之间的关系。

摄像与气象数据和浮标数据统计意义描述不同,它可描述海面的精细结构时空变化。平面的拍照只能给出定性的结果,更为准确的则需要立体拍照。但是,实际中拍照设备的架设和数据处理可能会遇到诸多困难。

美国 NRL–4FR 雷达测量海杂波时,风和波浪信息或者从海洋站测量得到或者由马里兰州苏里兰的海军侦察与技术支持中心所属舰载气象设备提供。加拿大 IPIX 雷达 1993 年测量时,风信息数据由测量点的风速计给出,海况信息由海上浮标得到。1993 年 7 月和 8 月,美国 LOGAN(Low grazing angle)雷达海杂波测量时,环境数据来自于气象站、气象浮标、波浪浮标、海流计以及海面录像和拍照,通过比较 VV 和 HH 极化雷达成像和海面视频,推断海尖峰事件的多普勒和极化特征与可见海面特征的联系。

澳大利亚 Ingara 雷达 2004 年和 2006 年两次机载海杂波测量试验,前者在林肯港南 100km 南部海域,后者在达尔文(Darwin)北部附近海域。波浪参数由投放浮标测量,风数据则有多个来源,比较发现不同来源数据可靠性是不同的。对 2004 年测量,最可靠的风数据来自浮标点东北 50km 处悬崖顶的气象局自动气象站,对 2006 年测量,一次最可靠数据为手持风速计,另一次为气象局中尺度 LAPS 模型预测风场矢量,在风浪信息的比较中,还将测量风场及波浪数据与 PM 模型比较研究是否是充分生成海面。2006 年在南澳大利亚坎加鲁岛 S 波段四极化雷达岸基海杂波试验[28],也是当地气象站和浮标数据同步收集,自带气象站数据和气象局气象站数据(温湿压、风速、风向)记录下来,但存在差别,这也说明气象条件是局部化事件,鉴于自带气象站数据来自于原地,其结果应更接近于海面状况。其他参数,如平均波向及展宽、均方根波高、1/3 波高和最大波高等,来自于浮标,还从浮标记录方向波谱中可分析涌或者风浪分量。2008 年岸基 L 波段 XPAR 雷达海杂波测量时,对风浪信息采用与 2006 年 S 波段雷达同样的方式。

南非 CSIR 在南非西南海岸 2006 年进行海杂波和船目标测量试验,当地风速风向由两个相隔 1km 的气象站记录。当地波向、有效波高、最大波高和波周期用测量浮标得到。在研究风和浪的关系时,发现由于当地波结构受到来自于西南气象模式影响和突出海岸的陆地绕射模式的扰动,风速和海况波高之间的标准关系不适用,风和浪之间的联系比较复杂。

AIS 是一种基于无线电应答技术的监测设备,可用于船舶等运载工具的精确跟踪,是船舶航行安全和航行管理的一种手段。AIS 能够将经纬度、船首向、航迹及船速等船舶动态信息和船名、船号、吃水及船舶状态等静态资料由其高频频道向附近水域船舶及岸台广播,使邻近水域航行船舶及岸台能实时获取附近水面所有船舶的动态信息,使得能够相互通信沟通,必要时采取相应的避碰措施,可极大提高船舶的航行安全。当海面观测场景足够大时,海面上很难保证观测区域的干净(即没有船只目标,尤其是非合作目标),同时由于客观原因(如大雾等)无法进行观测时,AIS 系统可以用于部分船目标的监测。

在对场景的自然状况进行监测的同时,也要关注电磁干扰的监测。雷达工作时,易受到周围无线电设备的干扰。在观测站点选址前,应对周围可能的无线电干扰进行分析,必要时进行连续监测取样,获取干扰频带范围、强度以及来波方向。一般可使用场强仪或者频谱分析仪来测试,测试方法可以参考国家有关标准。雷达应尽可能采取措施避开干扰(如改变工作频点、天线指向等),如无法避免时,应分析评估干扰对测量结果带来的影响,影响严重时应重新选址。

3.4　地海杂波测量的定标技术

测量有可能是精密测量,也可能是准确测量。虽然一字之差,但精密和准确却有质的区别。精密测量表示多次测量的重复性好,测量偏差小。而准确测量则要在精密测量的基础上更进一步,不仅多次测量的重复性好,而且测量值也是准的。相对定标的目的是为了实现精密测量,为了实现准确测量,必须进行绝对定标。

相对定标常利用机内设备将定标信号加入雷达数据流来确定系统性能,所以也称为内定标或内校准。内定标可以用来估计发射功率和接收机增益等因温度变化或元件老化引起的相对变化。绝对定标常利用来自系统外的地面目标或由地面目标散射的定标信号来确定雷达系统性能,所以也称为外定标或外校准。外定标直接测量雷达发射端口至接收端口的系统性能,因此,不易测量的系统参数,如天线方向图、增益与指向以及信号传输影响,都可以用外定标技术测定[3]。

3.4.1　内定标技术

对于地海杂波测量系统,为了解和掌握其工作的稳定性或其性能参数的时空变化特性,需要通过内定标技术对其性能参数进行定期或随时标定。描述地海杂波测量系统性能的相关参数主要有：

(1) 发射功率。

(2) 天线最大增益和天线方向图。

(3) 发射波形形状与带宽。

(4) 射频系统损耗。

(5) 噪声系数。

(6) 接收机增益和线性度。

(7) 整个系统的延时量。

当然，由于测量雷达体制的多样性，在具体的参数特性细节上还有些差别。内定标就是解决系统上述参数中除天线最大增益和天线方向图外的这些参数总体性能问题。通常有两种不同的内定标方法：一种方法是对系统的各部分独立地分别定标；另一种方法是将发射信号的取样引入到接收与数据处理系统中，将接收功率与发射功率的比值作为定标依据，即比率法定标，此方法不需对系统的各部分单独定标。两者比较，后一种方法更为优越，因为产生误差的机会少，且允许在频繁的变动间隔内进行处理。而分别定标法要求经常中断测量序列。此外，各部分分别定标将导致误差成分增加，误差成分相互叠加，从而降低总定标的精度。内定标一般采用后一种方法，收发信号的取得是通过对耦合到接收机的发射信号取样，并对取样回波进行监测，内定标原理如图 3.10 所示。

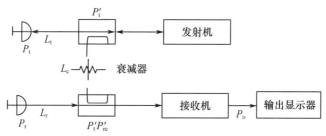

图 3.10　雷达内定标原理图

由雷达方程知道

$$\sigma^\circ \propto P_r / P_t \tag{3.26}$$

除了天线增益以外，不用测出系统的其他特性，定标只需测出比值 P_r/P_t 即可。即如果用发射信号的取样值对接收机定标，也就不需要对发射功率和接收机特性作分别测量，而只需要直接测定其比值即可。

在图 3.10 中，从发射机到天线的馈线中有一个定向耦合器，从天线到接收机的馈线中接有另一个定向耦合器。这两个定向耦合器之间是一段已知衰减量的馈线，这样，发射信号的取样可以馈送到接收机。根据系统的不同类型，有的连续工作,有的交替式工作,即接收机时而测量输入信号,时而测量定标信号。在定向耦合器输入端发射功率为 P'_t,而在另一定向耦合器输入端接收功率为 P'_r,那么只要馈线损耗 L_t 和 L_r 以及天线增益都保持不变(通常能做到的),就能利用发射信号的取样进行定标,从而实现雷达系统的完整相对定标。

在接收机定向耦合器的输出端,定标信号 P'_{rc} 值为

$$P'_{rc} = \frac{P'_t}{L_c L_{DCt} L_{DCr}} \tag{3.27}$$

式中,L_c 为定标用衰减器的损耗值,是精确已知的;L_{DCt} 为发射机定向耦合器的耦合度(也相当于损耗量);L_{DCr} 为接收机定向耦合器的耦合度。

L_{DCt} 和 L_{DCr} 在绝对定标时必须精确测定,而在相对定标时,只要它们是常量(这种假设是合理的),那就不必精确获知。用接收机增益 g 来表示定标信号的输出功率为

$$P_{ot} = g P'_{rt} \tag{3.28}$$

而接收信号的输出功率为

$$P_{or} = g P'_r \tag{3.29}$$

这样,取接收信号的输出功率与定标信号的输出功率之比,使其与两者的输入功率之比联系起来,且与收发功率之比联系起来,综合以上各式可得

$$\frac{P_{or}}{P_{ot}} = \frac{P'_r}{P'_{rt}} = \left(\frac{P'_r}{P'_t}\right) L_c L_{DCt} L_{DCr} \tag{3.30}$$

由于 $P_t = P'_t / L_t$、$P_r = P'_r L_r$,利用以上关系式,可以建立收发功率比与输出端功率比之间的关系式,而收发功率比正是求 σ° 时所需要的。表达式为

$$\frac{P_r}{P_t} = \left(\frac{P'_r}{P'_t}\right) L_r L_t = \left(\frac{P_{or}}{P_{ot}}\right)\left(\frac{L_r L_t}{L_c L_{DCt} L_{DCr}}\right) \tag{3.31}$$

这就是比率法定标的基本定标方程式。虽然该式是用功率量来表示输出值,但也可以用其他物理量来表示输出,只要这些物理量同功率输出量之间有一一对应的比例关系即可。

在测量的全过程中都必须使系统处于匹配状态下,如果存在不匹配则必须计入失配损耗。也就是说,系统所有各部分的电压驻波比都必须知道并计入。特别应引起注意的是,各种连接头对电压驻波比的影响,即使是简单地卸下或重新接上连接头,也经常会引起系统驻波比的变化,这时就需重新定标。

耦合信号必须提供各种幅度的试验信号,以便测定非线性效应。图 3.11 表示了上述非线性特性,并指出了信号发生器应该提供大动态变化幅度的必要性,其动态范围应与系统所希望的工作动态范围相对应。由图 3.11 可见,在整个范

围的高端和低端均出现最大非线性区,因此不能简单地将信号发生器调定在全动态范围内的某一固定电平上。

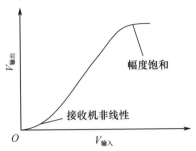

图 3.11 典型的接收机传递函数

以上介绍的是单通道系统的内定标。对于一般多通道的内定标基本模式与此相同,但是数据处理时则要复杂得多。这里以 DSTO 的 XPAR 测量雷达为例,对多通道内定标方法作一简单介绍。XPAR 测量雷达是由 16 通道接收相位阵列结合一个宽波束发射机组合而成的海杂波测量系统,在录取杂波数据之前进行 20 个脉冲的数据校准,如图 3.12 所示。在校准时,发射通过衰减器(而不是发射天线)切换到接收机,见图 3.13,接收信号经处理和下采样到基带后用于校准。在录取杂波数据时,发射信号也馈入所谓的延迟应答器(delayed transponder)。延迟应答器是一个射频—光纤—射频单元,其射频延迟线等效于自由空间 7km 距离。脉冲信号经光纤延迟后被应答器转发。这种点源信号可认为是具有恒定 RCS 的信号。

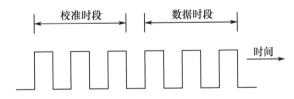

图 3.12 XPAR 雷达工作分为校准时段和数据录取时段

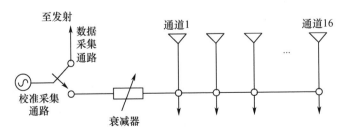

图 3.13 XPAR 雷达数据采集和校准时的切换

　　而对于有源阵列雷达[29]，其发射和接收都是以 T/R 模块出现，内定标则更为复杂。有源相控阵阵列天线需校准以保证天线辐射模式达到指标(如副瓣电平、主瓣增益等)要求，这些指标分配到每个单元，就是每个单元所能允许的幅相误差。因而有源阵列雷达首先要确定每个单元的基准，其次在使用过程中与该基准比较，并校准到该基准点上。这两个过程分别由出厂校准和使用校准(in – the – field calibration)来完成。出厂校准通常在天线测试场完成，可采用近场、紧缩场或远场测量得到。使用校准是在雷达已配置完成后在其使用寿命周期内按一定的间隔周期执行。

　　阵列的校准工作很繁重，每个单元不仅包含发射和接收两种模式，而且通常每个单元还有相移和衰减多种状态(典型如 128 种)，以及工作在若干频点和若干温度下，全部的校准工作是对这些所有可能的组合进行幅相测量并进行误差校正，这样仅对单个单元完成校准就需要几千次的测量，对全阵列校准的工作量显然十分巨大。实际上每个单元的所有状态可以不全部测量，但是减少某些状态下的测量也可能增加幅相校准误差，这需要在工作量和允许的校准误差间折中。

　　有源器件随时间漂移以及老化效应也需要校准。不同的校准技术包括：相互耦合、近场天线和射频采样，如图 3.14 所示。相互耦合技术使用相邻阵列单元的相互耦合途径作为校准信号的发射源。信号从一个阵列单元发射，发射单元周围最近的单元接收，接收信号与出厂时获得的参考值比较。每一个时刻只

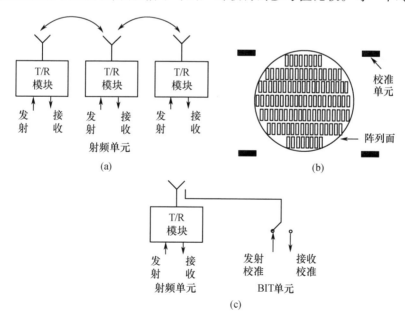

图 3.14　有源相控阵内定标示意图

(a)互耦；(b)近场测量；(c)射频采样。

有一个单元发射,重复这个过程直到完成所有单元测量。这种校准可以在雷达正常工作间隙执行,只需要雷达少量的资源。近场天线技术需要在阵列外围的近场放置辐射源。校准接收模式的阵列时,测试信号从每个辐射器导入。T/R模块接收的信号与出厂时获得的参考值比较,修正校准常数重置天线以尽可能与原出厂校准一致。该技术需要几套额外的发射和接收硬件通道。射频采样技术使用内置(嵌入式)的校准电路在T/R组件和辐射源之间注入校准信号。该技术可以测量RF输出功率、接收增益、相位和衰减器精度,然后与参考值比较修正。该技术最大的不利之处是需要额外硬件较多,包括一个分离的BIT组件,而且校准路径不包括辐射源。

3.4.2 外定标技术

在3.4.1节讨论的内定标技术中,天线及空间传输路径并没有参与其中。若将这些因素考虑在内,就是所谓的雷达外定标技术。

外定标技术是用已知雷达散射截面的目标的回波信号,实现对雷达系统的定标。对不同的雷达,有三种基本的定标配置方式,如图3.15所示。第一种是定标体在空中(无反射杆支撑、气球甚至飞机悬挂等手段),测量雷达上视状态下定标,这样其定标背景是空中。第二种是定标体置于地面,测量雷达下视定标,这样其定标背景是地面。第三种则选择散射系数已知的均匀地面作为定标体,测量雷达下视定标。无论哪种方式,核心是定标体(即目标)的选定以及定标场地的选择。定标体的雷达散射截面应是准确已知的,这可以通过选择具有精确理论解析解的目标(如金属球),或者可准确测定的目标来实现。而定标场地的选择是为了保证定标精度,即确保定标体与背景间有足够的信噪比(或信杂比)。理论研究表明,要使定标精度控制在±1dB之内,必须把背景和定标体的散射截面之比控制在−20dB以内。上述三种方式各有优缺点,下面分别就无源定标体和有源定标体两种情况,对定标体和定标场地选择进行讨论。

1. 无源定标

无源定标的定标体可分为两种情况:①点目标定标体,②扩展目标定标体。

表3.18中给出了几种常用的点目标定标体。其中,对于纯导体矩形平板和圆形平板,当垂直入射时,其雷达散射截面出现最大值。对于金属球体,其RCS只有当半径在2倍入射波长以上(即$r \geq 2\lambda$)时才可以认为符合Mie散射理论条件,RCS与频率无关,等于其横截面面积,且其RCS与观测角度无关,有利于作为定标目标,但与同样半径的金属圆板比,RCS要小许多。对于三面角反射器,沿着对称轴方向出现RCS最大值。龙伯透镜是一种介质球,理论上其折射率是沿着径向的连续函数,在球心处折射率为$\sqrt{2}$,在球表面,折射率为1。在表3.18中所列的RCS最大值只是理论值,实际值与制作工艺有关,如平板的平整度、光

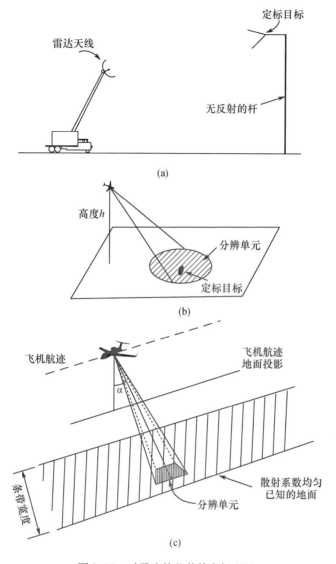

图 3.15　对雷达的几种外定标配置
（a）雷达的上视定标；（b）雷达的下视定标；（c）取已知散射系数的均匀地面对雷达定标。

滑度以及球体的球形度等有关。对于三面角反射器,除每个面的平整度、光滑度外,面与面之间的垂直度影响很大。龙伯透镜制作时其介电常数不可能连续变化,因此其折射率变化也是渐进变化的。实际制作时分为 10 层或者更多,最外层的折射率为 1.1。龙伯透镜 RCS 测量值一般略低于理论值,常用效率因子来描述,效率因子与频率和分层的数目有关,一般效率随频率增加而降低。龙伯透镜的角度宽度取决于其反射面的几何形状。龙伯透镜与角反射器相比,它的

RCS 和角度宽度均较优。

选用点目标定标体时,在外场条件下,由于难以达到定向的高精度,因此,定标目标应在很宽的角范围内其散射截面对方向性是不敏感的(相比雷达而言)。这就要求用散射截面方向图的半功率点波束宽度描述方向性更为合理些。

表 3.18　几种典型的点目标定标体

目标类型	最大 RCS	波束宽度近似值	说　明
矩形平板	$4\pi a^2 b^2/\lambda^2$	$0.44\lambda/a$ $0.44\lambda/b$	a、b 分别为两边长,RCS 值较大,波束窄
圆形平板	$4\pi^3 r^4/\lambda^2$	$0.5\lambda/r$	r 为半径,RCS 值较大,波束窄
球	πr^2	无方向性	要求 $r \geq 2\lambda$,RCS 值较小
三面角反射器	$\pi l^4/3\lambda^2$	$\approx 30° - 40°$	l 为棱长 RCS 值比同样孔径平板约低 3dB
龙伯透镜反射器	$4\pi^3 r^4/\lambda^2$	上限 180°	r 为半径,RCS 值大,波束宽

扩展目标定标体是机载和星载测量系统更感兴趣的外定标体,因为这时的背景本身就是定标目标,这样就不再需要用大散射截面的人为点目标了。扩展目标在方位与径向距离上的扩展应远比雷达在这两维方向上的空间分辨率要大。理想的情况是,扩展目标应具有"时不变"的散射特性(即其介电常数与表面粗糙度在测量持续时间内应保持不变),而且它的 $\sigma°$ 应非常平坦,即在整个天线俯仰波瓣角的张角内是入射角 θ 的慢变函数。但是,找一块面积较大的人工的或自然的相当平坦的粗糙表面作为合适的定标表面很困难,同时还需要用一部已标定好的散射计来精确测定 $\sigma°(\theta)$ 值,这也很困难。混凝土的机场跑道是扩展目标的一个例子,它的大小能满足高分辨成象雷达的要求。只要跑道保持干燥状态,它的表面散射特性基本上也不随时间改变。从电磁特性上讲,这种光滑混凝土路面的主要缺点是:它的散射系数 $\sigma°(\theta)$ 强烈地取决于 θ 值(由此给高精度测量带来很大的困难),因而定标精度非常临界地依赖于确定 θ 角的精度,及由此决定 $\sigma°(\theta)$ 的精度。对星载散射计或者中等分辨力的雷达来说,亚马逊热带雨林是最均匀的扩展目标,其 $\sigma°$ 不随 θ 变化的平坦度较之用沙漠目标更为理想。

2. 有源定标

有源定标是通过一种被称为有源校准器(Active Radar Calibration,ARC)的装置,也有称作转发器、应答器等,来实现测量雷达的外定标。无源定标操作简单,技术上易于实现,但由于受体积和重量的限制,往往很难实现较大的雷达散射截面。相比而言,有源定标的 RCS 精确可调可控,在实现较大 RCS 动态范围的同时,叫以兼顾体积、重量要求,便于野外不同背景高精度定标使用。

图 3.16 给出了一种基于 ARM(Advanced RISC Machines)微处理器开发的有源校准器系统组成框图。主要由校准器主机、天线单元、供电单元和指向单元等部分组成,各部分的主要功能为:

(1)校准器主机:产生可控制的环路增益,与收发天线配合以产生特定的 RCS 值。

(2)天线单元:采用收发分置的角锥喇叭天线,主要是考虑到其波瓣可以做得较宽,便于捕捉信号。

(3)供电单元:为校准器系统提供电力保障。

(4)指向单元:用于收发天线的定位、俯仰和方位调节。

校准系统工作于两种工作模式:转发模式和自校准模式。转发模式下,校准器作为地面标准点目标来实现雷达系统的外定标。雷达信号经接收天线、限幅器、低噪声放大器、滤波器和功率放大器的共同作用后,通过发射天线转发给雷达,中间插入控制整个系统增益的粗调衰减器和微调衰减器,配合收发天线实现雷达系统校准。自校准模式下,校准器内部产生参考信号对整个系统进行自校准。信号源产生的参考信号经定向耦合器分为两路:一路通过同

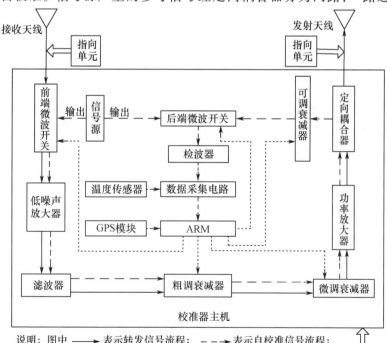

图 3.16　一种有源校准器组成框图

轴开关输入至转发通道中,然后进入检波电路;另一路直接进入检波电路。然后对两路信号进行比较,用以控制粗调衰减器和微调衰减器,使整个环路增益保持在设定值。

校准器的雷达散射截面 σ_c 可表示为

$$\sigma_c = \frac{\lambda^2}{4\pi L_{cr}L_{ct}}G_{cr}G_{ct}G_0 \tag{3.32}$$

记

$$K = \frac{\lambda^2}{4\pi L_{cr}L_{ct}}G_{cr}G_{ct} \tag{3.33}$$

则

$$\sigma_c = KG_0 \tag{3.34}$$

式中,L_{cr}、L_{ct}、G_{cr} 和 G_{ct} 分别为输入输出电缆损耗和收发天线增益;G_0 为校准器主机的增益。

当系统天线和电缆选定后,L_{cr}、L_{ct}、G_{cr} 和 G_{ct} 为常数,K 就是一个常数,那么,雷达散射截面积 σ_c 仅与校准器主机的增益 G_0 有关,改变主机增益,则相应地改变 ARC 的 RCS 值。

表 3.19 给出了中国电波传播研究所研制的 L 波段雷达有源校准器主要技术指标。

表 3.19　L 波段雷达有源校准器主要技术指标

参　数　名　称	技术指标
工作波段	L 波段
工作带宽	50MHz
极化方式	垂直极化
输入动态范围	−60 ～ −3dBm
输出最大功率	100W
最大雷达散射截面积	50dBsm
雷达散射截面可调范围	20dBsm,以 2dBsm 分挡
雷达散射截面精度	0.5dB
天线增益	≥16dB
3dB 波束宽度	E 面 25°,H 面 30°

3. 定标体 RCS 要求

无论是采用无源点目标或是有源校准器作为外定标体,其定标不确定度受到定标目标散射截面与背景散射截面相对大小的影响。当雷达天线照射一散射

截面为 σ_c 的定标目标时,在接收机处的后向散射场强是定标目标的场强和背景散射场的合成。这样,平行于接收天线极化矢量的电场分量可表达为

$$E_s = E_c + E_b = E_c \left(1 + \frac{E_b}{E_c} \right) = E_c \left(1 + \left| \frac{E_b}{E_c} \right| e^{i\phi} \right) \tag{3.35}$$

式中:E_s、E_c、E_b 分别为接收到的电场强度、定标目标场强与背景产生的场强;ϕ 为 E_c 和 E_b 间的相对相位差。

被测散射截面 σ_s 应与接收功率成正比,即

$$\sigma_s = k\,|\,E_s\,|^2 = k\,|\,E_c\,|^2 \left(1 + \left| \frac{E_b}{E_c} \right|^2 + 2 \left| \frac{E_b}{E_c} \right| \cos\phi \right) = \sigma_c \left(1 + \frac{\sigma_b}{\sigma_c} + 2\sqrt{\frac{\sigma_b}{\sigma_c}} \cos\phi \right) \tag{3.36}$$

式中,k 为比例常数;σ_c、σ_b 分别为定标目标与背景的散射截面。

如果 $\sigma_b \ll \sigma_c$ 式,则有 $\sigma_s \approx \sigma_c$。在一般情况下,被测散射截面与 σ_c 还差一个因子,该因子就是式(3.35)中括号内的量,其中 ϕ 是未知量,可取从 0 到 π 之间的任意值,相应的定标误差将落在两个极值之间。该两个极值为

$$\frac{\sigma_s - \sigma_c}{\sigma_c} = \frac{\sigma_b}{\sigma_c} \pm 2\sqrt{\frac{\sigma_b}{\sigma_c}} = S_b^2 \pm 2S_b \tag{3.37}$$

式中,$S_b^2 = \sigma_b / \sigma_c$,定义为背景与定标目标的散射截面之比。

图 3.17 中给出了上极限与下极限随 S_b 的变化曲线。若转化为分贝单位,误差表示为

$$\sigma_e(\text{dB}) = \sigma_s(\text{dB}) - \sigma_c(\text{dB}) = 10\lg(1 + S_b^2 \pm 2S_b) \tag{3.38}$$

从图 3.17 可估计出,要使误差限制在 ±20% 以内(相当于 ±1dB),必须控制 $\sigma_b / \sigma_c \leq 10^{-2}$(相当于 −20dB),即背景散射截面需低于定标目标散射截面 20dB。

在某些有源校准器的设计中还考虑了延时或者频率调制,以将校准信号移出强杂波区,降低背景杂波的干扰。从上面分析可以看出,地面雷达的外定标相

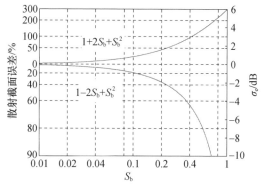

图 3.17　从背景散射截面 σ_b 中测量目标散射截面 σ_c 时的最大和最小误差界限

对容易实现,因为定标目标能放置在低反射结构物的顶部(例如是一根表面覆盖着吸波材料的杆),或者悬挂在空中(例如球载的金属球),从而避免了来自地面的大部分后向散射。在这种情况下,背景的散射截面比俯视地面状态下的值小很多,换句话说,为达到给定的测量精度,对定标目标的散射截面要求大大降低。以上主要针对的是幅度定标,对于相位定标和极化定标,定标过程则更为复杂。

◼ 3.5　地海杂波测量流程

对于地海面散射特性的分析,获取足够可靠的杂波数据是其基础。而对于所关心的不同特性,杂波数据的需求也是不同的[30]。测量系统的测量方式对于获取数据的代表性是关键。测量方式包括两个层次,一是对关心的测量区域,如何布置测量系统,这代表了测量是否能代表测量区域的地形地物特征。二是测量内容和数量,这代表了测量数据能否反映各种散射特性。

一般来说,杂波特性研究经常会关注以下几个方面:

(1) 散射系数与入射角的关系。

(2) 散射系数与方位角的关系。

(3) 散射系数与时间的关系。

(4) 散射系数与空间的关系。

(5) 散射系数与地海面物理参数(如含水量)的关系。

(6) 散射系数与气象参数的关系。

从而获得杂波幅度、谱及空间相关特性随雷达参数、地海面背景参数的变化关系。这正是地海杂波测量获取数据的出发点及测量依据。

实际中,往往把地海杂波测量作为一项工程任务。任务前的准备工作主要包括:

(1) 主要测量设备及技术指标。

(2) 测量设备的技术状态及使用要求。

(3) 明确测量条件并制定测量方案。

(4) 测量内容与要求。

(5) 任务保障与安全控制。

(6) 任务组织分工。

其中测试方案的制定是技术准备工作的关键内容。测试方案中有两个估算的重点内容,即定标和测量的有效性估算。要确保雷达可接收的校准信号在雷达接收机的动态范围内。雷达测量杂波电平也需要落在接收机的动态范围内。为此要设计雷达和校准器的几何配置,设计测量杂波时的几何配置(雷达高度、角度),除此之外,可能还要考虑增加适量的固定衰减值。

　　为保证测量数据的有效性及可信度,一般是在测量前外定标,测量完成后再次外定标,要求两次定标结果保持一致。也可对同一测量背景进行至少三次测量。除此之外,还可以将一些固定的强目标点,如水塔等,作为参考目标进行多次测量,以监视系统的状态是否稳定。在测量的过程中还可以将天线朝向空中测量的结果作为雷达本底噪声,用于信噪比的评估。在测量的过程中还可以关闭发射机,只接收信号,监视是否存在干扰。

　　杂波测量还包括背景物理参数测量和气象参数的测量。物理参数测量包括地面土壤湿度、地形起伏特点、地形粗糙度、相关长度,植被类型及其分布高度大小等,海面特征如海水温度盐度、海浪高度、方向等。气象参数记录风力、风向、气温、湿度、压强、降雨量等。需要注意的是有些物理量是需要实时测量的,如气象参数,而有些可在事前事后测量,如地形、地物等。但是如气象条件发生变化,则土壤湿度之类的参数需要及时测量。

3.5.1　地基雷达杂波测量流程

　　地杂波数据获取时,选定多个测量点重复测量。在每个测量地点,改变方位和俯仰角度,如图 3.18 所示,俯仰角度还可以通过高度的调节改变。每种参数在间隔一段时间后重复测量以对比。方位角度的间隔以两次测量时波束能部分重叠为宜。其基本的测量流程可以按图 3.19 执行。林肯实验室北美大陆地杂波测量第一阶段 106 个站点和第二阶段 42 个站点即是这种方式获取地杂波数据。对于一些有明显方位分布特征的地物(如农作物沿着垄向),则可采用环形布点测量的方式测量,如图 3.20 所示。

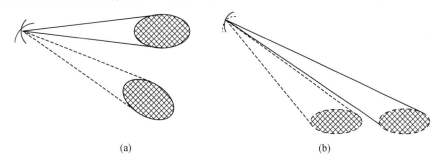

(a)　　　　　　　　　　　　　　(b)

图 3.18　固定点时方位和俯仰角度配置
(a)不同方位测试;(b)不同俯仰测试。

　　海杂波测量站址选择在岸基或者海岛时,要尽量选择在靠近海水的地方,以避开海岸对测试区域的影响。雷达架设地点海拔高度满足一定的高度和开阔性要求,以便能完成一定范围擦地角和方位角范围的海杂波测量。因此海杂波的地基站址常常是突出于海岸的高地上(如悬崖、码头等,更合适的地点还有石油

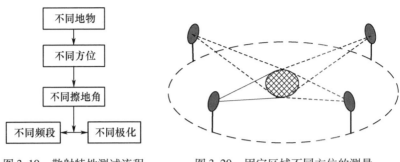

图 3.19　散射特性测试流程　　　　图 3.20　固定区域不同方位的测量

钻井平台等)。海杂波测量选择以船载方式时,要避开船体以及受船体运动扰动的海面的影响,同时记录船的航行参数(如航迹、航速)。同时由于海浪的复杂多变性,海浪参数的测量最好选用测试海域投放浮标测量。需要说明的是,当以海岛为基地进行测量前后的定标由于受到客观因素的制约,无法实现上视外定标,此时可以在海面上架设校准器完成。为保证指向的稳定,校准器需要有稳定平台。可以同时布设三个校准器分别在天线法线方向和近远处 - 3dB 位置,为节省校准器数量,降低成本,也可以通过搭载校准器的平台改变位置对雷达定标。

3.5.2　机载雷达杂波测量流程

在机载杂波数据获取过程之前,要完成下视定标场地选择。定标场地选择基本流程如图 3.21 所示。实际定标场地选择除考虑散射背景的技术要求外,还要考虑电磁干扰以及交通等可实施性的条件。

定标时一般采用的几何配置(见图 3.22):①在飞机高度不变时调整航线;②在飞机航线不变时调整飞行高度。定标目标指向角根据飞机的高度和距离进行设定。由于载机飞行成本以及测试难以完全重复的缘故,机载下视定标一般同时在照射区域布设多套定标设备,定标设备的数量与定标要求有关。一般来说,在 3dB 波束范围内至少布设 3 个点。

机载测量航线的设定也很重要。在机载测量中有三种基本的航线(见图 3.23),即往返型、跑道型和圆形轨迹方式。在往返型方式中,一个周期可以完成对航线区域的两次测量;而在跑道型测量中,减少了载机转弯的时间,根据航线和波束方向关系又分为两种情况,一种是在四个边上测量不同区域(图 3.23(b)),另一种是对一个区域进行多方位的测量(图 3.23(c));圆形轨迹测量则可以对一个区域散射特性随方位的变化完整测量载机圆形轨迹测量时,载机不会是平飞的状态,这是需要考虑的,另一方面也可根据这个特点,利用载机不同高度不同飞行半径来改变测量的入射角度。

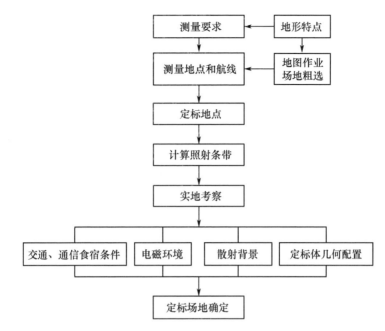

图 3.21　定标场地选择基本流程

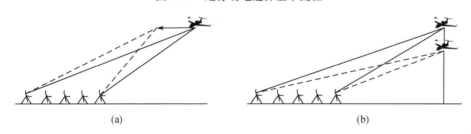

图 3.22　雷达定标几何关系图

(a)飞机高度不变条件下；(b)飞机航线不变条件下。

对地面而言，地形的起伏、地物的分布均存在较大的随机性，总体上无规律可循。对海面而言，海域与海域之间海面特征也可能出现较大的变化，但是一定的海域内，海面空间上分布相对均匀，波向波高有规律可循。可根据这个特点设定载机航线。

在地杂波测量中，为尽量覆盖测量区域，对基本的往返型和跑道型航线进行周期扩展变形，如图 3.24 所示。在图 3.24(a)中航线之间的距离与波束照射条带有关，一般来说，要考虑照射区域部分重叠。在图 3.24(b)中，无论怎样均会有部分区域重复测量，这样可以验证测量的重复性。

对海杂波测量，航线设计采用基本形式一般能满足要求，因为在一片比较开阔的海域，海面相对比较均匀。当然，对于地理环境比较复杂的海域，可以分成

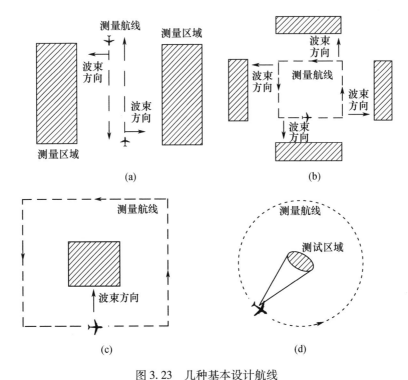

图 3.23　几种基本设计航线

（a）往返型测量；（b）跑道型测量Ⅰ；（c）跑道型测量Ⅱ；（d）圆形轨迹测量。

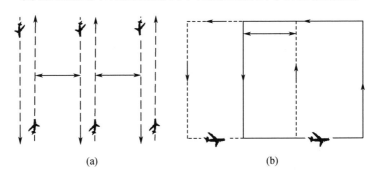

图 3.24　常用的实际设计航线

（a）往返型；（b）跑道型。

几个代表性的区域来测量。但是海杂波随浪向关系很大。如果采用往返型测量航线,固定波束时,波束与浪向的关系最多只有两个(当航线与浪向重合且波束正侧视时,无论往返,波束与浪向的关系为正侧浪向),为此,可以增加多波束测量方式(如扫描)。

1999 年,DSTO 在澳大利亚北海岸 Ingara 雷达固定波束模式海杂波数据收集时,为增加波束方位角度,采用两组跑道型方式,这两组跑道有一定角度,如图

3.25 所示。2006 年 5 月,北部 Darwin 附近海域采用往返型和圆形轨迹测量两种测量方式,在圆形轨迹测量中,通过改变载机高度和飞行半径来控制擦地角。

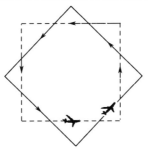

图 3.25　Ingara 雷达海杂波测量中的一种航线

■ 3.6　外定标数据处理方法

3.6.1　地基雷达外定标数据处理

原理上,微波暗室是最好的定标测试场,但由于其测试距离往往不够远,无法满足远场条件,因而很难在微波暗室进行外定标。选择室外定标方式,不受场地大小限制,但伴随而来的是往往会存在非直达路径的入射波照射在定标目标上,产生所谓的多径效应,影响定标精度。地面的反射系数与土壤的类型、湿度和粗糙度有关。粗糙表面向各个方向散射能量,地面愈粗糙散射也愈大。能量的散射减小了在指定方向的反射,因此,越粗糙的地面,其多径效应增强作用也越小。所以,室外定标场的选择除考虑作为直达背景信号的影响外,还要考虑非直达路径照射的影响,一般场地选择在较为开阔、周围没有强反射体干扰的荒芜稍微粗糙地面。

一般情况下,为减小地面背景的影响,地面定标采用上视外定标。基本配置方式图 3.15(a),为描述方便,重新绘制示意图如图 3.26 所示,定标目标架高高于天线高度,即目标高度 H_2 不低于天线高度 H_1,使波束指向空中。理想的情况是使得当定标目标位于波束主瓣中心位置时,波束主瓣下部照射不到地面。实际操作中,常考虑目标回波延时和雷达主波束内地面回波延时满足一定差异即可。尽可能使波束指向上仰,有利于减小旁瓣的影响,从而提高定标精度,但这给架设带来困难。定标目标采用非金属绳悬挂或者低反射杆支撑,以减小绳子或杆的反射对定标精度的影响。

利用测量雷达的伺服系统跟踪目标,搜索目标回波信号,直至找到信号最大。在搜索过程中,为避免局部极大,在搜索到一个极大点后,搜索范围要扩大

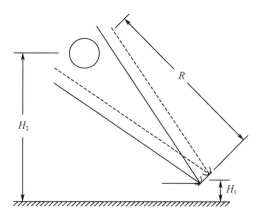

图 3.26　地基雷达上视外定标示意图

些,此过程要反复多次进行。搜索到回波最大信号后,还可尽量利用雷达的抗环境干扰功能,如散射计中的时间门技术(通过设置接收时间门范围,可抑制时间门外的干扰),时间门的宽度要合适,既要包括整个目标回波,又不至于太宽而包含了无用的杂散回波。然后,重复进行多次测量,利用式(3.2)的点目标雷达方程,计算目标 RCS 的测量值。

假设前面获得了定标目标 N 个有效的测量结果,取算术平均作为测量结果 σ_M,即

$$\sigma_M = \frac{1}{N} \sum_{i=1}^{N} \sigma_{Mi} \qquad (3.39)$$

将测量值 σ_M 和点目标的真实 RCS 值 σ_T 比较,两者的比值为雷达系统常数 L,且

$$L = \sigma_M / \sigma_T \qquad (3.40)$$

定标处理后,处理实际测量数据时式(3.2)的雷达方程要变化为

$$P_r = \frac{P_t G^2 \lambda^2}{(4\pi)^3 R^4 L} \sigma \qquad (3.41)$$

即在雷达方程中增加一需要修正的雷达系统常数。

标准偏差

$$STD = \sqrt{\frac{1}{N-1} \sum_{i=1}^{N} (\sigma_{Mi} - \sigma_M)^2} \qquad (3.42)$$

作为定标精度。

外定标也需要对整个动态范围定标,这样需要 RCS 大小不同的多个定标目标。同时,定标也需要在不同的距离上完成,以涵盖传播衰减的影响。这样组合

起来,定标的任务量实际是很大的。但是,一般而言,对于地面上视定标,微波频段近距离传播衰减较小,可以采用少量定标体在不同距离上的定标即可满足要求。

3.6.2　机载雷达下视外定标数据处理

利用有源校准器进行机载雷达下视外定标的示意参见图 3.22。雷达和 ARC 之间的相对位置及方位是变化的,需要求解各自在对方方向图中的位置[31]。在小角度定标时,由于测量距离较远,平面地球近似会大大增加误差,需要采用较真实的地球模型计算。同时由于运动及其非平稳性的影响,使得雷达接收的 ARC 信号不会像地基静止状态下的点目标信号那样,而是呈现为起伏扩展信号,需要提取信号。

由雷达方程可计算得到 ARC 输入端接收到的雷达信号功率,即

$$P_{\text{rc}} = \frac{P_t G_t G_f(\theta_1, \phi_1) G_{\text{rc}} G_{\text{ref}}(\theta_2, \phi_2) \lambda^2}{(4\pi R)^2 L_t L_{\text{cr}}} \tag{3.43}$$

式中,P_t 为雷达发射的峰值功率;G_t 为雷达发射天线的增益;G_{rc} 为 ARC 接收天线增益;L_t 为雷达发射通道损耗;L_{cr} 为 ARC 接收天线至放大器组件输入端的损耗(如电缆线损耗);R 为雷达至地面 ARC 间的斜距;$G_f(\theta_1, \varphi_1)$ 和 $G_{\text{ref}}(\theta_2, \varphi_2)$ 分别为雷达和 ARC 天线的方向性因子;θ 为俯仰角;φ 为方位角。

ARC 接收的功率 P_{rc} 经过放大(G_0 为 ARC 增益)后由发射天线转发,输出端的转发功率 P_{rc}(不含输出端至发射天线之间的电缆损耗 L_{ct})表示为

$$P_{\text{tc}} = G_0 P_{\text{rc}} \tag{3.44}$$

雷达接收 ARC 转发的功率 P_r 为

$$P_r = \frac{P_{\text{tc}} G_r G_{\text{tc}} \lambda^2}{(4\pi R)^2 L_r L_{\text{ct}}} = \frac{P_t G_t G_r \lambda^2}{(4\pi)^3 R^4 L_t L_r} \left(\frac{\lambda^2}{4\pi L_{\text{cr}} L_{\text{ct}}} G_{\text{rc}} G_{\text{tc}} G_0 \right) \tag{3.45}$$

式中,G_r 为雷达接收天线增益;G_{tc} 为校准器发射天线增益;L_r 为雷达接收通道损耗。

$L = L_t L_r$ 即为需要定标测量的雷达收发通道总的系统损耗,也称为系统常数,定标的目的就是为了得到系统常数 L。

1. 坐标转换

在机载雷达外定标过程中,由于载机是运动平台,在空中飞行过程中不可避免地引起飞行姿态的改变,如横滚、俯仰等,从而导致 $G_f(\theta_1, \phi_1)$ 和 $G_{\text{ref}}(\theta_2, \phi_2)$ 这两个方向性因子的偏差,引起接收增益的改变,因此对于没有姿态自动补偿功能的机载雷达来说,需要进行 ARC 姿态补偿和雷达姿态修正,这涉及到复杂的坐标变换[31]。

1）坐标定义

建立不同的坐标系并确定相互间的关系，进行姿态修正，得到 ARC 与雷达接收天线实际信号接收增益。坐标系包括地理参考坐标系、地面 ARC 坐标系和空中坐标系。

（1）地理参考坐标系。将地理正北方向设定为 X_n 轴，Z_n 轴向上，呈右手螺旋关系，建立参考坐标系 $X_nY_nZ_n$。

（2）地面 ARC 坐标系。以载机天线指向在地面投影的相反方向为 Y_t 轴，向上为 Z_t 轴，建立 ARC 地面坐标系 $X_tY_tZ_t$。以载机运动方向为 Y_c 轴，向上为 Z_c 轴，建立 ARC 指向坐标系 $X_cY_cZ_c$。

（3）空中坐标系。

① 以机头方向为 X 轴，机身向上为 Z 轴，建立载机坐标系 XYZ。

② 对于直线航行的理想航线，设定航向为 X_i 轴，向上为 Z_i 轴，建立理想航线坐标系 $X_iY_iZ_i$，与载机无姿态误差时的坐标系重合。

③ 相对于理想航线坐标系，建立天线坐标系 $X_eY_eZ_e$，并设相对机身下俯角 θ_0，方位角 ϕ_0。

④ 相对于理想航线坐标系，建立实际或偏航坐标系为 $X_sY_sZ_s$，并设与正北之间的夹角为 α。

⑤ 相对于理想航线坐标系，建立俯仰坐标系为 $X_dY_dZ_d$，设飞机俯仰角为 β（上仰为正）。

⑥ 相对于理想航线坐标系，建立横滚坐标系为 $X_gY_gZ_g$，设横滚角为 γ（迎机头看逆时针为正）。

⑦ 相对于理想航线坐标系，建立偏流坐标系为 $X_fY_fZ_f$，设机头在地面投影（实际航向）与载机水平速度之间的偏流角为 τ（要求并假设飞机平飞，偏流角为方位角）。

⑧ 建立雷达实际天线坐标系 $X_rY_rZ_r$，以指向有源校准器方向为 Y_r，向上为 Z_r。

2）ARC 姿态补偿

ARC 姿态补偿是指当回波信号取得最大值时，(θ_c, ϕ_c) 即为 ARC 姿态校准后雷达天线波束指向在 ARC 天线方向图中的实际位置，用于计算天线方向性因子。

图 3.27 给出了 ARC 与机载雷达的坐标关系。设天线相对 X_t 的方位角为 ϕ（理想情况下应为 90°），上仰角度 δ（理想情况下应与雷达天线下俯角相等），则可以得到由 $X_tY_tZ_t$ 坐标系向 $X_cY_cZ_c$ 坐标系的转换关系，即

$$
\begin{bmatrix} x_c \\ y_c \\ z_c \end{bmatrix} = \begin{bmatrix} 1 & 0 & 0 \\ 0 & \cos\delta & \sin\delta \\ 0 & -\sin\delta & \cos\delta \end{bmatrix} \begin{bmatrix} \sin\phi & -\cos\phi & 0 \\ \cos\phi & \sin\phi & 0 \\ 0 & 0 & 1 \end{bmatrix} \begin{bmatrix} x_t \\ y_t \\ z_t \end{bmatrix} \tag{3.46}
$$

$$\begin{cases} \sin\theta_c = \cos\delta\sin\theta_{m0} - \sin\delta\cos\phi\cos\theta_{m0}\cos\phi_{m0} - \sin\delta\sin\phi\cos\theta_{m0}\sin\phi_0 \\ \tan\phi_c = \dfrac{\cos\delta\cos\phi\cos\theta_{m0}\cos\phi_{m0} + \cos\delta\sin\phi\cos\theta_{m0}\sin\phi_{m0} + \sin\delta\sin\theta_{m0}}{\sin\phi\cos\theta_{m0}\cos\phi_{m0} - \cos\phi\cos\theta_{m0}\sin\phi_{m0}} \end{cases} \tag{3.47}$$

式中，$\theta_{m0} = -\theta_m$，$\phi_{m0} = 90° - \phi_0 + \phi_m$，其中，$\theta_m$ 和 ϕ_m 分别为回波信号最大值时，ARC 天线与雷达天线连线相对理想航线的俯角和方位角；δ 为校准器架设时天线的仰角；ϕ_0 为天线相对理想航线的方位角，在正侧视条件下 ϕ_0 为 $90°$。

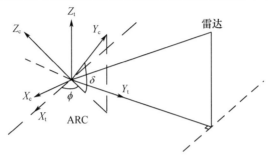

图 3.27　ARC 与雷达的坐标关系

3）雷达姿态补偿

雷达姿态补偿是指当回波信号取得最大值时，(θ,φ) 即为 ARC 发射信号在雷达天线方向图（相对机身坐标系）中的实际位置，用于计算天线方向性因子。在图 3.27 中，ARC 天线与雷达天线连线是相对理想航线的俯角和方位角，而实际航线与理想航线存在差异，如图 3.28 所示，这时需要进一步对雷达姿态补偿。

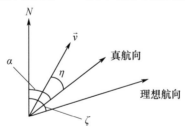

图 3.28　航向角及偏流角

若理想航线与正北之间的夹角为 ζ，真航向与正北之间的夹角为 α（顺时针方向），飞机俯仰角为 β（上仰为正），横滚角为 γ，偏流角为 η，再设回波出现最大值时 ARC 与载机之间的连线在理想航线坐标系 $X_i Y_i Z_i$ 中的位置为 (θ_m,ϕ_m)，为了找出其在雷达真实天线坐标系中的位置 (θ,ϕ)，需要作如下坐标系变换。

实际航向相对理想航向的偏航角 χ 为

$$\chi = \zeta - \alpha（可出现负值）$$

偏流角 η 定义为速度方向相对实际航向（机头方向）的角度，逆时针为正，顺时针为负。

总的坐标变换流程为

$$X_iY_iZ_i \xrightarrow{\zeta} X_nY_nZ_n \xrightarrow{360°-\alpha} X_sY_sZ_s \xrightarrow{\beta} X_dY_dZ_d \xrightarrow{\gamma} X_gY_gZ_g \begin{cases} \xrightarrow{\phi_0,\theta_0} X_rY_rZ_r \\ \xrightarrow{\eta} X_fY_fZ_f \end{cases}$$

或 $X_iY_iZ_i \xrightarrow{\chi} X_sY_sZ_s \xrightarrow{\beta} X_dY_dZ_d \xrightarrow{\gamma} X_gY_gZ_g \begin{cases} \xrightarrow{\phi_0,\theta_0} X_rY_rZ_r \\ \xrightarrow{\eta} X_fY_fZ_f \end{cases}$

由此得

$$\begin{bmatrix} \boldsymbol{x}_i \\ \boldsymbol{y}_i \\ \boldsymbol{z}_i \end{bmatrix} = \begin{bmatrix} \cos\chi & -\sin\chi & 0 \\ \sin\chi & \cos\chi & 0 \\ 0 & 0 & 1 \end{bmatrix} \begin{bmatrix} \boldsymbol{x}_s \\ \boldsymbol{y}_s \\ \boldsymbol{z}_s \end{bmatrix} \tag{3.48}$$

定义

$$\boldsymbol{T}_\chi = \begin{bmatrix} \cos\chi & -\sin\chi & 0 \\ \sin\chi & \cos\chi & 0 \\ 0 & 0 & 1 \end{bmatrix} \tag{3.49}$$

为由理想航线坐标系向实际航向坐标系转换的变换矩阵。依次类推,从偏航坐标系到俯仰坐标系的变换矩阵(XZ 面旋转,上仰取正,下俯取负)为

$$\boldsymbol{T}_\beta = \begin{bmatrix} \cos\beta & 0 & -\sin\beta \\ 0 & 1 & 0 \\ \sin\beta & 0 & \cos\beta \end{bmatrix} \tag{3.50}$$

从俯仰坐标系到横滚坐标系的变换矩阵(YZ 面旋转,迎机头逆时针为正,顺时针为负)为

$$\boldsymbol{T}_\gamma = \begin{bmatrix} 1 & 0 & 0 \\ 0 & \cos\gamma & -\sin\gamma \\ 0 & \sin\gamma & \cos\gamma \end{bmatrix} \tag{3.51}$$

从横滚坐标系到天线坐标系的变换矩阵(θ_0 上仰取正、下俯取负,ϕ_0 为0° ~ 360°)为

$$\boldsymbol{T}_{\phi_0} = \begin{bmatrix} \cos\phi_0 & -\sin\phi_0 & 0 \\ \sin\phi_0 & \cos\phi_0 & 0 \\ 0 & 0 & 1 \end{bmatrix} \tag{3.52}$$

$$T_{\theta_0} = \begin{bmatrix} \cos\theta_0 & 0 & -\sin\theta_0 \\ 0 & 1 & 0 \\ \sin\theta_0 & 0 & \cos\theta_0 \end{bmatrix} \tag{3.53}$$

这样,从理想航线坐标系到天线坐标系总的变换可表示为

$$\begin{bmatrix} x_{\mathrm{r}} \\ y_{\mathrm{r}} \\ z_{\mathrm{r}} \end{bmatrix} = T^{-1} \begin{bmatrix} x_{\mathrm{i}} \\ y_{\mathrm{i}} \\ z_{\mathrm{i}} \end{bmatrix} \tag{3.54}$$

其中

$$T = T_{\chi} T_{\beta} T_{\gamma} T_{\phi_0} T_{\theta_0} \tag{3.55}$$

2. 几何位置计算

雷达可架设在载机的背部,也可架设在载机的腹部,如果雷达架设在飞机的背部,在波束向下辐射的过程中,为了减少机头或机尾对系统校准的影响,机载雷达一般采用正侧视或斜侧视的方式发射信号,如果雷达架设在载机的腹部则没有此类的影响。同时,为了准确实现对雷达系统的校准,ARC 应架设在雷达天线的近 3dB 点和远 3dB 点这个区域范围之内,视具体情况,可以依据 ARC 数量的多少在不同的距离向与方位向灵活布设(一般至少应在近 3dB 点、主波束、远 3dB 点上布设)。ARC 的布设位置与姿态需要通过计算确定,而已知的信息包括载机的航线、飞行的高度、天线俯仰波束宽度以及雷达波束的下俯角。所以,需要通过计算才能得到 ARC 布设点的经纬度信息,也就是 ARC 的架设位置,同时还需要计算得到 ARC 架设的方位角(以正北为参考)、俯仰角,以便ARC 天线的主波束指向雷达天线的主波束[32]。

为了实现对经纬度、方位角、俯仰角的计算,常用的方法包括椭球计算法与等效半径计算法。等效半径计算法是将地球近似半径为$(6371 \times 4/3)\,\mathrm{km}$的圆球,采用此种方法的计算方法简单,但是只能在一定的高度内才能保证相应的准确度。还可采用更为精确的地球模型计算法,即用地球的实际形状参与计算,采用此种方法,算法相对复杂,但是没有对载机高度的限制,引入的误差相对较小。精确的地球模型一般为椭球模型,如椭球参考模型 IUGG 1980,椭球体的长轴$a = 6378137.0\,\mathrm{m}$,短轴 $b = 6356752.0\,\mathrm{m}$。下面介绍采用椭球模型的计算方法。

1)校准器与雷达之间传播距离、入射角和仰角

如图 3.29 所示,按以下步骤可计算得到 ARC 与雷达之间的距离 L、雷达波束入射角 θ 和 ARC 天线仰角 δ。

第一步:将地理坐标经度、纬度、高度即$(l_{\mathrm{on}}, l_{\mathrm{at}}, h)$转换成空间直角坐标$(x,$

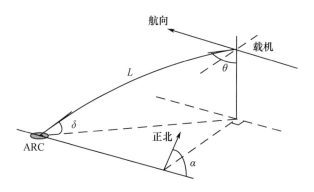

图 3.29 ARC 与载机几何关系图

y,z），然后根据空间直线距离得

$$\begin{cases} e_2 = \dfrac{a^2 - b^2}{a^2} \\[2mm] N = \dfrac{a}{\sqrt{1 - e_2 \times \sin(l_{at}) \times \sin(l_{at})}} \\[2mm] x = (N + h) \times \cos(l_{at}) \times \cos(l_{on}) \\[1mm] y = (N + h) \times \cos(l_{at}) \times \sin(l_{on}) \\[1mm] z = (N \times (1 - e_2) + h) \times \sin(l_{at}) \end{cases} \qquad (3.56)$$

对于空间直角坐标中两点 $A(x_1,y_1,z_1)$、$B(x_2,y_2,z_2)$（假设 A、B 分别对应 ARC 和雷达位置），其空间直线距离 L 为

$$L = \sqrt{(x_1 - x_2)^2 + (y_1 - y_2)^2 + (z_1 - z_2)^2} \qquad (3.57)$$

第二步：设 r_1 和 r_2 分别为 A 点和 B 点到空间直角坐标原点的距离，由余弦定理计算入射角 θ

$$\begin{aligned} r_1 &= \sqrt{x_1^2 + y_1^2 + z_1^2} \\ r_2 &= \sqrt{x_2^2 + y_2^2 + z_2^2} \end{aligned} \qquad (3.58)$$

若 $r_1 \geqslant r_2$，则

$$\begin{aligned} \cos\theta &= \frac{r_1^2 + L^2 - r_2^2}{2 \times r_1 \times L} \\ \theta &= a\cos\left(\frac{r_1^2 + L^2 - r_2^2}{2 \times r_1 \times L} \right) \end{aligned} \qquad (3.59)$$

若 $r_1 < r_2$，则

$$\cos\theta = \frac{r_2^2 + L^2 - r_1^2}{2 \times r_2 \times L}$$

$$\theta = a\cos\left(\frac{r_2^2 + L^2 - r_1^2}{2 \times r_2 \times L}\right)$$

(3.60)

第三步：为了得到仰角，首先利用余弦定理计算 r_1 和 r_2 的夹角 α，然后根据三角形特性计算得到仰角 δ，得

$$\alpha = a\cos\left(\frac{r_2^2 + r_1^2 - L^2}{2 \times r_1 \times r_2}\right)$$

(3.61)

$$\delta = 90 - \theta - \alpha$$

2）ARC 天线架设方位角的计算

在定标过程中，天线指向雷达天线，因此需要通过 ARC 的架设位置（指经纬度）与雷达波束的扫描方向来计算 ARC 天线的架设方位，此方位以正北为参考。求解此问题通常的计算方法是威森梯（Vincenty）反解算法。设上述 A、B 点对应的大地坐标 (B_1, L_1)，(B_2, L_2)，求大地距离 S 和正、反方位角 α_{12}, α_{21}，威森梯的反解算法计算基本过程如下[33]。

令

$$\tan u_i = (1 - f)\tan B_i, i = 1, 2$$

(3.62)

初始变量

$$\lambda = L_2 - L_1$$

(3.63)

f 为椭球体的扁率，即 $f = \frac{a - b}{a}$。定义中间变量 σ、m、C、σ_m、E 为

$$\begin{cases} \sin^2\sigma = (\cos u_2 \sin\lambda)^2 + (\cos u_1 \sin u_2 - \sin u_1 \cos u_2 \cos\lambda)^2 \\ \cos\sigma = \sin u_1 \sin u_2 + \cos u_1 \cos u_2 \cos\lambda \\ \sin m = \cos u_1 \cos u_2 \sin\lambda / \sin\sigma \\ C = \frac{f}{16}\cos^2 m[4 + f(4 - 3\cos^2 m)^2] \\ \cos 2\sigma_m = \cos\sigma - 2\sin u_1 \sin u_2 / \cos^2 m \\ E = 2\cos^2 2\sigma_m - 1 \end{cases}$$

(3.64)

得到的迭代公式为

$$\lambda = L_2 - L_1 + (1 - C)f\sin\{\sigma + C\sin\sigma[\cos 2\sigma_m + EC\cos\sigma]\}$$

(3.65)

对式(3.62) ~ 式(3.64)进行迭代计算，直至 λ 满足终止条件为止，例如可设终

止条件 $\varepsilon = 0.3 \times 10^{-11}$。

令

$$
\begin{cases}
K_1 = (\sqrt{1 + e_2^2 \cos^2 m} - 1) / (\sqrt{1 + e_2^2 \cos^2 m} + 1) \\[2mm]
B = K_1 \left(1 - \dfrac{3}{8} K_1^2 \right) \\[2mm]
A = \left(1 + \dfrac{1}{4} K_1^2 \right) / (1 - K_1) \\[2mm]
D = \dfrac{B}{6} \cos 2\sigma_m (4\sin^2 \sigma - 3) (2E - 1) \\[2mm]
\Delta\sigma = B\sin\sigma \left[\cos 2\sigma_m + \dfrac{B}{4} (E\cos\sigma - D) \right]
\end{cases}
\tag{3.66}
$$

可得两点间的大地距离为

$$
S = (\sigma - \Delta\sigma) bA
\tag{3.67}
$$

方位角的计算公式为

$$
\tan\alpha_{12} = \frac{\cos u_2 \sin\lambda}{\cos u_1 \sin u_2 - \sin u_1 \cos u_2 \cos\lambda}
\tag{3.68}
$$

$$
\tan\alpha_{21} = \frac{\cos u_1 \sin\lambda}{\cos u_2 \sin u_1 - \cos u_1 \sin u_2 \cos\lambda}
\tag{3.69}
$$

式(3.67)与式(3.68)求正、反方位角时,尚需依据分子、分母的正负号判定象限。

3. 定标数据分析处理

在定标数据分析处理过程中,按以下四个方面进行,包括 ARC 接收信号分析、雷达方向图拟合、雷达接收 ARC 转发信号分析与系统常数计算。

1）ARC 接收雷达信号提取

图 3.30 给出了 ARC 接收到的雷达信号,可以看出,ARC 接收的信号实际就是雷达某一剖面的方向图,数据能很好地反映机载雷达信号扫过 ARC 的变化情况,从而体现机载雷达发射天线方向图的基本特征。从数据曲线中提取出信号最大值及其对应的时间,保存待用。

2）雷达接收 ARC 信号提取

依据 ARC 接收信号最大值所对应的时刻,对雷达接收到的 ARC 信号数据进行分析。图 3.31 给出了雷达接收 ARC 信号的距离—脉冲二维灰度图,可以看出,由于 ARC 周围其他强信号点少,ARC 信号较为明显。

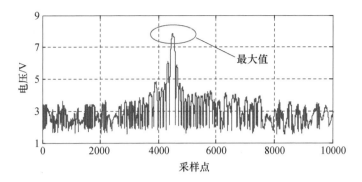

图 3.30　ARC 接收到的雷达信号图

　　从图 3.31 中提取出 ARC 转发信号最大值所在距离门的脉冲信号幅度数据,如图 3.32 所示。从图中可以看出,雷达接收的 ARC 转发信号也能很好地描绘出地面 ARC 转发天线的方向图特征。由于载机在飞行过程中,受到飞机姿态抖动(如横滚、俯仰)以及脉压过程的泄露,在 ARC 转发信号中可能出现跨距离门现象。

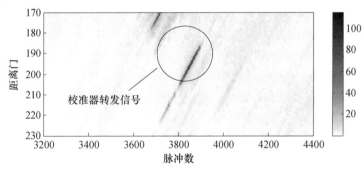

图 3.31　在某时刻机载雷达接收到校准器转发信号灰度图

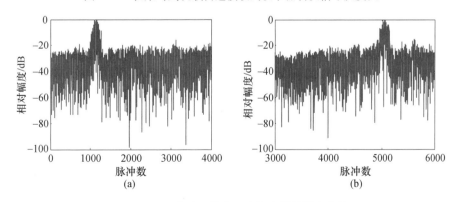

图 3.32　机载雷达接收两个校准器的转发信号

(a)雷达接收校准器 A 转发信号;(b)雷达接收校准器 B 转发信号。

雷达接收到的 ARC 转发信号,虽然经过距离向脉冲压缩后使得信号更加明显与突出,但是由于存在许多不确定因素的影响(如载机姿态的抖动,脉冲过程的泄漏等),导致很难准确提取出定标信号。因此,需要对不同的提取方法进行研究,常用的提取方法包括最大值提取法、二次拟合最大值提取法以及平均值提取法。采用这些方法的一般原则:首先放大定标信号区域,然后进行多次预选后确定最大定标信号所在距离门的位置,最后以最大值为中心,提取等距离门左右各 n_1 个脉冲信号求取最大值、左右各 n_2 个脉冲信号求取平均值,左右各 n_3 个脉冲信号进行二次拟合提取拟合信号最大值,保存数据(包括距离门、时间、信号幅度值等)待用,如果出现信号跨越几个距离门且信号也较大的情况时,需要在不同距离门进行类似操作。

图 3.33 为一个 ARC 转发信号经距离向脉冲压缩后得到的二维灰度图。可以看出,定标信号明显,但出现了明显扩散现象,主要是由于载机姿态的抖动引起的。另外,从图中也可看出,强信号分布在几个相邻的距离门(如距离门为 452~454)上,且在同一距离门上 ARC 信号持续时间也是有效的,跨度在 300 个脉冲左右,信号比较大的在 100~150 个脉冲左右。这就为对于多少个脉冲参与进行最大值的求取、多少个脉冲选取进行平均值的求取以及多少脉冲选取进行二次拟合最大值求取进行了最大范围的限定。因此,在实际定标信号提取过程中,首先进行最大值的预取工作,大致确定最大值所在的位置;其次以此位置为中心,提取 10 个脉冲求取最大值,10 个脉冲求取平均值,60 个脉冲进行二次拟合求取最大值;最后对用不同方法提取的定标信号进行对比分析与平均统计分析。

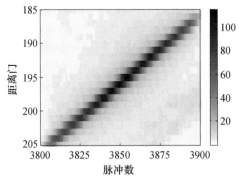

图 3.33　定标信号提取

4. 系统常数计算

为获取地面背景的绝对杂波强度,需要有外定标得到测量雷达的系统常数 L(一般指系统损耗。需要注意的是,在实际处理时,也可能将一些不确定的参数值折算进系统常数中,那么此时系统常数不能称为系统损耗)。由式(3.42)

可以推出

$$L = L_\mathrm{t} L_\mathrm{c} = \frac{P_\mathrm{t} G_0 G_\mathrm{r} G_\mathrm{f}(\theta_1,\phi_1) G_\mathrm{rc} G_\mathrm{rcf}(\theta_2,\phi_2) G_\mathrm{tc} \lambda^4}{(4\pi R)^4 P_\mathrm{r} L_\mathrm{cr} L_\mathrm{ct}} \tag{3.70}$$

式中,L_cr和L_ct分别为 ARC 接收天线至放大器组件输入端的损耗和放大器组件输出端至校准器发射天线的损耗(主要是微波线缆的损耗);$G_\mathrm{f}(\theta_1,\varphi_1)$和 $G_\mathrm{rcf}(\theta_2,\varphi_2)$分别为雷达和校准器天线的方向性因子;$\theta$ 为俯仰角;φ 为方位角。

从式(3.69)可以看出,由于飞机姿态的抖动等因素的影响,可能导致雷达与 ARC 发射、接收天线增益与理论计算值不符,需要利用坐标转换,使 $G_\mathrm{f}(\theta_1,$ $\varphi_1)$和 $G_\mathrm{rcf}(\theta_2,\varphi_2)$与实际的增益相符合。

图 3.34 给出了利用不同提取方法计算得到的一个 L 波段测量雷达的系统常数。可以看出,平均值方法与拟合最大值法得到的结果比较接近,而利用最大值提取法计算得到的系统常数总体来说小于其他两种方法。这里平均值法和拟合最大值法得到的系统常数均值分别为 23.7dB 和 24.5dB,而偏差分别为 3.06dB 和 2.99dB,平均值方法与拟合最大值法得到的平均值与标准偏差比较接近,无法确定两者的优劣,保守的观点是采用拟合最大值法得到的系统常数用于杂波数据分析。

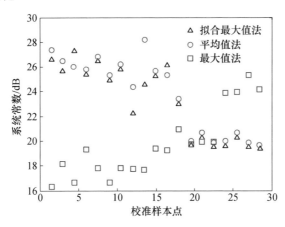

图 3.34 不同提取方法系统常数计算结果

由于机载测量平台具有运动性特点,导致系统外定标是一个复杂的过程。同时雷达接收 ARC 转发信号以及 ARC 接收雷达信号是两个独立的系统,ARC 与雷达之间的时间同步是一个关键,在此基础上确定在定标时刻载机当时的姿态,来确立 ARC 与雷达之间的几何位置关系以及雷达回波数据和 ARC 转发信号之间的关系,经适当处理后(如坐标转换等)得到雷达的系统常数。进一步还可以利用在不同角度多台 ARC 的定标结果,得到雷达某个剖面的方向图。

3.6.3　多通道雷达外定标数据处理

前面介绍的定标数据处理均是针对单通道的,对于多通道雷达而言,通道间的幅度、相位、时延的一致性是关键,必须定标。这里以澳大利亚的 XPAR 多通道海杂波测量雷达定标为例(图 3.35),对多通道定标数据处理方法作一介绍。虽然处理过程主要是对内定标信号,但其处理方法也适应于外定标信号。XPAR 定标处理包含三个步骤:脉冲压缩前信号的幅度校准、脉冲压缩前信号的相位校准和脉冲压缩信号校准[17]。

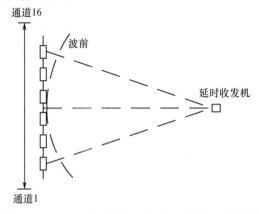

图 3.35　XPAR 多通道海杂波测量雷达定标示意图

1. 脉冲压缩前信号的幅度校准

不同通道的增益存在差异且随时间变化,图 3.36(a)为单脉冲下各通道的信号幅度,可发现通道 7 的性能异常,其他通道增益彼此也有差别。不失一般性,将通道 1 作为参考通道,其他通道乘上一个常数以保证脉冲信号幅度与参考通道相同,幅度校准后的结果如图 3.36(b)所示。

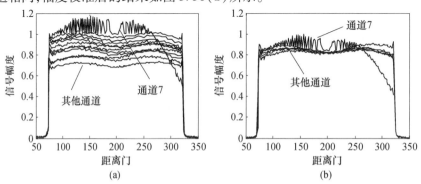

图 3.36　脉冲压缩前各通道信号幅度校准前后比较

(a)幅度校准前;(b)幅度校准后。

2. 脉冲压缩前信号的相位校准

相位校准分两步。第一步是同步采样时间,第二步是消除独立相位项。调频信号形式为

$$f(t) = \exp\left[\mathrm{i}2\pi\left(-\frac{B}{2}t + \frac{B}{2T}t^2 \right) \right], \quad 0 \leqslant t \leqslant T \tag{3.71}$$

式中,T 为脉冲宽度;B 为信号带宽。

不失一般性,仍以通道 1 为相位参考通道,

$$\varphi_1(t) = 2\pi\left(-\frac{B}{2}t + \frac{B}{2T}t^2 \right) + \phi_1 \tag{3.72}$$

式中,ϕ_1 为信号相对相位,与时间无关。第 l 个通道相位为

$$\varphi_l(t) = 2\pi\left[-\frac{B}{2}(t + \Delta t_l) + \frac{B}{2T}(t + \Delta t_l)^2 \right] + \phi_l \tag{3.73}$$

式中,Δt_l 为通道间采样时间同步差。

两个通道间的相位差为

$$\Delta\varphi_l(t) = \varphi_l - \varphi_1 = \left(2\pi\frac{B\Delta t_l}{T} \right)t + \delta_l \quad l = 2,3,\cdots,N \quad 0 \leqslant t \leqslant T \tag{3.74}$$

其中

$$\delta_l = (\phi_l - \phi_1) + 2\pi\left(-\frac{B}{2}\Delta t_l + \frac{B}{2T}\Delta t_l^2 \right) \tag{3.75}$$

δ_l 与时间 t 无关。式(3.74)说明通过检测通道相位差,可确定时间误差 Δt_l。在实际操作中,由于认为时间误差是雷达计时系统不同步导致,通道间潜在的时间误差是时钟周期的倍数,即假定

$$\Delta t_l \approx m_l t_0 \tag{3.76}$$

式中,$m_l = 0, \pm 1, \pm 2\cdots$;$t_0$ 为系统模数变换时钟周期(这里等于 10ns)。

在 m_l 确定后,对未压缩距离像重新采样,使所有通道采样时间同步。重新计算绝对相位误差项 $\delta_l = \varphi_l - \varphi_1$ 并从通道中移除以调整相位。相位校准后的结果如图 3.37 所示,可发现所有通道相位完成校准,其他通道(通道 7 除外)相对参考通道 1 的相位差在 $\pm 3°$ 内。至此完成脉冲压缩前的信号准备。

3. 脉冲压缩信号校准

脉压后还需进一步校准处理。脉压前信号幅度校准后通道间脉冲幅度整体上相同,但对于每个距离门通道间幅度仍有差异,相位校准也存在同样的情况。因此,需要对脉压后的信号进行进一步校准。校准脉冲脉压后的距离像代表了一个点目标的回波。校准的目的是每个通道对同一个校准脉冲能获得同样的回波。仍以通道 1 经脉压处理的脉冲平均后的距离像作为参考,其他通道利用维

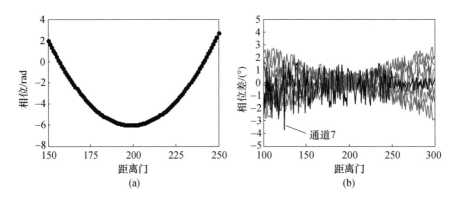

图 3.37 脉冲压缩前各通道信号相位校准结果

(a)各通道展开的相位值;(b)通道 1 和其他通道间的相位差。

纳—霍夫(Wiener – Hopf)滤波技术来校准。在离散有限脉冲响应滤波背景下,维纳—霍夫滤波器也是一种自适应最小均方滤波器。

对于通道 n 脉冲 p 和距离门 k,输入距离序列 $x_{n,p}(k)$,滤波器输出为

$$\hat{x}_{n,p}(k) = \sum_{m=-(M-1)/2}^{(M-1)/2} w_n(m) x_{n,p}(k+m) \tag{3.77}$$

式中,M 为滤波器阶数。

滤波器要使得对所有的 p 和 k 值均方误差最小,即

$$\min_{w_n} E\{|x_1(k) - \hat{x}_{n,p}(k)|^2\} \tag{3.78}$$

式中,$x_1(k)$ 为参考距离像,即通道 1 脉冲平均距离像。上式的求解值为

$$\boldsymbol{W}_n^{\mathrm{H}} = \boldsymbol{R}_n^{-1} \boldsymbol{z}_n \quad n = 2,3,\cdots,N \tag{3.79}$$

式中,$\boldsymbol{W}_n = [w_n(-(M-1)/2) \quad \cdots \quad w_n(0) \quad \cdots \quad w_n((M-1)/2)]$,上标 H 代表共轭转置,且

$$\boldsymbol{R}_n = \frac{1}{2K+1} \sum_{k=k_0-K}^{k_0+K} \frac{1}{P} \sum_{p=1}^{P} \boldsymbol{X}_{n,p}(k) \boldsymbol{X}_{n,p}^{\mathrm{H}}(k) \tag{3.80}$$

$$\boldsymbol{z}_n = \frac{1}{2K+1} \sum_{k=k_0-K}^{k_0+K} \frac{1}{P} \sum_{p=1}^{P} x_1^*(k) \boldsymbol{X}_{n,p}(k) \tag{3.81}$$

其中

$$\boldsymbol{X}_{n,p}(k) = [x_{n,p}(k-(M-1)/2) \quad \cdots \quad x_{n,p}(k) \quad \cdots \quad x_{n,p}(k+(M-1)/2)]^{\mathrm{T}}$$

式中,上标 * 代表复共轭;上标 T 表示转置;k_0 为包含校准脉冲响应最大值的距离门。以 $M=7$,$K=20$,$P=20$ 为例的滤波效果见图 3.38 和图 3.39。滤波后,校准脉冲幅度图中所有通道副瓣(通道 7 除外)除副瓣凹口有很小的差别外,几乎相同。同样对于相位只是在凹口距离门有相位差别(通道 7 除外),最大差别小于 10°,如图 3.39 所示。尽管通道 7 较其他通道异常,但校准后也并没有恶

化,处于可以接受的水平,仍可用于波束形成。无通道 7 和包含通道 7 的通道信号距离像叠加结果如图 3.40 所示。

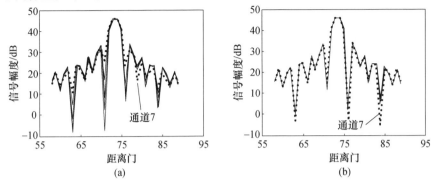

图 3.38 脉冲压缩距离像比较

(a)维纳－霍夫滤波前;(b)维纳－霍夫滤波后。

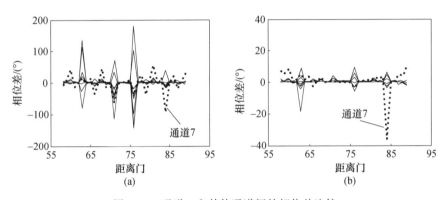

图 3.39 通道 1 和其他通道间的相位差比较

(a)维纳－霍夫滤波前;(b)维纳－霍夫滤波后。

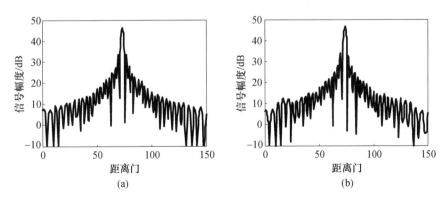

图 3.40 通道信号距离像叠加结果比较

(a)不包含通道 7;(b)包含通道 7。

对于相控阵列雷达,工作过程中部分阵列单元可能会失效。为避免最小化波束形成畸变,波束形成权重要相应更新,可使用遗传算法(Genetic Algorithm, GA)、粒子群优化算法(Particle Swarm Optimization,PSO)来优化权重。

值得提及的是由于通道7增益低,其动态范围低于其他通道。为和其他通道匹配,校准处理中通过乘上一个大于1的系数增加通道7的输出。而另一方面,动态范围不可改变。结果是通道7校准后的噪声电平高于其他通道,如图3.41所示,其他15个通道噪声电平基本相同(±0.5dB起伏),通道7的噪声电平则高于其他通道6.5dB。

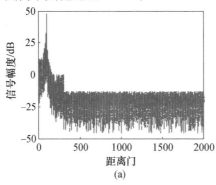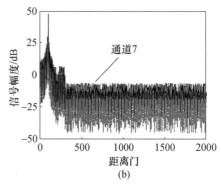

图 3.41　校准后噪声电平比较

(a)不包含通道7;(b)包含通道7。

从以上校准得到了良好效果。但是校准期间,输入信号直接注入接收通道,发射机关闭。而在海杂波数据采集期间发射并不关闭,工作期间的校准会获得不同的校准质量。

▣ 3.7　地海杂波测量不确定度分析

通常用一单个数值(偏差和精度的某一组合结果)来表达误差的合理极限,这一数值被称为不确定度。当不能量化与测量相关的定量误差时,对测量不确定度进行定量描述是可能的,定量不确定度就是给定一个实际测量置信度的上限和下限范围[34]。

地海杂波测量的不确定度主要包括定标不确定度和测量不确定度两个方面。定标不确定度分析对象是定标目标的雷达散射截面,地海杂波幅度测量不确定度研究对象为散射系数。散射系数不同于雷达散射截面,但它与雷达散射截面只相差一个照射面积因子,照射面积因子又可折算为天线与距离等因素,因而地海杂波测量散射系数不确定度分析可以借鉴雷达散射截面的不确定度分析。美国国家标准与技术协会给出了几个目标特性测试场中雷达散射截面的不定度分析[35,36]，参考该分析方法，下面针对幅度定标的不确定度和地海杂波幅度测量不确定度分析进行简单介绍。

3.7.1　定标不确定度分析

定标不确定度主要由定标目标 RCS、背景与目标交互作用、交叉极化、漂移、I－Q 失衡、近场、噪声、接收机非线性、定标目标方向和距离等因素产生的，总的不确定度为这些因素独立的不确定度合成。

1. 定标目标 RCS

定标体制作时几何尺寸偏差、电性能的非理想性以及表面粗糙度等，均会影响定标目标的 RCS 偏离其真值。

2. 背景—目标交互作用

背景与目标交互作用对 RCS 不确定度的贡献主要来自于定标体与其支撑体（如支架、吊绳等）之间的多次散射交互作用。这种因素对 RCS 不确定度的贡献不容忽视，但若采取一定的措施，可以将这些因素降到最小。完全用解析的方法来分析这种相互作用并不现实，通常通过实验测量数据来分析这些相互作用的影响。

3. 交叉极化

实际天线极化（通常是水平极化和垂直极化）并不是理想化的，即使天线具有很好的极化隔离度，目标的交叉极化响应仍会产生误差。

4. 漂移

漂移可定义为接收到的信号（幅度和/或相位）随时间而发生变化。通常将漂移规定为指定时间周期内的百分数误差。测量系统中可归于漂移的不确定度可通过长时间对固定目标的测量来判定。

5. I－Q 失衡

接收 I、Q 失衡使得信号采样失真，引入测量不确定度。

6. 近场

近场不确定度是由于照射在目标上的非一致照度引起的。雷达方程假设目标被平面波照射。实际上，幅度与相位的偏差与起伏是不可避免的，全面的分析照射影响是很困难的，而且未必很有用。使用目标体上包括径向和横向距离的峰—峰幅度变化是一种简单但粗略的估计方法。尽管这一估计对于峰值信号可能过于保守，由于非理想的照射可能导致低电平信号的过零点位置发生改变，此时其影响可能大得多。这种估计方法最适合于 RCS 主要来自于局部散射体的目标。目标散射中心的位置信息可以用于提高不确定度估计的精度。

7. 噪声

对信噪比 S/N，RCS 的不确定度可表示为

$$\Delta\sigma = -20\lg\left[1 - 10^{-(S/N)/20}\right] \tag{3.82}$$

式中，S/N 和 $\Delta\sigma$ 为 dB 值。

8. 接收机非线性

当使用精密衰减器根据一个给定的功率参考来改变测试信号时，可以通过计算线性的剩余偏差来估计非线性不确定度。精密衰减器的标定不确定度绝不应大于非线性不确定度。

9. 定标目标方向性

由于定标体散射存在方向性，目标方向的改变在 RCS 中引入不确定度。

10. 距离

距离 R 引起的 RCS 不确定度可表示为

$$\Delta\sigma = -40\lg(1 - \Delta R/R_s) \tag{3.83}$$

式中，R_s 为定标体与天线的距离；ΔR 为距离变化量，$\Delta R = \Delta R_s + \Delta R_{tr}$，其中 ΔR_s 是由于目标自身的移动造成的距离改变，ΔR_{tr} 是雷达距离跟踪的不确定度。

3.7.2　散射系数不确定度分析

散射系数是与雷达散射截面积有关的量。考虑到散射系数测量中，目标即是背景，3.5.1 节所述一些不确定因素不存在，如定标目标 RCS、目标和背景交互作用、目标方向等，另外平均辐照度中的多路径照度因素也不存在。合并定标和照射面积计算引入的不确定度因素，散射系数测量不确定度因素主要包括定标、照射面积、指向误差、交叉极化、漂移、I – Q 失衡、近场、噪声、接收机非线性和距离等，总的不确定度为这些因素独立的不确定度合成。

下面给出机载雷达利用 ARC 定标并测量地杂波的不确定度分析的一个实例，对上述因素进行综合评定后，认为影响地杂波测量结果的不确定度主要来源有：

（1）定标误差。

（2）发射信号的功率稳定度。

（3）接收机线性度。

（4）漂移。

其中，影响定标的不确定度的主要来源有：

（1）雷达有源校准器的精度。

（2）发射信号的功率稳定度。

（3）噪声。

（4）接收机线性度。

（5）漂移。

下面对来源的具体误差进行分析。

1. 雷达有源校准器的精度(u_1^1)

由雷达有源校准器的技术指标可以得到其 RCS 精度的最大允许误差为 $\pm 0.5\text{dB}$,设测量值落在该区间内的概率分布为均匀分布,则标准不确定度分量 u_1^1 为

$$u_1^1 = \frac{0.5}{\sqrt{3}}\text{dB} = 0.29\text{dB} \tag{3.84}$$

2. 发射信号的功率稳定度(u_1^2)

机载雷达的功率稳定度指标为 $\pm 0.2\text{dB}$,设测量值落在该区间内的概率分布为均匀分布,则标准不确定度分量 u_1^2 为

$$u_1^2 = \frac{0.2}{\sqrt{3}}\text{dB} = 0.12\text{dB} \tag{3.85}$$

3. 噪声(u_1^3)

背景散射作为噪声会对定标结果产生不确定度分量。雷达的照射面积 A 为

$$A = R \times \theta_{3\text{dB}} \times \frac{1}{2} \times c\tau \times \sec\psi \tag{3.86}$$

式中,R 为雷达与校准器之间的距离;$\theta_{3\text{dB}}$ 为方位向波束宽度;τ 为脉冲宽度;ψ 为入射余角。

根据雷达系统及载机的参数 $R = H/\sin\psi$,$\theta_{3\text{dB}} = 1°$,$\tau = 0.8\,\mu\text{s}$,$\psi = 10°$,高度 $H = 5000\text{m}$,可得雷达的照射面积 $A = 47.87\text{dBsm}$。背景的散射系数为 -30dB,则测量区域背景产生的 RCS 为 17.87dBsm。ARC 的 RCS 为 50dBsm。所以,信噪比 $S/N = 32.13\text{dB}$,因此,由背景散射产生的定标不确定度为

$$u_1^3 = \left[-20\lg(1 - 10^{-32.13/10}) \right]\text{dB} = 0.22\text{dB} \tag{3.87}$$

4. 接收机线性度(u_1^4)

接收机线性度的指标是 $\pm 0.1\text{dB}$,设测量值落在该区间内的概率分布为均匀分布,则标准不确定度分量 u_1^4 为

$$u_1^4 = \frac{0.1}{\sqrt{3}}\text{dB} = 0.06\text{dB} \tag{3.88}$$

5. 漂移(u_1^5)

雷达接收机 5h 内的漂移为 $\pm 0.3\text{dB}$。设测量值落在该区间内的概率分布为均匀分布,则标准不确定度分量 u_1^5 为

$$u_1^5 = \frac{0.3}{\sqrt{3}}\text{dB} = 0.17\text{dB} \tag{3.89}$$

最后计算合成的不确定度。

由于定标误差的各标准不确定度分量间不相关,由不确定度的传播率可得定标不确定度为

$$u_1 = \sqrt{(u_1^1)^2 + (u_1^2)^2 + (u_1^3)^2 + (u_1^4)^2 + (u_1^5)^2} = 0.42\text{dB} \qquad (3.90)$$

散射系数的合成标准不确定度为

$$u_c = \sqrt{(u_1)^2 + (u_1^2)^2 + (u_1^4)^2 + (u_1^5)^2} = 0.47\text{dB} \qquad (3.91)$$

按工程测量要求,在置信水平95%时,测量散射系数扩展不确定度 U:

$$U = 2u_c = 0.94\text{dB} \qquad (3.92)$$

参考文献

[1] LONG M W. Radar reflectivity of land and sea [M]. 3rd ed. London, UK: Artech House,2001.

[2] 温芳茹. 散射计等效照射面积的计算[J]. 电波科学学报,1993,8(1):43 – 49.

[3] ULABY F T,MOORE R K,FUNG A K. Microwave remote sensing[M]. Vol. I and Vol. II, Reading,MA: Addison – Wesley Publishing Company,1981 and 1982.

[4] SKOLNIK M. Chapter1: An introduction overview of radar[M]//SKOLNIK M. Radar handbook. 3rd ed,New York: McGraw – Hil,2008.

[5] 中国电子科技集团公司第二十二研究所,等. 雷达电波传播折射与衰减手册: GJB/Z 87 – 97[S]. 北京: 国防科工委军标出版发行部,1997.

[6] DALEY J C,RANSONE JR. J T,BURKETT J A. Radar Sea Return – JOSS I[R]. Washington DC: Naval Research Laboratory,1971.

[7] DALEY J C,RANSONE JR. J T,DAVIS W T. Radar Sea Return – JOSS II[R]. Washington DC: Naval Research Laboratory,1973.

[8] BILLINGSLEY J B. Low – angle radar land clutter: measurements and empirical models[M]. Norwich,NY: William Andrew,2002.

[9] MOORE L F,WILLIAMSON F R,CASSADAY W L,et al. Ground clutter measurements using an aerostat surveillance radar[C]//IET International Radar Conference. London: IET Press, 1992: 30 – 33.

[10] NATHANSON F,CASSADAY W,BARNES C,et al. Airborne clutter measurements[C]// IEEE National Radar Conference. Piscataway,NJ: IEEE Press,1993:60 – 65.

[11] TITI G. An overview of the ARPA/NAVY Mountaintop Program[C]//IEEE Long Island Section Adaptive Antenna Systems Symposium. Piscataway,NJ: IEEE Press,1992.

[12] TITI G,Marshall D. The ARPA/NAVY Mountaintop Program:Adaptive Signal Processing for Airborne Early Warning Radar[C]//IEEE International Conference on Acoustics,Washington DC: IEEE Computer Society,1996,2:1165 – 1168.

雷达地海杂波测量与建模

[13] BABU B N Suresh,TORRES J A,HAVLICSEK B,et al. Initial results of STAP analysis of MCARM Data Files[R]. Lexington,MA：Lincoln Laboratory：1995.

[14] MELVIN W L,WICKS M C,BROWN R D,et al. Assessment of multichannel airborne radar measurements for analysis and design of spacetime processing architectures and algorithms [C]//Proceedings of the IEEE National Radar Conference,1996：130 – 135.

[15] BAKKER R,CURRIE B. The McMaster IPIX radar sea clutter database. [2002 – 5 – 20]. http：//soma. crl. mcmaster. ca/ipix.

[16] DROSOPOULOS A. Description of the OHGR database[R]. Ottawa,Canada：Defence Research Establishment Ottawa,1994.

[17] DONG Y and MERRETT D. Analysis of L – band multi – channel sea clutter[R]. Edinburgh,South Australia：Electronic Warfare and Radar Division,Defence Science and Technology Organisation,2010.

[18] ANTIPOV I. Statistical analysis of northern Australian coastline sea clutter data[R]. Edinburgh,South Australia：DSTO Electronics and Surveillance Research Laboratory,2001.

[19] de WIND H J,CILLERS J C,HERSELMAN P L[J]. DataWare：sea clutter and small boat radar reflectivity databases,IEEE Signal Processing Magazine,2010,27(2)：145 – 148.

[20] HERSELMAN P L,BAKER C J. Analysis of calibrated sea clutter and boat reflectivity data at C – and X – band in South African coastal waters[C]//IET International Conference on Radar Systems 2007. London：IET Press,2007：1 – 5.

[21] HERSELMAN P L,BAKER C J,de WIND H J. An analysis of X – band calibrated sea clutter and small boat reflectivity at medium – to – low grazing angles[J]. International Journal of Navigaton and Observation,2008.

[22] 尹志盈,朱秀芹,张浙东,等. 机载雷达杂波测量方法及其应用[J]. 现代雷达,2010,32(1)：30 – 33.

[23] 康士峰,张忠治,葛德彪. L 波段 HH 极化机载雷达杂波特性分析[J]. 电子学报,2001,29(12)：1608 – 1610.

[24] 许心瑜,张玉石,黎鑫. UHF 波段海杂波时间相关性研究[C]//第十三届全国电波传播学术年会论文集,北京：中国电子学会电波传播分会,2015：569 – 573.

[25] Zhang Y S,Wu Z S,Zhang Z D,et al. Applicability of sea clutter models in nonequilibrium sea conditions[C]// IET International Radar Conference,London：IET Press,2009(551)：1 – 4.

[26] 张玉石,许心瑜,尹雅磊,等. L 波段小擦地角海杂波幅度统计特性研究[J]. 电子与信息学报,2014,36(5)：1044 – 1048.

[27] 中国气象局. 地面气象观测规范[M]. 北京：气象出版社,2003.

[28] DONG Y,MERRETT D. Statistical measures of S – band Sea Clutter and Targets[R]. Edinburgh,South Australia：Electronic Warfare and Radar Division,Defence Science and Technology Organisation,2008.

[29] FRANK J,RICHARDS J D. Chapter13：Phased array radar antennas[M]//SKOLNIK M.

Radar handbook. 3rd ed, New York: McGraw – Hil, 2008.

[30] 中国航天科工集团公司二院二零七所. 雷达杂波散射测量要求: GJB 5091 – 2002[S]. 北京: 国防科工委军标出版发行部, 2002.

[31] 康士峰, 葛德彪, 张忠治, 等. 机载杂波测量雷达的有源绝对校准技术研究[J]. 电子学报, 2000, 28(12): 25 – 28.

[32] 张浙东, 张玉石, 尹志盈. 基于坐标变化的雷达波束照射区域坐标计算方法研究[J]. 计算机应用研究, 2012, 29(增刊1): 194 – 196.

[33] 杨致友. 罗兰导航数学方法[M]. 西安: 西北工业大学出版社, 1991.

[34] 国家质量技术监督局计量司组. 测量不确定度评定与表示指南[M]. 北京: 中国计量出版社, 2005.

[35] SORGNIT J, MORA P, MUTH L A, et al. Uncertainty Analysis procedures for dynamic radar cross section measurements at the Atlantic test range[R]. Gaithersburg, Maryland, US: National Institute of Standards and Technology, 1998.

[36] MUTH L A, DIAMOND D M, LELIS J A. Uncertainty analysis of radar cross section calibrations at Etcheron valley range[R]. Gaithersburg, Maryland, US: National Institute of Standards and Technology, 2004.

第 4 章
地海杂波数据库技术

▨ 4.1 引　　言

地海杂波数据库技术是对由试验(实验)测量得到的大量地海杂波数据进行有效存储与管理的技术,是地海杂波特性研究的重要组成部分。

随着雷达技术的发展,对地海杂波特性的需求越来越多样化和精细化,使得地海杂波测量的数据量呈现几何倍数增长。例如,现代雷达的带宽由起初的几千赫兹发展到目前的几兆赫兹甚至是几百兆赫兹,雷达的通道数已由单通道发展到多通道,雷达接收机每次采集的数据量由原来的 MB 量级迅速增加到 GB 量级。因此,对于现代雷达而言,地海杂波数据已呈海量数据趋势。

对于如此大的地海杂波数据,首先要建立一种有效的存储方法。目前,随着大容量存储介质的发展(如大型磁盘阵列),为海量数据的存储提供了有力保障。然而,对测量得到的地海杂波数据而言,需要按照一定的数据规范和格式进行存储。在未经数据处理前,由雷达接收机转存而来的数据还不能称为地海杂波数据,因为其中可能会包含目标回波、电磁干扰、噪声等"异常"数据,在剔除这些"异常"数据后,才能作为"纯"地海杂波数据进行存储。另外,还需要对测量过程中的外定标数据以及同步录取的地海面环境参数数据,同样按照一定的数据规范和格式进行存储。

其次,对海量地海杂波数据需要建立有效的管理方法。一方面,对经预处理后的地海杂波数据能够实现快速查询、调用、浏览、输出等功能;另一方面,支持多用户开展地海杂波特性统计、分析与计算,即支持网络化地海杂波研究能力,是建立地海杂波数据库的核心目的。

最后,为满足地海杂波深化研究和应用需求,需要考虑地海杂波数据库的可靠性、可维护性以及扩充能力。

本章从地海杂波测量的数据种类出发,系统介绍测量数据的预处理方法、数据存储规范与格式、数据库架构设计、数据存储与管理设计等地海杂波数据库构建全流程。最后,作为数据库应用实例,对基于地理信息系统(Geographic Information System ,GIS)的雷达杂波评估与应用系统作一简要介绍。

4.2　地海杂波数据的存储方法

4.2.1　地海杂波测量数据

由第 3 章知道,地海杂波测量系统主要由测量雷达、外定标设备和辅助测量设备等组成,相应地需要记录和测量的数据可概括为如图 4.1 所示,包括以下三个方面。

1. 雷达基本参数数据

雷达基本参数数据是指在开展地海杂波测量时用于描述与雷达设备本身相关的参数,包括雷达体制、频段、频率、极化、瞬时带宽、脉冲重频、峰值功率、发射/接收方位波束宽度、发射/接收俯仰波束宽度、发射/接收天线增益、通道数、噪声系数、采样延时、采样速率、采样值类型(电压或者功率、幅度值或者 IQ 值等)、采样值与接收功率值的关系曲线等,以及雷达承载平台的相关参数,如机载雷达的飞行高度、航线、速度,岸基雷达的架设高度等。

2. 雷达回波数据

主要指雷达接收机记录的回波数据,包括雷达内定标与外定标、地海面回波(地海杂波)、目标回波、环境电磁干扰、噪声等数据。外定标数据是一类特殊的雷达回波数据,它是针对定标体进行测量时产生的数据。除定标体目标雷达回波数据外,定标体与雷达的相对位置关系数据必不可少,如定标体与测量雷达的距离、方位等。定标体目标信息数据包括定标体类型,若是无源定标体,则要有定标体的几何特征数据;若是有源定标体,则要有有源定标体的参数及其 RCS 关系数据。

3. 地海面环境数据

指开展地海杂波测量区域范围内的相关地海面物理和几何参数数据。地面参数数据主要包括地形种类、地面粗糙度、相关长度、土壤类型、地形坡度、走向,以及地物种类、高度、密度、甚至枝叶分布和密度等。海面参数数据主要包括海水含盐度、温度、海浪波型、波向、最大波向、平均波向、平均波高、1/10 波高、最大波高、有效波高、1/10 波周期、平均波周期、最大波周期、有效波周期、涌向、涌高、流速、流向等。

地海面环境数据中还应包括当时当地的气象数据、目标信息数据和环境电磁干扰数据。气象数据主要包括温度、湿度、气压、风力、风速、风向,以及雨、雾、雪、冰雹等,目标信息数据包括目标的类型、运动状态(如航迹)等,电磁干扰数据包括干扰频谱、干扰电平等。

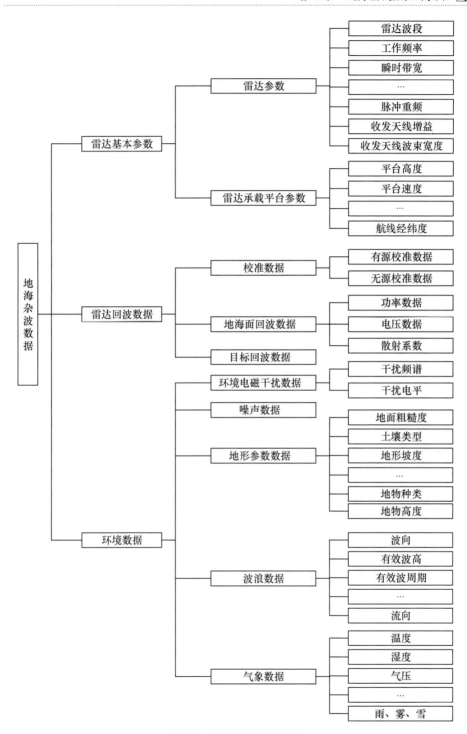

图 4.1　地海杂波测量数据

此外,为了更形象、直观再现地海杂波测量场景及过程,地海面环境数据中还可能产生包括设备实物图片、工作场景音像等资料性数据。

这里以海杂波测量为例,给出几个典型测量事例的数据记录情况。

1) 美国海军研究实验室机载四波段雷达(NRL – 4FR)测量[1,2]

美国海军研究实验室(Naval Research Laboratory,NRL)机载四波段雷达(NRL – 4FR)记录的雷达参数包括频率、极化、方位/俯仰波束宽度、方位/俯仰副瓣电平、极化隔离度、天线增益、峰值功率、平均功率、脉冲宽度、脉冲重复频率(Pulse Repetition Frequency,PRF)等。发射信号波形是非调制脉冲形式。对雷达定标方式和精度进行了描述。海面状况参数采用测量船和气象站数据,记录了风向、风速、可视波高(visual wave height)、均方差波高、涌和波周期等。

2) 澳大利亚 DSTO 测量

澳大利亚国防科学与科技部(Defence Science and Technology Organisation,DSTO)L 波段 16 通道相控阵雷达[3]记录雷达参数有雷达频率、波束宽度、发射功率、发射信号带宽、发射天线增益、脉冲宽度、PRF、方位接收通道数、通道方位间隔、通道波束宽度、接收天线增益、噪声系数、中频频率、采样位数、采样速率、极化方式。记录环境参数有平均风向、风向相对波束角度、平均波向、平均风速、阵风风速、气温、有效波高、最大波高。

DSTO X 波段 Ingara 雷达[4]测量时记录的雷达系统参数包括 Chirp 信号形式、带宽、A/D 采样率、距离分辨率、脉冲宽度、雷达频率、PRF、方位/俯仰波束宽度、极化方式、入射角等。雷达波束正侧视模式。载机参数包括高度、航向、速度等。记录的海面参数包括海况、有效波高、主波和涌的方向、风速风向的变化,甚至有时记录大气温湿压以及海水温度。此外,还有一些状态补充描述,如"当天长波长涌从西北来,涌上叠加浪花、毛细波和泡沫"。

3) 加拿大 IPIX 雷达测量

加拿大 IPIX(Intelligent PIXel – processing)雷达 1993 年 11 月在 OHGR(Osborne Head Gunnery Range)测量海杂波的数据记录[5]较为完整,雷达参数有距离单元数、起始距离、距离分辨率、距离范围、脉冲宽度、采样率、总脉冲数、每单元采样数、PRF(频率捷变)、雷达频率、擦地角、方位角、雷达波束宽度、极化等;海洋环境参数则包括风速和海浪参数,如风向、视向(侧风、逆风、顺风)、风速、有效波高、有义波周期等。

4) 南非 CSIR 测量

南非科技与工业研究委员会(Council for Scientific and Industrial Research,CSIR)于 2006 年 7~8 月间进行海杂波和船目标反射测量试验[6]。记录测量设备参数包括发射机参数(频率范围、峰值功率、PRF 范围、波形)、天线参数(类型、增益、波束宽度、副瓣电平)、接收机参数(动态范围、距离范围、距离门、是否

IQ 采样、镜像抑制)、雷达高度等。记录的环境参数包括风速和海浪参数。其中,风速风向由当地附近两个相隔 1km 的气象站记录得到,而波向、有效波高、最大波高和波周期由浮标测量得到。

从上述杂波测量记录的数据种类来看,作为一个基本完整的杂波数据包括四个方面的因素,除核心的雷达回波数据外,还应有相对应的雷达参数信息数据、海洋气象信息数据或者地形地貌描述数据以及其他的辅助信息,数据种类是比较复杂多样的。

4.2.2　雷达回波数据预处理

雷达回波的原始数据在测量完成后需进行整理,这包括两个方面:一是对一些记录的参数(如设备测量参数)进行核实修正或者补充遗漏,这些是整理实验数据的基本工作,这里不再赘述;二是对雷达记录的回波数据进行有效性分析,同时也要对辅助测量数据(主要是环境测量数据)进行预处理,本节主要对雷达回波数据预处理相关内容进行介绍。

为了从雷达测量得到的回波数据转化为"纯"地海杂波数据,需要对测量数据进行预处理,包括通过杂噪比分析、判断和选取有效杂波数据和目标回波数据,剔除电磁干扰、数据采样饱和等"异常"回波数据,以及对发射脉冲距离失配、IQ 通道失衡补偿等进行处理。下面以海杂波测量数据预处理做具体分析,地杂波数据的预处理可相应参考。

1. 杂噪比分析

地海杂波测量时,要求有效杂波数据应满足一定的杂噪比,一般大于 10dB。雷达的本底噪声可从雷达基本参数如噪声系数、带宽估计得到,测量方案对测量数据的有效性一般已有考虑,但由于杂波起伏范围较大,还要对实测数据进行评估,直接的方法是对采样数据值大小进行比较,而较为直观的方法是通过雷达回波图(灰度图)对杂噪比进行估计。

图 4.2 给出了 UHF 波段雷达 2014 年某次测量得到的海面雷达回波图。该雷达记录的回波距离范围较宽,可以发现在超过一定距离后,雷达接收电平随距离变化基本不变,这是由于对于一块均匀的海面区域,雷达回波随着距离的增加衰减很快,远距离的海面回波很弱,甚至远小于雷达本底噪声,这时雷达采样数据可以作为雷达本底噪声的估计。图中前 100 多个距离门范围内为发射泄漏信号不予考虑,其他连续的横条纹为疑似海上目标也予以排除,剩下区域整体上灰度为一个色调,杂噪比低,数据质量不高,基本上可以判定数据以噪声为主,此组数据作为无效数据处理。

2. 电磁干扰分析

在雷达测量地海杂波数据的同时,若存在着其他相同频率的电子设备处于

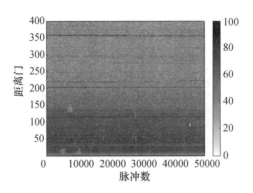

图 4.2　雷达脉冲 – 距离回波图（见彩图）

工作状态,这样的情况下,就可能发生电磁干扰的问题。对测试点的实验环境进行事前电磁环境监测和评估,工作频点尽量避开环境干扰,但是还有可能存在偶然干扰,需要排除。电磁干扰或体现为全距离上的亮条带,也可能在幅度上并不明显,但在距离上进行相位或者谱分析时明显。由于干扰是数据中不需要的分量,应从数据中剔除。

　　以 UHF 波段雷达测量得到的雷达回波图为例,如图 4.3 所示,在第 6000 ~ 8300 个脉冲范围内持续 2000 多个脉冲,在整个距离门上表现为较强信号,在浅灰色区域形成了明显的纵向竖条纹,最大可能应为偶然干扰所致。按照杂噪比的分析,第 51 ~ 195 个门范围为较理想的海杂波区域。但是由于纵向竖条纹遍布了所有距离门,在拟选择的海杂波区域也存在该干扰较强影响,故该脉冲段区域应予以剔除。又如图 4.4 所示,按照杂噪比的分析,第 51 ~ 100 个门范围为较理想的海杂波区域。在前 4 万个脉冲的浅灰色区域也形成了竖条纹,但条纹强度相对弱。对拟选择的海杂波区域影响不大,可以作为有效区域予以保留。总的说来,对干扰的分析与杂噪比类似,需结合具体情况具体分析处理。

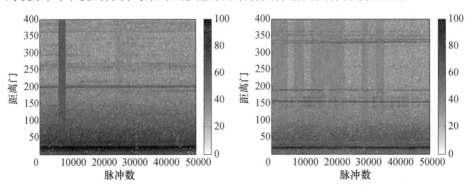

图 4.3　雷达脉冲 – 距离回波图　　　　图 4.4　雷达脉冲 – 距离回波图
　　（干扰较强）（见彩图）　　　　　　　　（干扰较弱）（见彩图）

还有一种方法可通过观察每个距离线的谱(快速傅里叶变换后幅度的平方)来实现。干扰在回波信号谱中表现为异乎寻常的谱线(当然也可能包含多条谱线),而对于杂波占优的谱线表现为相对平滑的"随机"谱。通过门限处理来完成"干扰检测"。门限低至距离线中没有干扰占优的谱线[4]。图 4.5 为一条无干扰时距离线的谱,可注意到无占优的谱线,图中零频分量未平移至谱中心。图 4.6 ~ 图 4.8 中均是存在闪频干扰时一条距离线的谱线,图中零频分量未平移至谱中心。图 4.6 是强干扰,干扰谱线很明显;图 4.7 是弱干扰,干扰谱线幅度有所降低,图 4.8 可注意到有两条占优谱线,说明存在两个干扰。

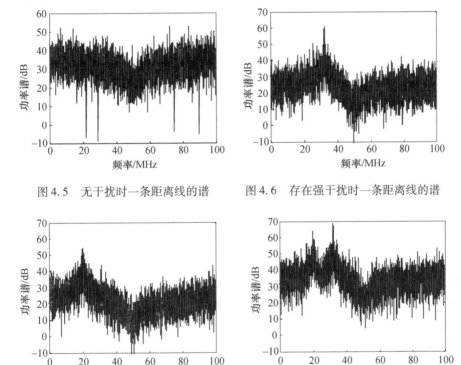

图 4.5 无干扰时一条距离线的谱　　图 4.6 存在强干扰时一条距离线的谱

图 4.7 存在弱闪频干扰时一条距离线的谱　图 4.8 存在两个干扰时一条距离线的谱

3. 目标回波分析

上述雷达回波图中,在远处一些孤立的距离门上沿脉冲数方向存在连续的强信号,形成明显的横条纹,这一般是海上大型货船导致的,可以剔除该区域。但是也有一些小型的渔船,其回波时断时续,则需要人工甄别。例如图 4.9,去除泄漏脉冲信号和远处强目标回波信号且考虑杂噪比后,基本有效的海杂波区域在距离门 126 ~ 200 之间。但是,发现沿着脉冲数方向有一些断断续续的信号,应为疑似目标信号,超过背景杂波信号,且这些信号较为密集,同时还存在干扰,因此该组数据应视为无效数据,不适合用于海杂波特性分析。又如图 4.10,在距离门 100～250 间,虽然存在很多强点信号,但不具目标回波的连续性特性,故可认为是海杂波有效数据区域,应予保留。

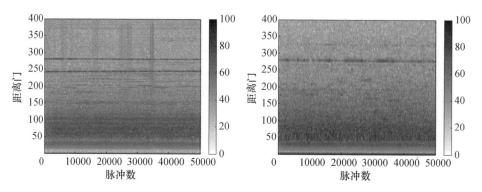

图 4.9　雷达脉冲 – 距离回波图　　　　图 4.10　雷达脉冲 – 距离回波图
（存在疑似目标信号）（见彩图）　　　　（存在不规律强点信号）（见彩图）

　　前面分三种情况讨论了异常海杂波数据剔除。绝大多数的海杂波回波从二维灰度图看应是比较"干净"的,且又明显强于噪声,如图 4.11 距离门 50～200 的区域和图 4.12 距离门 50～150 的区域。实际上述处理作为一种事后补偿的方式,存在一定的主观性。若在试验设计中,对场景的掌控比较充分,那么数据的补偿分析则简单得多。但遗憾的是,对于大场景的掌控仍存在很大困难。

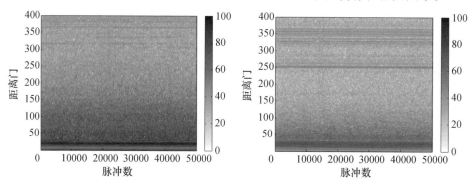

图 4.11　雷达脉冲 – 距离回波图　　　　图 4.12　雷达脉冲 – 距离回波图
（距离门 50 到 200 为海杂波区域）（见彩图）　（距离门 50 到 150 为海杂波区域）（见彩图）

4. 脉冲异常处理

　　雷达在高速信号采样或高速数据传输过程中,可能受到雷达本身性能、传输网络、数据记录设备、存储设备等的影响,出现脉冲缺失或数据不完整的现象。如图 4.13 所示,在一个波位中,本应包含 6 个完整的脉冲信号,实际只有 4 个有效信号。由于脉冲信号的缺失,如果不剔除信号缺失部分数据,相当于引入了不规则的干扰信号,从而影响杂波特性的分析研究。而缺失数据剔除的方法可采用峰值法,其原理是:通过设定一定的峰值门限,对脉冲进行逐个判定,若出现不满足门限值的尖峰,判定其为无效信号,提取出脉冲对应的所有距离门数据进行剔除即可。

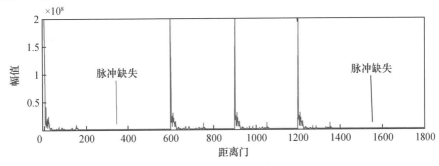

图 4.13　脉冲缺失示意图

图 4.14 是由于在一定的雷达杂波数据测量时间内,多次出现脉冲缺失的情况,导致出现距离向的条带现象。这种数据的存在,势必影响杂波特性分析的结果,必须剔除这部分数据。

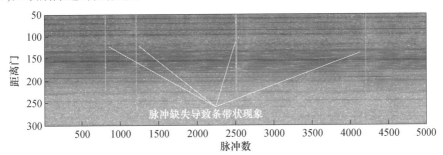

图 4.14　缺失多个脉冲后的杂波数据灰度图

5. 接收饱和

如在前述杂噪比分析中指出的,当杂波测量距离范围很宽时,由于信号的动态范围很大,这时易出现在近距离时 AD 采样饱和,而远距离时接收信号甚至弱于接收机噪声,因而每组数据中有效可用的距离门可能只占一部分[7]。图 4.15 显示雷达采样值随距离门的变化,可以发现在近距离(距离门近似在 800 个距离门以内)采样数据饱和,而远距离(距离门近似在 1200 后)为噪声电平。为了防止 800 个距离门以内采样数据的饱和,在接收机端增加 26dB 衰减后,达到饱和的距离门数明显减少(图 4.16),若将衰减值增加至 34dB 后,达到饱和的距离门数就更少了(图 4.17)。

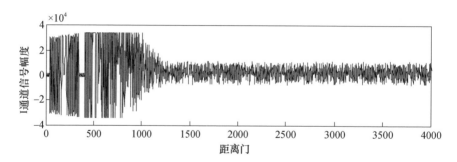

图 4.15　原始采样数据饱和现象

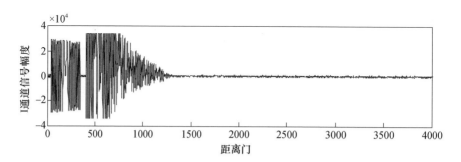

图 4.16　采样数据近距离饱和现象

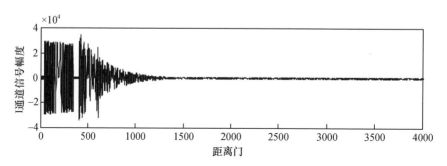

图 4.17　增加衰减后饱和减弱示意图

对于采样饱和的判断,有两种简单的方法:一种是看回波波形,如图 4.15 和图 4.16,波形顶部若出现削顶现象,那么削顶部分一般就是饱和了;另一种是直接看记录的数值,AD 的采样位数决定了记录值的范围,如果记录值处于这个范围的两个极端,那么采样就是饱和了。

6. 发射脉冲距离失配修正

有时发现发射脉冲的上升沿并不精确一致,这会造成脉冲间距离失配。图 4.18 为一个雷达脉冲失配的实例,发射脉冲的上升沿时间不相同,但每隔四个脉冲会重复。也就是说,脉冲 1、2、3、4 上升沿时间有差别,但脉冲序列

1、5、9、…，或者脉冲序列 2、6、10、…，或者脉冲序列 3、7、11、…，或者脉冲序列 4、8、12、…，每一组内脉冲沿是一致的。图 4.19 是两个距离门 58 和 59 耦合发射脉冲的接收功率图。很明显耦合发射脉冲接收功率电平表现为每隔四个脉冲重复的模式，脉冲序列 1、5、9、…和 2、6、10、…信号峰值位于第 58 个距离门，而对脉冲序列 3、7、11、…和 4、8、12、…信号峰值位于第 59 个距离门。距离门 58 和 59 接收信号相位示于图 4.20。这种距离失配需在进一步数据分析前修正[7]。

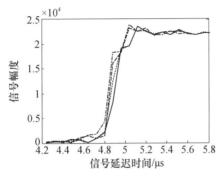

图 4.18　发射脉冲上升沿时间每四个脉冲出现重复现象

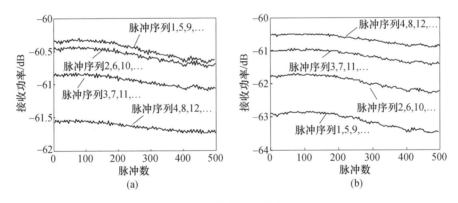

(a)　　　　　　　　　　　(b)

图 4.19　原始数据距离失配图

(a)第 58 距离门；(b)第 59 距离门。

　　由于耦合发射脉冲被认为是恒定 RCS 值目标的理想反射信号，基带接收信号对所有脉冲应是常数(包括幅相)。因此，可使用这个接收信号来修正不同脉冲的数据。在此修正中，使用距离门 58 和 59 从脉冲 1、5、9、…接收信号为参考信号，从其他三个脉冲串 2、6、10、…或 3、7、11、… 或 4、8、12、…接收的信号校正到参考序列上。维纳—霍夫(Wiener - Hopf)滤波技术(自适应最小均方)可用于校正[8]。

　　用 $x_i(k)$ 和 $y_i(k)$ 分别表示滤波器输入输出，i 表示脉冲数，k 表示距离门数。

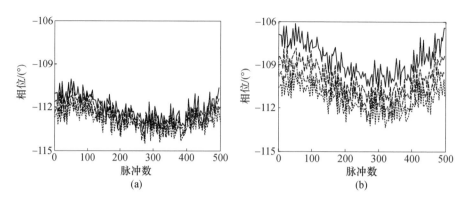

图 4.20　第 58 与 59 距离门对齐前接收信号相位图（距离失配修正前）

(a)第 58 距离门；(b)第 59 距离门。

按照规律,对脉冲序列 1、5、9、…,有

$$y_{1+4n}(k) = x_{1+4n}(k) \quad k = M+1,\cdots,M_R-M;n=0,1,\cdots,N-1 \quad (4.1)$$

式中,M_R 为总距离门数;$2M+1$ 为处理窗长度或滤波器阶数;$4N$ 为总的脉冲数。

对其他三个脉冲串 2、6、10、…或 3、7、11、…或 4、8、12、…,距离门 k 的信号输出为距离门 $k-M,\cdots,k,\cdots,k+M$ 的信号的线性组合,即

$$y_{i+4n}(k) = \sum_{m=0}^{2M} a_{im} x_{i+4n}(k-M+m) \quad (4.2)$$

$$k = M+1,\cdots,M_R-M;i=2,3,4;n=0,1,2,\cdots,N-1$$

求优化参数 $a_{im},i=2,3,4,m=0,1,\cdots,2M$(滤波器阶数为 $2M+1$),使得平方误差 $|y_{1+4n}(k)-y_{i+4n}(k)|^2$ 最小,为此需

$$\frac{\partial}{\partial \boldsymbol{a}_i}|y_{1+4n}(k)-y_{i+4n}(k)|^2 = 0 \quad (4.3)$$

式中,$\boldsymbol{a}_i = [a_{i,1}, \quad \cdots, a_{i,2M+1}]$。

不难发现最优参数 $\boldsymbol{a}_i$(维纳—霍夫权)为

$$\boldsymbol{a}_i^H = \boldsymbol{R}_i^{-1}\boldsymbol{z}_i, \quad i=2,3,4 \quad (4.4)$$

式中,$\boldsymbol{R}_i = \dfrac{1}{2K+1}\displaystyle\sum_{k=k_0-K}^{k_0+K}\dfrac{1}{N}\sum_{n=0}^{N-1}\boldsymbol{x}_{i+4n}(k)\boldsymbol{x}_{i+4n}^H(k),i=2,3,4$。

$$\boldsymbol{x}_{i+4n}(k) = \begin{bmatrix} x_{i+4n}(k-M) \\ \vdots \\ x_{i+4n}(k) \\ \vdots \\ x_{i+4n}(k+M) \end{bmatrix}, \quad i=2,3,4 \quad (4.5)$$

$$z_i = \frac{1}{2K+1}\sum_{k=k_0-K}^{k_0+K}\frac{1}{N}\sum_{n=0}^{N-1}\begin{bmatrix} x_{i+4n}(k-M)x_{1+4n}^*(k) \\ \vdots \\ x_{i+4n}(k)x_{1+4n}^*(k) \\ \vdots \\ x_{i+4n}(k+M)x_{1+4n}^*(k) \end{bmatrix} \qquad (4.6)$$

式(4.6)意味着优化参数从距离门 k_0 及其邻近距离门的数据自适应计算得到,由 $2k+1$ 距离门和 N 个脉冲平均。距离门 k_0 一般包含恒定 RCS 值的目标信号,这样在校正之后,$y_{i+4n}(k)$ 逼近 $y_{1+4n}(k)$,平方残差统计最小。若所有脉冲一致,接收信号有

$$x_{i+4n}(k) = x_{1+4n}(k) \qquad (4.7)$$

$$<x_{i+4n}(k)x_{1+4n}^*(k+m)> = 0, \quad m\neq0 \qquad (4.8)$$

$$<x_{i+4n}(k+m)x_{1+4n}^*(k)> = 0, \quad m\neq0 \qquad (4.9)$$

这时,$a_i=\begin{bmatrix} 0 & \cdots & 1 & \cdots & 0 \end{bmatrix}$,于是

$$y_{i+4n}(k) = x_{i+4n}(k) = x_{1+4n}(k) \qquad (4.10)$$

计算得到参数 $a_{im}(i=2,3,4;m=0,1,\cdots2M)$ 后,使用式(4.2)实现距离对齐校正。图 4.21 是图 4.20 中信号距离校正后的结果。可发现其他三组脉冲串的响应与参考脉冲串响应之间几乎无差别。脉冲串 1、5、9、… 响应的起伏仍保留,认为是由系统相位噪声引起,通常难于进一步消除。校正后信号的相位如图 4.22 所示。同样可看到其他三组脉冲串的相位响应均校正为与参考脉冲串响应一致,脉冲串 1、5、9、… 参考信号的相位仍保留系统相位噪声引起的随机起伏。

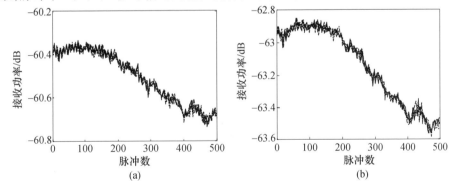

图 4.21　距离对齐校正后第 58 与 59 个距离门的接收信号幅度图

(a)第 58 个距离门;(b)第 59 个距离门。

维纳—霍夫滤波处理(距离对齐)的有效性可由图 4.23 和图 4.24 进一步证实。图 4.23 比较距离门 448 连续 125 个脉冲计算得到的海杂波功率谱。距离对齐校正前的数据存在由发射脉冲周期模式引起的强谐波分量,但在距离对齐

修正后从谱中成功消除。海杂波固有的多普勒谱并未受到处理的影响,如图4.24 所示,使用脉冲串 2、6、10、…、402(共 101 个脉冲)的数据计算距离对齐校正前后距离门 448 的海杂波多普勒谱。可看到距离对齐处理不会破坏或者恶化数据固有的多普勒谱。

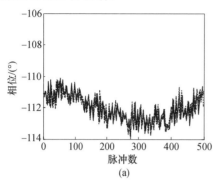
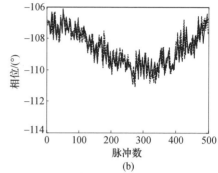

图 4.22　距离对齐校正后第 58 与 59 个距离门的接收信号相位图

(a)第 58 个距离门;(b)第 59 个距离门。

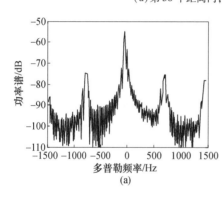
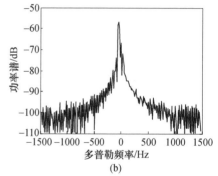

图 4.23　距离对齐校正前后功率谱对比

(a)距离对齐前;(b)距离对齐后。

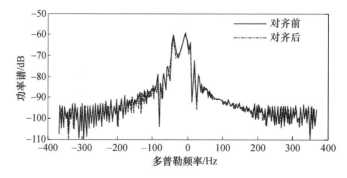

图 4.24　脉冲串距离对齐校正前后功率谱对比

进一步发现,由于未知原因,当脉冲串很长时会存在抖动问题。图 4.25 给出了脉冲串 1、5、9、…、20000 中第 58 个距离门(发射脉冲耦合)接收信号电平。发现除相位噪声导致的信号电平起伏之外,由于发射抖动还存在两个信号断点分别位于脉冲 2925 和 14509 处。在这种情况下,由于脉冲串自身存在抖动问题,必须在作为参考信号校正其他脉冲串信号之前消除此影响。对于脉冲间的距离失配问题前面采用滤波技术进行了校正,但是对于脉冲串发射抖动问题,目前来看,从信号处理角度还没有合适的处理方法能消除此影响,因而在发射前端采用可靠的硬件才是问题解决的根本途径。

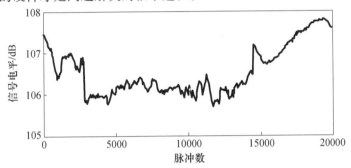

图 4.25　脉冲序列 1、5、9、…、20000 在第 58 个距离门的接收信号电平

7. IQ 通道不平衡修正[9]

对于相参体制的测量雷达而言,回波数据必须保留相位信息,此时数据包含 I、Q 两个正交通道信息。当两个正交通道幅相不平衡时会引入误差,需进行修正。假设两个通道数据序列分别为 x_{Ii} 和 x_{Qi},$i = 1, 2, \cdots, N$,两个通道均值和偏差分别记为 m_I、m_Q、σ_I、σ_Q。

1）消除均值和标准偏差不平衡

I、Q 通道各自移除均值和标准偏差,得

$$y_{Ii} = (x_{Ii} - m_I) / \sigma_I$$
$$y_{Qi} = (x_{Qi} - m_Q) / \sigma_I \tag{4.11}$$

2）消除相位不平衡

I、Q 通道相位不平衡是由于硬件的非理想性而使得两个通道彼此不正交。假设采样的实际幅度和相位分别为 A、ϕ,β 是相位不平衡度。I、Q 通道测量的理想值为

$$x_I = A\cos(\phi)$$
$$x_Q = A\sin(\phi) \tag{4.12}$$

而由于相位不平衡实际值为

$$x_I = A\cos(\phi)$$
$$x_Q = A\sin(\phi + \beta) \tag{4.13}$$

给定一段数据记录,假定相位 ϕ 在 0 到 2π 之间均匀分布,则有

$$E[\sin(2\phi + \beta)] = 0$$

$$(x_I, x_Q) = E[A\cos(\phi)A\sin(\phi + \beta)] = A^2 E[\sin(\beta) + \sin(2\phi + \beta)]/2$$

$$= A^2 \sin(\beta)/2 \tag{4.14}$$

而 β 可由式(4.15)估计得到,即

$$\sin(\beta) = 2(x_I, x_Q)/A^2 \tag{4.15}$$

式中,(x_I, x_Q) 为 x_I 和 x_Q 的内积。

旋转 I 分量可以消除不平衡性

$$\begin{cases} y_I = (x_I - x_Q \sin(\beta))/\sqrt{1 - \sin(\beta)^2} \\ y_Q = x_Q \end{cases} \tag{4.16}$$

4.2.3 辅助信息的预处理

除了对雷达回波数据的预处理外,测量辅助信息的预处理也必不可少,在第 3 章测量系统介绍中已对一些辅助测量数据的处理给出了简单介绍,如粗糙度、土壤湿度、植被高度间距、风速等,不再赘述。这里介绍的是在一些海洋参数处理上常常被忽略的地方。大家知道,对海况的描述有风速风力和波高波向两种表征方式,当这两种方式不一致时如何处理呢? 以 IPIX 雷达测量数据为例,分析风速和波高数据(图 4.26),可以发现 11 月 6 日风速最大,而到 11 月 7 日风速已归于平静,但波高数据则不同,11 月 6 日波高最高,11 月 7 日波高仍保持高位。显然 11 月 6 日浪为风生浪,11 月 7 日浪应为涌浪。涌浪和风生浪形态的差异会导致散射系数的不同,如风生浪海面粗糙,散射系数极化差异不大,而较平静的海面和大涌浪这种类似周期的海面散射系数极化差异开始偏大。如果不注意到这点,分析散射系数随波高的变化时可能遇到困惑。IPIX 提供的数据为测量电压数据,由于雷达测量参数不同,不易直接比较,转化为散射系数后对比,如图 4.27 所示为不同海洋气象条件下 HH 极化散射系数随擦地角的变化,由于图中中间段含有目标数据,采用图中前后两段数据进行分析。图 4.26 中第 17 组数据似乎异常,其波高值大得多,其散射系数值却并不突出,第 17 组数据为 11 月 7 日数据,显然从浪的类型才能得到合理解释。这样从一组看似异常的数据分析发现,对海浪参数预处理可给予数据恰当的印证,而不至于作为异常数据被抛弃。

从上面的分析可以看到,辅助测量数据的进一步处理对于杂波数据分析有时十分关键。随着对杂波认识的深入以及测量手段的不断完善,对辅助参数信息的测量与记录越来越受到重视,信息缺失的情况大为减少。但是也有例外,如

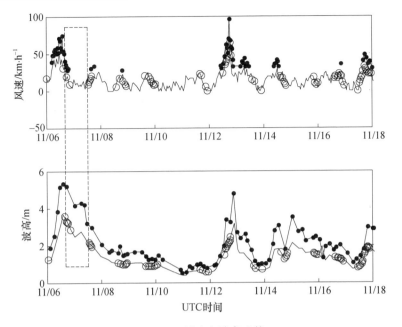

图 4.26　风速和波高比较

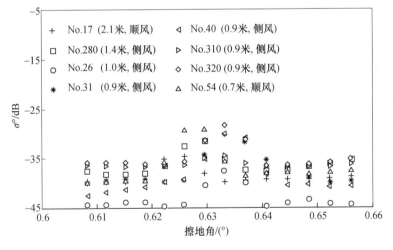

图 4.27　不同海洋气象条件下散射系数随擦地角变化(HH 极化)

投放于测量海域的海浪浮标偶尔会出现技术故障,导致部分测量参数失效或者空缺,这时可采用邻近时刻的数据或者插值数据。

在第 3 章对海面充分生成的判断有风区和风时的要求,而这在实际中很难运用,如何对海面是否充分生成进行判断呢,这在海浪参数的预处理中要给出答案。表 4.1 中给出了充分发展海面参数的理论计算值与实际测量值的对比[4],同样风速条件下的波高、波长等的对比发现两者并不一致,这表明在给定风速的海面为非充分发展海面,属非平衡态海面。

表 4.1　充分发展海面理论值与实测值比较

参　数	充分发展海面下计算公式	充分发展海面理论值	实际测量值
风速	U	$5.14 \sim 6.17 \text{m/s}$	$5.14 \sim 6.17 \text{m/s}$
波周期	$T = 0.64U$	$3.29 \sim 3.95 \text{s}$	$10 \sim 12 \text{s}$
波长	$\Lambda = 0.64U^2$	$16.91 \sim 24.36 \text{m}$	15m
均方根波高	$h_{\text{rms}} = 0.005U^2$	$0.132 \sim 0.190 \text{m}$	$1.0 \sim 1.33 \text{m}$
有效波高	$h_{1/3} \approx 3h_{\text{rms}}$	$0.396 \sim 0.571 \text{m}$	$3 \sim 4 \text{m}$

　　以上列举了几个预处理的情况,由于雷达地海杂波测量辅助信息五花八门,实际参数远不止这些,涉及地形测量学、海洋测量学和气象学的范畴,这里不详细列出。需要指出的是,地海杂波测量的辅助信息在雷达地海杂波的不同阶段需求也是不同的。当然最原始的阶段,信息越翔实越好(但会受到实际条件的制约),而在数据处理的后续阶段,则关心的是主要影响因子,这就意味着原来事无巨细的信息需要提取和分析,这也是辅助信息预处理的出发点。

4.2.4　地海杂波数据存储规范与格式

　　4.2.1 节中介绍了与地海杂波直接测量有关的数据,为了避免混淆,这里对数据类型作进一步明确。一是直接雷达回波数据,即未经处理的测量记录的数据,为后续杂波研究问题复现提供原始数据,这也是 4.2.2 节预处理的输入数据。二是地海杂波数据,即对直接雷达回波数据进行预处理后的数据,是 4.2.2 节预处理的输出,是真正意义上的地海杂波数据,是后续杂波特性数据分析的基础。三是地海杂波统计数据,是对地海杂波数据进行统计分析处理后形成的统计结果,即是所谓的杂波应用的特性数据,包括散射系数均值、幅度分布、时间和空间相关、频谱特性数据等。无论哪种数据,能准确读取每个数据单元确切含义,这是存储的最基本要求。但这三类数据在使用用途上有差异,因而其存储要求也有差异,是地海杂波数据建库时需要考虑的因素。

　　对于直接雷达回波数据,在后续应用中使用频率并不会很高,更多的是在发现问题后可以溯源,也可称为档案数据,其所包含信息的丰富程度应最高,应囊括测量的完整记录以及后续可能补充的全部信息。另外,直接雷达回波数据来源是多样化的,其数据格式千差万别,鉴于其用途单一,对存储格式要求可以不统一,直接按雷达接收机记录格式进行保存。但是需要有专门的文件对数据读取的方式进行详细说明或者附带有专门的读取程序供使用。除此外,数据及其参数之间的对应关系应有明确的说明文件。因而,对直接雷达回波数据的存储要求是除雷达回波数据本身,相应的辅助信息数据应尽量完整、详细、明确。但这并不意味着不做任何改变,从使用的角度上,对数据文件的命名作出统一规定是比较合适的。例如,可以采用由平台、环境类型、时间、地点、频段(频率)、带宽、极化、入射角度等参数构成的数据文件命名规则,其中平台可用一位字符描述,如用 D 代表地基平台、用 J 代表机载平台、用 C 代表船载平台等;环境类型用一位字符描述,如用 D 代表地面、用 H 代表海面、用 Z 代表地海面混合区域等;时间需精确到秒,用十四位数值描述,如 20150901102014;频段用一到两位字符描述,如 L、S、X、Ku 等;频率通常属微波段,以兆赫兹为单位,用四位数值描述,如 3200,表示 3200MHz;带宽以兆赫兹为单位,可用四位数值描述,如 0200,表示 200MHz;极化通常包括四种类型,可用两位字符描述,如 HH、VV、VH、HV,分别代表 HH 极化、VV 极化、VH 极化和 HV 极化;入射角度范围在 0° ~ 90°,用两位数值描述,如 30,表示入射角为 30°。

这样从数据文件名就可以基本了解数据的类型,也可与数据中所包含的参数互相印证,作为一种纠错的方式补充。地海杂波数据和直接雷达回波数据是直接对应的,地海杂波数据文件的命名采用在直接雷达回波数据前加上一位字符(如 Z),那么这两者的对应关系直接明了。统一命名规则是提高存储数据查询的一种有效手段。

地海杂波数据是地海杂波特性研究的直接对象,使用比较频繁,按一定的数据格式规范化存储管理是很有必要的,既减少不同使用者的工作量,也降低数据管理的复杂度。又由于地海杂波数据是经过预处理后的数据,原先复杂的信息也可以简单化,统一格式存储变得切实可行。在设计存储格式时,可考虑将杂波数据的信息分为数据体文件和参数文件两部分,数据体文件由基本信息和杂波数据组成,而更为详细的信息保存于参数文件中。数据体文件中基本信息可以作为文件头信息,杂波数据本身则作为数据块,数据按照通道、方位、距离排列。而参数文件中的每一条信息记录通过建立键值的方式与数据体文件建立关联。

数据体文件基本信息头的内容通常包含时间、地点、高度、频点、带宽、极化、脉冲重复频率、信号带宽、信号脉冲宽度、距离门个数、起始距离门、数据类型等信息。在信息头中增加数据类型是为了兼顾不同雷达采样数据的不同,有的雷达采样只有幅度值,那么数据类型可以设为 1。若雷达采样为 I、Q 正交采样(即复采样),那么数据可以设为 2。以"FF"作为基本信息头结束标志。由于有结束标志,基本信息头的长短不影响后面数据的存储,因而基本信息头内容多少可根据需要设置。

数据体文件中的数据块,由很多结构相同的单元块组成,这些单元块采用方位号 + 通道号的方式进行快速定位和提取。假设测量数据含 N 个方位测量,有 M 个通道,每个方位上 N 个距离值 M 次时间序列测量。以复采样为例,每一个回波数据为 I、Q 两个值,那么数据体文件中单元块的存储结构如下(实际代表

距离—时间二维,为描述简洁,称为距离和时间的循环):

(距离 1)	(距离 2)	(距离 3)	⋯	(距离 N)
$I_{11}\ Q_{11}$	$I_{12}\ Q_{12}$	$I_{13}\ Q_{13}$	⋯	$I_{1N}\ Q_{1N}$
$I_{21}\ Q_{21}$	$I_{22}\ Q_{22}$	$I_{23}\ Q_{23}$	⋯	$I_{2N}\ Q_{2N}$
⋮	⋮	⋮	⋯	⋯
$I_{K1}\ Q_{K1}$	$I_{K2}\ Q_{K2}$	$I_{K2}\ Q_{K2}$	⋯	$I_{KN}\ Q_{KN}$

以上是一个通例,对于只是幅度值采样的情况,上述的单元块中,每个距离门只有一个数据。若是通道数为1(目前绝大多数数据属于此种情形),那么从通道号2直至最后的单元块就不存在。若方位不变,那么方位号就不变,但是单元块仍保持循环状态。

而参数文件,以文本文件的形式存储。文本文件的第一行可以为参数说明,第二行开始对应每一组数据文件的详细参数信息。例如第一行的参数说明可以为序号、数据文件名、时间、地点、高度、频点、带宽、极化、脉冲重复频率、信号带宽、信号脉冲宽度、距离门个数、起始距离门、数据类型、平台速度、方位波束宽度、气象条件、波高、波向、波周期、波类型(或者地形类型、地物类型、粗糙度、土壤湿度、植被高度、植被密度等)。

在上面介绍中并没有刻意区分地杂波数据或海杂波数据,其原因是基本存储格式相同。不同点主要在于环境信息描述不同,地杂波的环境信息主要是地形地物的描述,海杂波的环境信息主要是海面海况的描述,将环境信息的描述交换即可用于另一种数据存储,例如前面参数文件第一行参数说明中,波高、波向、波周期、波类型可替换为地形类型、地物类型、粗糙度、土壤湿度、植被高度、植被密度等。

而对于地海杂波统计数据,特点又有变化。统计意味着对数据进行分类处理,表明统计后的数据量大大减小,但由于统计处理的目的、方法的不同又会有不同的结果。也正是由于不同的处理,所以对上述地海杂波数据操作是比较频繁的,这点数据建库时要考虑到。在地海杂波数据的统计处理中,有两种情形,一是对上述每组地海杂波数据的单独处理得到的统计结果,二是在此基础上的再次统计结果。第一层次的统计是在单独一条数据内的统计分析,第二层次则是在多条数据分类基础上的统计。由于这两个层次的不同,在数据的描述上有差异。第一层次的统计结果保存相对简单,如前面提及杂波散射系数、幅度分布、时间和空间相关、频谱等特性统计数据。应注意其差异,如相关分析的距离相关和方位相关在参数的描述上有不同,散射系数、幅度分布、时间相关和频谱特性等是在同一角度(同一距离门)、同一方位下的处理结果,而距离相关则是多个距离门数据联合处理的结果,方位相关是多个方位数据联合处理的结果。由于在距离、方位或者时间的某一维度上进行统计,这一维度结构将不会在统计存储中重复出现,这样地海杂波数据的数据体重复性的结构将会减少一维。为简单计,可将距离、方位或者时间上进行统计的三类特性数据分别保存。

　　首先介绍第一层次的统计处理结果的存储。散射系数、幅度分布、时间相关和频谱等特性数据保存格式可在地海杂波数据数据体文件格式上稍加变化即可,具体而言,就是其信息头不变,而将循环体的二维数据块结构更新如下:

（距离 1）散射系数分位点值 时间相关长度 多普勒宽度 幅度分布类型及参数
（距离 2）散射系数分位点值 时间相关长度 多普勒宽度 幅度分布类型及参数
　　⋮　　　　　　⋮　　　　　　⋮　　　　　　⋮　　　　　　⋮
（距离 N）散射系数分位点值 时间相关长度 多普勒宽度 幅度分布类型及参数

　　由于同一方位上不同时间数据做了统计处理,将不再有方位号的循环。将上述更新后的数据块按通道号循环直至所有通道结束即组成结果数据。保存统计数据并在文件名前加上前缀"SS"标识,表示统计数据。

　　对于距离相关的统计是按距离维进行处理,前述作为循环体的二维数据块将只是一个平均距离相关长度值,那么整个统计结果数据体文件可直接为方位号 1、通道号 1、平均距离相关长度、通道号 2、距离相关长度、……、通道号 M、距离相关长度,改变上述方位号,直至所有方位结束。保存数据并在文件名前加上"CR"标识,表示距离相关统计数据。

　　对于方位相关处理结果的存储结构与距离相关处理数据的存储结构类似,只不过循环由方位号换为通道号,即数据体文件为通道号 1、距离 1、方位相关长度 1、距离 2、方位相关长度 2、……、距离 N、方位相关长度 N,改变上述通道号,直至所有通道结束。保存数据并在文件名前加上"CA"标识,表示方位相关统计数据。

　　以上三种数据所需要关联的详细参数数据,共用地海杂波数据的参数文件即可。

　　在以上数据文件中,除一些参数值,如多普勒宽度、距离相关长度、时间相关长度、方位相关长度外,可以将多普勒形状、距离相关函数、方位相关函数、时间相关函数以及新的幅度分布函数也作为数据写进文件,也就是说上述格式只是基本框架,可以根据需要和实际情况进行变化。

　　上面分析的是第一层次的处理结果,而第二层次的处理由于是进一步统计,结果要更为精简。由于是多条数据分类统计,这里不得不提及数据分类的方法问题。此时不应出现距离门、高度等参数,而是要转化为入射角(或者擦地角)因子。后面在第 5 章和第 6 章分别介绍地海杂波模型和统计数据时提及的相关参数就是分类的依据,这里先做个简单的说明。分类虽然目前没有统一的方法或者标准,但从各种模型涉及参数来看,虽有特殊性也有共同点。早期的分类主要因子,对于海杂波包括雷达频率、极化特征、波高以及雷达入射角度,对于地杂波则是将波高替换为地形地物类型,这也是目前大多数模型和数据中所用参数。随着研究的不断深入,雷达照射面积的影响、方位的影响也是考虑的因素。雷达照射面积可归纳为雷达信号带宽和波束宽度。除此之外,对于海杂波,还包括海域、波的类型以及气象条件(如降雨或者波导是否发生等);对于地杂波,主要进一步将地形地物细分。分类因子的多少代表了分类的粗细程度,或许还与所用数据种类以及使用需求有关。但无论怎样,早期分类的四个主要因子是最低级要求,否则,统计结果毫无意义。由于分类的因子有限,统计结果的参数不需要专门的数据文件,而是以信息头的形式写入数据文件。

这样,第二层次的统计处理结果用单文件进行存储。文件分为信息头和数据块两部分。信息头为分类因子,而数据块则由统计值或者模型参数组成。举例说明,假设有 N 个入射角,M 个方位角,则信息头为频段(频率)、极化、地形(海况),数据块为入射角1、方位角1、统计值(如散射系数均值、散射系数各分位点值等)、方位角1、统计值、……、方位角 M、统计值,然后是下一入射角下的各个方位统计值,依次完成对所有入射角下的统计值进行存储。若分类处理的因子不同,存储格式是类似的,只是依次存储的参量不同而已。

以上对直接雷达回波数据、预处理数据、统计分析数据等文件命名规范化、文件存储格式规范化以及建立数据文件与参数文件之间联系,作出了明确的说明。实际在对数据规范化过程中,还应对杂波数据涉及的参数名称、数据类型、数据长度、小数位数、可否为空以及数据间的分隔符等也应有明确的定义和说明。对杂波数据的规范化,不但有利于提高基于文件方式的数据管理效率、简化基于文件方式数据分析程序的设计开发,而且也有利于杂波数据库的需求分析和数据入库程序的设计,缩短地海杂波数据库设计的周期以及减少数据库设计的成本。

4.3　地海杂波数据库

前面介绍了地海杂波测量中涉及到的数据种类以及数据存储规范,但这远远不够。随着数据不断的积累,不管是从数据管理的角度,还是数据使用的角度,数据简单的堆砌是不行的。而随着数据库技术的飞速发展,为海量地海杂波数据的有效管理提供了平台。

地物、海面等复杂电磁环境产生的杂波数据,与雷达波段、季节、地物类型、海况等有关,而且杂波特性也是明显不一样的。因此,除了原始录取的杂波数据外,还存在着大量与地海杂波数据相关的属性数据,包括气象数据、地海面环境数据、雷达的工作参数数据以及与地海杂波数据分析建模相关的数据,包括幅度特性统计数据、模型参数数据等。而数据的应用也是多方面的,除传统的统计处理外,还包括基于数据的特性预测、雷达杂波抑制效果评估等。

着眼于大数据量的地海杂波数据管理,结合自身特点,介绍地海杂波数据库的架构、存储管理及其应用上的设计考虑和方法途径,可为地海杂波特性分析研究及其应用提供手段和平台环境。

4.3.1　地海杂波数据库集群架构

数据库架构[10]设计决定了一个数据库的主体结构及其宏观特性,正如大型建筑物设计成功的关键在于主体结构的设计,复杂数据库设计的成功在于数据库系统宏观层次上架构设计的正确性和合理性。在数据库架构设计过程中,需要充分考虑数据库的可靠性、一致性、数据容灾、可扩展性、高度可用等。

一般而言,架构设计可以从业务系统分布方式和数据库部署方式两个方面考虑。

根据业务性质不同,业务系统分布方式可分为三类:①根据业务系统不同,每个业务系统单独使用一个数据库,在早期的地海杂波数据库设计中,由于业务功能较为简单,这种方式比较常见,所谓单机版的数据库是其典型形式。由于每个业务系统单独使用一个数据库,各个业务系统不会产生任何影响。②将业务系统分组存放在不同数据库上。这种方式可以避免业务系统之间相互的影响,如果分组比较合适,可以较好解决负载问题。在所谓总库分库系统设计方式中,考虑到业务性质的不同,即采用这种方式。③所有业务系统使用一个数据库。将业务系统整合成为一个数据库,可以很好解决数据库层数据交换的问题,数据库共享简单,同时可以大幅降低管理的成本。

数据库部署指在服务器上分布的情况,可以分为两类:①将数据库部署在单台服务器上,如选用处理能力好的小型机。虽然性能比较好的小型机能够满足数据库运行的需求,但是存在可靠性差、后期维护成本高等缺点。②利用一般的小型机或性能较好的 PC 服务器集群(Cluster)部署。集群是一项高性能的计算技术。它将一组相互独立计算机通过高速的通信网络组成一个单一的计算机系统,并以单一系统的模式加以管理,使其具有高可用性、故障恢复、伸缩性、负载均衡等特点。

通过对业务系统的需求分析,可建立不同的数据库系统。如业务系统单一、历史数据和增量数据不大、性能和实时性要求不高,可以采用一个独立的数据库,部署在一台 PC 服务器即可满足要求;而对于数据量巨大、核心实体数据模型复杂、属性个数多(几十甚至上百个),同时对数据库的实时性、可靠性、可用性、故障恢复等各方面要求都很高的数据库,则需要采用先进的集群系统,通过读写分离、水平切分、内存数据库和磁盘数据库混合集群的方式,实现对海量数据管理。

混合分区集群应用程序通过分布式数据库代理实现对数据的访问。数据访问的读写操作只针对内存数据库进行,不再直接与磁盘数据库交互,可以较好地避免单纯读写分离架构存在的时间延迟和一致性问题。而内存数据库数据的持久化采用异步复制的方式,实现内存数据库与磁盘数据库的一致性。这种混合分区集群架构设计中,采用内存数据库很好解决了实时性(内存数据库读写性能远高于磁盘数据库)。集群设计典型的有 MySQL 集群体系[11]和 Oracle 集群体系[12]等。MySQL 集群是较为经典的设计思路,但它在内存数据库层和磁盘数据库层间是串行结构,如图 4.28 所示。Oracle 集群体系结构,即真正的应用集群(Oracle Real Application Cluster,Oracle RAC),图 4.29 是 Oracle 提供的一个并行集群系统。

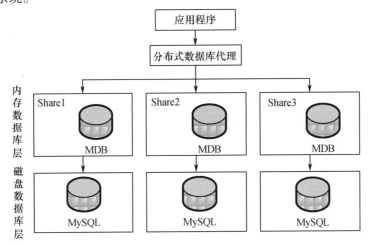

图 4.28　混合分区集群示意图

地海杂波数据库实现对不同波段地海杂波数据、模型数据、气象数据、地面环境数据、海洋环境数据等的管理,更主要的是为杂波研究与应用提供数据服务。科研人员通过客户端软件实现对数据的检索、提取以及将分析结果写入数据库。在数据分析过程中,存在提取与写入数据量大、数据提取速度快、可靠性要求高等特点。例如,为了分析某一波段某个时间段内的海杂波随海况变化,提取的数据量可能从几十吉字节到几百吉字节,写入的数据量可能达到吉字节级,单次检索数据的提取持续时间可能从几分钟到几小时级别,同时还存在不同用户采用不同的数据分析方法对数据库的不间断访问。因此,在基于海量地海杂波数据特性分析研究过程中,对数据库的性能、可靠性、负载均衡等各个方面的要求比较高,采用基于 Oracle 集群体系结构的多服务器部署实现方式是合理可行的一个方案。

Oracle RAC 的实质是不同的 Oracle 实例节点同时访问同一个 Oracle 数据

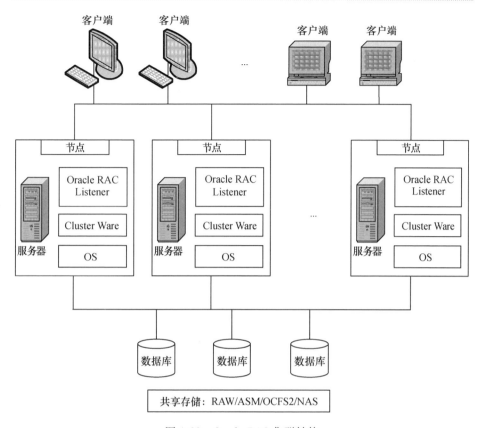

图 4.29　Oracle RAC 集群结构

库,每个节点间通过专用网络进行通信,互相监控节点的运行状态,Oracle 数据库所有数据文件、联机日志文件、控制文件等均放在集群的共享存储设备上,而共享存储设备可以是裸设备(RAW)、自动存储管理(Automated Storage Management,ASM)、Oracle 集群文件系统(Oracle Cluster File System,OCFS)等,所有集群节点可以同时读写共享存储。

　　一个 Oracle RAC 数据库有多个服务器节点组成,每个服务器节点上都有自己独立的 OS、集群软件(ClusterWare)、Oracle RAC 数据库程序等,并且每个节点都有自己的网络监听器。ClusterWare 主要用于集群系统管理,Oracle RAC 数据库程序用于提供 Oracle 实例进程,以供客户端访问集群系统,监听服务主要用于监控自己的网络端口信息,所有的服务和进程通过操作系统去访问共享存储,最终完成数据的读写。共享存储的实现方式有多种,可以通过使用 ASM、OCFS、RAW、网络区域存储(Net Area Storage,NAS)等来保证整个集群系统数据的一致性。从 Oracle 的允许机制来说,集群中每台服务器就是一个 Oracle 实例,多个 Oracle 实例对应同一个 Oracle RAC 数据库,组成了 Oracle 数据库集群。RAC 是一个具有共享缓存体系结构的集群数据库,为所有业务应用程序提供了一种具有可伸缩性和可用性的数据库解决方案,它一般与 Oracle ClusterWare 或第三方集群软件共同组成 Oracle 集群系统。同时,RAC 也是一个全共享式的体系结构,它的所有数据文件、控制文件、联机日志文件、参数文件等都必须存放在共享磁盘中,确保集群所有节点都能访问。

通过 Oracle RAC 集群,可以构建一个高性能、高可靠性的数据库集群系统。在负载均衡、高可用服务、可扩展性、通过并行执行技术提高事务响应时间、节约硬件成本(可以利用多个廉价 PC 服务器代替昂贵的小型机或大型机,并实现高性能的数据库系统)等方面具有优势。

由于 RAC 支持 RAW、OCFS、ASM 等多种存储方式,不同的存储方式,又有不同的应用场景与性能,从中选择合适的存储方式,以满足地海杂波数据库的需求。

1. RAW

不经过文件系统,将数据直接写入磁盘中,这种方式的好处是磁盘 I/O 性能很高,适合写操作频繁的业务系统,但缺点亦很明显,数据维护和备份不方便,备份只能通过 Unix 命令或者基于块级别的备份设备来完成,这无疑增加了维护成本。

2. OCFS

OCFS 是 Oracle 开发的集群文件系统,支持 Windows、Linux 和 Solaris。现在已经发展到了 OCFS2,通过 OCFS2 文件系统,多个集群节点可以同时读写一个磁盘而不破坏数据,但对于大量读写的业务系统,性能不高。

3. ASM

ASM 是 Oracle 10g 及后期版本的共享数据存储方式。ASM 采用与 RAW 一致的方式存储数据,但是加入了数据管理功能。它通过将数据直接写入磁盘,避免了经过文件系统而产生的 I/O 消耗。因而,使用 ASM 可以很方便地管理共享数据,并提供异步 I/O 的性能。ASM 还可以通过分配 I/O 负载来优化性能,免除了手动调整 I/O 的需要。

以上通过对不同存储共享方式的对比分析可知,这些存储方案都能满足地海杂波数据库管理的需求。但是,从软硬件成本、维护管理等方面考虑,ASM 无疑是最佳的存储方案。如此,地海杂波数据库可采用 Oracle RAC + ASM 的数据存储方案,数据库具有两个实例节点,分别部署在 2 台 PC 服务器上,这样多任务多业务共享同一数据库,且同一数据库采用双备份结构,既方便数据管理,又保障数据安全,其整体架构如图 4.30 所示。

(1)节点服务器:两台节点服务器处于双工状态,在正常状态下,同时运行各自的服务,节点服务器之间通过内部的专用网络和存储区域网络(Storage Area Network,SAN)互相连接,使用集群软件将集群中所有的节点服务器融合成为一个整体并共享存储,通过集群惟一的别名对外形成逻辑上单一的数据库。

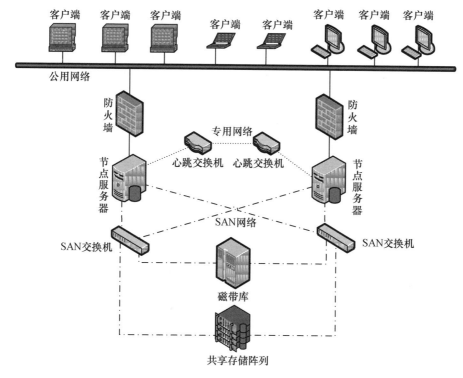

图 4.30　地海杂波数据库集群架构图

当其中一台服务器发生故障时,故障服务器上的应用及其资源就会转移到另外一台服务器上,从而保证地海杂波数据库能够不间断为客户端用户提供数据服务。当故障服务器恢复后,相应的应用及资源自动地均衡回服务器。

(2)网络:公用网络对外提供数据服务、服务器维护、数据库管理等。专用网络用于 RAC 节点心跳通信、高速缓存融合(Cache Fusion)数据传输,实现集群内部负载均衡和容灾功能,保证数据库的一致性。SAN 网络为数据库节点与共享存储提供数据高速传输媒介。节点服务器、共享存储阵列、大型磁带库配备多块光线通道卡,节点服务器配备以太网卡,配置 2 台心跳交换机、2 台 SAN 交换机,所有设备采用多线连接实现对公有网络、专用网络、SAN 网络的冗余设计,提高系统容错性。为了确保数据库的安全,公用网络与节点之间配置防火墙(可选)。

(3)SAN 磁盘阵列与磁带库:SAN 共享磁盘阵列安装 RAC 数据库,存放 Oracle 的数据文件、控制文件、联机日志文件、归档日志文件等,而运行在两个节点上的数据库实例访问同一个 RAC 数据库,并且两个节点的本地磁盘仅用来安装 Oracle 程序和 ClusterWare 软件。为了确保数据库的安全性,提高数据库的可靠性,利用磁带库实现对数据库数据文件、控制文件、联机日志文件、归档日志文件的备份。

4.3.2 地海杂波数据库逻辑架构

随着硬件技术的飞速发展,现今的软件设计技术和传统的软件有了天壤之别。传统的软件由于受到硬件速度和存储空间的制约,不得不在软件算法实现上大做文章,以提高存储空间和 CPU 资源的利用率。而现今则不同,由于高速的 CPU + GPU 处理能力和超大容量的存储空间,使得软件算法实现过程中可以同时兼顾软件的效率、可扩展性、易用性、稳定性等。于是,系统分层架构设计技术应运而生。系统分层架构的主要优点是分化了系统的复杂度,同时提高了系统的灵活性。另外,分层架构也大大提高了系统的可维护性和可扩展性。

经典的分层架构为三层架构,分别是数据访问层、业务逻辑层和表示层。数据访问层实现对数据库操作的封装,以隔离具体业务和数据库之间的联系。业务逻辑层实现对业务逻辑的封装,隔离用户操作界面和具体业务逻辑。表示层即用户界面层,提供用户操作接口。

随着软件系统功能的增强,三层架构扩展为五层逻辑架构,分别为表示层、用户界面层、业务逻辑层、数据访问层、数据存储和管理层。相对于三层架构,五层逻辑架构将表示层细分为表示层和用户界面层,将数据访问层分为数据访问层、数据存储和管理层。从 Windows 桌面应用来说,表示层和用户界面层属于同一层,即用户能操作的图形用户界面。但是从 Web 应用的角度来看,用户看到的界面(浏览器)只负责将信息显示给用户和采集用户输入的数据信息,而实际的操作逻辑却运行在服务器端。用户界面层存在的作用就是决定用户程序的外观、接收用户的输入、与业务逻辑层进行必要的逻辑互操作来验证用户的输入,然后再把业务逻辑层所得到的结果返回给表示层进行展示。数据访问层通过与数据存储和管理层进行交互来提取、插入、更新和删除数据信息,为业务逻辑与数据存储和管理层之间提供接口。数据存储和管理层是真正实现对数据的物理创建、取得、更新和删除操作,而数据访问层只对创建、提取、更新和删除数据提出请求,实际的操作由数据存储和管理层实现。

对于地海杂波数据,其单组数据的大小从几十兆字节至几百吉字节不等,在数据分析过程可能要提取多组杂波数据,如果在广域网中进行短期内大量数据传输,不但需要占用大量带宽,而且还不能保证数据传输的稳定性,给数据分析研究带来很大的风险。地海杂波数据的应用场景一般局限于局域网,采用单机或分布式进行数据分析,大量的数据运算分布在客户端或应用服务器中,数据库服务器单纯是响应用户的数据请求并提供数据。在这样的应用需求条件下,数据库的访问架构体系采用 C/S(Client/Server)模式,在客户端采用桌面应用程序,充分利用 C/S 架构的优点,提高数据传输的效率。为此,可采用如图 4.31 所示的四层架构体系,即表示层(合并表示层和用户界面层)、业务逻辑层、数据访问层、数据存储和管理层。

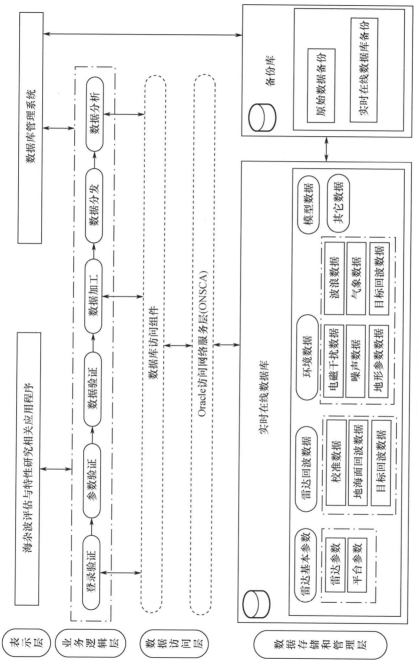

图4.31　地海杂波数据库逻辑架构

1. 数据存储和管理层

数据存储和管理层分为实时在线数据库和原始杂波数据与数据库备份管理库。实时在线数据库部署在高速共享存储阵列中,采用 ASM 共享数据存储管理技术,实现对地海杂波脉压数据、雷达参数数据、模型参数数据、地面环境数据、海洋环境数据等的管理,为地海杂波特性研究和数据库管理服务。原始杂波数据与数据库备份管理库部署在大型磁带库中,采用磁带库专用管理软件或第三方管理软件实现对地海杂波原始数据的管理。

实时在线数据库和原始杂波数据与数据库备份管理库之间,采用恢复管理器(Recovery Manage,RMAN)和介质管理器软件将实时在线数据库备份至磁带库,利用磁带良好的持久化数据存储能力实现对数据的备份,当实时在线数据库出现异常或崩溃时,通过 RMAN 实现对数据库的恢复,最大限度确保数据库的安全。采用高速共享存储阵列与磁带库相结合的数据存储管理方式,不但可以降低系统设计的成本,而且可以充分利用磁带的大容量、持久化数据存储能力实现对备份数据库和原始数据的存储管理。

2. 数据库访问层

数据访问层是应用程序与数据存储和管理层之间的媒介,与数据存储和管理层进行交互,实现数据的查询、插入、更新和删除信息。数据访问层并不管理和存储数据,它只是在业务逻辑和数据之间提供一个接口。数据库访问层由数据库访问组件和 Oracle 客户访问网络服务(Oracle Net Services Client Access,ONSCA)组成。

数据库访问组件(也可以说是客户端应用访问数据库的技术或接口方式)可以采用 Oracle 调用接口(Oracle Call Interface,OCI)[13]、Java 数据库连接(Java Database Connectivity standard,JDBC)、开放数据库连接(Open Database Connectivity,ODBC)、对象链接和嵌入数据库(Object Link And Embed Database,OLE DB)、ActiveX 数据对象(ActiveX Data Object,ADO)等,不同的访问组件有不同的应用场景、不同性能需求。如 ADO 是以 OLE DB 为基础,对 OLE DB 的二次封装,是介于 OLE DB 与应用程序之间的中间层,具有很好的扩展性,并且使用简单。再如 OCI 是 Oracle 数据库的底层调用接口,能够最大程度地控制程序运行,可以控制所有类型的 SQL 语句的执行,包括数据定义语言(Data Definition Language,DDL)、控制语句、查询、数据操作语言(Data Manipulation Language,DML)、PL/SQL 以及嵌入式 SQL。OCI 还是其他 ORACLE 数据库开发接口(如 ADO、JDBC)的底层实现,由于少了层封装,可以提供应用程序与 ORACLE 的直接连接,提供最佳的性能,但是学习开发的难度较大。因此,在进行数据库访问组件的研发过程中,可以依据便利性、可扩展性、数据库的访问性能需求等方面进行综合分析,选择最佳的模式进行数据库访问接口的开发。

ONSCA 用于建立从客户端应用到 Oracle 数据库服务器的网络会话,充当客户端应用和数据库服务器之间的数据信使以及在它们之间的信息交换。ON-SCA 具有如下特点:

(1)位置透明性:数据库客户端可以识别目标数据库服务器,如采用 Oracle 网络目录命名、本地命名、主机命名和外部命名等。

(2)集中配置和管理:让大型网络环境中的管理员可以轻松访问中央信息库,从而制定和修改网络配置。

(3)快速安装和配置:Oracle 数据库服务器和客户端的网络组件已针对大多数环境进行了预配置。使用各种命名方法对 Oracle 数据库服务进行解析。

(4)性能和可扩展性:可以利用数据库驻留连接池、共享服务器(会话多路复用)以及可扩展的事件模型,提高性能和可扩展性。

3. 业务逻辑层

业务逻辑层是实现数据库登录用户合法性验证、参数输入验证、地海杂波数据加工、数据分发、数据分析等。数据库登录用户合法性验证是保证数据库安全访问的一个重要措施,排除非法用户的访问,只有通过合法性验证的用户才能对数据库进行相关的操作。数据库登录用户合法性验证需要与数据库中的信息进行相应的比对,只有比对成功的用户才能对数据库进行操作。参数输入验证包括输入参数的合法性验证和正确性验证。输入参数的合法性验证是验证参数类型的一致性(如该输入数字,如果输入了汉字、字符,则就不满足条件)以及相应的约束,输入参数的正确性验证主要指验证参数范围是否满足条件。

地海杂波数据加工分为数据的读取与写入两个方面。数据的读取是指依据设定的查询条件提取满足条件的数据,并按照不同的数据分析业务逻辑要求进行加工,使得读取的数据满足数据分析的要求。数据的写入是为了按照数据库设计的实体完整性、域完整性、参照完整性等要求进行业务实体加工,使得写入数据满足数据库入库要求,然后调用数据库访问层完成数据入库。数据分发是将经过加工的数据,一方面传递给表示层进行数据相关内容的显示,另一方面将数据传递给业务逻辑层进行数据分析。数据分析是按照表示层设定的地海杂波数据研究分析功能,接收从数据分发传递过来的数据,并启动相应的业务逻辑完成地海杂波数据分析,分析结果按照设定的业务规则进行数据显示和数据入库。

4. 表示层

表示层主要用于采集用户的输入数据,传递给业务逻辑层,并显示业务逻辑层上传的数据信息,进行相应的显示。

对于地海杂波数据库来说,表示层主要包括数据库管理功能以及地海杂波评估与研究相关应用程序。数据库管理功能通过业务逻辑层、数据访问层以及数据存储和管理层实现地海杂波数据以及相关数据的入库、查询、修改等功能。

通过磁带库管理软件实现对原始地海杂波数据的入库、查询、恢复等功能。通过RMAN以及相关的介质管理软件,定时对实时在线数据库的归档日志文件、参数文件、控制文件等备份至磁带库,确保实时在线数据库的安全。实时在线数据库是进行地海杂波特性分析的数据基础,随着对地海杂波特性深入研究分析,可以基于实时在线数据库设计开发出不同的地海杂波评估与研究相关的应用程序。

4.3.3 数据存储与管理

1. 数据表与视图

狭义地讲,数据库是指对数据存放及其相互关系的处理。在数据库设计中,数据的逻辑结构关系是重点,在数据库术语中称为模式,主要有概念级模式、用户级模式、物理级模式[14]。

1) 概念级模式

又称为概念模式或逻辑模式。它是数据库设计者综合所有用户的数据,按照统一的观点构造的全局逻辑结构,是对数据库中全部数据的逻辑结构和特征的总体描述,是所有用户的公共数据视图(全局视图)。它是由数据库管理系统提供的数据描述语言来描述、定义,反映数据库系统的外观。

2) 用户级模式

又称为外模式或用户模式。它是某个或某几个用户所看到的数据库数据视图,是与某一应用有关的数据逻辑表示。用户级模式是从概念级模式导出的一个子集,包含概念级模式中允许特定用户使用的那部分数据。用户可以通过外模式描述语言来描述、定义对应于用户的数据记录(外模式),也可以利用 DML 对这些数据记录进行操作,反映了数据库的用户观。

3) 物理级模式

又称内模式或存储模式。它是数据库中全体数据的内部表示或底层描述,是数据库最低一级的逻辑描述,它描述了数据在存储介质上的存储方式和物理结构,对应着实际存储在外存储介质上的数据库。物理级模式由概念级模式描述语言来描述、定义,反映了数据库的存储观。

用户应用程序根据用户级模式进行数据操作,通过用户级模式—概念级模式映射,定义和建立某个用户级模式与概念级模式间的对应关系,将用户级模式与概念级模式联系起来,当概念级模式发生改变时,只要改变其映射,就可以保持用户级模式不变,对应的应用程序也可以保持不变;另外,通过概念级模式—物理级模式映射,定义建立数据的逻辑结构(概念级模式)与存储结构(物理级模式)间的对应关系,当数据的存储结构发生变化时,只需改变概念级模式—物理级模式映射,就能保持模式不变,因此应用程序也可以保持不变。通过三种模式之间的映射关系,可实现地海杂波数据库的三级结构数据设计,如图 4.32 所示。

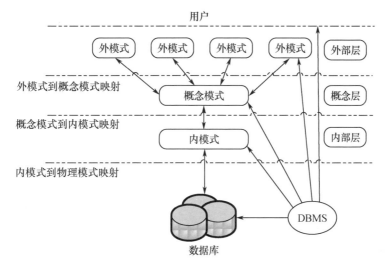

图 4.32　基于三级结构的数据库系统

在确定了数据输入输出以及存储之间逻辑关系的基础上,需要对数据属性及其属性值之间的关系以一定的形式进行组织,即数据表和视图(View)。数据表是一系列二维数据组的集合,用来代表和存储数据对象之间的关系。视图是从一个或多个表(或视图)导出的表。视图与表不同,视图是一个虚表,即视图所对应的数据不进行实际的存储,数据库中只存储视图的定义,在对视图的数据进行操作时,系统根据视图的定义去操作与视图相关联的基本表。数据库管理员可以以数据库表为基础建立不同的视图,从而达到满足不同应用的需求。而且,视图还具有简单、安全、逻辑数据独立的特点。

数据表的设计应遵循数据库范式理论,减少冗余,保证数据的完整性与正确性。对于地海杂波数据库系统,可建立如表 4.2 所示的数据库表。

表 4.2　数据库表名称

序号	表 名 称	序号	表 名 称
1	雷达属性数据表	11	目标参数信息表
2	雷达工作状态表	12	目标航迹数据表
3	雷达工作模式表	13	机载惯导数据表
4	杂波数据参数索引表	14	气象数据表
5	脉冲压缩数据存储表	15	波浪数据表
6	杂波散射系数数据表	16	背景数据类型信息表
7	标定方法表	17	观测设备部署表
8	标定数据表	18	波浪仪设备属性表
9	杂波特性表	19	风速仪设备属性表
10	杂波模型参数表	—	—

依据数据表所具有的基本功能和相关属性,可概括为四个方面:

1) 与观测雷达相关的数据表

由雷达属性数据表、雷达工作状态表、雷达工作模式表以及雷达设备部署表等组成。雷达属性数据表是描述测量雷达基本属性参数,包括雷达体制、波段、频率、瞬时带宽、脉冲重频、峰值功率、发射/接收方位波束宽度、发射/接收俯仰波束宽度、发射/接收天线增益、天线形式、通道数、噪声系数等;雷达工作状态表是描述测量雷达进行杂波测量时设置的雷达参数,包括平台类型、天线方位角与入射角、波束状态、工作模式、数据率等;雷达工作模式表是相对于具有多通道测量功能的雷达而言,用于详细描述通道的工作情况,如 1×1 表示单通道,4×6 表示 4 列发 6 列收;雷达设备部署表用于描述雷达架设区域相关信息,包括架设时间、撤离时间、地点、经纬度、海拔高度等。各数据表之间的关系如图 4.33 所示。

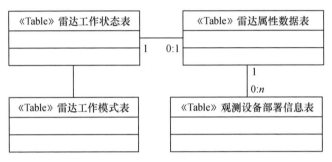

图 4.33 雷达相关数据表关系图

2) 与测量杂波相关的数据表

由杂波数据参数索引表、杂波数据类型表、杂波数据表、标定方法表、标定数据表、目标参数信息表、目标航迹数据表、机载惯导数据表、背景类型信息表等组成。杂波数据参数索引表由杂波测量开始时间、地点、背景类型、平台类型(如机载、车载等)、采样频率、极化、脉冲宽度、波段、带宽、重复频率、采样延时、距离门、距离门数、波位数、每个波位脉冲数、目标及目标类型、质量评价因子、是否标定、接收衰减等组成;杂波数据类型表用来说明杂波数据的类型,包括电压值、功率值、散射系数、噪声数据等;标定方法表用于说明杂波数据是否进行定标,具体包括标定类型、标定说明、标定文档目录,其中标定类型分为外定标和内定标,标定说明分为有源定标和无源定标,标定文档目录用于说明此数据对应的具体文档的名称;标定数据表用于存储定标数据,包括杂波数据参数编号、标定方法编号、时间、地点、标定数据等;目标参数信息表用于说明杂波数据中包含目标情况的相关信息数据,由目标名称、目标说明、图片、是否是合作目标等;目标航迹用于描述目标的运动轨迹,包括目标编号、开始时间、结束时间、经度、纬度、速度、姿态(包括横滚、俯仰、偏航)等;机载惯导数据表用于描述机载平台的轨迹,包括开始时间、结束时间、经度、纬度、高度、速度(包括北速、西速、天速)、姿态(包括横滚、俯仰、偏航)等;背景类型信息表用于描述杂波测量区域内的背景情况,包括季节(或月份)、背景类型、背景子类型、描述,其中背景类型表示大类,如雪,背景子类型表示干雪或湿雪。

杂波数据表包括脉压数据和散射系数数据两类,表的字段由杂波数据惟一编号、脉冲编号、波段、背景类型、脉冲压缩数据/散射系数数据等,其中杂波数据惟一编号与杂波数据索引表中的编号一致,杂波数据/散射系数数据采用二进制大对象(Binary Large Object,BLOB)字段实现对杂波数据的存储与管理。杂波数据由一定采样时间范围的多个脉冲组成,单组数据的数据量比较大。因此,采用以波段为基础,结合分区表存储技术,实现对杂波数据和散射数据的管理。

与杂波相关的数据表之间的关系如图4.34所示。

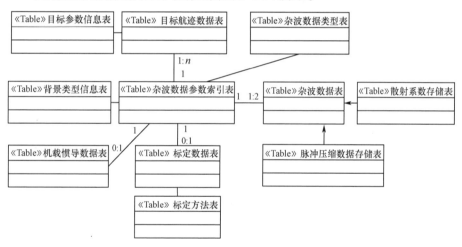

图4.34　杂波相关数据关系图

3)与杂波分析建模相关的数据表

该数据表主要用来描述对杂波数据的分析及统计建模结果,包括杂波特性表、杂波模型类型表和杂波模型参数表。杂波特性包括杂波幅度均值(散射系数)、幅度分布、频谱、时间相关、空间相关等;杂波模型类型包括幅度均值(散射系数)模型、幅度分布模型、频谱(含空间谱、时间谱以及随机过程谱)模型、空间相关(距离向相关、方位向相关)模型等名称、函数形式以及模型的应用背景说明;模型参数包括模型本身的参数以及参与模型分析的杂波数据的相关参数,具体包括模型编号、模型参数、建模数据编号、开始距离门、结束距离门、开始波位、结束波位等。模型数据之间的关系如图4.35所示。

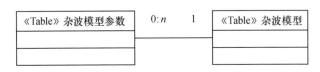

図 4.35　杂波模型关系图

4）与测量环境相关的数据表

该数据表主要由杂波测量时的地面环境数据表、海面环境数据表、气象数据表以及这些数据的来源描述等组成。例如，气象数据表用于描述杂波数据采集时的天气情况，由时间、采集地点、经度、纬度、温度、湿度、风力、天气描述（包括雨、雾、雪等）、气压、风速、风向、采集高度、数据来源（如风速仪）等组成；波浪数据表用于描述波浪的实际形态，按照波浪数据描述的标准，主要由数据来源、地点、时间、经度、纬度、温度、盐度、波型、波向、最大波向、平均波向、平均波高、有效波高、1/10 波高、最大波高、1/10 波周期、平均波周期、最大波周期、有效波周期、涌向、涌高、流速、流向组成；波浪仪设备属性表用于描述波浪仪设备本身的性能指标，由波浪仪型号、波高、波向、水温、周期、说明等字段组成；风速仪设备属性表用于描述风速仪设备本身的性能指标，由风速仪型号、数据输出率、风速范围、风速精度、风向、接口类型、工作温度等字段组成。气象数据与波浪数据的关系如图 4.36 所示。

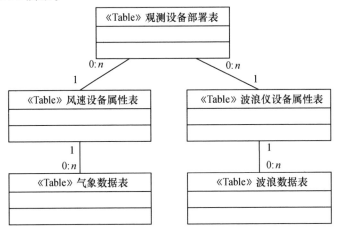

图 4.36　环境数据关系图

在上述数据表的基础上，建立数据表之间的关联视图，如表 4.3 所示。例如，基于海洋环境数据的快速检索视图，建立了海洋环境数据与海杂波数据之间的对应关系，进行海杂波数据检索时，通过设置温度、盐度、波向、平均波向、平均波周期、有效波高、有效波周期等一个或多个字段作为查询条件，在存在满足查询条件的数据记录时，即可提取对应的海杂波数据，实现对地海杂波数据的快速检索。随着业务功能的不断扩展，后期可以根据不同的应用需求，建立不同的视图，达到满足应用的目的。

表 4.3　数据库检索视图

序号	分 类	视图名称
1	基于气象数据检索视图	气象数据—脉压数据检索视图
		气象数据—散射系数数据检索视图
2	基于海洋环境数据检索视图	海洋环境数据—海杂波脉压数据检索视图
		海洋环境数据—海杂波散射系数数据检索视图
3	综合检索视图	气象数据—海洋环境数据—脉压数据检索视图
		气象数据—海洋环境数据—散射系数数据检索视图

2. 表空间与分区

除了数据库表的设计外，数据的实际存储结构设计也是非常重要的。它将直接影响数据查询的性能，尤其是随着数据量或数据记录数的快速增长。通过表空间及其分区设计，可较好实现对数据的高效存储。

表空间是一个或多个数据文件的集合，所有的数据对象都是存放在表空间中，尤其是数据表。表分区是将数据记录按照一定的条件分成成百上千个分区，如按照数据记录的测量时间进行范围分区、按照数据记录的波段进行列表分区等，这样的设计有助于提高数据的查询性能。

1）表空间

对于 Oracle 数据库来说，数据库中存储的数据最终在物理层面是通过一系列的数据文件来体现。而与之对应的逻辑结构层次就是表空间（Tablespace）[12]。表空间是逻辑实体，每个应用程序的表和索引都作为一个段存储，而这些段都存储在作为表空间成分的数据文件中。在 Oracle 10g 之前的版本，表空间均为小文件表空间，即一个表空间对应多个数据文件（在理论上可以对应 1024 个数据文件）。小文件表空间每个文件最多包括 4M 个数据块，按照一个数据块 8KB 的大小计算，最大文件为 32GB。每个小文件表空间理论上能够包括 1024 个数据文件，表空间能够管理的数据容量最大值为 32TB。而在 Oracle 10g 之后的版本中，具有大文件表空间和小文件表空间两类。大文件表空间与数据文件是一一对应关系，即一个大文件表空间只能对应一个非常大的数据文件。同时，大文件表空间相比小文件表空间具有更强大的数据块容纳能力，最多能够包含 4G 个数据库块，同样按照数据 8KB 计算，最大文件为 32TB，理论上小文件表空间和大文件表空间总容量相同。但是，需要管理的数据文件个数只有小文件表空间的 1/1024。

地海杂波数据包含多个距离门（几十个至上千个）的一系列脉冲数据。单个记录实体的数据量一般在几十兆字节至几个吉字节之间,脉冲数在几百个至几十万个之间。表4.4中给出了典型的两个波段两种平台的三组数据,可以看出,单组记录的数据量和脉冲个数是非常大的。如果采用小文件表空间的方式,随着测量数据的增加,表空间以及表空间中的数据文件,将成倍的增加。而如果采用大文件表空间方式,结合数据库集群应用中的ASM存储技术,即可实现大文件表空间与数据文件的一一对应,将大幅减少数据库需要管理的数据文件数量、系统全局区(System Global Area, SGA)中关于数据文件的信息以及控制文件的容量。利用数据文件对用户完全透明的特性,使得用户只须关注对表空间执行管理操作,而无须关心处于底层的数据文件。在对磁盘空间管理、备份和恢复时,大文件表空间成为主要的操作对象。因此,采用大文件表空间简化了数据库管理工作。

表4.4 单组数据大小与脉冲数

波段与平台	测量时间	文件大小/MB	脉冲数/个	距离门数据
S波段机载数据	2013年10月30日	11428	24787	6000
S波段岸基数据	2014年9月1日	285.96	36000	1000
P波段岸基数据	2015年8月5日	240.5	120252	500

据此,可以以数据类型为基础、不同波段为辅助,建立地海杂波数据库的表空间,为数据的存储规划逻辑存储实体,如表4.5所示。其中,脉冲压缩数据表空间与散射系数表空间分别按波段建立对应的表空间,地海环境数据、气象数据、杂波参数数据分别建立相应的表空间。不同的表空间由ASM自动进行存储管理,并将与表空间对应的物理磁盘文件放置在一组磁盘组中,在条件许可的情况下也可以存放在不同的磁盘组中,ASM将自动实现负荷均衡。利用Oracle内置的逻辑卷标管理功能(Logical Volume Manager, LVM)实现的镜像与条带化,将极大提高数据库的可靠性和性能。

表4.5 数据库主要表空间规划表

序号	表空间名称		序号	表空间名称	
1	脉冲压缩数据表空间	PBAND_PULSECOM_TS	8	散射系数表空间	PBAND_SIGMA_TS
2		LBAND_PULSECOM_TS	9		LBAND_SIGMA_TS
3		SBAND_PULSECOM_TS	10		SBAND_SIGMA_TS
4		XBAND_PULSECOM_TS	11		XBAND_SIGMA_TS
5		KUBAND_PULSECOM_TS	12		KUBAND_SIGMA_TS
6	海洋(地面)环境数据	OCEAN_ENVIR_TS	13	杂波数据参数	CLUTTER_PARAMETER_TS
7	气象数据	WEATHER_ENVIR_TS	—	—	—

2）分区

随着地海杂波测量数据的不断入库,数据库表中数据也不断增加,一个表具有几太字节甚至几十太字节的数据是司空见惯的事情。在这种情况下,如果仅仅采用索引技术,数据的查询、更新等各方面的操作性能将不可避免地出现下降。为此,采用分区设计方法,这种状况将会得到较大改观。

分区是将一个大表从逻辑上划分为相对较小的块,所有的块共享相同的逻辑定义、列定义和约束。在将一个数百万行数据的表分成成百上千个分区时,查询响应时间可大大缩短。在某些繁忙的环境下,每个小时都可能创建新的分区。分区直接带来了良好的查询性能,因为数据库只需要搜索表的相关分区就可以完成查询。在进行分区表创建的时候,还可以采用将分区创建在不同的磁盘上,这样将可以增加数据的 I/O 能力,配合 Oracle 的并行 DML 特性,分区表将提供更好的性能。

Oracle 提供了 6 种不同的分区表方法,分别为范围分区、间隔分区、散列分区、列表分区、引用分区和系统分区。除此之外,还可以基本分区表为基础,进行两两组合,形成组合分区,将数据划分成更小的子分区策略,实现更有效的数据管理。常见的组合分区有范围—散列分区、范围—列表分区、范围—范围分区、列表—列表分区、列表—散列分区、列表—范围分区等。图 4.37 给出了以波段为基础的列表分区杂波数据存储关系图,不同波段对应的数据存储在对应的表空间中。例如,当用户提取 X 波段对应的数据时,可以通过 XBAND_PART 分

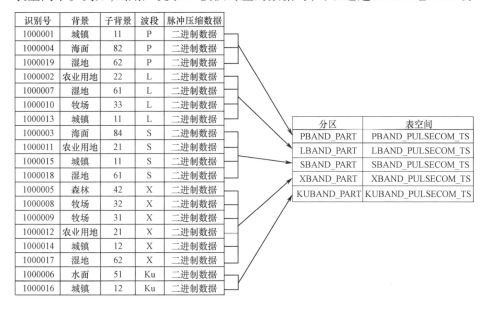

图 4.37 列表分区数据存储管理示意图

区定位到 XBAND_PULSECOM_TS 表空间对应的物理地址,如果用户需要提取波段为 X、背景子类型为 62 的数据时,需要在 XBAND_PART 分区中对所有背景子类型(42、32、31、21、12、62、85)经过扫描后才能得到所需的数据。图 4.38 则给出了以波段与背景子类型为基础,采用列表 – 列表组合分区的数据存储关系图,以波段定义表空间,以背景子类型 + 波段的方式建立子分区进行管理。同样,当用户提取波段为 X、背景子类型为 62 的数据时,就可以通过分区 XBAND_PART – 子分区 XBAND_PART_62 直接定位,数据查询的效率相比于图 4.37 列表分区的方式明显提高了,尤其是数据记录在几十万条甚至更多的情况下,性能提升效果是显著的。当然,这样的设计方法,相应增加了数据库管理的复杂程度。

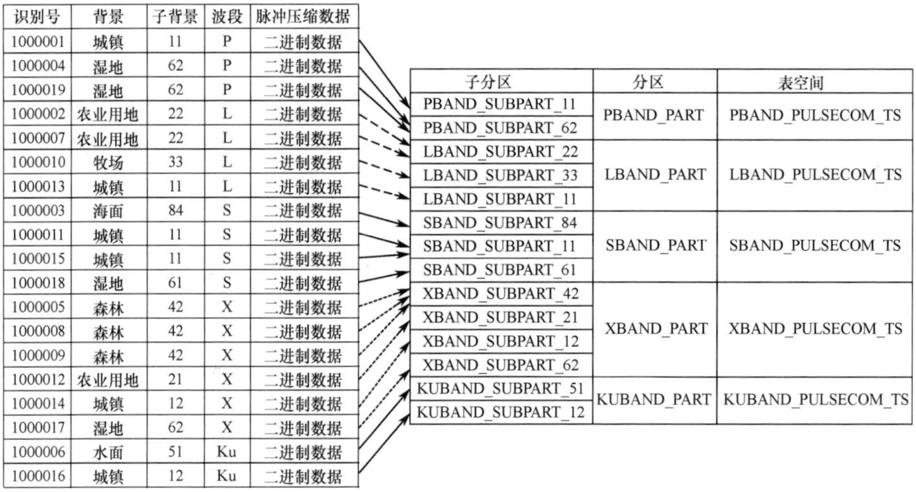

识别号	背景	子背景	波段	脉冲压缩数据
1000001	城镇	11	P	二进制数据
1000004	湿地	62	P	二进制数据
1000019	湿地	62	P	二进制数据
1000002	农业用地	22	L	二进制数据
1000007	农业用地	22	L	二进制数据
1000010	牧场	33	L	二进制数据
1000013	城镇	11	L	二进制数据
1000003	海面	84	S	二进制数据
1000011	城镇	11	S	二进制数据
1000015	城镇	11	S	二进制数据
1000018	湿地	61	S	二进制数据
1000005	森林	42	X	二进制数据
1000008	森林	42	X	二进制数据
1000009	森林	42	X	二进制数据
1000012	农业用地	21	X	二进制数据
1000014	城镇	12	X	二进制数据
1000017	湿地	62	X	二进制数据
1000006	水面	51	Ku	二进制数据
1000016	城镇	12	Ku	二进制数据

子分区	分区	表空间
PBAND_SUBPART_11	PBAND_PART	PBAND_PULSECOM_TS
PBAND_SUBPART_62		
LBAND_SUBPART_22	LBAND_PART	LBAND_PULSECOM_TS
LBAND_SUBPART_33		
LBAND_SUBPART_11		
SBAND_SUBPART_84	SBAND_PART	SBAND_PULSECOM_TS
SBAND_SUBPART_11		
SBAND_SUBPART_61		
XBAND_SUBPART_42	XBAND_PART	XBAND_PULSECOM_TS
XBAND_SUBPART_21		
XBAND_SUBPART_12		
XBAND_SUBPART_62		
KUBAND_SUBPART_51	KUBAND_PART	KUBAND_PULSECOM_TS
KUBAND_SUBPART_12		

图 4.38 列表—列表分区数据存储管理示意图

表 4.6 中给出了背景类型与背景子类型的编码对应关系,以列表—列表组合分区方式,建立波段、表空间、分区、子分区的对照关系表。在列表—列表组合分区设计过程中,表空间、列表分区以及子列表分区(表 4.7)的名称,可以按照一定的意义进行命名,如与波段对应的表空间可命名为波段_数据类型_TS,其中 TS 取表空间(TableSpace)中 Table 的首字母与 Space 的首字母组成,与波段对应的分区可命名为波段_数据类型_PART,其中 PART 为分区(Partition)的前四个字母,与波段对应的子分区可命名为波段_数据类型_SUBPART_背景子类型编码,其中 SUBPART 是子分区(Subpartition)的前几个子母组成。分区的数量与波段以及数据类型密切相关,子分区的个数与波段、背景类型、背景子类型密切相关。

表 4.6　背景类型与背景子类型编码关系对照表

背景类型	类型编码	背景子类型	子类型编码
城镇	1	居民区	11
		商业区	12
农业用地	2	庄稼地	21
		草地	22
牧场	3	草本植物	31
		灌木	32
		混合区	33
森林	4	落叶林	41
		松树	42
		混合区	43
水面	5	河流	51
		湖泊	52
湿地	6	草木丛生	61
		无草木	62
荒地	7	荒地	71
海面	8	$H_{1/3} \leqslant 1$ 英尺	81
		$H_{1/3} = 1 \sim 3$ 英尺	82
		$H_{1/3} = 3 \sim 5$ 英尺	83
		$H_{1/3} = 5 \sim 8$ 英尺	84
		$H_{1/3} = 8 \sim 12$ 英尺	85
		$H_{1/3} = 12 \sim 20$ 英尺	86
		$H_{1/3} = 20 \sim 40$ 英尺	87
		$H_{1/3} > 40$ 英尺	88

表 4.7　波段—表空间—分区—子分区对照关系表

波段	表空间	列表分区	子列表分区
P	P 波段数据存储表空间	P 波段列表分区	P 波段子列表_11 P 波段子列表_12 … P 波段子列表_88
L	L 波段数据存储表空间	L 波段列表分区	L 波段子列表_11 L 波段子列表_12 … L 波段子列表_88

波段	表空间	列表分区	子列表分区
S	S 波段数据存储表空间	S 波段列表分区	S 波段子列表_11 S 波段子列表_12 … S 波段子列表_88
X	X 波段数据存储表空间	X 波段列表分区	X 波段子列表_11 X 波段子列表_12 … X 波段子列表_88
Ku	Ku 波段数据存储表空间	Ku 波段列表分区	Ku 波段子列表_11 Ku 波段子列表_12 … Ku 波段子列表_88

3. 数据库完整性

所谓数据库完整性是指数据库中数据在逻辑上的一致性、正确性、有效性和相容性。数据库完整性有各种各样的完整性约束来保证。因此,可以说数据库完整性设计就是数据库完整性约束的设计。地海杂波数据库属于关系数据库,下面从实体完整性、域完整性、参照完整性实现对数据库的完整性设计。

1）实体完整性

实体完整性是为了确保数据库表中数据记录行的非空、唯一且不重复。在地海杂波数据库中,为了实现实体完整性,采用建立主键的方式,利用数据库表主键的惟一性,达到实体记录的惟一性,从而保证数据记录实体的完整性,为域完整性的建立奠定基础。地海杂波数据库表与主键对应的关系表如表 4.8 所示。

表 4.8　数据库表与主键对应关系表

序号	表 名 称	主键标识
1	雷达属性数据表	RADAR_ID
2	雷达工作状态表	RADAR_WORK_ID
3	雷达工作模式表	RADAR_WORK_MOD_ID
4	杂波数据参数索引表	CLUT_DATA_ID
5	脉冲压缩数据存储表	IMP_COM_DATA_ID
6	杂波散射系数数据表	SIGMA_DATA_ID
7	标定方法表	SCALE_METH_ID

（续）

序号	表 名 称	主键标识
8	标定数据表	SCALE_DATA_ID
9	杂波模型表	CLUT_MOD_ID
10	杂波模型参数表	CLUT_MOD_PARA_ID
11	目标参数信息表	TGT_PARA_INFO_ID
12	目标航迹数据表	TGT_TRACK_PARA_ID
13	机载惯导数据表	FLGHT_INS_ID
14	气象数据表	WEATH_DATA_ID
15	波浪数据表	WAVA_DATA_ID
16	背景数据类型信息表	BKGND_TYPE_INFO_ID
17	观测设备部署表	EQUIPT_DEP_ID
18	波浪仪设备属性表	WAVE_EQUIP_ID
19	风速仪设备属性表	WIND_EQUIP_ID

2）域完整性

域完整性是对数据库表中的列进行约束，使其满足某种特定的数据类型或约束，如对列的取值范围、精度等规定。对于地海杂波数据库中字段的相关属性值的范围与精度的定义，可参照相关标准或规范，如散射系数的取值范围为 -60dB ~ 30dB，精度为小数后 2 位；波高的取值范围为 0 ~ 40m，精度为小数后 1 位等。除了对数据库表中列进行取值范围与精度规定外，最主要的是对数据库表外键的设计，建立表与表之间的关联，结合主键维护地海杂波数据库实体的完整性。表之间主键与外键的关系如图 4.39 所示。以雷达属性数据表的主键（RADAR_ID）作为雷达工作状态表、雷达工作模式表和杂波数据参数索引表的外键，以雷达工作状态表的主键（RADAR_WORK_ID）作为杂波数据参数索引表的外键，以杂波数据参数索引表的主键（CLUT_DATA_ID）作为脉冲压缩数据存储表、散射系数数据存储表、杂波模型表的外键，从而建立了杂波数据与雷达相关数据之间的联系，实现了基于杂波数据参数索引表进行数据查询获取脉冲压缩数据、散射系数数据，为杂波数据建立了检索的基础。以目标参数信息表的主键（TGT_PARA_INFO_ID）作为目标航迹数据表的外键，建立了目标与航迹数据的联系。如果杂波数据中包含目标，那么在进行数据入库时，通过客户端软件实现对目标航迹数据的关联，将目标航迹数据表的主键信息写入到杂波数据参数索引表中，实现目标航迹数据与杂波数据之间的关联。

3）参照完整性

参照完整性属于表间规则。对于永久关系的相关表，在插入或删除记录时，

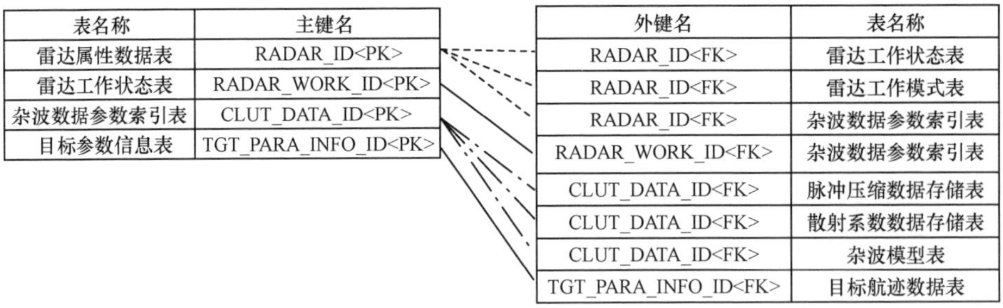

表名称	主键名
雷达属性数据表	RADAR_ID\<PK>
雷达工作状态表	RADAR_WORK_ID\<PK>
杂波数据参数索引表	CLUT_DATA_ID\<PK>
目标参数信息表	TGT_PARA_INFO_ID\<PK>

外键名	表名称
RADAR_ID\<FK>	雷达工作状态表
RADAR_ID\<FK>	雷达工作模式表
RADAR_ID\<FK>	杂波数据参数索引表
RADAR_WORK_ID\<FK>	杂波数据参数索引表
CLUT_DATA_ID\<FK>	脉冲压缩数据存储表
CLUT_DATA_ID\<FK>	散射系数数据存储表
CLUT_DATA_ID\<FK>	杂波模型表
TGT_PARA_INFO_ID\<FK>	目标航迹数据表

图 4.39　表之间主键与外键关系图

如果只改其一,就会影响数据的完整性。按照图 4.39 建立的表之间主键与外键关系,图 4.40 给出了参照完整性数据删除实例。假如要删除雷达属性数据表中主键值 RADAR_ID 为 10 的一条件记录,而没有删除雷达工作状态表、雷达工作模式表以及杂波数据参数索引表中 RADAR_ID 外键值为 10 的记录时,将导致杂波数据参数索引表、雷达工作状态表、雷达工作模式表中 RADAR_ID 为 10 的记录处于孤立状态,从而导致不满足数据库的参照完整性要求。为此,可以在地海杂波数据库中建立触发器机制,具体描述如下:

(1) 建立行级触发器,实时监控数据插入、更新、删除等数据库操作行为,自动维护数据库的参照完整性。

(2) 建立 INSTEAD OF 触发器,实现利用视图对基表的数据更新操作。

(3) 建立模式触发器,阻止 DDL 操作以及在发生 DDL 操作时提供额外的安全监控。

(4) 建立数据库级触发器,实现对数据库进行维护或审计。

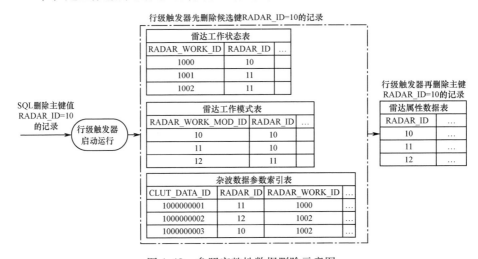

图 4.40　参照完整性数据删除示意图

建立触发器机制,不但可以确保数据库的参照完整性,而且可以大大降低数据库维护难度。

4. 数据库运行与维护

数据库安全可靠地运行与日常维护、备份等是密不可分的。为了保证数据库系统的安全性,降低因各种故障、灾难带来的数据丢失,应根据数据库系统运行的实际情况,规划建立完善的备份恢复机制以及日常维护机制,以确保数据库系统的安全可靠运行。

1）数据库的备份与恢复

数据库备份的目的是避免数据的损失,为数据库恢复作准备。数据库备份从备份的内容而言,主要是保存数据库文件的副本,包括数据文件、控制文件和归档重做日志文件等。数据库备份从技术而言,包括逻辑备份和物理备份。从方法而言,包括操作系统的执行程序(如拷贝)和 Oracle 的 RMAN 程序。不同的数据库可以依据实际应用情况,建立不同的备份机制。对于地海杂波数据库来说,由于数据更新速度相对较慢、测量雷达日采集数据记录为几十条至上百条,且对脉冲压缩数据以及散射系数数据采用数据库和磁带库双线存储方式。因此,可利用 Oracle 的 RMAN 程序进行逻辑备份与物理备份相结合,实现对数据库文件及相关副本的备份。具体备份策略如下:

（1）对不同波段的散射系数数据和脉冲压缩数据以增量备份为主,每月的最后一天执行一个级别为 0 的增量备份,每周的星期天执行一个级别为 1 的差异增量备份。

（2）对于其他数据采用完整备份与增量备份相结合的方式,每月的最后一天执行一次完整备份,星期天执行一个级别为 0 的增量备份。

（3）对控制文件和归档重做日志文件,每半月执行一次物理备份。

（4）对备份的结果按照增量备份的方式,备份至磁带库。

（5）定期检查数据库备份的结果并进行相应的有效性测试。

2）数据库运维

数据库运维是保证地海杂波数据库系统稳定、高效、可靠运行的基础。以 Oracle 为例,对数据库运维的具体内容如表 4.9 所示,数据库管理员需要定期开展检查,并对产生问题的原因进行记录与分析,确保数据库正常运行。

表 4.9　数据库运维项目表

数据库检查项	具 体 内 容
检查数据库基本情况	检查 Oracle 实例状态
	检查 Oracle 服务进程
	检查 Oracle 监听进程

数据库检查项	具 体 内 容
检查系统和 Oracle 日志文件	检查操作系统的日志文件
	检查 Oracle 日志文件
	检查 Oracle 核心转储目录
	检查 Root 用户
检查 Oracle 对象状态	检查 Oracle 控制文件状态
	检查 Oracle 在线日志文件状态
	检查 Oracle 表空间状态
	检查 Oracle 所有表、索引、存储过程、触发器、包等对象状态
	检查 Oracle 所有回滚段的状态

4.3.4 基于 GIS 的地杂波特性分析

在上述地杂波数据库的基础上,中国电波传播研究所开发了基于地理信息系统的雷达杂波评估与应用系统[15],旨在分析并直观展示杂波特性与地面环境间的依存关系。

该系统主要由 GIS 数据库、地杂波数据库和杂波评估与应用客户端软件三部分组成,见图 4.41。GIS 数据库由高程数据和矢量图层数据组成,完成对实际地形地貌的描述。地杂波数据库由地面散射特性数据、平台和雷达参数、气象数据、地物参数等组成,是地杂波特性分析的基础。客户端软件是在 GIS 数据和杂波数据的基础上实现对数据的可视化,直观展示杂波特性与地形地貌的关系。客户端软件与杂波数据库之间采用 C/S 架构。

GIS 数据库采用数据库引擎文件技术,即将 GIS 数据分成等大小的图幅,按一定的规则进行存储,并对其建立索引,从而实现对矢量数据和高程数据的一体化管理。数据库引擎文件技术,相对于地理信息系统专业开发工具(MapInfo、SuperMap GIS、ArcGIS 等),具有较高的灵活性、可扩展性。图 4.42 为 GIS 数据库的数据组织结构,在 GIS 数据的提取过程中,依据视图窗口显示或设定的经纬度范围,通过引擎文件快速定位矢量数据和高程数据并提取,为 GIS 的可视化服务。

采用开放图形库(Open Graphics Library, OpenGL)三维技术[16],实现对三维数字地形图的直观展示。杂波数据作为三维数字地形图中的一个图层,利用 OpenGL 中的纹理技术,实现杂波数据与三维数字地形图的完美融合。矢量数据(如公路、铁路、河流等数据)同样作为三维数字地形图中的图层,需要进行相

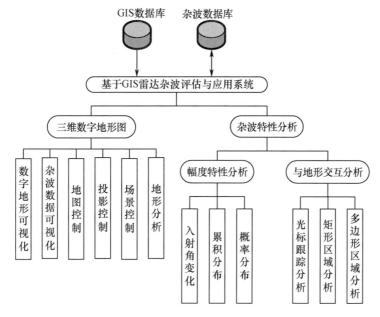

图 4.41 基于 GIS 雷达杂波评估与应用系统结构图

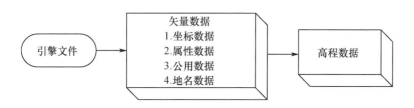

图 4.42 GIS 数据库数据组织结构图

应的处理,即以空间坐标为基础,将矢量数据归化至与高程数据相邻的格网,并将归化后的坐标点计算相邻顶点的斜率,对相应区域的高程数据进行内插等处理后,利用 OpenGL 图形绘制技术,实现相应矢量数据图层的绘制与显示。图4.43 给出了一个沙漠地形散射系数的直观显示图。作为一个 GIS 平台,该系统具有地图控制(缩放、旋转、漫游等)、投影控制(正交投影、透视投影等)、场景控制(光源控制、颜色控制等)以及地形分析(量算距离、线段坡度、两点通视等)功能。

在可视化地杂波数据的基础上,用户可以通过跟踪鼠标,实时显示鼠标对应位置的杂波值大小,也可以通过鼠标或输入界面设定矩形区域或任意多边形区域,对设定范围内的杂波情况和地形情况进行对比分析,如基于海拔高度的最大值、最小值、平均值,坡度的最大值、最小值、平均值以及杂波强度的最大值、最小值、平均值等进行对比分析,了解杂波强弱与地形地貌之间的关系。

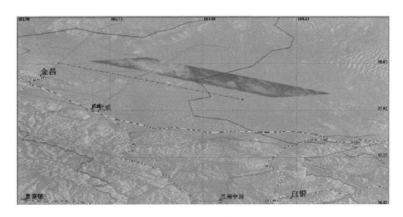

图 4.43　杂波数据与三维数字地形融合显示效果图

参考文献

［1］ DALEY J C,RANSONE JR. J T,BURKETT J A. Radar Sea Return – JOSS I［R］. Washington DC：Naval Research Laboratory,1971.

［2］ DALEY J C,RANSONE JR. J T,DAVIS W T. Radar Sea Return – JOSS II［R］. Washington DC：Naval Research Laboratory,1973.

［3］ DONG Y and MERRETT D. Analysis of L – band multi – channel sea clutter［R］. Edinburgh, South Australia：Electronic Warfare and Radar Division,Defence Science and Technology Organisation,2010.

［4］ ANTIPOV I. Statistical analysis of northern Australian coastline sea clutter data［R］. Edinburgh,South Australia：DSTO Electronics and Surveillance Research Laboratory,2001.

［5］ DROSOPOULOS A. Description of the OHGR database［R］. Ottawa,Canada：Defence Research Establishment Ottawa,1994.

［6］ WIND H J D,CILLERS J C,and HERSELMAN P L［J］. DataWare：sea clutter and small boat radar reflectivity databases,IEEE Signal Processing Magazine,2010,27(2)：145 – 148.

［7］ DONG Y,MERRETT D. Statistical measures of S – band Sea Clutter and Targets［R］. Edinburgh,South Australia：Electronic Warfare and Radar Division,Defence Science and Technology Organisation,2008.

［8］ KLEMN R. Applications of space – time adaptive processing. IET Digital Library,2004；956.

［9］ BAKKER R,CURRIE B. The McMaster IPIX radar sea clutter database. ［2002 – 5 – 20］. http：//soma. crl. mcmaster. ca/ipix.

［10］ 温昱. 软件架构设计. 北京：电子工业出版社,2014.

［11］ 唐汉明,翟振兴,关宝军,等. 深入浅出 MySQL 数据库开发、优化与管理维护. 北京：人民邮电出版社,2014.

［12］ Sam R. Alapati. Oracle Database 11g 数据库管理艺术. 北京：人民邮电出版社,2010.

［13］ 何雄. Oracle Spatial 与 OCI 高级编程. 北京：中国铁道出版社,2006.

雷达地海杂波测量与建模

[14] 刘彦明．计算机软件技术基础教程．西安:西安电子科技大学出版社,2001.

[15] 张浙东,田霞,李慧明,等．基于地理信息系统的雷达杂波评估与应用系统．计算机应用,2011,31(增刊1):152-154.

[16] 和克智．OpenGL 编程技术详解．北京:化学工业出版社,2012.

第 5 章
地杂波特性与建模

▨ 5.1 引　　言

　　相对于海杂波和气象杂波而言,地杂波特性更加难以描述和建模。主要有几个方面的原因。第一,地面基本元素构成复杂,自然地表面如沙地、土壤、岩石等,从沟渠或水泡流入河流的小水体,人造结构,植被如草、农作物、灌木和树木等。这些地面基本元素对电磁波的散射一般是空间非均匀的,既有体散射,又有面散射。第二,地形、地物类型繁多,随季节气候变化将引起散射特性的季节变化甚至日变化。第三,许多地区包含日渐增加的人造散射体或人为改变对地面散射(即地杂波)统计特性起主要作用的地物类型和植被。第四,即使对同一种地物类型,其散射特性与擦地角、频率、极化、风速和土壤湿度、雷达分辨单元大小甚至方位角具有复杂的依赖关系。此外,地形的粗糙程度也限制了对雷达回波功率随地形、植被变化关系的准确认知,特别是对于小擦地角粗糙度引起的遮蔽效应使得地表面散射的幅度特征更加复杂。

　　理论上讲,在地面的几何形状和介电特性已知的情况下,可以数值求解麦克斯韦方程得到地面的散射特性。但是,由于地表特征的复杂性和时变性,难以实现理论方法的准确描述与模拟计算,因此,通常情况下人们更偏向于利用实验(试验)数据对地杂波特性进行研究。而在一定简化条件下的理论模型则可辅助用于对实验(试验)现象的定性物理解释。

　　由于雷达照射波束的空间变化或波束内地面散射体随时间的变化,雷达分辨单元内大量随机散射中心的后向散射场矢量相加引起杂波幅度和相位的时空变化,因此,对地杂波特性的描述通常采用统计方法。地面对雷达波的散射强度采用地面散射系数的均值(或中值)来表示。地杂波随时间和空间变化特性可用幅度统计分布和频谱来表示,幅度分布给出杂波的幅值与百分位的对应关系,频谱则给出地杂波时间序列在各频带上能量分布信息。地面参数的多样性和随机性决定了地杂波是多参数变量。地杂波统计建模所建立的模型主要包括能够体现地杂波统计特性的散射系数均值、幅度分布及其分布参数、频谱特性与雷达参数和地面参数之间的定量或半定量关系,以应用于地杂波背景下的雷达系统设计、目标检测性能评估和自适应杂波抑制等方面。

　　本章基于多年来国内外开展的大量地杂波测量数据,系统分析地杂波特性随雷达参数(如频率、极化、擦地角、分辨单元等)及地形、地物参数(如粗糙度、植被等)的变化趋势,对建立在数据统计分析基础上的地杂波幅度、频谱等特性的经验和半经验模型进行全面介绍。针对近年来机载雷达空时二维自适应(Space Time Adaptive Processing,STAP)技术的发展,本章最后介绍空时二维地杂波特性仿真方法,可为 STAP 应用提供参考。

5.2　地面散射系数基本特性与模型

　　对于地面分布式目标,其杂波强度通常用单位面积的雷达散射截面来表征,又称为后向散射系数、杂波系数等,用 $\sigma°$ 来表示,是一个无量纲量[1]。由于地面的地形和植被覆盖的多样性,雷达波束照射区域内散射点的运动和散射点的变化都会引起杂波在时间和空间上的起伏,因此地杂波是一种随机信号,地杂波的强度通常是由它的后向散射系数均值或者各分位点值来刻画。例如,对于脉冲多普勒雷达[2],首先结合外定标得到的雷达系统常数以及雷达参数,按照第 3 章的雷达方程将雷达接收到的每个脉冲(时间)不同距离门(对应不同的擦地角)的地面散射回波功率转化为后向散射系数值。然后对每个距离门的不同时间的散射系数按从大到小排序,分别计算出散射系数的 5%、25%、50%、75% 和 95%的分位点值和平均值(均值)。各分位点值表示有对应该百分数的散射系数样本大于该分位点值,而 50% 分位点值对应散射系数的中值,后续论述中若不特别说明则地面散射系数是指散射系数均值。最后分析地面散射系数均值以及各分位点值随雷达参数和地物参数的变化趋势及定量关系。

5.2.1　散射系数与参数的关系

1. 散射系数与擦地角的一般关系

　　在不同的擦地角下,对于同一地面起决定作用的散射机制是不同的。一般而言,对于同极化,散射系数随擦地角的变化根据散射机制不同可分为三个独立的区间[3],即近掠射区(阴影区)、平直区(平坦区)和近垂直入射区(准镜面反射区),如图 5.1 所示。在每个区间,散射系数与擦地角的依赖关系可以用一定的散射机制解释。在近掠射区(小擦地角),由于遮蔽和多路径干涉效应,散射系数随擦地角的变化情况较复杂,通常表现为下降的趋势。对于平直区,粗糙面非相干散射是主要的散射机制,散射系数随擦地角的变化较小。在近

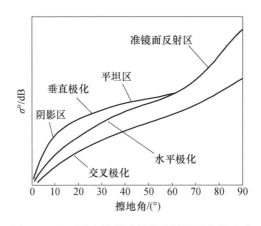

图 5.1　地面后向散射系数均值随擦地角的变化

垂直入射区,以相干的镜像反射为主要散射机制,散射系数随擦地角减小而快速下降。三个区间的界限划分与地面状况(如粗糙度和介电常数等)、雷达频率和极化等有关,且不同频率、不同粗糙程度地面的散射系数会在近垂直区和平直区的过渡部分出现交叉。草地、庄稼地和树林的 X 波段和 Ka 波段测试数据表明,平直区和近掠入射区的过渡点可能在 10°附近。交叉极化的散射没有区分准镜面反射区和平直区(平直区扩展到准镜面区),且对是否存在阴影区知之甚少。

　　图 5.2 给出了中国电波传播研究所用车载散射计测得的 L、S、X 波段 HH 和 VV 极化戈壁地形的散射系数随擦地角的变化[4],可以看出在中等擦地角(20° ~ 70°)范围,散射系数随擦地角的增加而增加。在较小的擦地角(10° ~ 20°),散射系数随擦地角的变化情况较复杂。

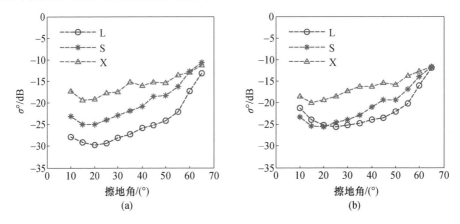

图 5.2　L、S 和 X 波段戈壁地形的散射系数均值随擦地角变化

(a)HH 极化;(b)VV 极化。

2. 散射系数与频率的一般关系

关于散射系数与频率的关系,所有试验(实验)结果并不完全一致。大多数试验结果表明散射系数随雷达频率的增大而增大,即随雷达波长的减小而增大。在频率较低时,散射系数较小,随着频率的升高,散射系数有逐渐增大的趋势,但在不同的频段这种变化趋势可能不同。到达一定的频段后,散射系数随频率有可能不再增加。一般来讲 $\sigma°$ 与频率的关系可用 $\sigma° \propto f^n$ 来表示,n 的取值为 $0 \sim 2$。

图 5.3 和图 5.4 为美国海军实验室[5]在 1968 年测量获得的城市、农村、沼泽地、沙漠地形的 HH 和 VV 极化散射系数中值随雷达频率的变化。图 5.3 中曲线 1~10 分别为入射角 8°时菲尼克斯闹市区(样本量 1000)、菲尼克斯市区(样本量大于 25000)、纽约住宅区、纽约州农村、低矮粗糙的丘陵、亚利桑那州山区、亚利桑那州沙漠、亚利桑那州农耕地、纽约州沼泽地、特拉华湾的散射系数中值,给出的散射系数中值比均值小 1.6 ~ 3dB。图 5.4 中曲线 1~7 为入射角 30°时菲尼克斯市区、纽约住宅区、纽约州农村、亚利桑那州沙漠、亚利桑那州山区、纽约州沼泽地和特拉华湾的散射系数中值随频率的变化。除了对于沼泽地形的 $\sigma°$ 随频率的增大而增加较快,可用 $n \approx 2$ 来表示 $\sigma°$ 在 UHF 波段和 X 波段之间的变化,可用 $0 \leqslant n \leqslant 1$ 表示其他大部分地形的 $\sigma°$ 随频率的变化。

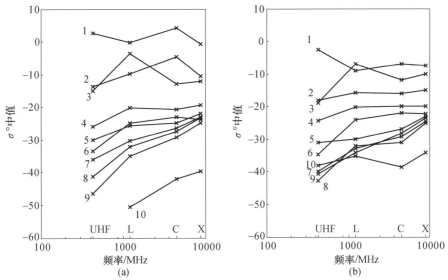

图 5.3 多种地形地杂波中值随频率的变化(入射角 8°)

(a)HH 极化;(b)VV 极化。

3. 散射系数与极化的一般关系

散射系数与雷达极化有较大的相关性,一些情况下,垂直极化(VV)要大于水平(HH)极化,而在某些情况下,二者基本相同。交叉极化(HV 或 VH)的散

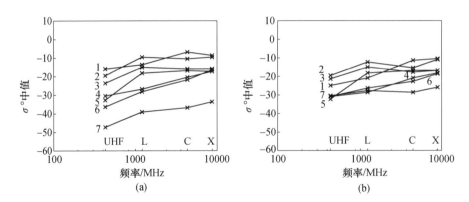

图 5.4　多种地形散射系数中值随频率的变化(入射角 30°)

(a) HH 极化; (b) VV 极化。

射系数则要比同极化小很多,与雷达参数和地面条件有关。

　　美国林肯试验室[6]在 1991 年对 42 个地点进行多频段地杂波数据分析后指出,HH 和 VV 极化的均值差异是相当小的,天气和季节的变化对极化的差异影响也较小。总体而言,VV 和 HH 极化比值的均值大约为 1.5dB。然而,偶尔特定的测量显示有较大的不同。例如,非常极端的例子,使用 VHF 频段对陡峭的山地从两个不同的地点进行测量时,VV 极化比 HH 极化大 7~8dB。表 5.1 给出了不同地形的 VV 和 HH 极化比值的平均值和中值。尽管两种极化的平均值差别较小,VV 极化平均值超过 HH 极化平均值较多。

表 5.1　不同地形 VV 和 HH 极化散射系数的比值

地物类型	中值/dB	平均值/dB	标准偏差/dB
城市	1.07	0.66	2.76
山区	1.16	2.37	2.81
森林	1.23	1.2	2.05
农田	4.8	3.64	3.79
沙漠、湿地或草地	2.37	2.19	2.5

　　对于有植被(树林)覆盖的地形,其后向散射由地表面的散射、树干 - 地面两次散射、树干或树枝的后向散射、树冠 - 地面多次散射、树冠的体散射几种不同的散射机制构成。HH 和 VV 极化的散射系数比值与主要的散射机制有关。对于表面粗糙程度不同的地面,HH 和 VV 极化的散射系数比值在几个 dB 范围变化。例如若树叶的尺寸远小于雷达波长且方向是随机排列的,对于植被叶面的体散射,HH 和 VV 极化的散射系数比值为 0dB;若散射主要是由树枝 - 地面和树干 - 地面散射引起的,HH 和 VV 极化的散射系数比值为几个 dB。图 5.5 给出了澳大利亚国防科学与科技部[7]观测到的桉树林的 L 波段 HH 和 VV 极化

的结果。在擦地角的平直区(40°~70°),HH 和 VV 极化的散射系数比值为常数,约为几个 dB。

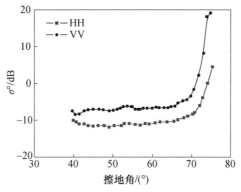

图 5.5 L 波段桉树林 HH 和 VV 极化散射系数

4. 散射系数与地面粗糙度的一般关系

地面的粗糙度通常用地表面的均方根高度和相关长度来表征。对于一个表面,即使均方根高度相同,相关长度较短的表面较相关长度较大的表面更加粗糙。对于光滑的表面,相关长度为无穷大,表面上每一点和其他点都相关。相对入射波长不同粗糙度的表面产生的散射机制是不同的。一个完全光滑的表面就像一面镜子,对所有入射波的反射遵循菲涅尔定理。对于稍微粗糙的表面,其辐射分量由镜像方向的反射分量和所有方向上的散射分量两部分组成,反射和散射分量的幅度与表面的粗糙度有关。随着表面越来越粗糙,反射分量消失,散射场在所有方向上等幅辐射。判定一个表面的相对粗糙程度不仅与入射波长有关,也与波束的入射角有关。通常采用瑞利判据对地面粗糙度进行判定,即

$$s < \frac{\lambda}{8\cos\theta} \tag{5.1}$$

式中,s 为表面的均方根高度;λ 为入射波波长;θ 为入射角。

也可采用更加严格的夫琅和费(Fraunhofer)判据,即

$$s < \frac{\lambda}{32\cos\theta} \tag{5.2}$$

从式(5.1)或式(5.2)看出,对于固定的入射波波长(频率),随入射角的增大,地面的粗糙度减弱。

F. T. Ulaby[8]讨论了如表 5.2 所示的几种均方根高度和土壤湿度地形的 $\sigma°$ 随入射角的变化。图 5.6 为 HH 极化 L 波段(1.1GHz)和 C 波段(4.25GHz)下 $\sigma°$ 和入射角的关系。可以看出,在近垂直区入射区,表面粗糙度增加,$\sigma°$ 减小;频率增加,$\sigma°$ 减小;在大约 10° 入射角,$\sigma°$ 和粗糙度无关。平坦区下 $\sigma°$ 与粗糙度

的关系与近垂直区的结果完全不同,表面粗糙度增加,$\sigma°$增加;频率增加,$\sigma°$增加。

表5.2 不同粗糙度地形参数

地物类型	均方根高度/cm	表层1cm土壤湿度/(g/cm³)
1	4.1	0.40
2	2.2	0.35
3	3.0	0.38
4	1.8	0.39
5	1.1	0.34

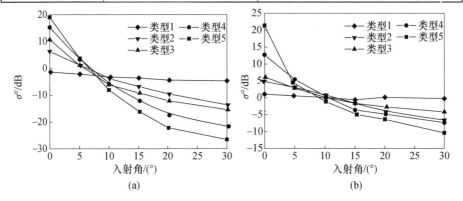

图5.6 不同粗糙度地面HH极化散射系数随入射角的变化
(a)频率1.1GHz;(b)频率4.25GHz。

并非所有地形的散射回波呈现图5.6所示的随入射角、表面粗糙度和频率的光滑函数。地形通常不像图5.6中测量小范围内的裸地表面一致均匀粗糙。如农业植被或多或少较均匀,但是通常按行种植。因此,对于农耕地来讲,散射系数和方位有关。一般的地形在植被类型、高度、位置是非均匀的。例如对于1～18GHz,在40°～60°入射角,F. T. Ulaby[9]观测到在春季落叶林的散射系数随频率的增加而增加,然而在秋季,数据没有显示随频率增加有增加的趋势,有时会随频率的增加而降低。

5. 散射系数与土壤湿度的一般关系

一个粗糙地面的散射系数除了与地面粗糙度有关,还与构成地面的介质特性(介电常数和电导率)有关。地面大部分是混合媒质,主要由土壤、植被和雪等其他物质组成。混合媒质的介电常数与多种因素有关,包括各种组成成分的介电常数、所占比例、空间分布,以及它们与入射电场的相对方向。通常采用从理论和实验中总结的半经验模型来计算混合媒质的介电特性。干燥土壤是空气和固体颗粒的混合物,在微波段,它的平均介电常数实部为2～4,虚部一般小于

0.05,并且与温度和频率无关。湿土壤是土壤颗粒和空气泡、液态水的混合物，它的复介电常数可用第 1 章中的半经验公式计算得到。

　　实验结果表明,对于地面粗糙度一定的裸土地,较干燥的裸土地和湿度较大的裸土地的散射系数可相差 10dB 左右。图 5.7 和图 5.8 分别给出了 L 和 C 波段 HH 极化散射系数随湿度的变化曲线[8]。图 5.7 给出的是 L 波段(频率为 1.5GHz)20° 入射角下两种地面粗糙度(地形的均方根高度分别为 4.1cm 和 1.1cm,相关系数为 0.87 和 0.82)的结果。可以看到两种粗糙度时,散射系数随湿度的增加而增加的趋势基本一致,说明散射系数随湿度的变化趋势和表面粗糙度的关系不大。图 5.8 给出的是 C 波段 10° 入射角时的结果,这时散射系数与表面粗糙度(地形的均方根高度为 0.88 ~ 4.3cm)无关。湿度增加,散射系数增加较快。对于土壤湿度为 0.4g/cm³ 时,C 波段的散射系数值达到 0dB。散射系数与裸土表面的湿度有很大的依赖关系。然而,植被的衰减经常会掩盖湿度对散射系数的影响。图 5.9 给出两种土壤湿度下 S 波段 HH 和 VV 极化戈壁地

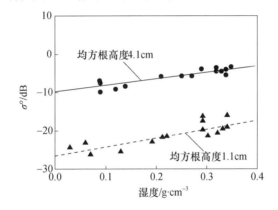

图 5.7　L 波段 HH 极化入射角 20°时散射系数随土壤湿度的变化

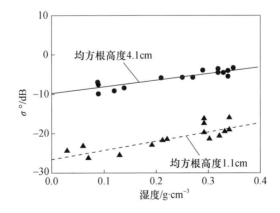

图 5.8　C 波段 HH 极化入射角 10°时散射系数随土壤湿度的变化

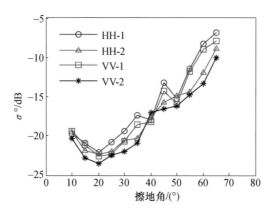

图 5.9　两种土壤湿度下 S 波段戈壁地形散射系数随擦地角的变化

形散射系数随擦地角的变化结果[4]，可以看出土壤湿度较大（重量含水量为
9.5%，图中用 HH – 1 和 VV – 1 曲线表示）时散射系数均值高于土壤湿度较小
（重量含水量为 5.8%，图中用 HH – 2 和 VV – 2 曲线表示）的结果，HH 极化散
射系数略大约 VV 极化的结果，两种极化差异不超过 2dB。

5.2.2　地面散射系数模型

地面散射系数模型一般是针对小范围局部均匀的地形建立的散射系数与擦
地角、频率和极化的关系模型。在开展地面散射特性测量的基础上，通过对大量
测量数据进行统计分析，不同学者或机构建立了一些典型的线性和非线性模型，
通常称之为地面散射系数经验模型，这里列举几个代表性模型。

1. GIT 模型

美国佐治亚技术研究所（Georgia Institutes of Technology）根据多种地物的实
测数据拟合得到一个经验公式，简称为 GIT 模型[10]。该模型描述了不同频段
（3 ~ 95GHz）散射系数均值在较大范围擦地角内（5° ~ 70°）的变化关系，即

$$\sigma° = A(\psi + C)^{B}\exp\left[-D/\left(1 + \frac{0.1}{\lambda}\sigma_{h}\right)\right] \tag{5.3}$$

式中，ψ 为擦地角（单位为弧度）；σ_{h} 为地面的标准偏差（单位为 cm）；λ 为入射
波长（单位为 cm）；A、B、C、D 为由数据拟合的经验参数，如表 5.3 所示。

式（5.3）给出的模型没有区分极化的影响，且适用于干燥地面，对于潮湿地
面情况下，相应的散射系数应增加约 5dB。

2. 乌拉比（Ulaby）模型

美国密歇根大学的 F. T. Ulaby[11]等人对不同来源和测试系统的大量地物散
射数据进行了相似性和有效性分类，分析和归纳整理了九种地物类型（包括土
壤和岩石表面、树林、草地、灌木林、矮植被、路面、城市、干雪、湿雪）和七个波段

表 5.3　模型参数值

常数	频率/GHz	沙地	草地	深草或庄稼地	树林	城市	湿雪	干雪
A	3	0.0045	0.0071	0.0071	0.00054	0.362	—	—
	5	0.0096	0.015	0.015	0.0012	0.779	—	—
	10	0.025	0.023	0.006	0.002	2.0	0.0246	0.195
	15	0.05	0.079	0.079	0.019	2.0	—	—
	35	—	0.125	0.301	0.036	—	0.0195	2.45
	95	—	—	—	3.6	—	1.138	3.6
B	3	0.83	1.5	1.5	0.64	1.8		
	5	0.83	1.5	1.5	0.64	1.8		
	10	0.83	1.5	1.5	0.64	1.8	1.7	1.7
	15	0.83	1.5	1.5	0.64	1.8		
	35	—	1.5	1.5	0.64	—	1.7	1.7
	95	—	1.5	1.5	0.64	—	0.83	0.83
C	3	0.0013	0.012	0.012	0.002	0.015		
	5	0.0013	0.012	0.012	0.002	0.015		
	10	0.0013	0.012	0.012	0.002	0.015	0.0016	0.0016
	15	0.0013	0.012	0.012	0.002	0.015		
	35	—	0.012	0.012	0.002	—	0.008	0.0016
	95	—	0.012	0.012	0.002	—	0.008	0.0016
D	3	2.3	0.0	0.0	0.0	0.0		
	5	2.3	0.0	0.0	0.0	0.0		
	10	2.3	0.0	0.0	0.0	0.0	0.0	0.0
	15	2.3	0.0	0.0	0.0	0.0		
	35	—	0.0	0.0	0.0	—	0.0	0.0
	95	—	0.0	0.0	0.0	—	0.0	0.0

（L、S、C、X、Ku、Ka、W）的测量数据并建立了数据库,进一步采用非线性曲线拟合得出了相应的散射系数经验模型,称为乌拉比模型,其公式为

$$\sigma^{\circ}{}_{dB} = P_1 + P_2 \exp(-P_3\theta) + P_4 \cos(P_5\theta + P_6) \tag{5.4}$$

式中,θ 为入射角(适用范围 $0° \sim 80°$,单位为弧度);参数 $P_1 \sim P_6$ 与地物类型、频段和极化有关。

同时,F. T. Ulaby 给出了散射系数的标准偏差公式

$$STD(\theta) = M_1 + M_2 \exp(-M_3\theta) \tag{5.5}$$

表 5.4～表 5.11 分别给出了拟合得到的 $P_1 \sim P_6$、$M_1 \sim M_3$ 等参数值。

表 5.4　土壤和岩石表面乌拉比模型参数值

频段	极化	入射角范围/(°)	P_1	P_2	P_3	P_4	P_5	P_6	M_1	M_2	M_3
L	HH	0～50	-85.984	99.0	0.628	8.189	3.414	-3.142	5.6	-5.0×10^{-4}	-9.0
	HV	0～50	-30.2	15.261	3.560	-0.424	0.0	0.0	4.675	-0.521	3.187
	VV	0～50	-94.360	99.0	0.365	-3.398	5.0	-1.739	4.618	0.517	-0.846
S	HH	0～50	-91.20	99.0	0.433	5.063	2.941	-3.142	4.644	2.883	15.0
	HV/VH	0～40	-46.467	31.788	2.189	-17.99	1.34	1.583	4.569	0.022	-6.708
	VV	0～50	-97.016	99.0	0.270	-2.056	5.0	-1.754	14.914	-9.0	-0.285
C	HH	0～50	-24.855	26.351	1.146	0.204	0.0	0.0	14.831	-9.0	-0.305
	HV/VH	0～50	-26.7	15.055	1.816	-0.499	0.0	0.0	4.981	1.422	15.0
	VV	0～50	-24.951	28.742	1.045	-1.681	0.0	0.0	4.361	4.080	15.0
X	HH	0～80	4.337	6.666	-0.107	-29.709	0.863	-1.365	1.404	2.015	-0.727
	HV/VH	0～70	-99.0	96.734	0.304	6.780	-2.506	3.142	3.944	0.064	-2.764
	VV	10～70	-42.553	48.823	0.722	5.808	3.0	-3.142	3.263	11.794	8.977
Ku	HH	0～60	-95.843	94.457	0.144	-2.351	-3.556	2.080	14.099	-9.0	-0.087
	HV/VH	10～50	-99.0	46.475	-0.904	-30.0	2.986	-3.142	5.812	2.0×10^{-4}	-9.0
	VV	0～60	-98.320	99.0	0.129	-0.791	5.0	-3.142	13.901	-9.0	-0.273

表 5.5　树林乌拉比模型参数值

频段	极化	入射角范围/(°)	P_1	P_2	P_3	P_4	P_5	P_6	M_1	M_2	M_3
X	HH	0～80	-12.078	1.0×10^{-6}	-10.0	4.574	1.171	0.583	13.144	-9.0	-0.073
	HV/VH	0～80	88.003	-99.0	-0.05	1.388	6.204	-2.003	12.471	-9.0	-0.125
	VV	0～80	-11.751	2.0×10^{-6}	-10.0	3.596	2.033	0.122	0.816	3.349	0.347
Ku	HH	0～80	-39.042	1.0×10^{-6}	-10.0	30.0	0.412	0.207	13.486	-9.0	-0.154
	HV/VH	0～80	-40.926	1.0×10^{-6}	-10.0	30.0	0.424	0.138	12.614	-9.0	-0.124
	VV	0～80	-39.612	1.0×10^{-6}	-10.0	30.0	0.528	0.023	13.475	-9.0	-0.154

表 5.6　草地乌拉比模型参数值

频段	极化	入射角范围/(°)	P_1	P_2	P_3	P_4	P_5	P_6	M_1	M_2	M_3
L	HH	0～80	-29.235	37.55	2.332	-2.615	5.0	-1.616	-9.0	14.268	-0.003
	HV/VH	0～80	-40.166	26.833	2.029	-1.473	3.738	-1.324	-9.0	13.868	0.07
	VV	0～80	-28.022	36.59	2.530	-1.530	5.0	-1.513	-9.0	14.239	-0.001

（续）

频段	极化	入射角范围/(°)	P_1	P_2	P_3	P_4	P_5	P_6	M_1	M_2	M_3
S	HH	0 ~ 80	−20.361	25.727	2.979	−1.130	5.0	−1.916	3.313	3.076	3.759
	HV/VH	0 ~ 80	−29.035	18.055	2.8	−1.556	4.534	−0.464	0.779	3.580	0.317
	VV	0 ~ 80	−21.198	26.694	2.828	−0.612	5.0	−2.079	3.139	3.413	3.042
C	HH	0 ~ 80	−15.750	17.931	2.369	−1.502	4.592	−3.142	1.706	4.009	1.082
	HV/VH	0 ~ 80	−23.109	13.591	1.508	−0.757	4.491	−3.142	−9.0	14.478	0.114
	VV	0 ~ 80	−93.606	99.0	0.220	−5.509	−2.964	1.287	2.796	3.173	2.107
X	HH	0 ~ 80	−33.288	32.980	0.510	−1.343	4.874	−3.142	2.933	1.866	3.876
	HV/VH	20 ~ 70	−48.245	47.246	10.0	−30.0	−0.19	3.142	−9.0	12.529	0.008
	VV	0 ~ 80	−22.177	21.891	1.054	−1.916	4.555	−2.866	3.559	1.143	5.710
Ku	HH	0 ~ 80	−88.494	99.0	0.246	10.297	−1.36	3.142	2.0	1.916	1.068
	HV/VH	40 ~ 70	−22.102	68.807	4.131	−4.570	1.952	0.692	3.453	−2.926	3.489
	VV	0 ~ 80	−16.263	16.074	1.873	1.296	5.0	−0.695	−9.0	12.773	0.032
Ka	HH	10 ~ 70	−99.0	92.382	0.038	1.169	5.0	−1.906	3.451	−1.118	1.593
	VV	10 ~ 70	−99.0	91.853	0.038	1.10	5.0	−2.050	2.981	−2.604	5.095

表 5.7　灌木林乌拉比模型参数值

频段	极化	入射角范围/(°)	P_1	P_2	P_3	P_4	P_5	P_6	M_1	M_2	M_3
L	HH	0 ~ 80	−26.688	29.454	1.814	0.873	4.135	−3.142	−9.0	14.931	0.092
	HV/VH	0 ~ 80	−99.0	99.0	0.086	−21.298	0.0	0.0	4.747	−0.044	−2.826
	VV	0 ~ 80	−81.371	99.0	0.567	16.200	−1.948	3.142	−9.0	13.808	0.053
S	HH	0 ~ 80	−21.202	21.177	2.058	−0.132	−5.0	−3.142	1.713	3.205	1.729
	HV/VH	0 ~ 80	−89.222	44.939	0.253	30.0	−0.355	0.526	12.735	−9.0	−0.159
	VV	0 ~ 80	−20.566	20.079	1.776	−1.332	5.0	−1.983	2.475	2.308	3.858
C	HH	0 ~ 80	−91.950	99.0	0.270	6.980	1.922	−3.142	1.723	3.376	1.975
	HV	0 ~ 80	−99.0	91.003	0.156	3.948	2.239	−3.142	13.237	−9.0	−0.178
	VV	0 ~ 80	−91.133	99.0	0.294	8.107	2.112	−3.142	1.684	3.422	2.376
X	HH	0 ~ 80	−99.0	97.280	0.107	−0.538	5.0	−2.688	2.038	4.238	2.997
	HV/VH	20 ~ 70	−28.057	0.0	0.0	13.575	1.0	−0.573	3.301	−0.001	−4.934
	VV	0 ~ 80	−99.0	97.682	0.113	−0.779	5.0	−2.076	2.081	4.025	2.997
Ku	HH	0 ~ 80	−99.0	98.254	0.098	−0.710	5.0	−2.225	1.941	4.096	2.930
	HV/VH	40 ~ 70	−30.403	0.0	0.0	19.378	1.0	−0.590	−9.0	11.516	0.02
	VV	0 ~ 80	−99.0	98.741	0.103	−0.579	5.0	−2.210	2.192	3.646	3.32
Ka	HH	20 ~ 70	−41.17	27.831	0.076	−8.728	0.869	3.142	2.171	4.391	4.618
	VV	20 ~ 70	−43.899	41.594	0.215	−0.794	5.0	−1.372	2.117	2.880	4.388

表 5.8　矮植被乌拉比模型参数值

频段	极化	入射角范围/(°)	P_1	P_2	P_3	P_4	P_5	P_6	M_1	M_2	M_3
L	HH	0~80	-27.265	32.390	2.133	1.438	-3.847	3.142	1.593	4.246	0.063
	HV/VH	0~80	-41.6	22.872	0.689	-1.238	0.0	0.0	0.590	4.864	0.098
	VV	0~80	-24.614	27.398	2.265	-1.080	5.0	-1.999	4.918	0.819	15.0
S	HH	0~80	-20.779	21.867	2.434	0.347	-0.013	-0.393	2.527	3.273	3.001
	HV/VH	0~80	-99.0	85.852	0.179	3.687	2.121	-3.142	13.195	-9.0	-0.148
	VV	0~80	-20.367	21.499	2.151	-1.069	5.0	-1.950	2.963	2.881	4.740
C	HH	0~80	-87.727	99.0	0.322	10.188	-1.747	3.142	2.586	2.946	2.740
	HV/VH	0~80	-99.0	93.293	0.181	5.359	1.948	-3.142	13.717	-9.0	-0.169
	VV	0~80	-88.583	99.0	0.326	9.574	1.969	-3.142	2.287	3.330	2.674
X	HH	0~80	-99.0	97.417	0.114	-0.837	5.0	-2.984	2.490	3.514	3.217
	HV/VH	10~70	-16.716	10.247	10.0	-1.045	5.0	-0.159	-9.0	13.278	0.066
	VV	0~80	-99.0	97.370	0.119	-1.171	5.0	-2.728	2.946	2.834	2.953
Ku	HH	0~80	-99.0	97.863	0.105	-0.893	5.0	-2.657	2.538	2.691	2.364
	HV/VH	0~70	-14.234	3.468	10.0	-1.552	5.0	-0.562	-9.0	13.349	0.090
	VV	0~80	-99.0	97.788	0.105	-1.017	5.0	-3.142	1.628	3.117	0.566
Ka	HH	10~80	-99.0	79.050	0.263	-30.0	0.73	2.059	2.8	3.139	15.0
	VV	10~80	-99.0	80.325	0.282	-30.0	0.833	1.970	2.686	-0.002	-2.853

表 5.9　路面乌拉比模型参数值

频段	极化	入射角范围/(°)	P_1	P_2	P_3	P_4	P_5	P_6	M_1	M_2	M_3
X	HH	10~70	-94.472	99.0	0.892	30.0	1.562	-1.918	4.731	-0.007	-3.983
	VV	10~70	-59.560	39.284	1.598	30.0	1.184	-1.178	4.26	-0.002	-4.807
Ku	HH	10~70	-90.341	82.9	0.030	1.651	5.0	0.038	5.49	0.001	-6.350
	VV	10~70	-38.159	30.32	0.048	1.913	4.356	0.368	6.263	-0.840	0.064
Ka	HH	10~70	-94.9	99.0	0.694	30.0	1.342	-1.718	7.151	-5.201	0.778
	VV	10~70	-84.761	99.0	0.797	-30.0	1.597	1.101	3.174	0.001	-0.095

表 5.10　干雪乌拉比模型参数值

频段	极化	入射角范围/(°)	P_1	P_2	P_3	P_4	P_5	P_6	M_1	M_2	M_3
L	HH	0~70	-74.019	99.0	1.592	-30.0	1.928	0.905	-9.0	13.672	0.064
	HV/VH	0~70	-91.341	99.0	1.202	30.0	1.790	-2.304	5.377	-0.571	3.695
	VV	0~70	-77.032	99.0	1.415	-30.0	1.720	0.997	4.487	-0.001	-5.725

（续）

频段	极化	入射角范围/(°)	P_1	P_2	P_3	P_4	P_5	P_6	M_1	M_2	M_3
S	HH	0～70	−47.055	30.164	5.788	30.0	1.188	−0.629	3.572	-2.0×10^{-5}	−9.0
	HV/VH	0～70	−54.390	13.292	10.0	−30.0	−0.715	3.142	13.194	−9.0	−0.11
	VV	0～70	−40.652	18.826	9.211	30.0	0.690	0.214	−9.0	12.516	0.073
C	HH	0～70	−42.864	20.762	10.0	30.0	0.763	−0.147	4.398	0.0	0.0
	HV/VH	0～70	−25.543	16.640	10.0	−2.959	3.116	2.085	13.903	−9.0	−0.083
	VV	0～70	−19.765	19.830	10.0	7.089	1.540	−0.012	13.370	−9.0	−0.016
X	HH	0～75	−13.298	20.048	10.0	4.529	2.927	−1.173	2.653	0.01	−2.437
	HV/VH	20～75	−18.315	99.0	10.0	4.463	3.956	−2.128	2.460	1.0×10^{-5}	−8.314
	VV	0～70	−11.460	17.514	10.0	4.891	3.135	−0.888	12.339	−9.0	−0.072
Ku	HH	0～75	−36.188	15.340	10.0	30.0	0.716	−0.186	3.027	−0.033	0.055
	HV/VH	0～75	−16.794	20.584	3.263	−2.243	5.0	0.096	12.434	−9.0	0.077
	VV	0～70	−10.038	13.975	10.0	−6.197	1.513	3.142	12.541	−9.0	−0.032
Ka	HH	0～75	−84.161	99.0	0.298	8.931	2.702	−3.142	−9.0	13.475	0.058
	VV	0～70	−87.531	99.0	0.222	7.389	2.787	−3.142	−9.0	13.748	0.076
W	VV	0～75	−6.296	5.737	10.0	5.738	−2.356	1.065	3.364	0.0	0.0

表 5.11　湿雪乌拉比模型参数值

频段	极化	入射角范围/(°)	P_1	P_2	P_3	P_4	P_5	P_6	M_1	M_2	M_3
L	HH	0～70	−73.069	95.221	1.548	30.0	1.795	−2.126	−9.0	14.416	0.109
	HV/VH	0～70	−90.980	99.0	1.129	30.0	1.827	−2.308	4.879	0.349	15.0
	VV	0～70	−75.156	99.0	1.446	30.0	1.793	−2.179	5.230	−0.283	−1.557
S	HH	0～70	−45.772	25.160	5.942	30.0	0.929	−0.284	12.944	−9.0	−0.079
	HV/VH	0～70	−42.940	9.935	15.0	30.0	0.438	0.712	3.276	1.027	8.958
	VV	0～70	−39.328	18.594	8.046	30.0	0.666	0.269	1.157	2.904	0.605
C	HH	0～70	−31.910	17.749	11.854	30.0	0.421	0.740	−9.0	13.0	−0.031
	HV/VH	0～70	−24.622	15.102	15.0	−3.401	2.431	3.142	13.553	−9.0	−0.036
	VV	0～70	4.288	15.642	15.0	30.0	0.535	1.994	4.206	0.015	−2.804
X	HH	0～70	10.020	7.909	15.0	30.0	0.828	2.073	3.506	0.47	15.0
	HV/VH	0～75	4.495	10.451	15.0	−30.0	−0.746	1.083	11.605	−9.0	0.104
	VV	0～70	10.952	6.473	15.0	30.0	0.777	2.081	4.159	−0.15	1.291
Ku	HH	0～75	9.715	11.701	15.0	30.0	0.526	2.038	−9.0	13.066	−0.042
	HV/VH	0～75	−79.693	99.0	0.981	30.0	−1.458	2.173	5.631	−1.058	1.844
	VV	0～70	−9.080	13.312	15.0	−4.206	2.403	3.142	−9.0	14.014	0.043

（续）

频段	极化	入射角范围/(°)	P_1	P_2	P_3	P_4	P_5	P_6	M_1	M_2	M_3
Ka	HH	0 ~ 70	43.630	− 13.027	− 0.86	29.130	1.094	2.902	− 8.198	15.0	− 0.082
	VV	0 ~ 70	− 33.899	7.851	15.0	30.0	0.780	− 0.374	5.488	1.413	0.552
W	VV	40 ~ 75	− 22.126	99.0	2.466	0.0	0.0	0.0	4.104	15.0	3.991

3. 北美地面散射系数模型

通过对美国空间试验室 1975 年和 1976 年在北美地区的试验测量数据,以及对堪萨斯大学在三个季节同一种耕地的试验测量数据的综合分析,得到了北美夏季地面散射系数均值模型[12,13]。地物类型主要包括沙漠、草原、耕地和森林等,模型的具体表达式为

$$\sigma_{dB}^{o}(f,\theta) = A + B\theta + Cf + Df\theta \quad 20° \leqslant \theta \leqslant 70° \tag{5.6}$$

式中,θ 为入射角。当入射角小于 20° 时,利用 0° 和 10° 的数据,采用如下的模型进行插值

$$\sigma_{dB}^{o}(f,\theta) = M(\theta) + N(\theta)f, \quad \theta = 0°, 10° \tag{5.7}$$

其中 A、B、C、D、$M(\theta)$、$N(\theta)$ 对于不同的频率(1 ~ 18GHz)和极化,其取值不同,具体结果见表 5.12。该模型没有区分不同地面类型,是大范围、大区域数据的综合结果。

表 5.12　散射系数模型的参数值

频率范围/GHz	极化	入射角范围/(°)	A	B	C	D	M	N
1 ~ 6	HH	20 ~ 60(1975)	− 15.0	− 0.21	1.24	0.040	—	—
	HH	20 ~ 50(1976)	− 1.4	− 0.36	− 1.03		—	—
6 ~ 17	HH	20 ~ 70	− 9.1	− 0.12	0.25	—	—	—
1 ~ 6	VV	20 ~ 60(1975)	− 14.3	− 0.16	1.12	0.0051	—	—
	VV	20 ~ 50(1976)	− 4.0	− 0.35	− 0.6	0.036	—	—
6 ~ 17	VV	20 ~ 70	− 9.5	− 0.13	0.32	0.015	—	—
1 ~ 6	HH 和 VV	0(1975)	—	—	—	—	7.6	− 1.03
		0(1976)	—	—	—	—	6.4	− 0.73
6 ~ 17		0	—	—	—	—	0.9	0.10
1 ~ 6		10(1975)	—	—	—	—	− 9.1	0.51
		10(1976)	—	—	—	—	− 3.6	− 0.41
6 ~ 17		10	—	—	—	—	− 6.5	0.07

4. 澳大利亚三项式模型

澳大利亚的 Y. H. Dong 等人[14]通过研究地杂波在近掠射区、平坦区和近垂直入射区三个区域随擦地角变化的趋势,得到了一个地杂波随擦地角变化的三项式模型,其公式为

$$\sigma^\circ = -c_1 \exp(-k_1\psi) + k_2\psi + c_3 \sin^\eta(k_3\psi) + c_0, \quad 0 \leqslant \psi \leqslant \pi/2 \quad (5.8)$$

式中,σ° 单位为 dB;ψ 为擦地角(单位为弧度)。$c_i, i = 0,1,3, k_i, i = 1,2,3$ 和 η 为拟合参数。前三项分别表示杂波在近掠射区、平坦区和近垂直入射区的形状。第四项是一常数项,用来调整杂波随擦地角变化曲线的相对位置。参数 c_1 决定了近掠射入射区杂波的变化,参数 k_1 决定了近掠射入射区的区间范围。第二项在平坦区杂波随擦地角以 k_2 的斜率增加。第三项代表了近垂直入射区杂波变化,k_3 的选取代表杂波在近垂直入射区以正弦函数的变化,一般来讲 $0.8 \leqslant k_3 \leqslant 1$,$\eta$ 决定了近垂直入射区的区间范围,η 越大区间越窄。c_0 决定了杂波随擦地角变化曲线的相对位置。利用 L 波段机载合成孔径雷达测量的澳大利亚北部地形的 VV 极化的数据,结合乌拉比和美国"MCARM(Multi – Channel Airborne Radar Measurements)计划"机载多通道数据,拟合得到几种地形的三项式模型参数如表 5.13 所示。

表 5.13　L 波段 VV 极化三项式模型参数

地形类型	c1	k1	k2	k3	c3	η	c0
裸地和植被	50	45	4	0.9	32	20	− 23.1
短植被和灌木丛	50	45	4	0.95	18	20	− 21.7
森林和桉树林	50	45	2	0.9	16	20	− 12.6
水面	42	35	12	0.95	51	20	− 47

5. 常数 γ 模型

如图 5.1 所示的平坦区,由于散射系数随入射角(或擦地角)的变化相对平缓,为便于工程应用,人们常采用一种常数 γ 模型或等效 γ 模型,其表达式为

$$\sigma^\circ = \gamma \cos\theta \quad (5.9)$$

式中,θ 为入射角,考虑弯曲地球地面情况下,应为散射区的局部入射角。γ 为常数,与地物类型和频率、极化等条件有关,一般范围为 $-25 \sim -5$dB。

若式(5.9)改用擦地角 ψ,则表示为

$$\sigma^\circ = \gamma \sin\psi \quad (5.10)$$

更一般情况下,散射系数可用入射角余弦或擦地角正弦的幂次方关系(又称 n 次 γ 模型)或指数模型描述。其中 n 次 γ 模型为

$$\sigma^\circ = \gamma \cos^n\theta = \gamma \sin^n\psi \quad (5.11)$$

式中,n 与地面类型的粗糙度有关,当幂次 $n = 1$ 时,即为式(5.10)。指数模型的

形式为

$$\sigma^\circ = \gamma\exp\left(-\frac{\theta}{b}\right) \tag{5.12}$$

式中,b 为与地物类型有关的参数。需要说明的是,常数 γ 模型仅是方便工程应用的简化模型,并不是对所有地杂波类型都能适用,且其角度的适用范围应限于平坦区,在其他区域的应用应当谨慎。在准镜面反射区模型值比实测值低,在小擦地角区,由于传播因子的影响,则要比实验值高。

表 5.14 为中国电波传播研究所利用车载散射计测量的不同频段、不同极化的几种均匀地形在入射角20°~70°之间的 γ 值结果[4,15]。可以看出 γ 值与地面类型、雷达频率和极化有关,对于同一种地形,两种极化的差别在 2~4dB,γ 值随频率的增加而变大。

表 5.14 几种地物类型的 γ 值

地物类型	频段	极化	γ 均值/dB
戈壁	L	HH	−20.6
		VV	−22.5
	S	HH	−19.4
		VV	−20.2
	X	HH	−14.6
		VV	−15.5
裸土地	L	HH	−11.26
		VV	−8.86
	S	HH	−10.48
		VV	−11.22
小麦田	L	HH	−14.05
		VV	−13.39
	S	HH	−12.84
		VV	−11.56
	X	HH	−5.9
		VV	−5.6
草地	L	HH	−24.2
		VV	−20.6
	S	HH	−15.08
		VV	−17.3
	X	HH	−12.7
		VV	−10.5
	Ku	HH	−8.4
		VV	−5.4

（续）

地物类型	频段	极化	γ 均值/dB
雪地	S	HH	−21.5
		VV	−20.9
海冰	L	HH	−24.9
		VV	−25.04
	C	HH	−23.1
		VV	−19.32
	X	HH	−20.03
		VV	−17.28
水泥地	L	HH	−29.6
		VV	−24.6
	S	HH	−20.6
		VV	−17.0
	X	HH	−12.04
		VV	−14.0
	Ku	HH	−13.47
		VV	−11.33
沙地	L	HH	−25.9
		VV	−22.6
	S	HH	−23.6
		VV	−20.8
	X	HH	−20.6
		VV	−19.9
	Ku	HH	−18.2
		VV	−17.9

图 5.10 给出了几种测量时的典型地形地况,地形描述如表 5.15 所示。图 5.11 ~ 图 5.16 给出了戈壁、裸土地、小麦田、草地、雪地、海冰等地形散射系数的实测值与模型的比较[15]。可以看出,L、S、C 和 X 波段散射系数随入射角的变化基本符合指数模型和 n 次 γ 模型。

图 5.10　测量的地形实况(见彩图)

(a)戈壁；(b)裸土地；(c)小麦田；(d)草地；(e)雪地；(f)海冰。

表 5.15　测量地形描述

序号	地物类型	描　述
1	戈壁	测量场地地势整体较为平坦,但遍布很多沙包,沙包高约 10~150cm 不等,沙包多呈圆形分布,直径约 20~500cm 不等。沙包上植被为灌木小叶片植物,长势较好,植被高约 10~50cm 不等,沙包土质为沙性土壤,沙包以外(地面)的地势相对平坦,地面零星分布少许植被,土质为石子和沙质的混合土壤。

（续）

序号	地物类型	描 述
2	裸土地	测量场地地面为翻耕过的农耕地,整体较为平整,西面为平整的翻耕地,东西宽为 40m,南北长约 200m,东面为有埂和沟交替出现的翻耕地,东西宽为 23m,南北长约 200m,埂宽为 1.2m,沟宽约为 0.5m,深约 0.4m。
3	小麦田	测量场地点地面较为平坦,基本被生长茂密的冬小麦均匀覆盖,麦陇走向为南北方向,平均行距为 13cm,株距 3cm,株高平均约为 15cm。小麦无新生枝叶,部分叶尖枯黄,但整体生长良好。
4	草地	测量场地有轻微起伏,地面粗糙度大。测量区为草原牧场的一部分,植被多为自然生长的针形草,草平均株高 10cm,其他为贴地而生的矮草,且较为稀疏。
5	雪地	测量点地面起伏较小,地形较平坦。地表面覆盖平均厚度为 4.2cm 干雪,干雪将地面完全覆盖,雪表面上基本看不到草。雪下面几乎没有草,只有分布较稀疏的草根。
6	海冰	测试对象为结冰海面,冰面具有约 9cm 的厚度。冰表面因之前解冻的冰渣又重新冻住,冰面较不平整,冰层间有气泡。实测冰的介电常数在 L 波段为 $(5.46,1.51)$,海水的介电常数为 $(82.18,38.38)$。

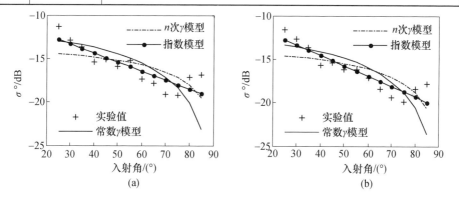

图 5.11 X 波段散射系数均值随入射角变化关系的模型比较(戈壁地形)

(a)HH 极化；(b)VV 极化。

对于如图 5.1 所示的近垂直入射区,其散射机制以面散射的相干分量为主,可认为随入射角增大按高斯规律衰减。由此,可以将上述平坦区的常数 γ 模型进一步推广至小入射角下的近垂直入射区,得到相应的修正常数 γ 模型,即

$$\sigma^\circ = \gamma\cos\theta + a\exp\left[-(\theta/b)^2\right] \quad (5.13)$$

式中,θ 入射角(单位为(°)),γ、a、b 为与地物和雷达参数有关的参数。表 5.16 ~ 表 5.19 中给出的是中国电波传播研究所利用测量的 L、X 波段在入射角 0° ~ 84° 范围内小麦田、油菜田、裸土地和草地的散射系数数据拟合得到的 γ、a、b 值[16]。

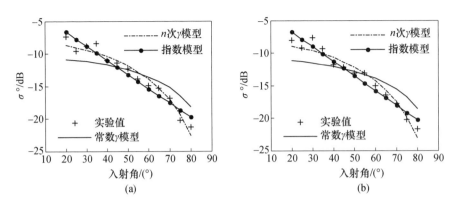

图 5.12　S 波段散射系数均值随入射角变化关系的模型比较（裸土地）

（a）HH 极化；（b）VV 极化。

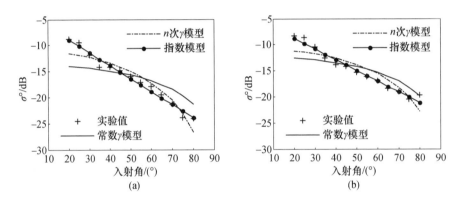

图 5.13　L 波段散射系数均值随入射角变化关系的模型比较（小麦田）

（a）HH 极化；（b）VV 极化。

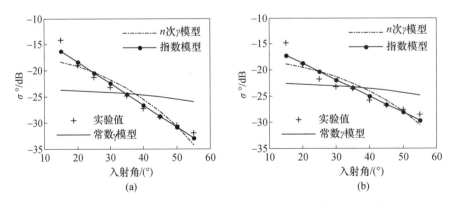

图 5.14　L 波段散射系数均值随入射角度变化关系的模型比较（草地）

（a）HH 极化；（b）VV 极化。

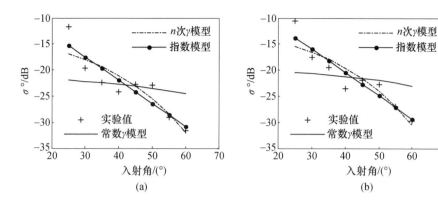

图 5.15　S 波段散射系数均值随入射角变化关系的模型比较(雪地)

(a)HH 极化；(b)VV 极化。

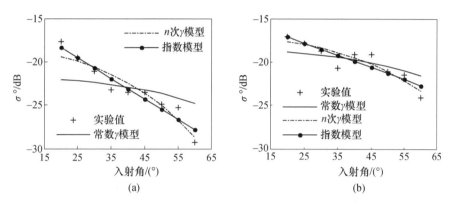

图 5.16　C 波段散射系数均值随入射角变化关系的模型比较(海冰)

(a)HH 极化；(b)VV 极化。

表 5.16　小麦田散射系数模型参数

波段	极化	γ/dB	a/dB	b
L	HH	-2.7	7.7	22.8
	VV	-0.9	4.6	22.1
	HV	-11.7	-1.8	21.2
	VH	-12.2	-3.1	21.8
X	HH	-1.3	-4.3	17.7
	VV	-8.1	-6.1	16.3
	HV	-19.2	9.5	70.5
	VH	-30.0	19.1	72.2

表 5.17 油菜田散射系数模型参数

波段	极化	γ/dB	a/dB	b
L	HH	-3.8	4.9	22.35
	VV	-4.2	-2.9	19.0
	HV	-50	-6.1	51.6
	VH	-50	-4.6	48.7
X	HH	-2.9	2.9	46.5
	VV	-1.8	2.0	48.0
	HV	-10.6	-2.5	46.5
	VH	-15.7	-1.3	48.0

表 5.18 裸土散射系数模型参数

波段	极化	γ/dB	a/dB	b
L	HH	-9.2	-3.0	14.3
	VV	-8.8	-9.4	10.1
	HV	-14.1	-13.6	5.7
	VH	-12.8	-11.4	8.4
X	HH	-3.5	-4.0	28.2
	VV	-2.0	-1.1	26.2
	HV	-50	-10.3	73.7
	VH	-50	-12.0	57.6

表 5.19 草地散射系数模型参数

波段	极化	γ/dB	a/dB	b
L	HH	-6.7	-5.1	15.2
	VV	-5.8	4.3	12.5
	HV	-11.7	-6.5	1.9
	VH	-12.4	-0.09	9.0
X	HH	-6.2	13.3	6.78
	VV	-12.4	10.5	19.9
	HV	-12.2	-5.6	7.4
	VH	-14.7	-3.8	7.3

　　表 5.20 为中国电波传播研究所利用 L 波段机载雷达测量得到的一些典型地形的 γ 均值、5% 概率 γ 值及两者之差值。其中 HH 和 VV 极化数据是在不同时间、不同航线测得的。从 γ 的均值可以看出城市最大,山区次之,丘陵和平原最小。对于同一类典型地形,HH 和 VV 极化 γ 的均值差在 2 ~ 3dB 之间。秦岭山区 HH 极化与东南沿海山区的 VV 极化结果很相近。表 5.21 给出了利用该机载雷达测量得到的 HH 和 VV 极化下平原、丘陵、山区等典型地形的常数 γ 模

型、n 次伽马模型和指数模型拟合的参数以及标准偏差。从拟合的标准偏差看出,在中等擦地角范围内,各种地形的杂波 γ 值和 n 次伽马模型、指数模型符合较好。

表 5.20　L 波段典型地形杂波 γ 值

地形	VV 极化			HH 极化		
	均值 γ /dB	5% 概率 γ /dB	差值 /dB	均值 γ /dB	5% 概率 γ /dB	差值 /dB
黄土高原丘陵	−15.05	−9.66	5.39	−12.94	−7.83	5.11
秦岭山区	−9.56	−3.73	5.83	−11.84	−6.46	5.38
安徽平原（含局部丘陵）	−16.70	−11.30	5.40	—	—	—
东南沿海山区	−11.5	−6.1	5.4	—	—	—
苏北平原	−12.1	−7.1	5.0	—	—	—
渭河平原	—	—	—	−12.08	−6.71	5.37
城市	—	—	—	1.25	3.66	2.41

表 5.21　L 波段典型地形杂波 γ 值模型拟合结果

地形	极化	常数 γ 模型		n 次 γ 模型			指数模型		
		均值 γ /dB	标准偏差 /dB	γ/dB	n	标准偏差 /dB	γ/dB	θ/(°)	标准偏差 /dB
黄土高原丘陵	HH	−12.94	4.32	−6.52	2.04	1.45	4.23	14.24	1.88
	VV	−15.05	4.03	−8.93	2.69	1.48	0.37	14.23	1.22
秦岭山区	HH	−11.84	5.71	−4.66	2.38	3.61	6.71	12.98	3.60
	VV	−9.56	2.75	−4.05	1.74	1.46	1.93	22.2	1.30
安徽平原	VV	−16.70	4.15	−7.81	2.94	1.52	0.44	14.58	1.86
东南沿海山区	VV	−11.5	3.84	−6.21	2.49	1.48	1.68	16.04	1.59
苏北平原	VV	−12.1	3.51	−4.09	2.28	1.69	4.64	15.98	1.86
渭河平原	HH	−12.08	4.06	−6.46	2.44	1.43	1.84	15.44	1.79

5.2.3　典型地形散射系数特性

为便于查询与工程应用,F. T. Ulaby 和 M. C. Dobson[11] 对各种地形的地杂波测量数据进行了归类统计,形成了《地面雷达散射统计手册》。在统计手册中将测试地形划分为九类、测试频段包括 L、S、C、X、Ku、Ka、W,极化包括 HH、VV、HV,入射角范围为 0°～80°。给出了散射系数平均值、中值、均值发生概率作为地物类型、入射角、频段、极化等参数的图例和表格。图 5.17 是其中六种地物的

L 和 X 波段散射系数平均值随入射角的变化数据,可以看出土壤和岩石表面、草地、灌木丛、干雪等地形的散射系数随入射角的变化具有明显的趋势,而树木、城市则不然,表明树木、城市等环境的复杂性导致散射特性的空间不均匀性。

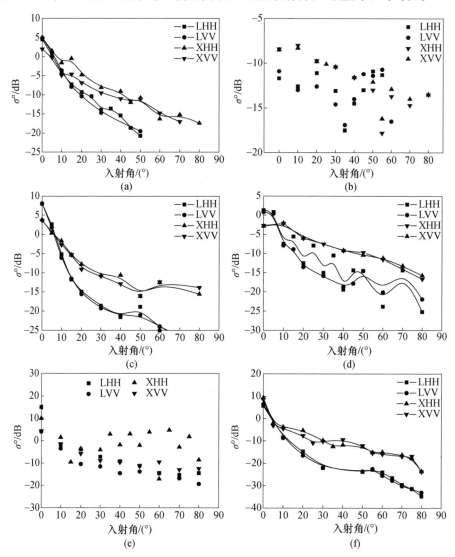

图 5.17　六种地物散射系数随入射角的变化(L、X 波段,HH、VV 极化)
(a)土壤和岩石表面;(b)树林;(c)草地;(d)灌木丛;(e)城市;(f)干雪。

J. B. Billingsley 和 J. F. Larrabee[6] 利用林肯实验室测得的 42 个不同地点的地杂波数据,对极小擦地角下(雷达波束下俯角在 1°左右,很少超过 2°)的地杂波散射系数均值进行归类统计。由于在极小擦地角,传播效应(多径干涉、遮蔽效应等)引起的传播因子 F 不能独立测量,因此分析的结果实际上是包含传播因子在内的散射系数均值,即 $\sigma^\circ F^4$。测试地形包括城市、山区、森林、农田和复合地形(包括沙漠、沼泽、草地)五类。进一步,又将每种地形根据雷达波束下俯角和地形倾斜度分为几个子类,地形的倾斜度大于 2° 定义为大起伏地形,倾斜度大于 1° 小于 2° 定义为中等起伏地形,倾斜度小于 1° 定义为小起伏地形,下俯角范围划分以 0.3° 和 1° 为边界,大于 1° 为高下俯角,介于 0.3° 和 1° 之间为中等下俯角,小于 0.3° 为小俯角。表 5.22 给出了不同地形的 VV 和 HH 极化散射系数比值的平均值和中值,表 5.23 和图 5.18 提供了小擦地角地杂波均值合理的量级范围。从表 5.22 可知,对于 VV 和 HH 极化的均值相差较小,极化比值的均值大约为 1.5dB。然而,某些情况下的测量结果则明显不同,例如,使用 VHF 频段对陡峭的山地从两个不同的地点进行测量时,VV 极化大于 HH 极化 7 ~ 8dB。

表 5.22 散射系数均值的 VV 和 HH 极化比值

地物类型		中值/dB	平均值/dB	标准偏差/dB
城市		1.07	0.66	2.76
山区		1.16	2.37	2.81
森林(大起伏)	大俯角	0.56	1.25	1.75
	小俯角	1.66	1.79	1.88
森林(小起伏)	大俯角	1.23	1.2	2.05
	中等俯角	0.95	0.64	2.47
	小俯角	0.16	−0.11	1.98
农田(大起伏)		4.8	3.64	3.79
农田(中等起伏)		2.51	1.74	3.17
农田(极小起伏)		1.57	1.41	3.09
沙漠、沼泽、草地 复合地形	大俯角	2.37	2.19	2.50
	小俯角	0.19	0.08	2.19

表 5.23 不同地形、不同频率的散射系数均值

地物类型		散射系数均值/dB				
		VHF	UHF	L	S	X
城市		−20.9	−16.0	−12.6	−10.1	−10.8
山区		−7.6	−10.6	−17.5	−21.4	−21.6
森林(大起伏)	大俯角	−10.5	−16.1	−18.2	−23.6	−19.9
	小俯角	−19.5	−16.8	−22.6	−24.6	−25.0

地物类型		散射系数均值/dB				
		VHF	UHF	L	S	X
森林(小起伏)	大俯角	−14.2	−15.7	−20.8	−29.3	−26.5
	中等俯角	−26.2	−29.2	−28.6	−32.1	−29.1
	小俯角	−43.6	−44.1	−41.4	−38.9	−35.4
农田(大起伏)		−32.4	−27.3	−26.9	−34.8	−28.8
农田(中等起伏)		−27.5	−30.9	−28.1	−32.5	−28.4
农田(极小起伏)		−56.0	−41.1	−31.6	−30.9	−31.5
沙漠、沼泽、草地复合地形	大俯角	−38.2	−39.4	−39.6	−37.9	−25.6
	小俯角	−66.8	−74.0	−68.6	−54.4	−42.0

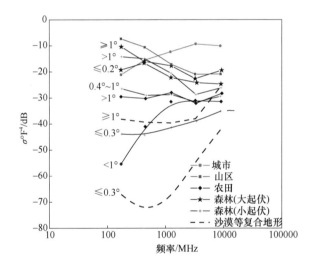

图 5.18 不同地形的散射系数均值与频率的关系

中国电波传播研究所利用 L 和 S 波段机载雷达地杂波测量数据,按入射角(擦地角)大小和测试地形,对地面散射系数均值及各分位点进行了归类统计,得到如下基本趋势。

(1) 中等擦地角地面散射系数均值特性。

表 5.24 和图 5.19 给出了 L 波段、HH 极化中等入射角条件下关中平原、东南沿海丘陵、六盘山高原地区、中原城市地杂波均值和各分位点值。在入射角 60°~80°(擦地角 10°~30°)之间,平原的散射系数在 −18 ~ −14dB 之间,沿海

丘陵 −16 ~ −11dB 之间,山区的散射系数在 −21 ~ −16dB 左右(这是由于测试山区虽海拔较高,但地势相对平缓的缘故),城市的散射系数在 −1 ~ 3dB 之间。散射系数均值与中值差别在 1 ~ 2dB 之间。

表 5.24 各种地形 L 波段 HH 极化散射系数

测试地形	入射角/(°)	95%/dB	中值/dB	均值/dB	5%/dB
关中平原	59.4	−31.9	−19.7	−17.5	−12.2
	62.0	−30.0	−18.4	−16.4	−11.2
	64.5	−29.4	−17.0	−14.7	−9.4
	67.9	−31.0	−18.8	−15.7	−9.8
	69.9	−29.6	−17.4	−14.3	−8.7
东南沿海丘陵	59.6	−26.5	−14.3	−11.8	−6.3
	65.0	−26.9	−14.2	−11.5	−6.0
	67.1	−25.4	−13.9	−11.6	−6.3
	68.8	−27.6	−15.8	−13.9	−9.0
	69.8	−32.0	−19.1	−16.0	−10.2
六盘山高原地区	72.5	−34.97	−23.32	−20.78	−15.49
	74.4	−33.75	−22.56	−20.50	−15.41
	77.6	−31.38	−19.84	−18.12	−13.21
	78.7	−32.59	−21.15	−18.53	−13.02
	79.8	−32.32	−19.39	−16.85	−11.36
中原城市	54.7	−14.91	−1.94	2.73	9.02
	60.5	−12.09	0.59	3.68	9.47
	67.0	−17.80	−6.64	−4.33	0.78
	70.1	−14.78	−3.61	−1.10	4.37
	75.2	−17.78	−4.66	−1.06	5.23

表 5.25 和图 5.20 ~ 图 5.22 给出了 L 波段、VV 极化中等入射角条件下安徽平原、苏北平原、黄土高原丘陵、秦岭山区、东南沿海山区散射系数各分位点值随擦地角的变化。从散射系数的均值来看,在入射角 29° ~ 72° 之间,山区散射系数大于丘陵地形,丘陵地形的散射系数大于平原地区。

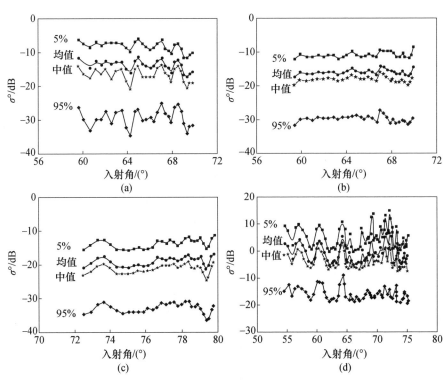

图 5.19 四种地形 L 波段 HH 极化散射系数分位点值随入射角的变化

(a)关中平原；(b)东南沿海丘陵；(c)六盘山高原地区；(d)中原城市。

表 5.25 各种地形 L 波段 VV 极化散射系数

测试地形	入射角/(°)	95%/dB	中值/dB	均值/dB	5%/dB
安徽平原	29.5	−24.67	−13.47	−11.56	−6.49
	39.6	−23.98	−12.72	−10.85	−6.22
	59.9	−30.44	−19.19	−17.28	−12.23
	65.0	−33.99	−22.65	−20.75	−15.41
	70.1	−34.74	−23.28	−21.34	−16.53
苏北平原	32.7	−30.95	−21.76	−18.19	−12.71
	40.8	−30.46	−20.08	−15.08	−9.17
	50.3	−31.05	−18.2	−15.3	−9.64
	60.3	−36.44	−26.33	−23.11	−17.64
	70.1	−39.18	−31.49	−26.66	−21.27

（续）

测试地形	入射角/(°)	95%/dB	中值/dB	均值/dB	5%/dB
黄土高原丘陵	31.5	−23.06	−11.85	−10.06	−5.33
	40.9	−22.62	−11.41	−10.30	−6.30
	50.4	−26.56	−15.07	−13.38	−8.70
	66.5	−34.74	−22.47	−20.00	−14.29
	72.4	−34.31	−22.51	−20.37	−15.21
秦岭山区	30.2	−25.77	−10.30	−5.91	0.24
	40.4	−26.58	−9.60	−4.04	2.37
	50.6	−27.35	−11.87	−8.10	−2.14
	66.6	−34.25	−18.69	−14.31	−8.19
	72.7	−37.27	−22.62	−15.81	−8.92
东南沿海山区	30.4	−23.51	−11.57	−8.51	−2.52
	40.6	−21.64	−10.00	−7.68	−2.66
	50.0	−22.77	−11.53	−9.55	−4.78
	60.2	−29.10	−17.04	−14.62	−9.01
	71.1	−35.10	−20.09	−17.05	−10.92

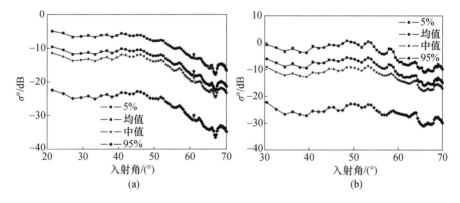

图 5.20　平原地形 L 波段 VV 极化散射系数分位点值随入射角的变化

(a)安徽平原；(b)苏北平原。

（2）小擦地角典型地形散射系数均值特性。

表 5.26 给出了 L 波段 VV 极化擦地角为 7°和 10°条件下平原、丘陵、山区、城市等典型地形散射系数各分位点值[17]。总的趋势是城市杂波最强，乡村杂波次之，海面杂波和江面杂波较弱，纯沙漠地区杂波最弱。

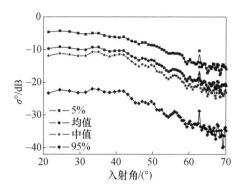

图 5.21 黄土高原丘陵地形 L 波段 VV 极化散射系数分位点值随入射角的变化

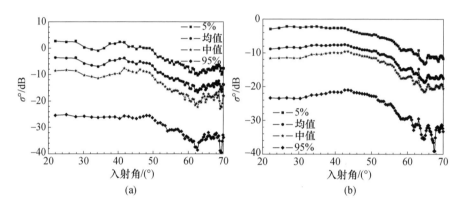

图 5.22 山区地形 L 波段 VV 极化散射系数分位点值随入射角的变化

（a）秦岭山区；（b）东南沿海山区。

表 5.26 L 波段 VV 极化小擦地角散射系数

地物类型	统计分位点值/dB				擦地角/(°)
	95%	50%	均值	5%	
湖面	−52.3	−48.8	−48.4	−45.8	7
山区	−36.0	−31.2	−29.7	−25.7	
丘陵	−39.1	−34.3	−33.5	−29.9	
平原	−40.4	−35.6	−33.6	−29.8	
城市	−32.7	−25.6	−21.6	−16.1	
农场	−29.2	−24.2	−21.6	−16.7	10
乡村	−26.4	−24.5	−23.9	−20.9	
江面	−40.0	−38.1	−37.6	−36.0	
沙漠	−47.5	−44.0	−43.9	−34.5	

表5.27 给出了对测试区域为多种典型地形组成的混合地形杂波统计结果和按表5.27 各种典型地形所占比重加权求均值得到的杂波均值结果比较。为分析典型地形和综合地形之间的关系,忽略地形过渡可能带来的影响,用所占比重对各种地形加权求均值,得到的结果和混合地形的平均效果基本一致。这表明可以通过对典型地形简单加权平均得到混合地形的散射。

表 5.27 L 波段 VV 极化小擦地角混合地形散射系数

测量区域		1	2	3	4
分位点值/dB	95%	−35.9	−39.1	−38.9	−38.9
	75%	−28.6	−37.7	−37.6	−37.1
	50%	−26.6	−33.8	−39.3	−29.4
	均值	−25.3	−27.9	−27.2	−23.8
	25%	−24.1	−25.5	−25.2	−24.1
	5%	−21.8	−22.6	−22.3	−18.4
地形比重 /(%)	江面	20	60	50	50
	农场	80	40	50	30
	城市	—	—	—	20
加权均值/dB		−24.6	−27.4	−26.5	−24.1

图5.23 和表5.28 给出了机载雷达测量的 L 波段 VV 极化较大入射角范围(77°~83°)内的中国西北和南方各种混合地形的散射系数随入射角的变化情况。可以看出散射系数随入射角的增加而减小,从散射系数的均值来看,西北包含城市、乡村和沙漠地形的散射系数比南方包含城市、江面和平原等地形的要低2dB 以上,沙漠则差上一个数量级。这符合杂波与地形变化的一般规律,一方面是西北测量地区沙漠多干燥而南方地面和作物水分含量均高,另一方面西北测量区域城镇无论密集程度、建筑高度和规模也远不及南方。

表 5.28 L 波段 VV 极化各种混合地形散射系数

地形	江苏城市、江面和平原等复合地形		安徽丘陵、平原城市、湖面复合地形		西北地区			
					沙漠、城市和乡村		沙漠	
入射角/(°)	77~80	80~83	77~80	80~83	77~80	80~83	77~80	80~83
$\sigma°$均值/dB	−22.0	−32.5	−24.0	−27.3	−27.6	−33.0	−38.9	−43.9
5%分位点 $\sigma°$/dB	−13.4	−21.6	−16.7	−20.2	−18.2	−23.0	−29.9	−34.5

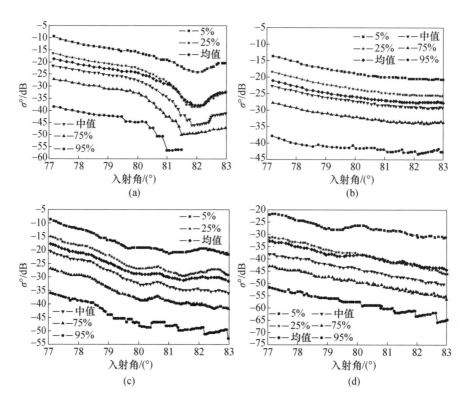

图 5.23　L 波段 VV 极化各种混合地形散射系数分位点值随入射角的变化

(a)城市、江面和平原；(b)城市、丘陵和平原；(c)沙漠、城市和乡村；(d)沙漠。

图 5.24 给出了 S 波段 HH 极化小擦地角条件下平原、山区、丘陵、混合地形散射系数随擦地角的变化。可以看出当擦地角较小时，散射系数强弱和地形的关系比较复杂。对于擦地角 1° ~8°,散射系数均值在 − 35 ~ − 25dB,散射系数随擦地角的变化趋势也不明显。

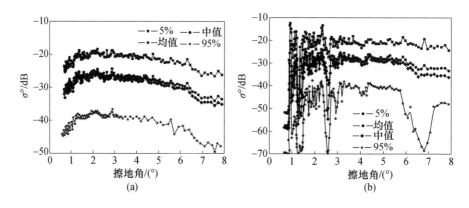

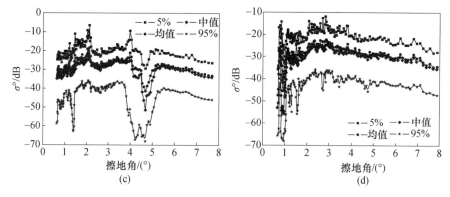

图 5.24　不同地形 S 波段 HH 极化杂波特性

(a)平原；(b)山区；(c)丘陵；(d)混合地形。

5.3　地杂波幅度分布建模

　　由于地形地貌和地表覆被的多样性和复杂性,如地形地貌有平原、丘陵、山地等,地表覆被有农作物、森林、水域等各种人造植物和自然覆被,并且在风的作用下,森林等植被会有起伏变化,因此当雷达照射到这些地形上时,雷达杂波源可能是孤立散射体,也可能是分布或连续的散射目标,既可能是静止的目标也可能是运动的目标。

　　当雷达波束照射到固定的区域时,由于照射区域内散射体的运动和多个散射中心的回波信号相互干涉,雷达接收到的杂波信号随时间起伏变化。当雷达波束空间变化时,如雷达随承载平台的运动或雷达波束扫描时,除了散射点自己的运动外,雷达照射区域内的散射点位置不断变化。因此,雷达接收到的杂波信号除了由于照射区域散射点运动引起的时间起伏,还包括由于波束的运动引起的照射区域位置改变引起的空间起伏,这种起伏通常称作雷达杂波的空间起伏。当对不同雷达分辨单元间的信号进行处理时(如恒虚警检测,脉冲压缩等),必须考虑杂波的空间起伏。杂波的起伏统计特性对恒虚警率检测器的设计和杂波相消处理器输入信杂比的计算有很大影响,雷达杂波的时间和空间起伏性可以用雷达接收机包络检波器输出的幅度概率密度函数来描述。

　　在杂波幅度分布分析中,采用的函数模型主要包括瑞利(Rayleigh)分布[18]、莱斯(Rice)分布[19]、对数正态(Log‐Normal)分布[20]、韦布尔(Weibull)[21]分布、K 分布[22,23]等。利用典型分布函数对雷达回波数据进行拟合,采用最大似然估计方法或矩估计等方法对模型参数进行估计,结合卡方检验等拟合优度检验判别方法判定数据和分布函数拟合效果,选择最优拟合分布类型。在确定分布类型后,进一步通过多组数据的对比分析得到分布模型参数与雷达参数及环境参数的关系。

5.3.1 常用杂波幅度分布模型

1. 瑞利分布

当雷达分辨单元内存在大量幅值基本相等、相位在$[0,2\pi]$内均匀分布的散射体,并且所有散射体中没有一个起主导作用时,采用瑞利分布描述杂波能得到较为精确的结果,因此瑞利分布更适用于低分辨雷达和大擦地角情况。

瑞利分布的概率密度函数(Probability Density Function,PDF)为

$$f(x) = \frac{2x}{a^2}\exp\left[-\left(\frac{x}{a}\right)^2\right], \quad x \geqslant 0 \tag{5.14}$$

其累积分布函数(Cumulative Distribution Function,CDF)为

$$F(x) = 1 - \exp(-x^2/a), \quad x \geqslant 0 \tag{5.15}$$

式中,x为杂波幅值。图5.25给出了不同参数下的瑞利分布概率密度函数和累积分布函数曲线,其中为突出大幅值样本幅度特性,绘制$1-CDF$对数域曲线,以下类同。瑞利分布相对于其他幅度分布类型拖尾较短,当a增大时,大幅值样本概率升高,拖尾区域样本数相对增多。

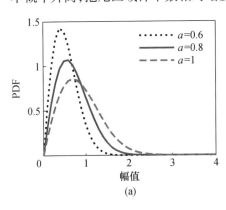 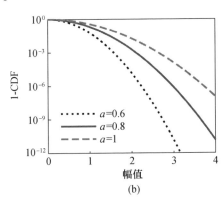

图5.25 不同参数下的瑞利分布的概率密度函数和累积分布函数曲线

(a)PDF;(b)$1-CDF$。

2. 莱斯分布

某些情况下,雷达接收到的回波除了大量小的随机分布的运动散射体引起的瑞利起伏分量以外,还包含一个大的固定散射体引起的慢变回波分量,与快变化的起伏分量相比,其幅值基本保持不变,可看作稳定分量。此时回波幅度可用莱斯分布表示,其概率密度函数为

$$f(x) = \frac{x}{\sigma^2} \exp\left[-\frac{(x^2 + \rho^2)}{2\sigma^2} \right] I_0\left(\frac{x\rho}{\sigma^2} \right), \quad x \geqslant 0 \tag{5.16}$$

式中,ρ 为慢变回波分量(相干分量)幅值;$2\sigma^2$ 为快变分量(非相干分量)功率;$I_0(\cdot)$ 为零阶修正贝塞尔函数。定义莱斯因子 $K_R = \rho^2/2\sigma^2$ 为雷达回波中稳定相干分量与非相干分量的功率比值,由 K_R 可以完全确定莱斯分布。当不存在稳定相干分量即 $\rho = 0$ 时,莱斯分布退化为瑞利分布。莱斯分布的累积分布函数为

$$F(x) = 1 - \exp(-\gamma) \sum_{m=0}^{\infty} \left(\frac{\rho}{x} \right)^m I_m\left(\frac{x\rho}{\sigma^2} \right), \quad x \geqslant 0 \tag{5.17}$$

式中,$\gamma = K_R - x^2/2\sigma^2$;$I_m(\cdot)$ 为第一类 m 阶修正贝塞尔函数。图 5.26 为 $\rho = 2$ 时不同 σ 参数下的莱斯分布概率密度函数和累积分布函数曲线。可以看出,随着参数 σ 的增大,大幅值样本概率增加,拖尾变长。

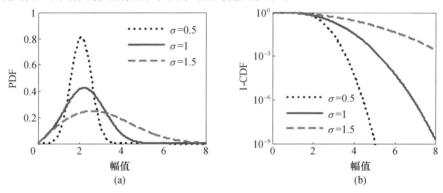

图 5.26　不同 σ 参数下莱斯分布的概率密度函数和累积分布函数曲线($\rho = 2$)
(a)PDF;(b)1 – CDF。

莱斯分布的均值和方差分别为

$$E(x) = \rho\left(1 + \frac{1}{4K_R} + \frac{1}{8K_R^2} \right) \tag{5.18}$$

$$D(x) = \sigma^2\left(1 - \frac{5}{8K_R} - \frac{1}{8K_R^2} \right) \tag{5.19}$$

3. 对数正态分布

若测量区域中包含强离散散射体(如建筑物或其他人造目标),则杂波更接近对数正态分布。对数正态分布通常用来描述高分辨率、小擦地角下杂波的幅度分布。瑞利分布与对数正态分布属于两个相反的极端情况,前者动态范围较窄,大幅值回波出现概率偏小,后者动态范围较大,因此预测大幅值回波的概率也比实际值要大。

对数正态分布的概率密度函数为

$$f(x) = \frac{1}{\sqrt{2\pi}\sigma x}\exp\left\{-\frac{[\ln(x)-\mu]^2}{2\sigma^2}\right\}, \quad x > 0 \tag{5.20}$$

对于随机变量 x，如果 $\ln(x)$ 服从均值 μ 和方差 σ^2 的正态分布，则 x 服从对数正态分布。

对数正态分布的累积分布函数为

$$F(x) = \Phi\{[\ln(x)-u]/\sigma\}, \quad x > 0 \tag{5.21}$$

式中，$\Phi(z) = \int_{-\infty}^{z}\frac{1}{\sqrt{2\pi}}\exp(-t^2/2)\,\mathrm{d}t$。图 5.27 给出 $\mu = 1$ 时不同 σ 参数下的对数正态分布概率密度函数和累积分布函数曲线。随着参数 σ 的增大，大幅值样本概率相应增加。

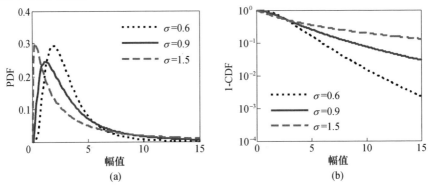

图 5.27　不同 σ 参数下对数正态分布的概率密度函数和累积分布函数曲线（$\mu = 1$）
(a) PDF；(b) 1 – CDF。

对数正态分布的 r 阶矩为

$$\mu_{\mathrm{r}} = E(x^r) = \exp\left(r\mu + \frac{1}{2}r^2\sigma^2\right) \tag{5.22}$$

可得其均值和方差分别为

$$E(x) = \exp\left(\mu + \frac{1}{2}\sigma^2\right) \tag{5.23}$$

$$D(x) = \exp(2\mu + \sigma^2)[\exp(\sigma^2) - 1] \tag{5.24}$$

4. 韦布尔分布

瑞利分布和对数正态分布往往会导致对实际杂波分布动态范围的过低或过高估计，而韦布尔分布可以提供比瑞利分布、对数正态分布在更宽泛环境下的实际杂波分布的更精确描述。从信号检测角度，对数正态分布对应于最恶劣的杂波背景，瑞利分布对应于最简单的杂波背景，而韦布尔分布则是更适用于多数情况下的一种杂波模型。韦布尔分布具有两个特征参数,一个是反映杂波强度的尺度参数,另一个是反映函数形状的形状参数。韦布尔分布的特例是瑞利分布,即形状参数等于 2,形状参数越小,越偏离瑞利分布。

韦布尔分布的概率密度函数如下

$$f(x) = vb^{-v}x^{v-1}\exp\left\{ -\left(\frac{x}{b}\right)^v \right\}, \quad x \geqslant 0 \tag{5.25}$$

式中,v 为形状参数;b 为尺度参数。当 $v = 1$ 时,韦布尔分布等价为指数分布。

韦布尔分布的累积分布函数如下

$$F(x) = 1 - \exp\left\{ -\left(\frac{x}{b}\right)^v \right\}, \quad x \geqslant 0 \tag{5.26}$$

图 5.28 给出 $b = 1$ 时不同形状参数下的韦布尔分布概率密度函数和累积分布函数曲线。可以看出随着 v 的减小,大幅值样本概率增加,拖尾变长。

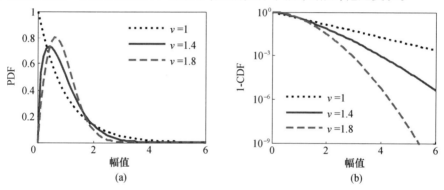

图 5.28 不同形状参数下韦布尔分布的概率密度函数和累积分布函数曲线($b = 1$)
(a)PDF;(b)1 – CDF。

韦布尔分布的 r 阶矩为

$$\mu_r = E(x^r) = b^r\Gamma\left(1 + \frac{r}{v}\right) \tag{5.27}$$

式中,$\Gamma(\cdot)$ 为伽马(Gamma)函数。

可得其均值和方差分别为

$$E(x) = b\Gamma\left(1 + \frac{1}{v}\right) \tag{5.28}$$

$$D(x) = b^2\left[\Gamma\left(1 + \frac{2}{v}\right) - \Gamma^2\left(1 + \frac{1}{v}\right)\right] \tag{5.29}$$

5. K 分布

K 分布可以描述杂波的快起伏和慢起伏特性,具有物理基础和良好的解析性质。K 分布可看作是功率受一随机过程调制的复高斯过程,其中功率调制过程为伽马分布。可采用两个独立随机变量的乘积形式描述杂波幅度分布统计特性,一个是具有短相关时间的快起伏分量,即散斑分量,服从复高斯分布,另一个分量表征杂波局部均值水平,即功率调制分量,其概率密度函数用伽马分布描述较为合适。

K 分布的概率密度函数可表示为

$$f(x) = 4 \cdot \frac{b^{\frac{v+1}{2}}}{\Gamma(v)} x^v K_{v-1}(2\sqrt{b}x), \quad x \geqslant 0 \tag{5.30}$$

式中,x 表示杂波幅值;$K_{v-1}(\cdot)$ 为第二类 $v-1$ 阶修正贝塞尔函数;v 为形状参数;b 为尺度参数;v/b 反映杂波平均功率的变化。

K 分布的累积分布函数为

$$F(x) = 1 - \frac{2}{\Gamma(v)}(\sqrt{b}x)^v K_{v-1}(2\sqrt{b}x), \quad x \geqslant 0 \tag{5.31}$$

图 5.29 给出 $v/b = 1$ 时,不同形状参数下的 K 分布概率密度函数和累积分布函数曲线。随着 v 值的越小,PDF 曲线变陡峭且大幅值样本概率增加,拖尾相对变长。

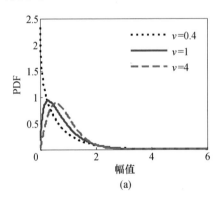
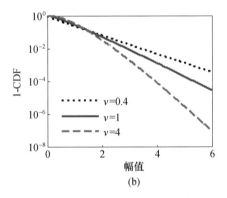

图 5.29　不同形状参数下 K 分布的概率密度函数和累积分布函数曲线
(a)PDF;(b)1 – CDF。

K 分布的 r 阶矩为

$$\mu_r = E(x^r) = \left(\frac{1}{\sqrt{b}}\right)^r \frac{\Gamma(1+r/2)\Gamma(v+r/2)}{\Gamma(v)} \tag{5.32}$$

K 分布与韦布尔分布在两种情况下等价。一种是韦布尔分布中 $v=2$ 对应 K 分布中 $v=\infty$,这种情况下两者均等价于瑞利分布。另一种是韦布尔分布中 $1<v<2$ 对应于 K 分布中 $1.5<v<\infty$。

5.3.2 杂波幅度分布模型参数估计

幅度分布模型参数估计方法的选择直接影响模型与数据样本的拟合效果。常用的模型参数估计方法主要包括最大似然估计法和矩估计法。最大似然估计方法估计精度较高,当分布形式已知时可提供最佳的参数估计。但是当最大似然估计法计算比较复杂时,实际应用中也常常选用其他简便易行的方法。矩估计是一种基于数理统计的方法,估计算法简单,但需要一定数量的样本值,估计值精度相对较低。以下对最大似然估计、矩估计以及模型拟合优度判定方法进行介绍。

1. 最大似然估计

对于瑞利分布、莱斯分布、对数正态分布、韦布尔分布,其模型参数通常可采用最大似然估计法。

1)瑞利分布

对于杂波幅度样本 $\{x_i, i = 1, 2, \cdots, N\}$,瑞利分布模型参数的最大似然估计为

$$\hat{a} = \sqrt{\frac{1}{N} \sum_{i=1}^{N} x_i^2} \tag{5.33}$$

2)莱斯分布

对于杂波幅度样本 $\{x_i, i = 1, 2, \cdots, N\}$,当莱斯分布中慢变回波分量幅值明显强于快变回波分量时,其模型参数的近似最大似然估计为[24]

$$\hat{\rho} = \frac{2S_N + 4\sqrt{S_N^2 - 3NC_N}}{3N} \tag{5.34}$$

$$\hat{\sigma}^2 = \frac{C_N - 2\hat{\rho}S_N + N\hat{\rho}^2}{N} \tag{5.35}$$

$$\hat{K}_R = \frac{\hat{\rho}^2}{2\hat{\sigma}^2} \tag{5.36}$$

式中,$C_N = \sum_{i=1}^{N} x_i^2$,$S_N = \sum_{i=1}^{N} x_i$。

3)对数正态分布

对于杂波幅度样本 $\{x_i, i = 1, 2, \cdots, N\}$,对数正态分布模型参数的最大似然估计为

$$\hat{\mu} = \frac{1}{N} \sum_{i=1}^{N} \ln(x_i) \tag{5.37}$$

$$\hat{\sigma}^2 = \frac{1}{(N-1)} \sum_{i=1}^{N} \left[\ln(x_i) - \hat{\mu} \right]^2 \tag{5.38}$$

4）韦布尔分布

对于杂波幅度样本 $\{x_i, i = 1, 2, \cdots, N\}$，韦布尔分布模型参数的最大似然参数估计为

$$\hat{v} = \left\{ \frac{6}{\pi^2} \frac{N}{N-1} \left[\frac{1}{N} \sum_{i=1}^{N} (\ln(x_i))^2 - \left(\frac{1}{N} \sum_{i=1}^{N} \ln(x_i) \right)^2 \right] \right\}^{-1/2} \tag{5.39}$$

$$\hat{b} = \exp\left[\frac{1}{N} \sum_{i=1}^{N} \ln(x_i) + 0.5772 \hat{v}^{-1} \right] \tag{5.40}$$

2. 矩估计方法

对于 K 分布，由于难以得到模型参数的最大似然闭式解，而采用数值分析方法的计算量过大，因此通常多采用矩估计方法。

杂波幅度样本 $\{x_i, i = 1, 2, \cdots, N\}$ 的 n 阶原点矩计算公式为

$$\hat{m}_n = \frac{1}{N} \sum_{i=1}^{N} x_i^n, \quad n \geq 0 \tag{5.41}$$

对于 K 分布，其 n 阶矩表达式为

$$m_n = \left(\frac{1}{\sqrt{b}} \right)^n \frac{\Gamma(1 + n/2) \Gamma(v + n/2)}{\Gamma(v)}, \quad n \geq 0 \tag{5.42}$$

原则上可以利用任意两组矩对未知参数进行估计。以下介绍实际应用中常见的几种矩估计方法[25-28]。

1）基于一阶矩和二阶矩的方法

$$\begin{cases} \dfrac{\hat{m}_1^2}{\hat{m}_2} = \dfrac{\pi \Gamma^2(v + 0.5)}{4 \hat{v} \Gamma^2(v)} \\ \\ \hat{b} = \dfrac{\pi \Gamma^2(v + 0.5)}{4 \hat{m}_1^2 \Gamma^2(v)} \end{cases} \tag{5.43}$$

2）基于二阶矩和四阶矩的方法

$$\begin{cases} \hat{v} = \left(\dfrac{\hat{m}_4}{2 \hat{m}_2^2} - 1 \right)^{-1} \\ \\ \hat{b} = \dfrac{\hat{v}}{\hat{m}_2} \end{cases} \tag{5.44}$$

这两种方法不需要进行数值求解，计算简单，是较为常用的方法。但由于高阶矩对数据较为敏感，尽量选取低阶矩。

3）Log - Ⅰ型估计

$$\begin{cases} \hat{M}_1 - \hat{M}_2 = \psi(\hat{v}) - \lg(\hat{v}) - \gamma \\ \hat{b} = \dfrac{\hat{v}}{\hat{m}_2} \end{cases} \quad (5.45)$$

式中，$\psi(v) = \dfrac{\mathrm{d}}{\mathrm{d}v}[\ln(\Gamma(v))] = \dfrac{\Gamma'(v)}{\Gamma(v)}$，$\gamma$ 为欧拉常数，$\hat{M}_1 = \dfrac{1}{N}\sum\limits_{i=1}^{N}\ln(x_i^2)$，$\hat{M}_2 = \ln(\hat{m}_2)$。

4）Log - Ⅱ型估计

$$\begin{cases} \hat{M}_3 - \hat{M}_4 = \psi'(\hat{v}) + \pi^2/6 \\ \hat{b} = \dfrac{\hat{v}}{\hat{m}_2} \end{cases} \quad (5.46)$$

式中，$\psi'(v) = \dfrac{\mathrm{d}^2}{\mathrm{d}v^2}[\ln(\Gamma(v))]$，$\hat{M}_3 = \dfrac{1}{N}\sum\limits_{i=1}^{N}(\ln(x_i^2))^2$，$\hat{M}_4 = \left(\dfrac{1}{N}\sum\limits_{i=1}^{N}\ln(x_i^2)\right)^2$。

5）Log - Ⅲ型估计

$$\begin{cases} \hat{M}_5 - \hat{M}_1 = 1 + \dfrac{1}{\hat{v}} \\ \hat{b} = \dfrac{\hat{v}}{\hat{m}_2} \end{cases} \quad (5.47)$$

式中，$\hat{M}_5 = \dfrac{1}{N}\sum\limits_{i=1}^{N}x_i^2 \cdot \ln(x_i^2)/\hat{m}_2$。

6）基于分数阶矩的方法

D. R. Iskander 等人[25]在整数阶矩方法的基础上进行推广，利用分数阶矩估计 K 分布参数，取一个与尺度参数无关的比值，令

$$\alpha_{q,p} = \dfrac{\hat{m}_{p+2q}}{\hat{m}_p \, \hat{m}_{2q}} \quad (p>0, q=1,2,\cdots) \quad (5.48)$$

尽量取低阶矩，令 $q=1$，有

$$\alpha_{1,p} = \dfrac{\hat{m}_{p+2}}{\hat{m}_p \, \hat{m}_2} \quad (5.49)$$

利用式(5.42)，通过对应阶矩的计算可得形状参数为

$$\hat{v} = \dfrac{p(p+2)}{4\alpha_{1,p} - 2(p+2)} \quad (5.50)$$

然后计算尺度参数为

$$\hat{b} = \frac{\hat{v}}{\hat{m}_2}$$ (5.51)

若 $p=2$，即为常规的基于二阶矩和四阶矩方法。若 $p=1$，可得到基于一、二和三阶矩的估计。一般选 $0<p<2$，从理论上讲，p 越小，估计精度越高。研究表明当 $p<1/10$ 时，估计性能没有明显的改善。因此，实际应用中可选 $p=1/10$

7）基于线性域一阶矩和对数域一阶矩的方法

令 $z=20\lg x$，可得到 K 分布的 dB 尺度表示

$$f(z) = k_0 \frac{4\sqrt{b}}{\Gamma(\nu)} 10^{z/20} (\sqrt{b} \cdot 10^{z/20})^\nu K_{\nu-1}(2\sqrt{b} \cdot 10^{z/20})$$ (5.52)

式中，$k_0 = \ln10/20 = -0.69$。

z 的一阶矩如下

$$\bar{z} = \frac{1}{2k_0}[2\ln2 + \psi(1) - 2\ln(2\sqrt{b}) + \psi(\nu)]$$ (5.53)

式中，$\psi(\cdot)$ 定义同式（5.45）。

利用线性域的一阶矩 $\hat{m}_{x1} = \frac{1}{N}\sum_{i=1}^{N} x_i$ 和对数域的一阶矩 $\hat{m}_{z1} = \frac{1}{N}\sum_{i=1}^{N} z_i$，结合式（5.42）的 K 分布对应阶矩表达式，列等式求解可得形状参数和尺度参数估计值[27]，将该方法简称为双域一阶矩法。

8）伽马近似估计

通过采用伽马分布对 K 分布作近似，得到 K 分布模型参数的解析式，该近似的前提条件是假定两种分布的一阶和二阶原点矩相等。

伽马分布 PDF 可表示为

$$g(y) = \frac{b_g^\lambda}{\Gamma(\lambda)} y^{\lambda-1} \exp(-b_g y), y \geq 0$$ (5.54)

式中，λ 和 b_g 分别表示伽马分布的形状参数和尺度参数，在某些参数下，K 分布和伽马分布等价：$v=0.5$ 时的 K 分布等价于 $\lambda=1$ 时的伽马分布；$v=1.5$ 时的 K 分布等价于 $\lambda=2$ 时的伽马分布；对于 $v=2.5/3.5/4.5\cdots$ 的情况，K 分布可等价于两个或多个不同形状参数的伽马分布加权求和。

对两种分布的一阶二阶矩列等式求解，得出伽马分布参数 (λ, b_g) 与 K 分布参数 (v, b) 间的关系为

$$\begin{cases} \lambda = \left[\frac{4(v)\Gamma^2(v)}{\pi\Gamma^2(v+0.5)} - 1\right]^{-1} \\ b_g = \frac{\sqrt{b} \cdot \Gamma(\lambda+1)\Gamma(v)}{\Gamma(1.5)\Gamma(\lambda)\Gamma(v+0.5)} \end{cases}$$ (5.55)

选择最大似然估计法对伽马分布参数进行估计。假设样本 $Y_1, Y_2, \cdots, Y_n$（n 为样本数）为满足式（5.54）伽马分布的独立同分布随机变量，其观测值分别为 $y_1, y_2, \cdots, y_n$，则 $Y_1, Y_2, \cdots, Y_n$ 取值为 $y_1, y_2, \cdots, y_n$ 的概率密度，即似然函数为

$$L(b_g, \lambda) = \prod_i g(y_i) = \frac{b_g^{m\lambda}}{[\Gamma(\lambda)]^n} \left(\prod_i y_i \right)^{\lambda-1} \exp\left(-b_g \sum_i y_i \right) \quad (5.56)$$

为对似然函数求极大值，对式（5.56）求导取零，得到似然方程组

$$\begin{cases} \dfrac{\Gamma'(\hat{\lambda})}{\Gamma(\hat{\lambda})} = \ln\left[\hat{b}_g \left(\prod_i y_i \right)^{1/n} \right] \\ \hat{b}_g = \dfrac{\hat{\lambda}}{\dfrac{1}{n} \sum_i y_i} \end{cases} \quad (5.57)$$

结合式（5.55）和式（5.57），可得到 K 分布的形状参数 v 及尺度参数 b。

以上矩估计方法应用于 K 分布时，在样本数相同条件下，随着形状参数 v 的变化，不同估计方法的性能有差异。样本数增加时，不同估计方法性能随 v 变化的规律也不同。一般来讲相对高阶矩，低阶矩稳定性更好一些。针对上述估计方法，利用仿真数据对比不同条件下各种方法的估计偏差变化趋势，分析其适用性。

首先生成已知尺度参数和形状参数的样本数据，尺度参数固定，形状参数范围为 $[0, 10]$，每组参数下采用 500 次仿真来评估参数估计的精确度，相对估计偏差用 $(\hat{v} - v)/v$（$\hat{v}$ 为估计值，v 为预设值）衡量。图 5.30 给出几种方法估计性能随形状参数变化的不同趋势以及这种趋势在不同样本数下的表现。图中纵坐标表示每种估计方法在 500 次仿真得到的估计偏差的均值。

可以看出，样本数的增加会明显改善矩估计方法的结果，样本数为 1000 时估计性能普遍偏差。当样本数达到 100000 时，大多数矩估计方法的估计相对偏差已经变得很小。具体根据形状参数范围，又主要变现为以下两种情况：

情况 1：在形状参数较小（如 $v < 2$）时，二阶矩四阶矩估计在几种估计方法中估计偏差最大，而双域一阶矩估计方法可以得到最优的估计效果，其次为 Log - I 型、Log - II 型、Log - III 型和分数阶矩估计方法，这几种方法估计性能相差很小，一阶矩二阶矩方法次之，伽马近似估计方法在样本数较小时性能较优，但是随着样本数增多，其估计效果没有得到明显改善。

情况 2：形状参数增大（如 $v > 2$）后，几种估计方法性能优劣发生变化，log - II 型估计方法估计性能相对较差，伽马近似估计方法与情况 1 类似，样本较少时在几种估计方法中性能接近最优，但随着样本数增多其参数估计偏差并没有明显降低。而双域一阶矩估计方法、分数阶矩、一阶矩二阶矩、二阶矩四阶矩、

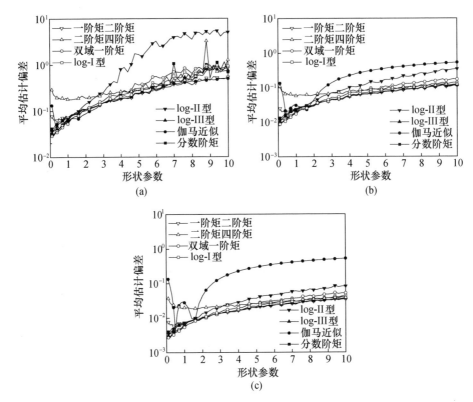

图 5.30　不同样本数下多种 K 分布参数估计偏差均值

（a）样本数 1000；（b）样本数 10000；（c）样本数 100000。

log – Ⅲ型估计方法则保持了相对较好的估计结果,且几种方法之间差距较小,只是双域一阶矩不再是几种估计方法中的最优估计。从理论上讲,随着 K 分布形状参数增加,概率密度函数对形状参数越来越不敏感,因此对于大形状参数的情况,同样的偏差计算标准下,估计精确度会有降低。

综合来看,一阶矩二阶矩和分数阶矩估计性能在形状参数变化时相对稳定,分数阶矩估计略优。但是对于拖尾较长的幅度分布拟合,形状参数往往偏小,而双域一阶矩估计在形状参数较小时最为精确,此外伽马近似估计在样本数据较小时性能较优,因此在实际使用时需要结合情况选择更恰当的 K 分布参数估计方法。

3. 拟合优度判定

杂波分布模型在不同雷达参数、不同环境、不同场景的条件下,适用性是不一样的。对于给定的实测杂波数据,要从多种模型中判定选择一种与杂波幅度数据拟合效果最好的模型,则需要先定义一个能反映拟合效果的统计量,来验证一组数据的分布是否和函数模型相符合,这对应统计假设检验中的拟合优度检验问题。不同的方法对应的检验统计量不同,以下介绍几种不同的拟合优度判定方法[29~32]。

1) KS(Kolmogorov – Smirnov)检验

对于数据样本 $\{X_1, X_2, \cdots, X_N\}$,计算检验统计量 d_{KS}(KS 距离),即

$$d_{KS} = (\sqrt{N} + 0.12 + 0.11/\sqrt{N}) \sup_{x \in \{X_1, X_2, \cdots X_N\}} |\hat{F}_X(x) - F_X(x)| \qquad (5.58)$$

式中,$\hat{F}_X(x)$ 为数据的经验累积分布函数(Empirical Cumulative Distribution Function,ECDF),$F_X(x)$ 是分布模型的累积分布函数。比较 d_{KS} 和阈值大小,不同的置信度水平对应不同的阈值[29],当 d_{KS} 小于某个确定的阈值时,通常称数据通过了 KS 检验。

2) 卡方(χ^2)检验

在标准的卡方拟合优度检验中,统计模型的概率密度函数分为 I 个等概率幅值间隔。检验统计量 χ^2 定义为

$$\chi^2 = \sum_{i=1}^{I} \frac{(p_i - N/I)^2}{N/I} \qquad (5.59)$$

式中,p_i 为幅值处于第 i 个间隔的杂波样本数目;N 为生成直方图的幅值样本总数。χ^2 值越低,拟合越好。为了确定一组分辨单元的相对拟合优度,计算每个单元对应的 χ^2 值,可将不同模型的计算结果绘制成一个随分辨单元变化的函数,从而给出模型拟合优度的直观效果。或者分别对每种模型不同分辨单元计算的 χ^2 求均值,对比得到相对拟合优度的一个定量量度。

如果重点关注杂波幅值拖尾区域内不同模型对数据幅度直方图的拟合结果,可在卡方检验基础上,对检验统计量进行加权,即

$$\chi_m^2 = \sum_{m=1}^{M} \frac{\left[p_m - \left(N\frac{0.1}{M}\right)\right]^2}{\left(N\frac{0.1}{M}\right)} \qquad (5.60)$$

式中,M 为杂波幅值拖尾区域被划分的间隔数目;p_m 为幅值处于第 m 个间隔内的杂波样本数目;N 为生成直方图的幅值样本总数,加权值 0.1 表示对 $1 - CDF \leq 0.1$ 的区域进行检验统计量计算,而对 $1 - CDF > 0.1$ 的区域进行零加权。根据实际情况可更改加权值的大小,χ_m^2 值越小表明模型在拖尾区域与数据拟合效果越好。

3) CV(Cramer – Von)距离

在 KS 检验中验证一组数据样本是否符合某种分布类型时,严格意义上要求用于计算 ECDF 的数据样本必须是统计独立的。在不能满足该条件的情况

下,可估计分布模型 CDF 和 ECDF 间的 CV 距离。对于某一分布模型,若其 CDF 与 ECDF 的距离小于其他分布模型,则其与数据样本拟合效果相对更优。

CV 距离定义为

$$d_{CV}^2 = N \int_{-\infty}^{\infty} | F_X(x) - \hat{F}_X(x) |^2 \mathrm{d}F_X(x) \tag{5.61}$$

式中,$F_X(x)$ 为分布模型的 CDF;$\hat{F}_X(x)$ 为 ECDF;N 为数据样本数目。

进一步,式(5.61)积分可按文献[31]的估计方法得到

$$d_{CV}^2 = \frac{1}{12N} + \sum_{i=1}^{N} \left| F_X(X_{(i)}) - \frac{2i-1}{2N} \right| \tag{5.62}$$

式中,$X_{(i)}$ 为数据样本中第 i 个有序统计量。

4）统计量 D

统计量 D 定义为

$$D = \max_x \{ | \hat{F}_X(x) - F_X(x) | \} = \max_i \{ | i/N - F_X(x_i) | \} \tag{5.63}$$

式中,各函数及变量的含义与同式(5.61),统计量 D 度量的两者间的最大距离。

5）二次统计量 Q_0

二次统计量 Q_0 定义为

$$Q_0 = N \int_{-\infty}^{\infty} [\hat{F}_X(x) - F_X(x)]^2 \mathrm{d}F_X(x) = \sum_{i=1}^{N} [i/N - F_X(x_i)]^2 \tag{5.64}$$

式中,各函数及变量的含义与同式(5.61)。若集中关注拖尾区域的拟合,可以将二次统计量修改为

$$Q_{1-\alpha} = \sum_{i=k_\alpha}^{N} [i/N - F_X(x_i)]^2 \tag{5.65}$$

式中,$k_\alpha = \mathrm{int}\{(1-\alpha)N\} + 1, 0 \leqslant \alpha \leqslant 1, \mathrm{int}\{\cdot\}$ 表示就近选取最接近的整数。例如,若 $\alpha = 0.1$,只需估计 $0.9 < F_X(x) < 1$ 的区域。所以 Q_0 即为 $Q_{1-\alpha}$ 在 $\alpha = 1$ 时的特殊情况。

6）似然率

通过比较各分布的"似然率"来选择更优的分布模型[32],即

$$R_{IL} = \prod_{i=1}^{N} \mathrm{PDF}_I(x_i, \theta_I) / \prod_{i=1}^{N} \mathrm{PDF}_L(x_i, \theta_{ML,L}) \tag{5.66}$$

式中,$R_{IL}(I = R, W, K\cdots)$ 分别表示瑞利分布、韦布尔分布和 K 分布等相对于对数正态分布的似然率,θ_I 是各种具体分布模型中的参数。如果 $R_{RL}, R_{WL}, R_{KL}\cdots$ 均小于 1,则最佳分布模型为对数正态分布,否则,似然率最大时对应的分布为最佳的分布模型。

5.3.3　典型地形的杂波幅度分布

地杂波幅度在一定的时间内随空间(距离和方位)变化,在一定的距离—方位单元内随时间变化,空间和时间的统计分布是不同的。通常认为地杂波幅度的时间统计是莱斯分布,包含瑞利分布在内的其他分布是其特殊情况。然而,并不总是这样。例如,当风速变化时,树林回波有时是非稳态的。地杂波幅度的空间统计通常由不同形状参数决定的介于瑞利分布、韦布尔分布和 K 分布之间。

1. 地杂波幅度的时间统计分布

图 5.31 给出 D. E. Kerr[33] 测量的 X 波段两种风速下树林的回波功率分布和莱斯分布的拟合结果,图 5.31(a)表明当风速较大时,树林的回波功率分布接近瑞利分布,图 5.31(b)给出的当风速较小时树林的回波功率分布是莱斯分布。R. D. Hayes 和 R. Walsh[34] 利用 X 波段地基雷达测量了小擦地角多种极化(HH、VV、HV、VH)下的植被的回波数据,研究发现在高风速下,各种极化下的回波功率均符合瑞利分布,如图 5.32 给出的 HH 极化落叶林回波功率统计分布的结果。

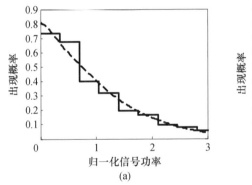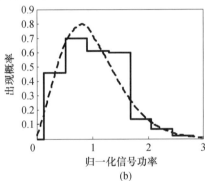

图 5.31　两种风速下树林回波功率分布和菲斯分布拟合结果

(a)风速 11.17m/s；(b)风速 4.47m/s。

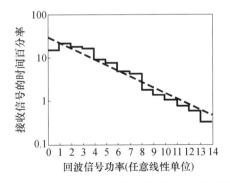

图 5.32　X 波段 HH 极化落叶林回波功率统计分布

N. W. Guinard[18]利用 1964 年美国海军研究实验室录取的机载 UHF、L、C 和 X 波段(即 NRL - 4FR)HH 和 VV 极化入射角(5°~60°)的地杂波数据进行时间统计分布分析后发现地杂波幅度分布符合瑞利和莱斯分布。G. R. Valenzuela 和 M. B. Laing[35]等对机载四波段雷达测量的亚利桑那州的沙漠、山脉、农田和城市的杂波进行幅度分布分析,大多数均匀地形的杂波幅度符合瑞利分布。

N. C. Currie 等人[36]给出了地基非相干脉冲雷达测量的 9.5GHz、15GHz、35GHz 和 95GHz 频率下多种地物类型的杂波时间统计分布结果。通过对一段时间内一个给定的距离 - 方位单元内雷达回波功率的统计分析得到杂波的时间统计分布。对于 HH 和 VV 极化,各种频率下的落叶树木或松树林杂波幅度分布大多符合对数正态分布。对不同地物类型的回波功率标准偏差和频率的关系进行了分析,发现频率增加,标准偏差略有增加(见表 5.29)。尽管不同频率和地物类型回波的功率标准偏差不同,但是除了频率为 95GHz 外,功率的标准偏差很少大于 5.5dB(这是瑞利功率分布对应的标准偏差)。最大的标准偏差发生在 95GHz,这时测量到不经常发生的较大的标准偏差。R. D. Hayes[37]给出了

表 5.29　不同频段接收功率的标准偏差的均值(dB)

地物类型	极化	9.5GHz	6.5GHz	35GHz	95GHz
落叶树林 (夏季)	VV	3.9	—	4.7	—
	HH	4.0	—	4.0	5.4
	平均值	4.0	—	4.3	5.4
落叶树林 (秋季)	VV	3.9	4.2	4.4	6.4
	HH	3.9	4.3	4.3	5.3
	平均值	3.9	4.2	4.3	5.0
松树林	VV	3.5	3.7	3.7	6.8
	HH	3.3	3.8	4.2	6.3
	平均值	3.4	3.7	3.9	6.5
混合树林 (秋季)	VV	4.1	4.1	4.7	6.3
	HH	4.5	4.3	4.6	5.0
	平均值	4.4	4.2	4.6	5.4
田地(高草地)	VV	1.5	—	1.7	2.0
	HH	1.0	1.2	1.3	—
	平均值	1.3	1.2	1.4	2.0
岩石	VV	1.1	2.2	1.8	1.6
	HH	1.2	1.7	1.7	1.7
	平均值	1.1	1.9	1.8	1.7

95GHz 的树林的回波幅度分布,尽管通常是对数正态分布,但有时是韦布尔分布。只有在低风速时,小于 1% 的测量结果是瑞利分布。

H. C. Chan[38]给出加拿大 DREO(Canadian Defence Research Establishment Ottawa)雷达测量的 S 波段 HH 极化条件下的城区、农田、森林等地杂波幅度分布大多数满足莱斯和瑞利分布(见表 5.30)。两种分布的发生概率是地物类型和风速的函数。DREO 雷达是 S 波段 HH 极化相控阵体制,150m 的距离分辨率,4°波束方位角。测量时采用的脉冲重复频率为 100Hz,进行了 30720 个脉冲采样。

表 5.30　不同风速下 S 波段 HH 极化地杂波幅度分布统计结果(%)

地物类型	风速/(m/s)								
	1.34			5.36			11.17		
	莱斯分布	瑞利分布	其他分布	莱斯分布	瑞利分布	其他分布	莱斯分布	瑞利分布	其他分布
城市	58	0	42	37	8	55	38	25	37
农田	72	3	25	39	26	35	22	41	37
森林	61	1	38	45	24	31	24	48	28

2. 地杂波幅度的空间统计分布

中国电波传播研究所利用车载散射计测量的农作物地形杂波数据分析了 L 和 X 波段入射角 0°~84°范围的空间统计分布,发现裸土地、小麦田、油菜田、草地等相对均匀地形的杂波幅度符合韦布尔分布。表 5.31 给出了不同极化下的韦布尔分布的形状参数[39],可以看出不同极化的韦布尔分布的形状参数区别不明显,形状参数随入射角的变化趋势也不明显(见图 5.33),这表明地杂波的空间起伏主要由地物的介电常数和几何特征决定的。对于同一种地物类型,L 波段的形状参数普遍大于 X 波段的结果。

表 5.31　L 和 X 波段农作物地形的韦布尔分布形状参数

地物类型	波段	极化	形状参数范围	均值	入射角范围/(°)
裸土地	L	HH	1.34~2.11	1.77	12~60
		VV	1.32~2.42	1.91	
		VH	1.58~2.17	1.82	
		HV	1.37~2.0	1.73	
	X	HH	0.82~1.46	1.16	0~84
		VV	0.72~2.88	1.63	
		VH	0.12~3.61	1.44	
		HV	1.12~3.12	1.85	

地物类型	波段	极化	形状参数范围	均值	入射角范围/(°)
小麦田	L	HH	1.73 ~ 2.5	2.12	6 ~ 54
		VV	1.32 ~ 3.21	2.17	
		VH	1.52 ~ 3.02	2.06	
		HV	1.3 ~ 2.49	2.01	
	X	HH	0.76 ~ 2.47	1.7	0 ~ 84
		VV	0.91 ~ 2.31	1.62	
		VH	1.03 ~ 3.16	2.17	
		HV	0.88 ~ 2.79	1.69	
草地	L	HH	1.79 ~ 2.3	1.85	24 ~ 54
		VV	1.14 ~ 1.89	1.56	
		VH	1.24 ~ 2.01	1.51	
		HV	1.08 ~ 1.85	1.39	
	X	HH	0.57 ~ 0.93	0.77	0 ~ 72
		VV	0.53 ~ 0.95	0.76	
		VH	0.51 ~ 1.04	0.78	
		HV	0.54 ~ 1.02	0.78	
油菜田	X	HH	0.85 ~ 2.97	1.76	0 ~ 84
		VV	0.84 ~ 2.87	1.69	
		VH	0.69 ~ 2.62	1.55	
		HV	0.62 ~ 2.81	1.53	

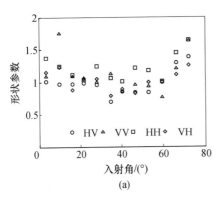
(a)

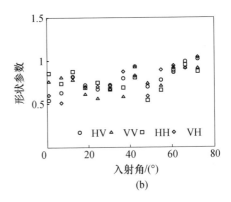
(b)

图 5.33 形状参数随入射角的变化

(a)L 波段；(b)X 波段。

　　中国电波传播研究所利用测量的机载雷达数据得到了 L 波段中等入射角范围内关中平原、东南沿海丘陵、六盘山高原地区、中原城市等地形的空间幅度分布结果。图 5.34 给出典型角度下 L 波段 HH 极化四种地形的幅度分布拟合结果,可以看出这四种地形的杂波幅度分布均与韦布尔分布较符合。表 5.32 给出四种地形在中等入射角范围韦布尔分布和 K 分布形状参数估计值。

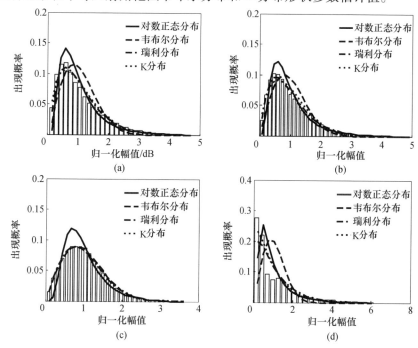

图 5.34　L 波段 HH 极化地杂波幅度分布

(a)平原地形(入射角 68°);(b)丘陵地形(入射角 66°);
(c)高原地形(入射角 79°);(d)城市地形(入射角 71°)。

表 5.32　不同地形拟合参数

测试地形	入射角/(°)	韦布尔分布形状参数	K 分布形状参数
关中平原	59	1.827	6.209
	62	1.916	9.212
	68	1.681	2.236
	70	1.657	2.425
东南沿海丘陵	59	1.747	3.671
	65	1.687	3.566
	68	1.916	13.661
	70	1.611	2.145

测试地形	入射角/(°)	韦布尔分布形状参数	K 分布形状参数
六盘山高原	72	1.768	2.247
	74	1.898	5.757
	78	1.808	2.979
	80	1.677	3.905
中原城市	54	1.457	1.132
	60	1.622	3.163
	70	1.839	3.194
	75	1.562	1.922

图 5.35 和图 5.36 给出的是 L 波段 HH 极化渭河平原、秦岭山区、黄土丘陵、混合地形的典型入射角下幅度分布和累积分布拟合结果,其中图 5.36 纵坐标给出的是 $10\lg(-\ln(1-CDF))$ 值。可以看出这四种地形的杂波幅度分布介于韦布尔分布和 K 分布之间。表 5.33 给出不同入射角下拟合的韦布尔分布和 K 分布形状参数值。

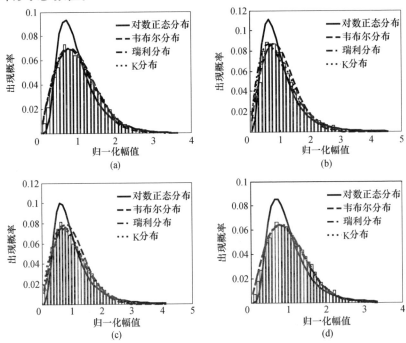

图 5.35　L 波段 HH 极化地杂波幅度分布

(a)渭河平原(入射角 68°);(b)秦岭山区(入射角 72°);

(c)黄土丘陵(入射角 73°);(d)混合地形(入射角 72°)。

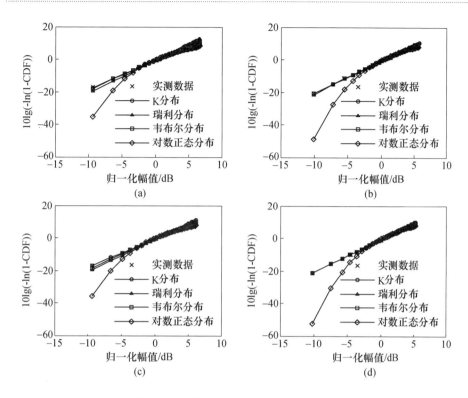

图 5.36 L 波段 HH 极化地杂波累积分布

（a）渭河平原（入射角 68°）；（b）秦岭山区（入射角 72°）；
（c）黄土丘陵（入射角 73°）；（d）混合地形（入射角 72°）。

表 5.33 典型地形杂波幅度分布拟合结果（L 波段 HH 极化）

地物类型	入射角/(°)	韦布尔分布形状参数	K 分布形状参数
渭河平原	30	1.7717	11.5470
	40	1.8247	47.7636
	60	1.7846	14.5569
	65	1.7346	7.5899
	70	1.7249	7.7379
黄土丘陵	31	1.9437	5.7213
	40	1.9218	7.1654
	50	1.9269	4.7253
	66	1.8406	4.1374
	72	1.7045	3.1974

地物类型	入射角/(°)	韦布尔分布形状参数	K 分布形状参数
秦岭山区	30	1.2505	1.2247
	40	1.1526	1.0128
	50	1.3522	1.6580
	66	1.2775	1.3586
	72	1.0266	0.6329
混合地形	30	1.9962	6.0886
	40	1.9270	5.1799
	50	1.9499	4.0618
	60	1.5996	2.2750
	70	1.8869	4.7635

表 5.34 给出了 L 波段 VV 极化中等入射角(20°~70°)范围多个入射角下不同地形的杂波幅度拟合形状参数值。图 5.37~图 5.42 给出典型入射角下杂波幅度分布和累积分布拟合效果图,可以看出各种地形的杂波幅度分布均偏离瑞利分布,接近于韦布尔分布和 K 分布。

表 5.34　典型地形杂波幅度分布拟合结果(L 波段 VV 极化)

地物类型	入射角/(°)	韦布尔分布形状参数	K 分布形状参数
安徽平原	21	1.8389	50.8583
	30	1.7717	11.5470
	40	1.8247	47.7636
	50	1.8988	35.1125
	60	1.7846	14.5569
	65	1.7347	7.5899
	70	1.7249	7.7379
苏北平原	30	1.2345	0.8765
	40	1.2589	0.8975
	50	1.4034	0.8734
	60	1.4753	2.7001
	65	1.2851	0.9329
	70	1.5081	3.0641

（续）

地物类型	入射角/(°)	韦布尔分布形状参数	K 分布形状参数
黄土高原丘陵	21	1.8629	—
	31	1.9333	—
	41	1.9943	—
	50	1.7663	8.8534
	58	1.7807	9.2215
	66	1.7032	4.8653
	72	1.7501	7.9782
秦岭山区	22	1.1639	0.9848
	30	1.2505	1.2247
	40	1.1526	1.0128
	50	1.3522	1.6580
	58	1.2330	1.0663
	66	1.2775	1.3586
	72	1.0266	0.6329
东南沿海山区	20	1.5184	1.8332
	30	1.8201	2.3164
	40	1.7447	9.7051
	50	1.8222	38.1068
	60	1.6826	4.9963
	66	1.5791	2.7023
	71	1.4175	1.9880

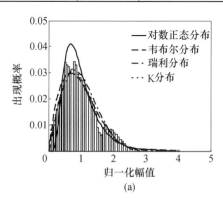 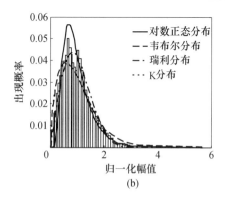

图 5.37　L 波段 VV 极化平原地形杂波幅度分布

（a）安徽平原（入射角 61°）；（b）苏北平原（入射角 63°）。

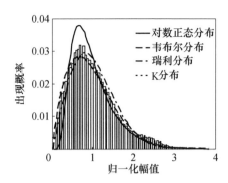

图 5.38　L 波段 VV 极化黄土丘陵(入射角 63°)地形杂波幅度分布

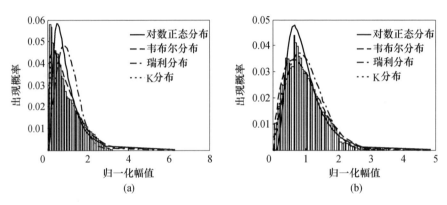

(a)　　　　　　　　　　　(b)

图 5.39　L 波段 VV 极化山区地形杂波幅度分布

(a)秦岭山区(入射角 63°)；(b)东南沿海山区(入射角 63°)。

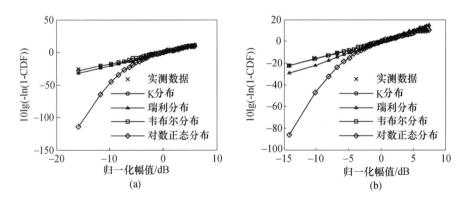

(a)　　　　　　　　　　　(b)

图 5.40　L 波段 VV 极化平原地形累积分布

(a)安徽平原(入射角 61°)；(b)苏北平原(入射角 63°)。

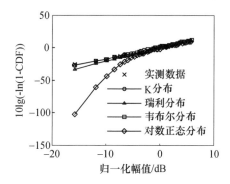

图 5.41　L 波段 VV 极化黄土丘陵(入射角 63°)地形杂波累积分布

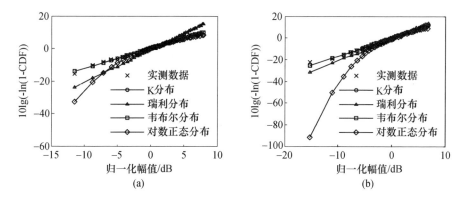

图 5.42　L 波段 VV 极化山区地形杂波累积分布
(a)秦岭山区(入射角 63°);(b)东南沿海山区(入射角 63°)。

T. Linell[40]利用瑞典防御研究公司测量的地基雷达 X 波段 HH 和 VV 极化小擦地角下农耕地和森林杂波数据分析了地杂波的幅度分布。HH 和 VV 极化的幅度分布没有明显的不同。如图 5.43,图中曲线和两条虚线相交的横坐标间距对应标准偏差的两倍,对于瑞利分布标准偏差是 5.6dB。可以看出,当擦地角为 5°时除了三月份有 10cm 雪覆盖的农耕地的标准偏差达到 7dB 外,其他月份的农耕地杂波幅度分布符合瑞利分布。对于较小的擦地角(例如 1.25°和 0.7°),测量的森林和农耕地的标准偏差达到 12dB 或 16dB 远大于瑞利分布的结果,采用韦布尔分布拟合较好。

美国麻省理工学院林肯实验室[6]在美国和加拿大 42 个不同地点实施五个频段(VHF、UHF、L、S 和 X)、两种极化(HH 和 VV)的地杂波测量。测量地形包括森林、农田、城市、山区、沙漠、沼泽地等,利用雷达的不同波束宽度和不同脉冲宽度实现不同面积单元($10^3 \text{m}^2 \sim 10^6 \text{m}^2$)的数据录取。林肯实验室用韦布尔分布描述地杂波的空间统计分布,韦布尔分布形状参数和散射系数平均值的结果

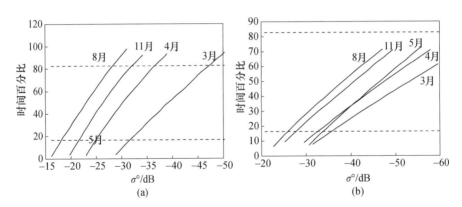

图 5.43 不同月份农耕地的累积分布

（a）擦地角 5°；（b）擦地角 1.25°。

在表 5.35 中给出。可以看出对于小擦地角入射,随着散射单元尺寸减小,农场地形韦布尔形状参数增加较大,这主要是由于农场地形的散射主要来自离散的散射体。对于小擦地角下的森林,随着散射单元尺寸减小,韦布尔形状参数增加较小,这主要是由于森林地形是一个相对均匀的表面。随着擦地角的增加,森林地形杂波幅度扩展随散射单元的变化依然较小,这主要是森林地形在小擦地角遮蔽效应不明显。图 5.44 给出了不同下俯角、不同分辨率下的 X 波段低、高起伏乡村地形累积分布。可以看出标准偏差或者幅度扩展随着下俯角的增加而降低,杂波幅度分布随着下俯角的增加从尖峰性相对较强的韦布尔分布过渡到瑞利分布。

表 5.35　不同频率下散射系数平均值和韦布尔分布形状参数

地物类型	下俯角/(°)	散射系数均值/dB					韦布尔分布形状参数	
		VHF	UHF	L	S	X	分辨单元面积 $10^3/\text{m}^2$	分辨单元面积 $10^6/\text{m}^2$
乡村(地形斜率小于 2° 的低起伏)	0 ~ 0.25	−33	−33	−33	−33	−33	3.8	2.5
	0.25 ~ 0.75	−32	−32	−32	−32	−32	3.5	2.2
	0.75 ~ 1.5	−30	−30	−30	−30	−30	3.0	1.8
	1.5 ~ 4.0	−27	−27	−27	−27	−27	2.7	1.6
	>4.0	−25	−25	−25	−25	−25	2.6	1.5
落叶树林	0 ~ 0.3	−45	−42	−40	−39	−37	3.2	1.8
	0.3 ~ 1.0	−30	−30	−30	−30	−30	2.7	1.6
	>1.0	−15	−19	−22	−24	−26	2.0	1.3
农场	0 ~ 0.4	−51	−39	−30	−30	−30	5.4	2.8
	0.4 ~ 0.75	−30	−30	−30	−30	−30	4.0	2.6
	0.75 ~ 1.5	−30	−30	−30	−30	−30	3.3	2.4

（续）

地物类型	下俯角/(°)	散射系数均值/dB					韦布尔分布形状参数	
		VHF	UHF	L	S	X	分辨单元面积 $10^3/m^2$	分辨单元面积 $10^6/m^2$
沙漠、沼泽和草地	0 ~ 0.25	−68	−74	−68	−51	−42	3.8	1.8
	0.25 ~ 0.75	−56	−58	−46	−41	−36	2.7	1.6
	>0.75	−38	−40	−40	−38	−26	2.0	1.3
乡村(地形斜率大于2°高起伏)	0 ~ 2	−27	−27	−27	−27	−27	2.2	1.4
	2 ~ 4	−24	−24	−24	−24	−24	1.8	1.3
	4 ~ 6	−21	−21	−21	−21	−21	1.6	1.2
	>6	−19	−19	−19	−19	−19	1.5	1.1
连片森林	任意下俯角	−15	−19	−22	−22	−22	1.8	1.3
山区	任意下俯角	−8	−11	−18	−20	−20	2.8	1.6
城市	0 ~ 0.25	−20	−20	−20	−20	−20	4.3	2.8
	0.25 ~ 0.75	−20	−20	−20	−20	−20	3.7	2.4
	>0.75	−20	−20	−20	−20	−20	3.0	2.0

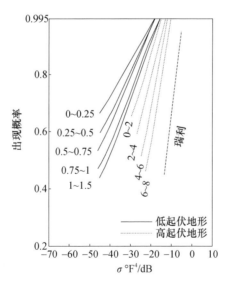

图 5.44　不同俯角下的 X 波段乡村地形累积分布

F. T. Ulaby[41]分析了频率 95GHz、擦地角范围为 2°~20°的 HH、VV 和 HV 极化裸地、草地、落叶树林、松类树林、干雪、湿雪等多种均匀地形的杂波幅度分布,得出均匀地形的幅度分布用瑞利分布拟合较好。其研究结论进一步证实了只要照射单元大到包含许多的散射体而非少数几个散射体对散射起主要作用时,瑞利分布能够描述均匀地形的杂波幅度分布。

图 5.45 给出中国电波传播研究所利用机载雷达测量的 L 波段 VV 极化较大入射角下(83°或 80°)典型地形的杂波数据和各幅度分布拟合效果,表 5.36 给出了拟合参数值和 K-S 检验的数值结果。从图 5.45 和 K-S 检验的结果来看,各种地形的杂波幅度分布均偏离瑞利分布,接近于对数正态分布。

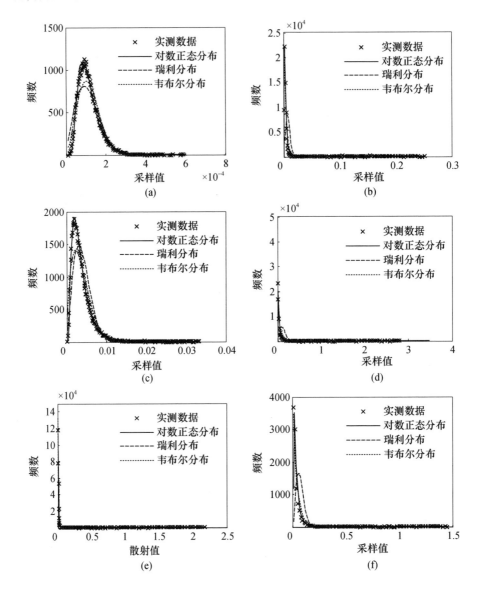

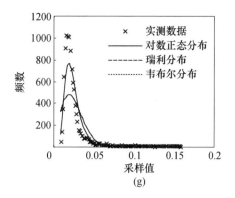

图 5.45　L 波段 VV 极化典型地形地杂波幅度分布

(a)湖面；(b)平原；(c)丘陵；(d)城市；(e)山区；(f)农场；(g)乡村。

表 5.36　不同地形拟合参数和拟合优度检验值

测试地形	瑞利分布		对数正态分布		韦布尔分布	
	形状参数	K-S 检验值	形状参数	K-S 检验值	形状参数	K-S 检验值
湖面	0.0001	17.1	0.4564	3.7	2.3335	9.7
山区	0.0119	253.5	0.7464	15.5	1.126	64.8
丘陵	0.0031	27.3	0.6419	2.7	1.6162	11.5
平原	0.0057	184.6	0.7812	14.5	0.9861	45.2
城市	0.1129	79.7	0.5994	12.0	1.2353	33.3
农场	0.0528	50.0	0.8771	6.3	0.9869	11.6
乡村	0.0191	16.3	0.3890	8.2	1.9790	16.7

图 5.46 和图 5.47 给出 L 波段 VV 极化较大入射角(77°~83°)范围内的各种复合地形的幅度概率分布和累积分布。从统计分布的拖尾看,大部分均偏离瑞利分布,在韦布尔分布、K 分布和对数正态分布之间,说明地杂波拖尾较长。

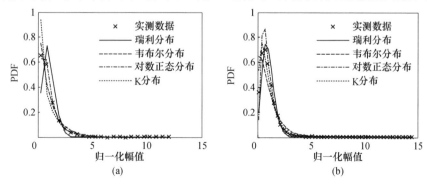

图 5.46　L 波段 VV 极化复合地形地杂波(入射角 80°)幅度分布

(a)城市、江面和平原；(b)城市、丘陵和平原。

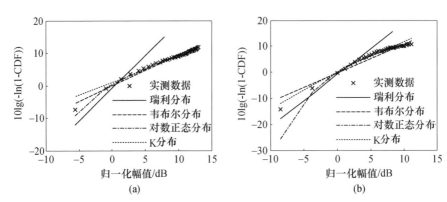

图 5.47 L 波段 VV 极化复合地形地杂波(入射角 80°)累积分布

(a)城市、江面和平原; (b)城市、丘陵和平原。

图 5.48 和图 5.49 给出 S 波段 HH 极化较小擦地角下平原、丘陵、山区、沙漠地形地杂波幅度概率分布拟合曲线和累积分布曲线。多数数据介于韦布尔和对数正态分布之间,对于平原地形与韦布尔分布较为吻合,形状参数分布范围较大(约 1.3 ~ 1.8)。

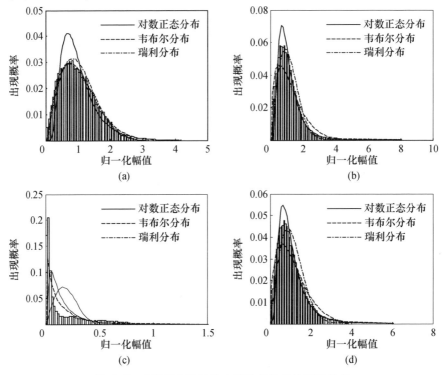

图 5.48 S 波段 HH 极化小擦地角地杂波幅度分布

(a)平原(擦地角 4.4°); (b)丘陵(擦地角 4.6°); (c)山区(擦地角 3.6°); (d)混合地形(擦地角 3.7°)。

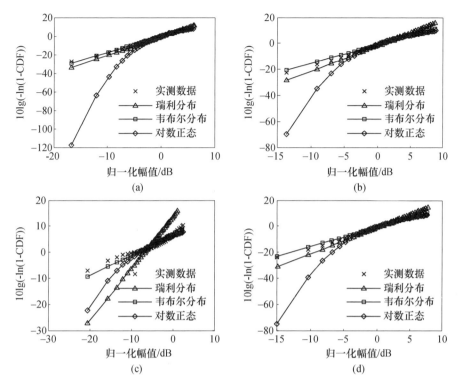

图 5.49 S 波段 HH 极化小擦地角地杂波累积分布

(a)平原(擦地角 4.4°);(b)丘陵(擦地角 4.6°);
(c)山区(擦地角 3.6°);(d)混合地形(擦地角 3.7°)。

5.4 地杂波多普勒谱建模

地杂波谱是指单个雷达分辨单元内的地表面回波时间序列信号自相关函数的傅里叶变换,通常称为功率谱。由于地物背景内在的运动或相对雷达承载平台的运动,地杂波谱将相对入射信号产生多普勒频移,所以也称为多普勒(Doppler)谱。当雷达波照射到表面分布的散射体(如地面、海面)时,入射的信号频谱可能产生两种变化。首先,由于目标和天线的相对径向运动,频谱的中心位置会发生移动。第二是频谱的形状会发生畸变。一般来讲,与散射体发生作用后的信号平均谱相对于入射信号总是被展宽,地杂波的谱展宽主要由于雷达照射单元内的散射体相对于雷达的运动速度不同而产生的不同频移引起的。地杂波多普勒谱建模主要是在分析谱形状、谱宽度及平均多普勒频移随雷达参数和环境参数的变化规律的基础上,进一步确定这些特征量与这些参数的关系模型。

5.4.1 地物功率谱模型

如同描述其他随机起伏信号一样,杂波信号 $x(t)$ 的频谱可用功率谱密度 $S(f)$ 或自相关函数 $R(\tau)$ 来表示,二者互为傅里叶变换关系

$$S(f) = \int_{-\infty}^{\infty} R(\tau) e^{i2\pi f\tau} \tag{5.67}$$

$$R(\tau) = \lim_{T\to\infty} \frac{1}{2T} \int_{-T}^{T} x(t) x(t+\tau) dt \tag{5.68}$$

式中,T 为样本长度;τ 为延迟时间;f 为频率。对于地基雷达杂波谱主要是由于风产生植被的运动带来速度的起伏,使雷达杂波的功率谱也具有一定的分布。人们通过理论和试验研究了地面覆盖植被时在风吹条件下的地杂波谱,建立了高斯型、幂函数、包含指数型的两分量地杂波功率谱模型。

1. 高斯型功率谱

高斯型功率谱密度函数为

$$S(f) = S_0 \exp\left[-\frac{\alpha(f-f_0)^2}{f_{3dB}^2} \right] \tag{5.69}$$

式中,S_0 为常数;f_{3dB} 为谱的 3dB 带宽;f_0 为谱中心频率;α 与风速和地物类型有关。对于地杂波,一般设 $f_0 = 0$。在植被较多的情况下,f_{3dB} 约为风速 v_w 对应多普勒频率的 3%。对于早期的非相参雷达测量的杂波谱,较多使用了高斯功率谱的形式。图 5.50 和表 5.37 给出 1GHz 频率测量的有树木的小山、海面、云雨杂波、金属箔杂波谱以及对应的 α 值,在对应低于零多普勒峰值 20dB 的多普勒频率区间,杂波谱是高斯形状[42]。需要说明的是,在多普勒谱的拖尾区(对应较大的频率区间),实际的谱宽大于高斯形式谱表示的结果。即使如此,由于早期缺少广泛的地杂波谱数据,高斯谱形式多用于多普勒谱的一次估计。

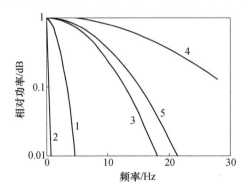

图 5.50 不同背景的 L 波段回波功率谱

表 5.37 不同背景的高斯谱参数

序号	背景类型	α 值/10^{14}
1	树林茂密的小山	2.3
2	树林稀疏的小山	3.9
3	多风天海面	1.4
4	雨云	2.8
5	干扰雷达用的金属箔条	1.0

2. 幂函数谱

另外一些测量数据研究表明,地杂波的功率谱也可以用 N 次方谱函数描述,功率谱密度函数表示为

$$S(f) = S_0 \frac{1}{1 + \left[(f - f_0) / f_{3\mathrm{dB}} \right]^n} \tag{5.70}$$

式中,n 的取值范围一般为 $2 \sim 6$,最常用的 n 为 2 或 3。$n = 2$ 时的功率谱也可称为柯西谱,$n = 3$ 时的功率谱也称为立方谱。$f_{3\mathrm{dB}}$ 表示杂波频谱的半功率点频率值。

立方谱可以用来描述 X 波段 HH 极化的树林非相干杂波谱,立方谱的形式如下[43]

$$S(f) = \frac{1}{1 + (f / f_{3\mathrm{dB}})^3}, \quad -35\mathrm{dB} < 10\lg(S(f)) < 0 \tag{5.71}$$

式中,$f_{3\mathrm{dB}} = 1.33\exp(0.3013 W_\mathrm{s})$(单位为 Hz);$W_\mathrm{s}$ 为风速(单位 m/s)。对于 $5.4\mathrm{m/s}$ 的风速,$f_{3\mathrm{dB}} = 6.7\mathrm{Hz}$。幂指数谱相对于高斯谱在频率增加时下降的较慢。但是,幂指数谱在对应功率大于 $-35\mathrm{dB}$ 的频率范围内拟合的结果偏大。使用多波段雷达测量的风吹(风速范围为 $2.7 \sim 6.8\mathrm{m/s}$)树林的杂波谱也可用幂函数谱来表达,其中幂函数谱同频率的关系如表 5.38 所列[36]。

表 5.38 风吹树林的幂函数谱参数

参数	频率			
	9.5GHz	16GHz	35GHz	95GHz
n	3	3	2.5	2
$f_{3\mathrm{dB}}$/Hz	9	16	21	35

3. 地杂波谱的两分量模型

图 5.51 是美国麻省理工学院林肯实验室[44]利用 L 波段相参雷达测量的沙

漠地形杂波谱结果,图中横坐标中多普勒速度和频率的关系用 $v = \lambda f/2$ 表示。其中测量地形为有 $0.9 \sim 1.2$m 高稀疏矮树丛的沙漠裸地,风速近似 8.94m/s。可以看出在零多普勒速度谱附近有一个大的由静止散射体产生的 DC 分量,由运动树丛产生的非零多普勒谱(AC 分量)也非常明显。其中多普勒速度和频率的关系用 $v = \lambda f/2$ 表示。

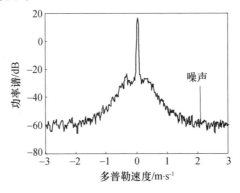

图 5.51 L 波段沙漠杂波频谱

林肯实验室[45]通过对地基移动多频段(VHF、UHF、L、S 和 X 波段)相参雷达小擦地角地杂波谱分析的基础上,形成了两分量地杂波谱模型

$$P_{\text{tot}}(v) = \frac{r}{r+1}\delta(v) + \frac{1}{r+1}P_{\text{ac}}(v) \tag{5.72}$$

式中,r 为总的 DC 和 AC 分量功率的比值;$\delta(v)$ 函数以 $v = 0$ 为中心代表准 DC 分量,AC 分量可用指数函数模拟

$$P_{\text{ac}}(v) = (\beta/2)\exp(-|\beta|v), \quad -\infty < v < +\infty \tag{5.73}$$

式中,常数 β 是指数函数的形状因子。$\beta/2$ 是 AC 功率的归一化因子,$\int_{-\infty}^{+\infty} P_{\text{ac}}(v)\mathrm{d}v = 1$。若用多普勒频率 f 表示,在式(5.73)中用 f 代替 v,$\beta\lambda/2$ 代替 β。

图 5.52 给出了不同频段树林杂波谱的功率密度和多普勒速度的关系。图 5.52(a)和(b)分别给出利用 L 波段相参雷达单独测量和与其他波段组合测量时的结果,图 5.52(c)和(d)给出多频段相参雷达组合测量时 X 和 UHF 波段的结果。图中的谱线右边画出一条一定斜率的直线,表明 AC 分量非常接近指数函数,β 值表示斜率。可以看出,谱拖尾区(除去零频和近零频区)的形状近似指数形状,准 DC 分量在零和接近零多普勒区超出指数函数的值。在远离多普勒零频时,多普勒速度和波长、极化(HH 和 VV)、距离分辨率($15 \sim 150$m)没有明显的相关性。对于 VHF、UHF、L、S 和 X 波段,AC 分量符合统一的指数形式。

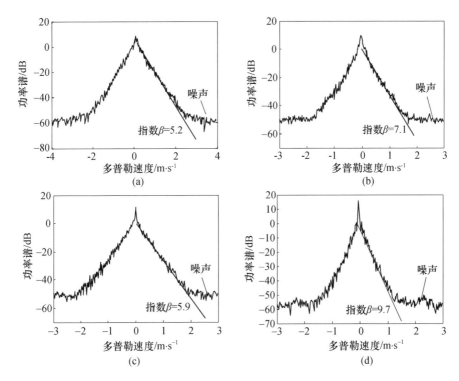

图 5.52　不同频段树林杂波谱的功率密度和多普勒速度的关系

（a）L 波段（单波段雷达测量）；（b）L 波段（多波段雷达测量）；（c）X 波段；（d）UHF 波段。

　　然而,不像高斯型和幂型功率谱包含 DC 和 AC 分量的贡献,指数谱仅包含 AC 分量。如图 5.53 所示,在远离多普勒零点的位置,三种谱强度有很大的不同。在较低的多普勒速度时,高斯和幂次方谱提供了有效的谱估计。在较高的多普勒速度时,高斯谱低估了的谱强度,而幂次方谱高估了谱强度。

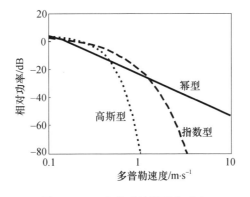

图 5.53　三个模型的谱形状对比

图 5.54 和表 5.39 给出林肯实验室[46]测量的树林回波功率 AC 分量的指数模型 β 值和风速的关系,表明 β 值和频率(VHF ~ X)、极化(HH 和 VV)及分辨率(15 ~ 150m)无关。图 5.54 中 3 和 4 对应的两条曲线分别给出大风和飓风条件下时 β 为经典和最差值的结果。

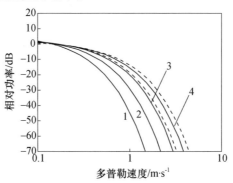

图 5.54　指数模型 β 值和风速的关系

表 5.39　形状参数 β 和风速的关系

序号	风描述	风速(m/s)	β 值/(m/s)$^{-1}$	
			经典值	最差值
1	轻风	0.45 - 3.15	12	—
2	微风	3.15 - 6.75	8	—
3	大风	6.75 - 13.5	5.7	5.2
4	飓风	13.5 - 22.5	4.3	3.8

5.4.2　运动平台地杂波谱

如果雷达承载平台是运动的(如机载雷达),由于雷达天线与地面的相对运动,雷达波束照射范围内的每个散射体具有不同的径向速度。图 5.55 给出平台速度矢量与天线照射目标方向的几何关系。对于波束照射单元的中心位置,由于雷达平台的运动所引起的中心或平均多普勒频率 f_d 可以表示为

$$f_d = \frac{2v_a}{\lambda}\cos\phi = \frac{2v_a}{\lambda}\cos\varphi\cos\alpha \tag{5.74}$$

式中, v_a 为雷达相对地面运动的速度; λ 为雷达波长; ϕ 为平台速度矢量与天线照射目标方向的夹角; φ 为以平台速度方向为基准的方位角; α 为下俯角; ψ 为擦地角。

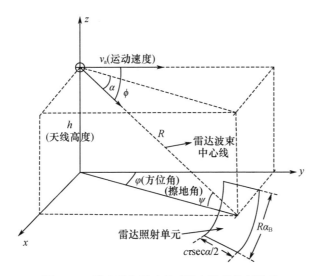

图 5.55　雷达平台运动相对地杂波的几何关系

由于雷达分辨单元在方位和距离上具有一定范围,这使得运动平台的多谱勒频移具有一定的带宽。对于非前视工作模式($\varphi \neq 0$)和较小的下俯角,由于天线方位波束宽度 α_B 有限带来的多谱勒展宽可表示为

$$\Delta f_{da} = \frac{2v_a}{\lambda} \cos\alpha \left[\cos(\varphi + \alpha_B/2) - \cos(\varphi - \alpha_B/2) \right] \tag{5.75}$$

当方位波束宽度较小时

$$\Delta f_{da} = \frac{2v_a}{\lambda} \alpha_B \cos\alpha \sin\varphi \tag{5.76}$$

式中,α_B 为以弧度为单位的方位波束宽度。如对于工作在 X 波段的以 134m/s 运动的雷达,雷达方位波束宽度为 3°时,在方位角为 90°时平台的运动引起的谱宽为 500Hz,在方位角为 30°时平台的运动引起的谱宽为 250Hz。

当雷达采用前视工作模式($\varphi = 0°$)时,考虑平均多普勒频率和方位波束边缘引起的差值。当方位波束宽度较窄时,天线方位波束宽度引起的谱展宽为

$$\Delta f_{da} = \frac{2v_a}{\lambda} \cos\alpha \left[1 - \cos(\alpha_B/2) \right] = \frac{2v_a}{\lambda} \cos\alpha \frac{\alpha_B^2}{8} \tag{5.77}$$

对于上述参数的 X 波段雷达,在 $\varphi = 0°$时的谱展宽仅为 3Hz。

由于雷达照射分辨单元距离向宽度引起的波束俯角的不同而产生的速度差带来的带宽可表示为

$$\Delta f_{\mathrm{de}} = \frac{2v_{\mathrm{a}}}{\lambda} \cdot \frac{c\tau}{2h} \frac{\sin^3\alpha\cos\varphi}{\cos\alpha} \quad \alpha << 90° \tag{5.78}$$

$$\Delta f_{\mathrm{de}} = \frac{2v_{\mathrm{a}}}{\lambda} \cdot \sqrt{\frac{2c\tau}{h}} \quad \alpha = 90° \tag{5.79}$$

式中,τ 为脉冲压缩后的宽度;h 为雷达的高度。对于上述 X 波段的雷达参数,当脉冲宽度为 $1\mu s$,天线高度为 3048m 时,下俯角为 30°时多普勒展宽为 30Hz,下俯角为 10°时仅为 2.6Hz。因此,由于平台运动产生的主瓣杂波频谱 3dB 宽度近似为

$$\Delta f^2 = \Delta f_{\mathrm{de}}^2 + \Delta f_{\mathrm{da}}^2 \tag{5.80}$$

当雷达波束下俯角较小,方位波束宽度也较小时,由于平台运动产生的地杂波多普勒频谱 3dB 宽度近似为[47]

$$\Delta f = \frac{2v_{\mathrm{a}}}{\lambda}\Big[\alpha_{\mathrm{B}}\cos\alpha\sin\varphi + \frac{\alpha_{\mathrm{B}}^2\cos\alpha\cos\varphi}{8} + \frac{c\tau\sin^3\alpha\cos\varphi}{2h\cos\alpha}\Big] \tag{5.81}$$

中国电波传播研究所利用机载雷达数据得到了 L 波段 HH 和 VV 极化中等擦地角下典型地形频谱特性。图 5.56 和图 5.57 分别给出渭河平展、秦岭山区、黄土丘陵、混合地形的 L 波段 HH 极化距离—多普勒二维杂波图和典型角度下平均多普勒频谱及模型拟合的结果。图 5.58 ~ 图 5 ~ 60、图 5.61 ~ 图 5.63 分别给出平原、山区、丘陵等地形的 L 波段 VV 极化距离—多普勒二维杂波图和某个典型角度平均多普勒频谱。杂波的平均多普勒谱形状用立方谱模型拟合较好,

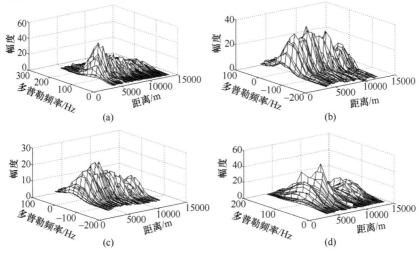

图 5.56　L 波段 HH 极化典型地形距离—多普勒频谱
(a)渭河平原;(b)秦岭山区;(c)黄土丘陵;(d)混合地形。

实测数据的谱展宽和采用式(5.81)的计算结果接近(如表 5.40 所列)。由于地杂波测试采用正侧视,杂波谱的展宽主要是由天线方位波束宽度引起。由于当时的地面参数记录不够详细,在理论计算中仅考虑平台运动引起的杂波谱展宽而未考虑地面植被运动引起的杂波谱展宽,因此测试数据的杂波谱展宽宽度与仅考虑平台运动引起的杂波谱展宽略有不同。

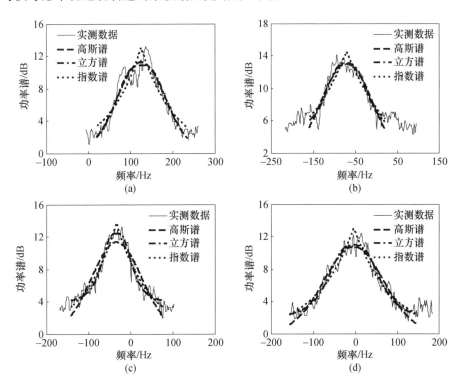

图 5.57　L 波段 HH 极化典型地形擦地角 30°下多普勒频谱
(a)渭河平原;(b)秦岭山区;(c)黄土丘陵;(d)混合地形。

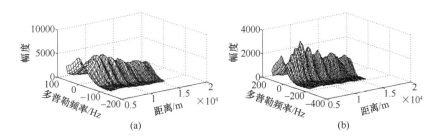

图 5.58　L 波段 VV 极化平原地形距离—多普勒频谱
(a)安徽平原;(b)苏北平原。

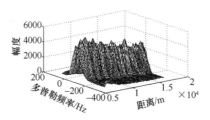

图 5.59　L 波段 VV 极化丘陵地形距离—多普勒频谱

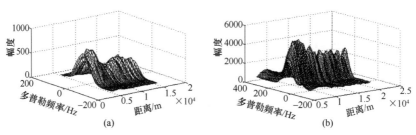

(a)　　　　　　　　　　　　　　　(b)

图 5.60　L 波段 VV 极化山区地形距离—多普勒频谱

（a）秦岭山区；（b）东南沿海山区。

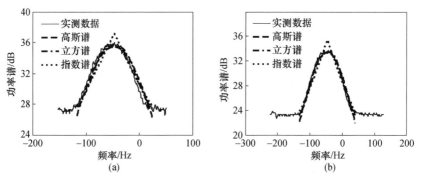

(a)　　　　　　　　　　　　　　　(b)

图 5.61　L 波段 VV 极化平原地形典型角度下频谱

（a）安徽平原（擦地角 28.5°）；（b）苏北平原（擦地角 25.4°）。

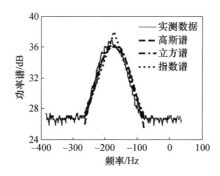

图 5.62　L 波段 VV 极化丘陵地形擦地角 27.2°下频谱

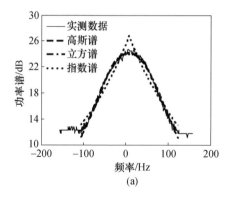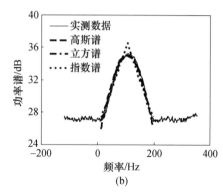

图 5.63　L 波段 VV 极化山区地形擦地角 27°下频谱

(a)秦岭山区；(b)东南沿海山区。

表 5.40　理论计算和实测数据的谱展宽对比

极化	地物类型	飞机速度 /(m/s)	天线高度/m	实测数据 谱宽/Hz	理论计算 谱宽/Hz	偏差/Hz	备注
HH	渭河平原	109	4357	70.52	70.73	-0.21	雷达方位 波束宽度 约为 5°
	秦岭山区	107	3735	83.58	69.83	13.75	
	黄土丘陵	122	3494	59.20	75.94	-16.74	
	混合地形	106	4453	65.67	79.62	-13.95	
VV	安徽平原	89	4934	68.95	59.30	9.65	
	苏北平原	101	4568	73.13	68.70	4.43	
	丘陵地形	98	5178	80.59	65.84	14.75	
	秦岭山区	113	4894	83.58	75.82	7.76	
	东南沿海山区	110	6199	89.55	74.22	15.33	

▊ 5.5　机载雷达地杂波空时二维特性仿真分析

对机载下视雷达而言,抑制严重的地杂波是其关键技术之一。然而由于载机运动,致使杂波谱发生较大程度扩展,导致慢速目标掩没在杂波中,雷达目标检测能力受到严重影响。为了能有效地发现和跟踪目标,现代机载雷达越来越倾向于采用多通道机载相控阵天线,空时二维自适应处理(STAP)技术应运而生[48]。

STAP 技术的基本原理是,在载机匀速飞行和雷达正侧视状态下,地杂波在空时二维平面内的对角线上呈脊背带分布,而对于具有一定径向速度的目标,其回波在空时二维平面内的位置明显区别于杂波,可通过二维滤波处理被检测到。与单纯的多普勒域处理相比,STAP 在增加一维处理的基础上,能够更有效抑制杂波。然而,实际中由于载机运动速度的变化、雷达视角的不同、通道间的不一致性以及地面背景的变化,会导致杂波在空时二维平面内沿对角线向两侧扩展或弥散,将在很大程度上影响 STAP 技术的目标(特别是慢速目标)检测效果。

本节介绍一种地杂波空时二维特性仿真分析方法,通过仿真数据寻求空时二维杂波特性的影响因素,为 STAP 技术的实际应用提供参考。

5.5.1 空时二维杂波的协方差矩阵和特征谱

杂波的空时二维特性主要根据多通道数据,建立杂波协方差矩阵,从而得到杂波的空时二维功率谱和特征谱,通过对不同条件下功率谱中杂波分布和特征谱中特征值大小分布的不同研究各因素的影响。

机载雷达接收的多通道地杂波回波采样数据通常为三维数据块,定义为 $N \times Q \times L$ 维,N 代表通道数,Q 为脉冲数,L 为距离门数(也称为距离单元数、距离环数、距离采样数)。为了构造协方差矩阵,首先需要将三维数据块转变为二维数据,过程如图 5.64 所示[49],将每一距离单元的二维空时数据块按不同脉冲(即时间域)进行拆分,依次排列成一组列矢量(即空时数据矢量 y),此时每个距离单元的空时数据矢量包含此距离单元的不同脉冲间的各通道数据。这样,

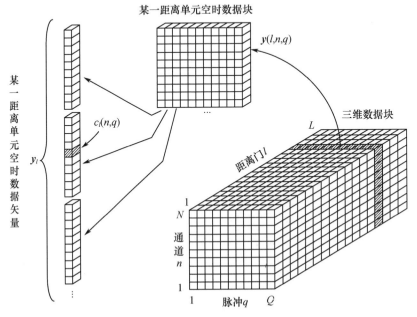

图 5.64　三维数据块、某一距离单元的空时二维数据块和空时数据的对应关系

多通道杂波数据即可表示为由 L 个距离单元空时数据矢量组成，$Y = [\,y_1 \quad y_2 \quad \cdots \quad y_l \quad \cdots \quad y_L\,]$，维数为 $J \times L$，其中 J 为 N 与 Q 的乘积。杂波协方差矩阵用公式表示为

$$R_c = E\{YY^H\} \tag{5.82}$$

其维数为 $J \times J$。y_l 代表雷达接收的第 l 个距离单元（距离 r_l）的地杂波数据，维数为 $J \times 1$，可表示为

$$y_l = [\,c_l(1,1) \quad c_l(1,2) \quad \cdots \quad c_l(1,Q) \quad c_l(2,1) \quad \cdots \quad c_l(2,Q) \quad \cdots$$

$$c_l(n,q) \quad \cdots \quad c_l(N,1) \quad c_l(N,2) \quad \cdots \quad c_l(N,Q)\,]^T \tag{5.83}$$

式中，$c_l(n,q)$ 为第 n 路通道（列子阵）的第 q 次脉冲对第 l 个距离单元杂波的采样数据。

利用协方差矩阵，可估计空时二维杂波的功率谱 $P(\phi, f_d)$ [50]，为

$$P(\phi, f_d) = \frac{1}{S^H(\phi, f_d) R_c^{-1} S(\phi, f_d)} \tag{5.84}$$

式中，$S(\phi, f_d)$ 为空时二维导向矢量；ϕ 为杂波单元对阵面的空间锥角（也叫视向角），与杂波单元对阵面的俯仰角与方位角之间存在的几何关系为 $\cos\phi = \cos\alpha\cos\varphi$；$f_d$ 为地杂波多普勒频移，$S = S_s \otimes S_t$，其中空域导向矢量为

$$S_s = [\,1 \quad e^{iw_s} \quad \cdots \quad e^{i(N-1)w_s}\,]^T \tag{5.85}$$

时域导向矢量为

$$S_t = [\,1 \quad e^{iw_t} \quad \cdots \quad e^{i(Q-1)w_t}\,]^T \tag{5.86}$$

式中，w_s 和 w_t 分别代表空域和时域归一化角频率。

对杂波协方差矩阵进行特征分解会得到 J 个特征值，将特征值按从大到小的顺序排列，可以得到杂波的特征谱。不管通道数 N 和脉冲数 Q 如何变化，理想情况下杂波自由度为 $N + Q - 1$。杂波自由度对应着大特征值个数，大特征值个数越多，目标检测越困难。

5.5.2　多通道地杂波仿真方法

对多通道空时二维地杂波仿真，主要是通过仿真计算获取构成杂波协方差矩阵的回波采样数据，即式（5.83）中的 $c_l(n,q)$。

一般情况下，多通道相控阵天线被设计成 M 行 N 列的矩形平面阵列，行和列间距均约为半波长，而在接收时将天线按列先进行合成得到一行由 N 个等效阵元组成的线阵，空域采样在 N 个等效阵元上进行。假设载机水平飞行，M 行 N 列的相控阵置于载机侧面，雷达波长为 λ，载机速度为 v_a，α、φ 分别为杂波单

元的俯仰角和方位角,则其几何结构如图 5.55 所示。机载相控阵雷达第 n 路(列子阵)的第 q 次脉冲对第 l 个距离单元杂波回波信号可表示为[51]

$$c_l(n,q) = \sum_{k=1}^{N_e} \frac{\sqrt{A}g_n(\alpha_l)F(\alpha_l,\phi_k)}{r_l^2} Z_{lk} e^{i\beta} e^{i(n-1)w_s(\alpha_l,\phi_k)+i(q-1)w_t(\alpha_l,\varphi_k)} \quad (5.87)$$

其中

$$A = \frac{P_t G_t G_r \lambda^2}{(4\pi)^3 \Gamma} \sigma_c(r_l) \quad (5.88)$$

式中,N_e 为每个杂波距离单元上的散射单元个数;P_t 为发射功率;G_t、G_r 分别为收发天线增益;$\sigma_c(r_l)$ 为第 l 个距离单元对应的散射截面;$F(\alpha,\varphi)$ 为发射天线方向图;$g_n(\alpha)$ 第 n 路接收通道的接收天线方向图;α_l、ϕ_k 分别为第 l 个距离单元的俯仰角和第 k 个散射单元的方位角;d 为列子阵(通道)间的距离,通常为 $\lambda/2$;Γ 为雷达发射、接收及其他损耗;Z_{lk} 为满足服从给定幅度分布的相关序列;β 为由雷达发射脉冲信号波形确定的相位,$w_s(\alpha,\varphi)$、$w_t(\alpha,\varphi)$ 分别为空域和时域角频率,

$$w_s(\alpha_l,\varphi_k) = \frac{2\pi d}{\lambda} \cos\alpha_l \cos\varphi_k \quad (5.89)$$

$$w_t(\alpha_l,\varphi_k) = \frac{4\pi v_a}{\lambda f_r} \cos\alpha_l \cos(\varphi_k + \theta_p + \theta_d) \quad (5.90)$$

式中,θ_p 为天线轴线与速度的夹角,即偏航角;θ_d 为阵面偏转角,当阵面为正侧视时为 $\theta_d = 0°$。

机载雷达在采用高、中脉冲重复频率时,将会存在距离模糊,雷达的最大不模糊距离由脉冲重复频率 f_r 决定,即最大不模糊距离 $R_u = c/2f_r$,其中 c 为光速。假设雷达最大作用距离为 R_{max},载机高度为 H,则距离模糊数为

$$N_L = \begin{cases} \text{int}\left(\dfrac{R_{max}}{R_u}\right) + 1 & R_u \geqslant H \\[2mm] \text{int}\left(\dfrac{R_{max}}{R_u}\right) & R_u < H \end{cases} \quad (5.91)$$

式中,$\text{int}(\cdot)$ 表示向下取整。此时第 n 路(列子阵)的第 q 次脉冲对第 l 个距离单元的杂波回波信号为 N_L 个距离单元杂波回波信号的和,即

$$c_l(n,q) = \sum_{h=1}^{N_L} c_{l_h}(n,q) \quad (5.92)$$

式中,l_h 具体对应的实际距离单元可表示为 $l+(h-1)L, h=1,2,\cdots,N_L, L$ 对应 R_u 处的距离单元。

由式(5.87)可知,为得到 $c_l(n,q)$,需要重点求解雷达照射单元的散射截面、天线方向图和相关杂波序列。

1. 地面散射单元划分与散射系数

地面散射单元划分方法有两种:等距离—等多普勒划分法和等距离—等方位角划分法。两种方法都是根据分辨率的大小将整个雷达照射区域进行网格划分,等距离—等多普勒划分法是将整个雷达照射区域按距离分辨率和多普勒分辨率划分等间隔网格;等距离—等方位角划分法是将整个雷达照射区域按距离分辨率和方位角分辨率划分等间隔网格。将划分的网格内所有点散射体相加,形成一个新的复合散射体,这样地杂波回波信号就被转化为波束照射区域内所有复合散射体回波信号的相干求和。理论上网格单元划分的越小,模拟结果的精度越高,但实际应用中,必须考虑计算的复杂度,通常是在网格单元划分大小与模拟精度之间折中选择。

图 5.65 为等距离—等方位角划分法示意图,散射单元即杂波分辨单元的划分由方位角分辨率 $\Delta\varphi$ 和距离分辨率 ΔR 决定。

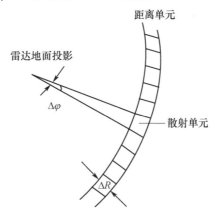

图 5.65　地面散射单元划分示意图

距离分辨率与发射信号带宽 B 有关,即

$$\Delta R = \frac{c}{2B} \tag{5.93}$$

假设雷达在一个相干处理时间内发射了 Q 次脉冲样本,则多普勒分辨率为

$$\Delta f = \frac{f_r}{2Q} \tag{5.94}$$

对式(5.74)中的 φ 求微分,得到 $\Delta f_d = -\frac{2v_a}{\lambda}\sin\varphi\cos\alpha\Delta\varphi$,当 $\varphi = \pi/2$ 时 Δf_d 最大,对应多普勒分辨率 Δf 要求方位角分辨率 $\Delta\varphi$ 满足

$$\Delta\varphi \leqslant \frac{\lambda}{2v_a\cos\alpha}\Delta f \qquad (5.95)$$

如此,当雷达方位角度范围为 φ_a,则方位角划分个数为 $N_e = \varphi_a/\Delta\varphi$。距离雷达 r 处杂波单元的雷达散射截面积为

$$\sigma_c = \sigma^\circ(r) \cdot \Delta A \qquad (5.96)$$

式中,$\Delta A = r \cdot \Delta\varphi \cdot \Delta R$,后向散射系数 σ° 可由本章 5.2 节中的散射系数均值模型计算得到。

2. 方向图模拟

相控阵天线通常采用全列阵(通道)发射,各列子阵(通道)各自接收,其发射方向图是列阵合成方向图,其表达式为[50]

$$F(\alpha,\varphi) = \sum_{n=1}^{N}\sum_{m=1}^{M} I_n I_m \exp\left\{ i\frac{2\pi d}{\lambda} \times \left[(n-1)(\cos(\varphi + \theta_p + \theta_d)\cos\alpha \right.\right.$$
$$\left.\left. - \cos(\varphi_0 + \theta_p + \theta_d)\cos\alpha_0) + (m-1)(\sin\alpha - \sin\alpha_0) \right] \right\}$$
$$(5.97)$$

第 n 路接收通道的接收天线方向图可表示为

$$g_n(\alpha) = \sum_{m=1}^{M} I_m \exp\left\{ i\frac{2\pi d}{\lambda}(m-1)(\sin\alpha - \sin\alpha_0) \right\} \qquad (5.98)$$

式中,I_n 和 I_m 分别为行子阵和列子阵权值;α_0 和 φ_0 为天线主瓣波束俯仰角和方位角。

3. 相关杂波序列仿真

由散射系数模型计算得到距离 r 处的散射系数,对于由 N_e 个 $\Delta\varphi \times \Delta R$ 组成的网格单元,计算散射系数均值 $\sigma^\circ(r)$,然后构建 N_e 个以 $\sqrt{\sigma_c(r)}$ 为均值的服从一定幅度分布的相关杂波序列。

雷达杂波信号的相关特性模拟主要有零记忆非线性变换法(Zero Memory Nonlinearity,ZMNL)和球不变随机过程法[52](Spherically Invariant Random Process,SIRP)。其中 ZMNL 法使用更广泛,下面以 ZMNL 法为例介绍相关杂波序列仿真方法。

ZMNL 的原理图如图 5.66 所示,该方法的基本思路为:首先产生相关高斯随机过程 $x(k)$,然后经过某种非线性变换得到所要求的相关随机序列 $z(k)$。其中相关高斯随机过程可以由高斯白噪声信号 $w(k)$ 通过一个具有杂波相关特性(即功率谱特性)的有限长单位冲激响应(Finite Impuse Response,FIR)数字滤波器 $H(z)$ 获得;再通过一个零记忆的非线性变换即可得到 $z(k)$。由于非线性变换在将高斯随机序列转化为非高斯随机序列的同时,也改变了序列的相关特性。因而 ZMNL 方法的关键是寻找非线性变换前后信号相关特性间的关系,从而根

据杂波的相关特性确定出非线性变换前后高斯随机序列的相关特性。

图 5.66 ZMNL 变换法原理图

ZMNL 法中的线性滤波器根据需要实现的杂波功率谱特性进行设计,常用的算法有莱文森 – 古宾(Levinson – Durbin)递推算法(AR 模型法)、傅里叶级数展开法、频率采样法等[53]。下面给出基于高斯谱密度的傅里叶级数展开法实现原理。

已知 FIR 滤波器的频率响应为

$$H_d(f) = \sum_{n=0}^{N_i-1} a_n e^{i2\pi fnT} \qquad (5.99)$$

式中,$a_n(n=1,2,\cdots,N_i)$ 为滤波器的权系数,N_i 为权系数个数。

对于高斯谱,则滤波器的频率特性应满足

$$|H_d(f)| = \exp\{-f^2/4\sigma_f^2\} \qquad (5.100)$$

式中,σ_f 为杂波频谱的标准差,代表频谱展宽的程度,它与杂波速度起伏展宽值 σ_v 的关系为 $\sigma_f = 2\sigma_v/\lambda$。

将上式展开成傅里叶级数形式为

$$|H_d(f)| = \left| \sum_{n=0}^{N_i-1} C_n \cos(2\pi fnT) \right| \qquad (5.101)$$

$$C_n = 2\sigma_f T_0 \sqrt{\pi} e^{-4\sigma_f^2 T_0^2 n^2} \qquad (5.102)$$

式中,T_0 为采样周期,滤波器权系数与傅里叶系数存在关系如下

$$a_n = \begin{cases} \dfrac{1}{2} C_{N_i-n} & 0 \leqslant n \leqslant N_i \\[2mm] \dfrac{1}{2} C_{n-N_i} & N_i \leqslant n \leqslant 2N_i \end{cases} \qquad (5.103)$$

对于功率谱模型采用高斯谱的相关韦布尔分布杂波序列仿真过程如图 5.67 所示,根据式(5.25),$w_1(k)$、$w_2(k)$ 分别是服从 $N(0,\sigma^2)$ 的独立正态分布,且相互独立,并满足 $b=(2\sigma^2)^{1/v}$,通过线性滤波器 $H(z)$ 后乘以与形状参数和尺度参数有关联的系数得到 $x_1(k)$ 和 $x_2(k)$,通过对两路序列求平方和再求幂的非线性变换即可得到服从韦布尔分布的相关序列。

基于上述三项仿真,根据式(5.87)即可实现多通道地杂波仿真,图 5.68 给出了多通道地杂波仿真的基本流程。首先确定距离单元个数,根据不模糊距离

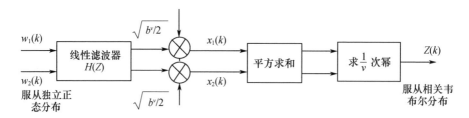

图 5.67　相关韦布尔分布序列产生过程

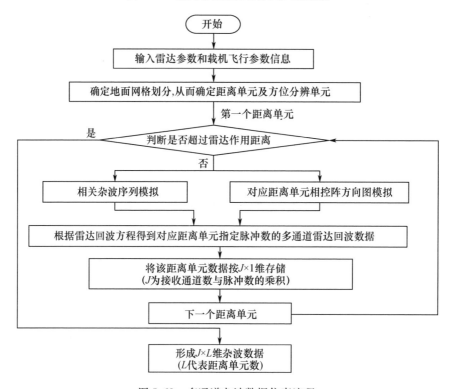

图 5.68　多通道杂波数据仿真流程

和最大作用距离确定距离模糊数;其次根据方位分辨率确定散射单元划分个数;最后根据式(5.87)雷达方程逐个距离单元生成多通道雷达回波数据,当存在距离模糊时,该距离单元回波数据为多个模糊距离单元的回波叠加之和,如式(5.92)。多通道地杂波回波仿真数据的协方差矩阵即可表示为

$$\hat{\boldsymbol{R}}_c = \boldsymbol{R}_c + \boldsymbol{R}_n \tag{5.104}$$

式中,$\boldsymbol{R}_c$ 为杂波协方差矩阵,见式(5.82);$\boldsymbol{R}_n = \sigma_n^2 \boldsymbol{I}_J$ 为噪声协方差矩阵;σ_n^2 为噪声功率;$\boldsymbol{I}_J$ 为 J 维单位矩阵。

这里给出利用美国空军"MCARM 计划"[54]实测数据得到的空时二维地杂

波谱及其仿真结果对比。"MCARM 计划"机载雷达天线有 16 列 8 行共 128 个单元，在位于飞机前部左侧的天线罩内正侧视安装。该雷达共有 24 路接收机，其中 2 路分别为接收和波束与方位差波束信号，另 22 路用来接收 22 个子阵信号，其方位俯仰通道间距分别为 0.1092m、0.1407m。这里采用该计划公布的编号为 RL050575 组数据[55]，该组数据的录取条件为：载机从西经 75.972°、北纬 39.379°靠近马里兰切萨皮克港（Chesapeake Haven，Maryland）处起飞，载机高度 3073m，工作频率 1.24GHz，脉冲重复频率 1984Hz，飞机南向速度 100m/s，东向速度 11.8m/s，天线下视角 5.11°。阵列的平均辐射功率大约为 1.5kW，波束的方位指向范围为 ±60°。主波束为近正侧视，指向东朝向新泽西州大西洋城（Atlantic City，NJ），照射区域为多样地物，存在村庄、公路、高速公路和几个小型城镇。地物的多样化使回波功率有明显起伏甚至突变，起伏幅度大。相干处理脉冲间隔内的脉冲数为 128，距离门宽度 120.675m，包含距离单元数为 630，其中前 318 个距离单元存在距离模糊，偏航角为 7.28°。该组数据中存在着多个孤立干扰信号。

图 5.69 给出了由该组数据得到的空时二维地杂波谱及特征谱，其中选取的距离门为第 320 至第 630 个，不存在距离模糊。为了满足距离门数大于 2 倍的通道数与脉冲数的乘积，选取第一行 11 个通道 14 个脉冲的数据构建协方差矩阵。从图中可明显看出杂波脊（杂波功率谱密度在角度多普勒平面的轨迹）沿对角线分布，并且杂波脊有一定的弯曲和展宽，其特征谱中的大特征值数目明显增多，趋于 154 个，特征值大于 −60dB 的数目约为 85 个。

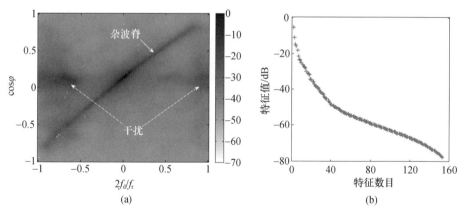

图 5.69　MCARM 编号 RL050575 数据的杂波谱和特征谱（见彩图）

(a)杂波谱；(b)特征谱。

图 5.70（a）为按照该组数据的测量条件仿真得到的空时二维地杂波谱及特征值数目。天线各接收通道方向图参照 MCARM 数据实际接收通道方向图[56]，假设雷达幅相不一致为 3%。方位角度范围取 30°～150°（相对阵面角度），偏航

角为 7.28°,杂噪比取 70dB,地杂波散射系数采用 $\gamma = -9\text{dB}$ 的常数 γ 模型,幅度分布采用服从高斯谱密度的相关韦布尔分布,杂波速度起伏展宽值 $\sigma_v = 0.7\text{m/s}$,幅度分布形状和尺度参数分别为 1.5 和 2.2。与图 5.69 对比可以看出,仿真结果基本可以反映与实测数据接近的杂波谱,但特征谱中的特征值存在明显差异,这是由于实测数据地物非均匀性非常严重,存在村庄、公路、高速公路、城镇等多种地形,杂波相关度低,导致杂波自由度(大特征值数目)急剧增加,而仿真计算中地杂波采用相关韦布尔幅度分布,杂波相关度较高,杂波自由度也就相应减小。为此,加入运动目标和干扰信号,见图 5.70(c)和(d)为存在目标和干扰的杂波谱和特征谱,与图 5.70(b)相比特征谱大特征值数目明显增多,说明目标和干扰对特征谱存在较大影响。

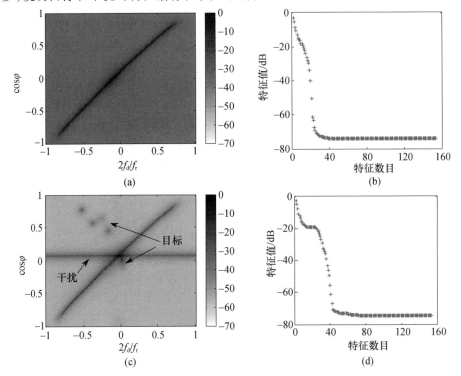

图 5.70 仿真杂波谱和特征谱(见彩图)

(a)不存在运动目标和干扰的杂波谱;(b)不存在运动目标和干扰的特征谱;
(c)存在运动目标和干扰的杂波谱;(d)存在运动目标和干扰的特征谱。

5.5.3 空时二维杂波影响因素分析

利用上节多通道地杂波仿真方法,分析当阵元间幅度和相位不一致、载机偏航、杂波背景中存在目标和干扰时对空时二维杂波谱和特征谱的影响。

1. 阵元间幅相不一致

当阵元间幅度和相位不一致时,相当于在式(5.98)的基础上增加幅相起伏项,存在阵元间幅度和相位不一致的第 n 列子阵的合成方向图为

$$g_n(\alpha) = \sum_{m=1}^{M} I_m E_{mn} \exp\left\{ \mathrm{i} \frac{2\pi d}{\lambda}(m-1)(\sin\alpha - \sin\alpha_0) \right\} \qquad (5.105)$$

式中,$E_{mn} = (1 + ea_{mn})\mathrm{e}^{iep_{mn}}$,$ea_{mn}$ 和 ep_{mn} 分别为第 (m,n) 个单元的幅度和相位起伏因子,其中幅度以归一化幅值为基准,相位以 $180°$ 为基准。

图 5.71 的仿真结果为不存在幅相不一致且没有偏航角,其他参数与图 5.70(a)仿真参数一致,图 5.72 为在图 5.71 基础上增加幅相不一致的仿真结果,假设阵元间幅相起伏度为 3%,与图 5.71 相比,杂波谱明显存在扩散现象,导致杂波脊能量严重下降,杂波脊的杂噪比由约 61dB 下降到 36dB,特征值差异不明显。

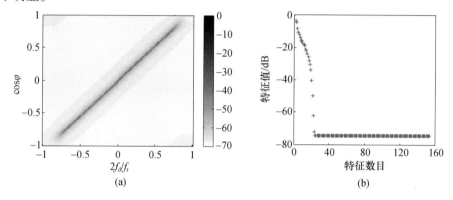

图 5.71 理想状态的杂波谱和特征谱(见彩图)

(a)杂波谱;(b)特征谱。

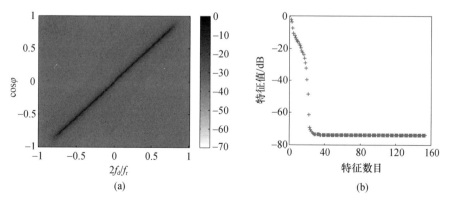

图 5.72 存在阵元误差的杂波谱和特征谱(见彩图)

(a)杂波谱;(b)特征谱。

2. 载机偏航

理想情况下,载机作匀速直线运动,并且合成后的等效线阵与飞行方向平行。然而,实际环境中,载机受风或高空气流的影响,将会产生偏航,具体表现为式(5.90)和式(5.97)的 θ_p。其杂波谱和特征谱如图 5.73 所示,仿真参数与图 5.71 相同,偏航角为 7.28°,杂波谱发生弯曲和展宽,杂波脊能量明显降低,杂波脊的杂噪比下降到 53dB,特征值差异不明显。

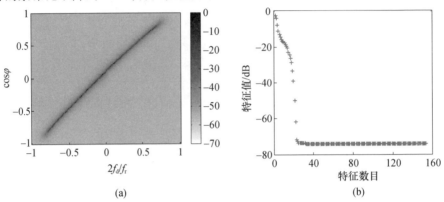

图 5.73　载机偏航时的杂波谱和特征谱(见彩图)

(a)杂波谱; (b)特征谱。

3. 目标因素

存在目标信号时,回波的空时协方差矩阵为

$$\hat{\boldsymbol{R}}_c = \boldsymbol{R}_{cs} + \boldsymbol{R}_n \tag{5.106}$$

式中,$\boldsymbol{R}_{cs}$ 为包含目标信号的杂波协方差矩阵;$\boldsymbol{R}_n$ 为噪声协方差矩阵,包含目标信号的第 n 路(列子阵)的第 q 次脉冲对第 l 个距离单元杂波回波信号可表示为

$$c_{ls}(n,q) = c_l(n,q) + \frac{\sqrt{A_s}g_n(\alpha_l)F(\alpha_l,\varphi_s)}{r_l^2}e^{i\beta}e^{i(n-1)w_s(\alpha_l,\varphi_s)+i(q-1)w_t(\alpha_l,\varphi_s)} \tag{5.107}$$

式中,$c_l(n,q)$ 参考式(5.87)和式(5.92),$A_s = \dfrac{P_tG_tG_r\lambda^2}{(4\pi)^3\Gamma}\sigma_s$,$\sigma_s$ 为目标散射截面。φ_s 为目标的方位角,目标的空域和时域角频率为

$$w_s(\alpha_l,\varphi_s) = \frac{2\pi d}{\lambda}\cos\alpha_l\cos\varphi_s \tag{5.108}$$

$$w_t(\alpha_l,\varphi_s) = \frac{4\pi(v_a - v_s)}{\lambda f_r}\cos\alpha_l\cos(\varphi_s + \theta_p + \theta_d) \tag{5.109}$$

式中, v_s 为目标速度。

假设杂波背景中存在 1 个静止目标和 11 个运动目标, 目标的 RCS 均为 30dBsm, 运动目标参数见表 5.41, 其余仿真参数与图 5.73 一致, 此时仿真杂波谱和特征谱如图 5.74 所示, 与图 5.73 相比, 大特征值数目略有增多。

表 5.41 运动目标参数

径向速度/(m/s)	150	180	150	160	180	120	120	150	190	190	160
方位角/(°)	60	50	45	55	30	90	80	45	50	50	60
俯仰角/(°)	3	4	3.2	3	3.5	3.6	5	4.5	5	4	3.2

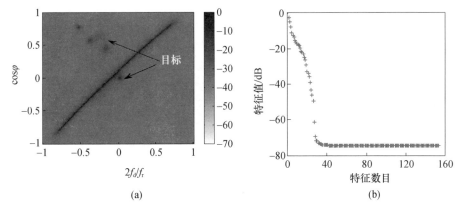

(a)　　　　　　　　　　　　(b)

图 5.74 有目标时的杂波谱和特征谱(见彩图)
(a)杂波谱; (b)特征谱。

4. 干扰因素

在存在孤立干扰的情况下, 回波的空时协方差矩阵为

$$\hat{R}_c = R_c + R_n + R_j \tag{5.110}$$

式中, $R_j = I_Q \otimes R_{js}$ 为干扰的协方差矩阵; I_Q 为 Q 维单位矩阵; $R_{js} = \sigma_j^2 S_j S_j^H$, 其中, σ_j^2 为干扰的功率; $S_j = e^{i(n-1)w_s(\alpha_j, \varphi_j)}$ 为干扰的空域导向矢量, 干扰空域角频率 $w_s(\alpha_j, \varphi_j) = \dfrac{2\pi d}{\lambda}\cos\alpha_j\cos\varphi_j$; α_j、φ_j 分别为干扰的俯仰角和方位角。

假设杂波背景中存在一个干扰信号, 干扰所在的俯仰角为 5°, 方位角为 85°, 干扰与杂波的强度比值为 −25dB, 其余仿真参数与图 5.73 一致。干扰对杂波谱和特征谱的影响如图 5.75 所示, 其在特征谱上表现为位于空域 $\cos\phi = 0.0868$ 处的一条直线, 在特征谱上表现为位于 −20dB 的多个大特征值。

通过上述分析可以看出, 阵元间幅相不一致和载机偏航引起特征谱杂波脊杂噪比下降, 杂波背景中存在目标和干扰将导致特征谱中大特征值数目的增多。

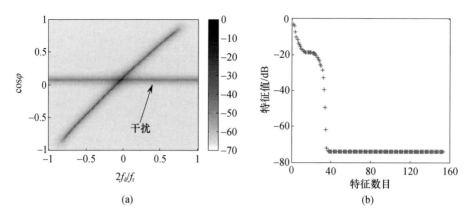

图 5.75 有干扰时的杂波谱和特征谱(见彩图)

(a)杂波谱; (b)特征谱。

参考文献

[1] LONG M W. Radar reflectivity of land and sea[M]. 3rd ed. Norwood, MA: Artech House, 2001: 48 – 49.

[2] SKOLNIK M I. Introduction to radar systems, Third Edition[M]. New York: McGraw – Hill, 2001: 171 – 197.

[3] ULABY F T, MOORE R K, FUNG A K. Microwave remote sensing[M]. Vol. I and Vol. II, Reading, MA: Addison – Wesley Publishing Company, 1981 and 1982; Vol. III, Norwood, MA: Artech House, 1986.

[4] 尹雅磊, 朱秀芹, 尹志盈. 典型地形电磁散射特性实验研究[J]. 电波科学学报, 2011, 26 (增刊): 101 – 104.

[5] DALEY J C, DAVIS W T, DUNCAN J R, et al. NRL terrain clutter study: phase 2[J]. Washington: Naval Research Laboratory, 1968, 54.

[6] BILLINGSEY J B, LARRABEE J F. Multifrequency measurements of radar ground clutter at 42 sites. Volume 1: Principal results[R]. Lexington MA: MIT Lincoln Laboratory, 1991.

[7] DONG Y H. Models of land clutter vs grazing angle, spatial distribution and temporal distribution – L – band VV polarisation perspective[R]. Canberra: Australian Government Department of Defence, 2004.

[8] ULABY F T, BRADLEY G A, DOBSON M C. Microwave backscatter dependence on surface roughness, soil moisture, and soil texture: Part 2 – Vegetation – Covered Soil[J]. IEEE Transcations on Geoscience Electronics, 1979, 17(2):33 – 40.

[9] ULABY F T, Bare J E. Look – direction modulation function of the radar backscatter coefficient for agricultural fields[J]. Photogrammetric Engineering and Remote Sensing, 1979, 8(5): 451 – 460.

[10] CURRIE N C. Clutter characteristics and effects[M]// EAVES J L, REEDY E K. Principles

of modern radar. New York：Van Nostrand Reinhold,1987：281 – 340.

［11］ ULABY F T,DOBSON M C. Handbook of radar scattering statistics for terrain［M］. London：Artech House,1989.

［12］ MOORE R K,SOOFI K A,PURDUSKI S M. A radar clutter model：average scattering coefficients of land,snow,and ice［J］. IEEE Transcations on Aerospace and Electronic Systems,1980,AES – 16(6)：783 – 799.

［13］ MOORE R K,CLAASSEN J P,COOK A C,et al. Simultaneous active and passive microwave response of the earth – the Skylab radscat experiment［C］// University of Michigan,Ann Arbor：The Ninth International Symposium on Remote Sensing Environment,1974,189 – 217.

［14］ DONG Y H. L – band VV clutter analysis for natural land in northern territory areas［R］. Edinburgh,South Australia：DSTO Systems Sciences Laboratory,2003.

［15］ 尹志盈,朱秀芹,张浙东等. 雪覆盖草地电磁散射特性测试和分析［C］//武汉：第十届全国电波传播学术讨论年会论文集,2009,308 – 311.

［16］ 罗贤云,孙芳,尹志盈. 雷达地杂波测试和分析［J］. 现代雷达,1994,16(4):10 – 23.

［17］ 尹志盈,张浙东,杜鹏. 非均匀地形杂波统计特性研究［J］. 装备环境工程,2008,5(2)：66 – 69.

［18］ GUINARD N W,RANSONE J T,LAING M B,et al. NRL terrain clutter study,Phase 1［R］. Washington：Naval Research Laboratory,1967.

［19］ TALUKDAR K K,LAWING W D. Estimation of the parameters of the rice distribution［J］. Journal of the Acoustical Society of America,1991,89(3):1193 – 1197.

［20］ TRUNK G V,GEORGE S F. Detection of targets in non – gaussian sea clutter［J］. IEEE Transcations on Aerospace and Electronic Systems,1970,AES – 6(5):620 – 628.

［21］ SCHLEHER D C. Radar detection in Weibull clutter［J］. IEEE Transactions on Aerospace and Electronic Systems,1976,12(6) : 736 – 743.

［22］ JAKEMAN E,PUSEY P N. A model for non – rayleigh sea echo［J］, IEEE Transactions on Antennas and Propagation,1976,24(6):806 – 814.

［23］ WARD K D. Compound representation of high resolution sea clutter［J］. Electronics Letters,1981,7(16):561 – 563.

［24］ MEDAWAR S,HÄNDEL P,ZETTERBERG P. Approximate maximum likelihood estimation of rician K – factor and investigation of urban wireless measurements［J］. IEEE Transactions On Wireless Communications 2013,12(6):2545 – 2555.

［25］ ISKANDER D R,ZOUBIR A M. Estimation of the parameters of the K – distribution using higher order and fractional moments［J］. IEEE Transcations on Aerospace and Electronic Systems,1999,35(4):1453 – 1457.

［26］ 石志广,周剑雄,付强. K 分布海杂波参数估计方法研究［J］. 信号处理,2007,23(3)：420 – 424.

［27］ REDDING N J. Estimating the parameters of the K distribution in the intensity domain［R］. Edinburgh,South Australia：Defence Science and Technology Organisation,1999.

[28] 余慧,王岩飞,闫鸿慧. 一种 K 分布杂波参数估计的快速算法[J]. 电子与信息学报, 2009,31(1):139 – 142.

[29] CONTE E,DE M A,and GALDI C. Statistical analysis of real clutter at different range resolutions[J]. IEEE Transactions on Aerospace and Electronic Systems,2004. 40(3):903 – 918.

[30] CHAN H C. Radar sea clutter at low grazing angles[J]. IEE Proceedings F Communications Radar and Signal Processing,1990,137(2):102 – 112.

[31] D'AGOSTINO R B and STEPHENS M A. Goodness of fit techniques[M]. New York: Marcel Dekker,1986.

[32] ARIKAN F. Statistics of simulated ocean clutter[J]. Journal of Electromagnetic Waves and Applications,1998,12(4): 499 – 526.

[33] KERR D E (Ed.). Propagation of short radio waves[M]. New York: McGraw – Hill,1951: 583.

[34] HAYES R D,WALSH R. Some polarization properties of targets at X band[C]// the 1959 Symposium on Radar Return,University of New Mexico,1959.

[35] VALENZUELA G R,LAING M B. Point – scatterer formulation of terrain clutter statistics [R]. Washington: Naval Research Laboratory,1972,58(9): 34 – 34.

[36] CURRIE N C,DYER F B,HAYES R D. Radar land clutter measurements at frequencies of 9. 5,16,35,and 95 GHz[R]. Atlanta,GA: Engineering Experiment Station,Georgia Institute of Technology,1975.

[37] HAYES R D. 95 GHz Pulsed radar return from trees[J]. IEEE Electronics and Aerospace Systems Convention Record,1979,353 – 356.

[38] CHAN H C. Radar ground clutter measurements and models,Part II – Spectral Characteristics and Temporal Statistics[C]. Target and Clutter Scattering and Their Effects on Military Radar Performance,Ottawa,AGARD Conference Proceeding 501,1991.

[39] 温芳茹,罗贤云,孙芳,等. L 波段地杂波幅度统计分布[J],现代雷达,1997,19(3): 5 – 13.

[40] LINELL T. An experimental investigation of the amplitude distribution of radar terrain return [C]// 6th Conference of the Swedish National Committee on Scientific Radio,1963.

[41] ULABY F T,NASHASHIBI A,EI – ROUBY A,et al. 95 – GHz scattering by terrain at near – grazing incidence[J]. IEEE Transactions on Antennas and Propagation,1998,46(1):3 – 13.

[42] BARLOW E J. Doppler radar[J]. Proceedings of IRE,1949,37(4):340 – 355.

[43] FISHBEIN W,GRAVELINE S W,RITTENBACK O E. Clutter anenuation analysis[R]. Aberdeen,MD:. United States Army Electronics Command,1967.

[44] BILLINGSLEY J B. Low – angle radar land clutter: measurements and empirical models [M]. Norwich,NY: William Andrew Publishing,2002.

[45] BILLINGSLEY J B. Exponential decay in windblown radar ground doppler spectra multifrequency measurements and model[R]. Lexington MA: MIT Lincoln Laboratory,1996.

[46] BILLINGSLEY J B,LARRABEE J F. Measured spectral extent of L – and X – Band radar re-

flections from wind – blown trees[R]. Lexington MA：MIT Lincoln Laboratory 1987.

[47] SCHLEHER D C. MTI and pulsed doppler radar[M]. Norwood,MA：Artech House Radar Library,1991,131 – 134.

[48] KLEMM R. Introduction to space – time adaptive processing[J]. Electronics and Communications Engineering Journal,1999,11(1):5 – 12.

[49] RICHARDS M A. Fundamentals of radar signal processing[M]. New York：Mcgraw – Hill,2005.

[50] 王永良,彭应宁. 空时自适应信号处理[M]. 北京:清华大学出版社,2000.

[51] 尹雅磊,尹志盈,朱秀芹. 机载雷达多通道地杂波仿真方法研究[J]. 目标与环境特性研究,2009,49(1):9 – 17.

[52] 杨万海. 雷达系统建模与仿真[M]. 西安:西安电子科技大学出版社,2007：107 – 139.

[53] 王世一,数字信号处理[M]. 北京:北京理工大学出版社,2001.

[54] SANYAL P. STAP processing monostatic and bistatic MCARM data[R],Bedford,MA：MITRE,Centre for Air Force C2 Systems,1999.

[55] HIMED B. MCARM/STAP data analysis Volume II[R]. Marcy NY：Research Associates for Defence Conversion Inc,1999.

[56] 尹雅磊,尹志盈,张玉石,等. 典型地物环境空时二维杂波特性研究[J]. 电波科学学报,2013,28(增刊1):264 – 266.

第6章

海杂波特性与建模

◤ 6.1 引　言

　　直观而言,一望无际的海面,表面波浪相似形态构成的海洋环境,其复杂性远弱于地物种类繁多的地面环境,从而使得对海杂波特性的认知似乎比地杂波要简单、容易得多。实际情况则不然,受海洋气象、内波、洋流、涌浪、破碎波等影响,海表面结构同样具有复杂多变的特点,通常情况下是一类各向异性和非线性粗糙面。

　　与地杂波类似,海杂波同样具有幅度、频谱、相关等基本特性。由于海面总体起伏程度(或粗糙度)弱于各种植被覆盖的地面,导致同样雷达参数情况下海杂波的回波电平低于地杂波。然而,正如第2章所述,由海面卷浪形成的破碎波结构在某些条件下(如小擦地角下)会出现"海尖峰"现象,将引起海杂波幅度分布的"重拖尾",使得海杂波幅度分布建模较地杂波更为困难。由于海面波浪的运动特性,使得海杂波的频谱、时间相关、空间相关等特性也较地杂波更为复杂。

　　本章主要基于中国电波传播研究所近年来开展的岸基多波段海杂波测量数据,首先第6.2节分析海杂波散射系数均值(或称幅度均值)随雷达参数及海洋环境参数的变化趋势,介绍几种国际上常见的散射系数经验或半经验模型,在讨论这些模型适应性及差异的基础上,给出两个与测量数据拟合效果较好的散射系数模型。第6.3节着重阐述海杂波幅度分布特性及其建模方法。与地杂波幅度分布特性类似,海杂波幅度分布也常用瑞利分布、对数正态分布、韦布尔分布、K分布等统计模型进行建模,但对于高海况、高分辨、小擦地角等情况下,这些模型无法解决由于"海尖峰"等导致的海杂波幅度分布的"重拖尾"问题[1-5]。面对这一问题,本节主要介绍了关于"重拖尾"概率分布建模方法的新进展,主要包括KK分布、WW分布、Pareto分布、多结构建模方法和极值建模方法等。第6.4节介绍海杂波频谱(也称多普勒谱)建模方法。本节从海杂波频谱的形成机理出发,介绍几个长时和短时海杂波多普勒谱经验和半经验模型,以及最近发展的适用于不同时间尺度的时变多普勒谱模型。第6.5节介绍海杂波的空间相关特性及其建模方法。目前,除少数几个距离向相关经验模型外,人们对海杂波空间相关性研究涉猎较少,本节重点介绍一种最近发展的基于纹理分量的海杂波距离向相关建模方法。最后在第6.6节简要介绍基于分形和混沌理论的海杂波非线性建模方法,这是近年来人们热衷探索的关于海杂波特性非线性建模的新方向。

6.2　海杂波散射系数均值建模

海杂波散射系数均值是指雷达照射单元海面回波强度的平均值,也定义为面目标海面归一化雷达散射截面积(可通称为散射系数),通常表示为 σ°,单位为 dB(相对于 $1\mathrm{m}^2/\mathrm{m}^2$)。海杂波散射系数是表征海面回波强度的重要物理参量,是海杂波的基本特性之一。理论研究与实验测量已表明,海杂波散射系数主要取决以下影响因素。

(1)海洋环境参数:如风速风向、波高波向、内波、洋流、雨、盐雾、大气波导等。

(2)雷达及观测参数:如频率、极化、分辨单元大小、擦地角等。

图6.1给出了散射系数 σ° 随擦地角 ψ 变化的一般规律,大体可划分为三个区。

(1)准镜面反射区(又称近垂直入射区):以相干镜面反射为主,散射系数随擦地角的减小而快速下降。该区的宽度与斜率取决于海面的物理特性。

(2)平坦区(又称平直区):以非相干散射为主,散射系数随擦地角的变化较为平缓,近似有 $\sigma^\circ \sim \psi^{1/2}$。

(3)干涉区(又称近掠入射区):散射系数随擦地角的减小再次出现快速下降,近似有 $\sigma^\circ \sim \psi^4$。

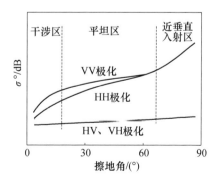

图6.1　海杂波散射系数随擦地角变化关系

图 6.2 是 M. W. Long[4] 基于不同波段、极化、风速下的多组实测海杂波数据,总结得到的散射系数随擦地角变化趋势。从图中可大致看出,散射系数随擦地角三个典型区间的变化情况基本与图 6.1 相符,相比于地杂波,海杂波的散射系数整体上明显要弱一些。

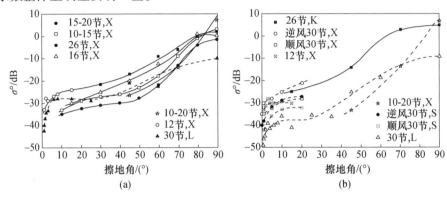

图 6.2　实测海杂波散射系数随擦地角变化曲线

(a)VV 极化;(b)HH 极化。

这仅是海杂波散射系数随单一因素(擦地角)的定性描述,为满足实际工程需要,需要对海杂波散射系数随各种影响因素的变化特性进行分析,并寻求建立相应的关系模型,即所谓的海杂波散射系数均值建模。

6.2.1　海杂波散射系数均值特性

为对海杂波散射系数均值特性有一个定量认识,利用海杂波实测数据进行分析。按照第 3 章中海杂波试验测量方法和第 4 章中海杂波数据建库方法,首先需要确保测量雷达回波数据的有效性与准确性。对测量系统(雷达)实施外定标是保障测量数据准确性的关键,通过外定标获取雷达当时当地测量条件下的系统常数,进而由雷达方程得到海面散射系数的绝对值。通过杂噪比估计、频谱干扰监测、海面目标(船只、岛屿等)监视等技术措施,来保障测量数据的有效性。其次是同步录取测量地点(海域)的海洋环境参数数据,包括风速风向、波高波向、温度、湿度、压力、雨、含盐度(取样实验室测量)等数据。最后,将测量得到的海杂波数据和海洋环境参数数据按一定的数据格式分组入库,形成具有足够数据样本的海杂波数据库,在此基础上开展海杂波散射系数随雷达参数和海洋环境参数变化趋势分析。

这里,利用中国电波传播研究所近年来开展的岸基多波段(以 UHF、L、S 波段为主)海杂波测量数据,对海杂波散射系数特性进行分析。其中测试雷达参数见第 3.3 节所述。

1. UHF 波段海杂波散射系数

图 6.3 ~ 图 6.8 给出了岸基 UHF 波段多组实测海杂波数据的散射系数随擦地角变化特性,海况级别采用道氏海况。为了比较同一海况不同波高数据起伏范围和趋势,1 级海况中有效波高(以下简称波高)大于等于 0.25m 用深灰'+'表示,其余用黑色'Δ'表示;2 级海况中波高大于等于 0.75m 用深灰'+'表示,小于等于 0.45m 用浅灰'*'表示,其余用黑色'Δ'表示;3 级海况中波高大于等于 1.35m 用深灰'+'表示,小于等于 1.05m 用浅灰'*'表示,其余用黑色'Δ'表示;4 级海况中波高大于等于 2.25m 用深灰'+'表示,小于等于 1.65m 用浅灰'*'表示,其余用黑色'Δ'表示;5 级海况波高范围为 2.60 ~ 3.50m,采用黑色'Δ'表示。

从图 6.3 ~ 图 6.7 可以看出,同一海况下波高高的散射系数略大,不同波高下散布范围较大。从图 6.8 给出的不同海况下平均效果对比,可以看出大量数据平均后随着海况等级增加散射系数增大的趋势很明显,逆浪向(或波向)和侧

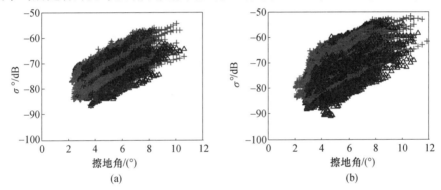

图 6.3　1 级海况 UHF 波段多组海杂波数据散射系数
(a)逆浪;(b)侧浪。

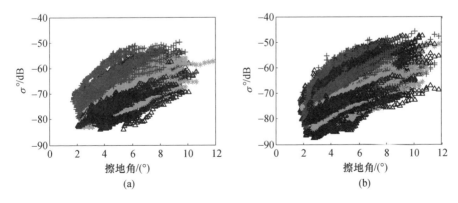

图 6.4　2 级海况 UHF 波段多组海杂波数据散射系数
(a)逆浪;(b)侧浪。

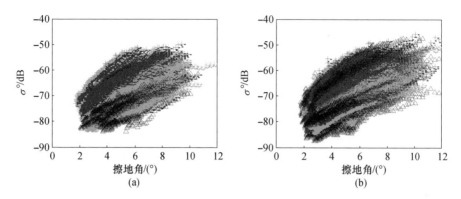

图 6.5　3 级海况 UHF 波段多组海杂波数据散射系数

(a)逆浪；(b)侧浪。

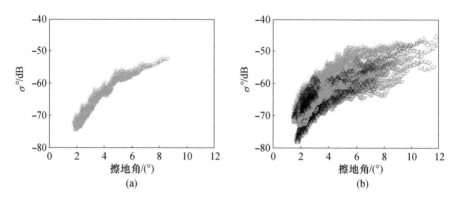

图 6.6　4 级海况 UHF 波段多组海杂波数据散射系数

(a)逆浪；(b)侧浪。

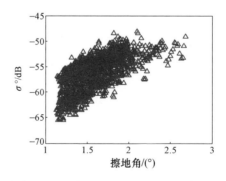

图 6.7　5 级海况 UHF 波段多组海杂波数据散射系数(侧浪向)

浪向结果差别不是太明显,几乎重叠。总体来看,海杂波起伏较大,动态范围宽,同级海况下不同波高的差别大;不完全符合随波高升高海杂波散射系数增大的趋势,海态变化的影响较大。

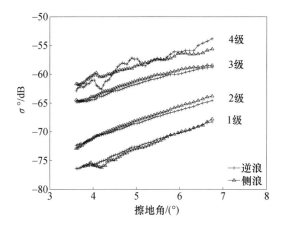

图 6.8　不同海况下 UHF 波段海杂波散射系数对比

2. L 波段海杂波散射系数

表 6.1 给出了 L 波段 6 组典型实测海杂波数据的相关参数,其中风向和波向角是指相对雷达指向的角度。杂波测量时实时记录了海洋环境参数,部分数据对应测试当日的海洋环境参数如图 6.9 所示。

表 6.1　L 波段典型实测海杂波数据相关参数

数据编号	SLV01	SLV02	SLV03	SLV04	SLH01	SLH02
极化方式	VV	VV	VV	VV	HH	HH
最大擦地角/(°)	7.1	7.7	6.2	4.8	6.7	3.2
最小擦地角/(°)	2.1	2.7	1.2	1.8	2.0	1.2
有效波高/m	0.3	0.2	0.5	2.3	0.5	2.0
风速/(m/s)	5.5	10.0	5.9	8.7	6.3	7.2
相对风向/(°)	6	134	123	58	81	88
相对波向/(°)	46	84	140	50	64	49

从实测海洋环境参数可以看出,同步采集的风向与波向在有些情况下(如图 6.9(a)所示)不一致,这表明当日海表面状态未充分发展;而在某些情况下,特别是强风引起的高海况条件(如图 6.9(b)所示),风向与波向基本保持一致。SLH02 与 SLV04 两组数据海况较高,道氏海况等级为 4 级,基本上为侧浪向测量,但在同等风速条件下,波高比道氏海况描述值高,表明以较大的涌浪为主。

图 6.10 和图 6.11 分别给出了 6 组数据中 HH 和 VV 极化状态下的各两组数据散射系数时空灰度图。从图中可以看出,极化相同情况下,随着海况增大海杂波幅度整体增大的趋势较为明显。VV 极化回波变化相对均匀,而 HH 极化回波变化较大,灰度图中强点信号相对增多,尤其是当距离增大,擦地角变小后,这种效应更明显。

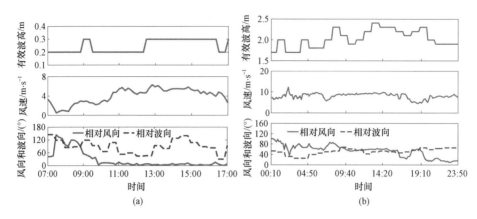

图 6.9　部分海杂波测试数据当日的海浪参数实测值
（a）SLV01 数据；（b）SLH02/SLV04 数据。

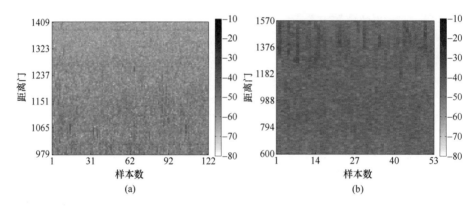

图 6.10　L 波段 HH 极化下两组海杂波数据时空灰度图
（a）SLH01 数据；（b）SLH02 数据。

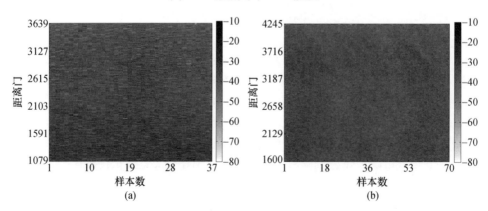

图 6.11　L 波段 VV 极化下两组海杂波数据的时空灰度图
（a）SLV01 数据；（b）SLV04 数据。

图 6.12 给出了 6 组数据海杂波散射系数的对比结果,可以看出在海况基本相近状态下,VV 极化海杂波散射系数均值明显大于 HH 极化;HH 极化与 VV 极化随擦地角变化的趋势不太一致,HH 极化在较低海况下随擦地角减小下降速率较 VV 极化快;较高海况下,HH 极化海杂波散射系数均值随擦地角变化趋势不敏感,呈振荡型,而 VV 极化随擦地角减小也出现了降低变缓的趋势,即在较小的角度下出现较强回波。

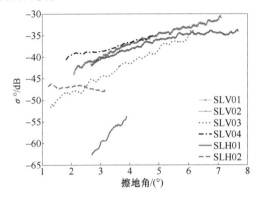

图 6.12　L 波段 6 组实测数据海杂波散射系数均值对比

海杂波散射系数 5% 和 95% 分位点的变化基本可以反应出其起伏程度,图 6.13 给出了 SLH02 与 SLV04 两组数据海杂波散射系数各分位点随擦地角的变化关系。这两组数据为同一天测试,海况等级较高,从结果可以看出 VV 极化海杂波散射系数随擦地角减小呈现递减趋势,趋势较缓,在擦地角 3° 变化范围内,散射系数均值降低约 6dB。HH 极化海杂波散射系数随擦地角减小呈平直变化趋势,散射系数在某个值范围内上下波动。在同等擦地角下,VV 极化海杂波散射系数比 HH 极化高约 10dB。

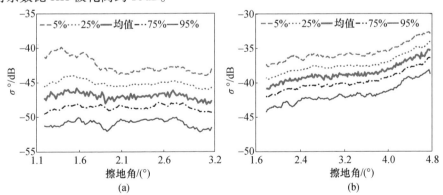

图 6.13　L 波段高海况下实测数据海杂波散射系数各分位点变化
(a)SLH02 数据;(b)SLV04 数据。

图 6.14 给出了两组数据散射系数的起伏随擦地角变化关系,其中纵轴 σ° 起伏采用散射系数 5% 和 95% 分位点间的差值。可以看出 HH 极化海杂波的起伏大于 VV 极化,尤其是在更小的擦地角下,起伏效应更加明显,最大超过了 10dB,这与图 6.10(b)中观察到较多的强点信号特性相一致。这说明虽然 HH 极化海杂波散射系数较小,但相比 VV 极化"杂波起伏"效应更强,特性更复杂。

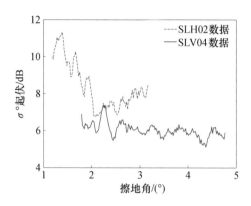

图 6.14　高海况下两组实测数据海杂波散射系数起伏随擦地角变化

3. S 波段海杂波散射系数

图 6.15 ~ 图 6.18 给出了岸基 S 波段多组实测海杂波散射系数在不同海况条件下随擦地角的变化,从中可以观测整体变化趋势。同步采集了海浪波高数据,海况级别采用道氏海况。图中标注"＊"为不同时间录取的同一海况范围内不同波高的多组数据的结果,可以看出 1、2 级海况下散射系数的散布范围较大,超过 40dB;3 级海况下逆浪向的起伏散布与侧浪向相比小,由于逆浪向数据组数较少,数据代表性有限;4 级海况下数据组数少,代表性不足,仅供参考。

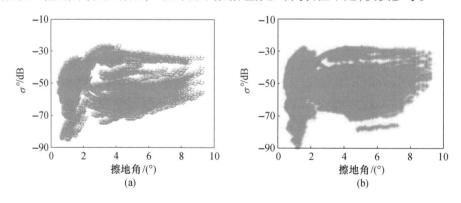

图 6.15　1 级海况 S 波段多组数据海杂波散射系数
(a)逆浪;(b)侧浪。

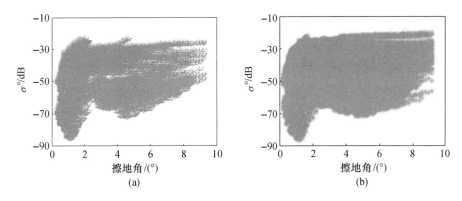

图 6.16　2 级海况 S 波段多组数据海杂波散射系数

（a）逆浪；（b）侧浪。

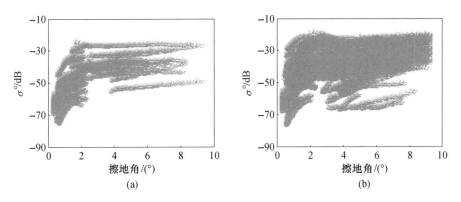

图 6.17　3 级海况 S 波段多组数据海杂波散射系数

（a）逆浪；（b）侧浪。

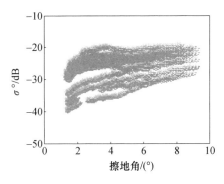

图 6.18　4 级海况 S 波段多组数据海杂波散射系数（侧浪向）

定量分析表明:1 级海况在擦地角 0.7°～9.1°散射系数范围约为 -64.2 ～
-43.7dB;2 级海况在擦地角 0.7°～9.1°散射系数范围约为 -61.3 ～ -33.5dB;

3级海况在擦地角0.7°~9.1°散射系数范围约为 −56.3 ~ −28.2dB;4级海况在擦地角1.4°~9.1°散射系数范围约为 −33.0 ~ −23.5dB。在不同的擦地角范围,散射系数随擦地角变化的趋势不同,在擦地角小于3°时散射系数随擦地角减小而减小的速度较快。

从图6.19不同海况数据散射系数均值比较结果可以看出,海杂波散射系数随海况增大而变大。典型擦地角下定量结果为:当擦地角为5°时,1级~4级海况的海杂波散射系数范围介于 −56.5 ~ −26.4dB。当擦地角为7°时,1级~4级海况的海杂波散射系数范围介于 −53.4 ~ −25.1dB。同等海况情况下,逆浪散射系数多数情况下略大于侧浪约2~5dB。

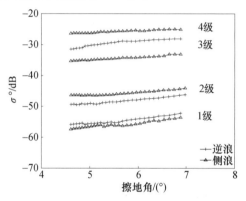

图6.19　不同海况下S波段海杂波散射系数对比

4. X波段海杂波散射系数

1982年,在马萨诸塞科德角的北特鲁罗空军基地海拔77.4m高的海边平台上,麻省理工学院林肯实验室开展了海杂波测量试验,图6.20给出了在2级海况下不同极化X波段小擦地角海杂波散射系数均值结果[6],波向通过多普勒频移进行估计,图注给出了观测方位角度和多普勒频移。从图中可以看出,正多普

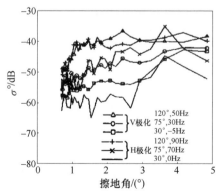

图6.20　林肯实验室测量的X波段海杂波散射系数

勒频移对应波向的海杂波散射系数均值高,在波向相同情况下两种极化海杂波散射系数均值相差不大。随浪向偏离逆浪向的程度(角度),海杂波散射系数有递减的趋势(如方位 120°的逆浪向与 30°的侧浪向)。

图 6.21 给出了美国海军实验室(Naval Research Laboratory,NRL)利用机载 4FR 雷达,测量得到的典型 X 波段海杂波散射系数中值[7],数据是在 1970 年 1 月的 JOSS I 试验收集的,为逆浪向不同波高及不同极化情况下的结果。可以看出在高擦地角下两种海况不同极化散射系数差别不大,在中等擦地角和小擦地角下随海况升高散射系数略有增大趋势,且 VV 极化散射系数大于 HH 极化散射系数约 3 ~5dB。

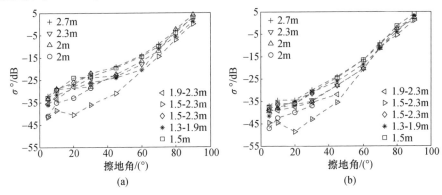

图 6.21　NRL 的 X 波段实测海杂波幅度中值
(a)VV 极化;(b)HH 极化。

6.2.2　海杂波散射系数模型

由于海面状态随气象条件千变万化,描述海面的环境参数较多,且影响海杂波强度的雷达系统参数与海洋环境参数之间存在着非线性依赖关系,因此,如何准确建立这些参数与海杂波之间的联系仍是个难题[8],特别是当雷达工作在小擦地角状态下,海杂波特性更加复杂。

基于 F. E. Nathanson 等人的平均后向散射系数数据集[5],结合海面散射与传播机理,通过数值拟合,人们相继建立了关于海杂波散射系数的 SIT(Sittrop)模型、GIT(Georgia Institutes of Technology)模型、TSC(Technology Service Corpora-tion)模型、HYB(Hybrid)模型、NRL 模型等经验或半经验模型[9,10]。这些数据集的数据源主要由早期 1969 年的 25 组数据和后期 1991 年的 60 组数据组成,擦地角为 0.1°、0.3°、1.0°、3.0°、10°、30°、60°,数据处理时对逆风、顺风和侧风数据进行了平均处理,仅录用单站、0.5 ~5.9μs 脉宽数据,并假定服从瑞利分布,将海杂波中值转换为平均值。表 6.2 ~表 6.5 给出了几种典型条件下的平均后向散射系数值[5]。其中平均后向散射系数与"真值"之间的偏差是由于数据来源不同导致的。

表 6.2　擦地角 0.1°时海杂波平均后向散射系数(单位:dB)

海况	极化	波段(频率,单位 GHz)						
		UHF(0.5)	L(1.25)	S(3.0)	C(5.6)	X(9.3)	Ku(17)	Ka/W(35/95)
1	VV	—	—	− 80 *	− 72 *	− 65 *	—	—
	HH	—	—	− 80	− 75	− 71 *	—	—
2	VV	− 90 +	− 87 *	− 75 *	− 67	− 56	—	—
	HH	− 95 +	− 90 *	− 75 *	− 67 *	− 59 *	− 48 *	—
3	VV	− 88 +	− 82 *	− 75 *	− 60 *	− 51	—	− 47 *
	HH	− 90 *	− 82 *	− 68 *	− 69 *	− 53 *	—	—
4	VV	− 85 +	− 78 *	− 67 *	− 58 *	− 48	—	− 45 *
	HH	—	− 74 *	− 63 *	− 60	− 48	—	—
5	VV	− 80 +	− 70 *	− 63 *	− 55 *	− 44	—	− 42 *
	HH	—	− 70 +	− 63 *	− 58 *	− 42 *	—	—
6	VV	—	—	− 56	—	—	—	—
	HH	—	—	—	—	—	—	—

注:* 表示可能存在 5dB 误差;+ 表示可能存在 8dB 误差

表 6.3　擦地角 1°时海杂波平均后向散射系数(单位:dB)

海况	极化	波段(频率,单位 GHz)						
		UHF(0.5)	L(1.25)	S(3.0)	C(5.6)	X(9.3)	Ku(17)	Ka/W(35/95)
1	VV	− 70 *	− 65 *	− 56	− 53	− 50	− 50 *	− 48 *
	HH	− 84 *	− 73 *	− 66	− 56	− 51	− 48 *	− 48 *
2	VV	− 63 *	− 58 *	− 53	− 47	− 44	− 42	− 40 *
	HH	− 82 *	− 65 *	− 55	− 48	− 46	− 41	− 38 *
3	VV	− 58 *	− 54 *	− 48	− 43	− 39	− 37	− 34
	HH	− 73 *	− 60 *	− 48	− 43	− 40	− 37	− 36
4	VV	− 58 *	− 45	− 42	− 39	− 37	− 35	− 32
	HH	− 63 *	− 56 *	− 45	− 39	− 36	− 34	− 34 *
5	VV	—	− 43	− 38	− 35	− 33	− 34	− 31
	HH	− 60 *	− 50 *	− 42	− 36	− 34	− 34	—
6	VV	—	—	− 33	—	− 31 *	− 32	—
	HH	—	—	− 41	—	− 32 *	− 32	—

注:* 表示可能存在 5dB 误差

表 6.4　擦地角 3°时海杂波平均后向散射系数(单位:dB)

海况	极化	波段(频率,单位 GHz)						
		UHF(0.5)	L(1.25)	S(3.0)	C(5.6)	X(9.3)	Ku(17)	Ka/W(35/95)
1	VV	-60*	-53*	-52	-49	-45	-41*	-41
	HH	-70*	-62*	-59	-54	-50	-45*	-43*
2	VV	-53	-50	-49	-45	-41	-39	-37
	HH	-66*	-59	-53	-48	-43	-38	-40
3	VV	-43*	-43*	-43	-40	-38	-36	-34
	HH	-61*	-55*	-46	-42	-39	-35	-37
4	VV	-38*	-38	-38	-36	-35	-33	-31
	HH	-54*	-48*	-41	-38	-35	-32*	-32
5	VV	-40*	-38	-35	-35	-33	-31*	-30*
	HH	-53	-46	-40	-36	-33	-30*	—
6	VV	—	—	—	—	-28	-28	
	HH	—	—	-37	—	-30	-28	—
注:*表示可能存在 4dB 的误差								

表 6.5　擦地角 10°时海杂波平均后向散射系数(单位:dB)

海况	极化	波段(频率,单位 GHz)						
		UHF(0.5)	L(1.25)	S(3.0)	C(5.6)	X(9.3)	Ku(17)	Ka/W(35/95)
1	VV	-38	-39	-40	-41	-42	-40	-38
	HH	—	-56*	—	-53	-51	—	—
2	VV	-35*	-37	-38	-39	-36	-34	-33
	HH	-54*	-53	-51	-48	-43	-37	-36*
3	VV	-34*	-34	-34	-34	-32	-31	-31
	HH	-50	-48	-46	-40	-37	-32	-31
4	VV	-32*	-31	-31*	-32	-29	-28	-29
	HH	-48*	-45	-40	-36	-34	-29	-29
5	VV	-30	-30	-28	-28	-25	-23	-26*
	HH	-46	-43	-38	-36	-30	-26	-27*
6	VV	-30*	-29	-28	-27*	-22*	-18*	—
	HH	-44*	-40*	-37	-35*	-27*	-24*	—
注:*表示可能存在 4dB 的误差								

下面,对这些经验或半经验模型作一系统性介绍。

1. GIT 模型

GIT 模型是海杂波散射系数的确定性参数模型,适用于小擦地角状态。该模型是擦地角、风速、平均波高、雷达指向、雷达波长和极化的函数。在该模型下,散射系数分解成三个因子:干涉(多径)因子、风速因子和风(浪)向因子。第一个因子由高斯分布波高的多径干涉理论推导的因子,所以在较小擦地角时散射系数表现出随擦地角减小以 ψ^4 速率下降;第二和第三个因子由实测数据的经验拟合得出。风向因子描述了由于雷达天线方位角与海浪方向影响的变化。该模型适用的频率范围为 $1 \sim 100\text{GHz}$,擦地角范围为 $0.1° \sim 10°$,平均波高 $0 \sim 4\text{m}$,风速 $3 \sim 30\text{kt}$。

以下以频率范围 $1 \sim 10\text{GHz}$ 为例,给出各模型因子的表达式。

1)干涉因子

$$G_\text{I} = \sigma_\psi^4 / (1 + \sigma_\psi^4) \tag{6.1}$$

$$\sigma_\psi = (14.4\lambda + 5.5)\psi h_\text{av} / \lambda \tag{6.2}$$

式中,λ 为雷达波长(m);ψ 为擦地角(rad);h_av 为平均波高(m)。

2)风向因子

$$G_\text{u} = \exp\{0.2\cos\varphi(1 - 2.8\psi)(\lambda + 0.015)^{-0.4}\} \tag{6.3}$$

式中,φ 为相对风向的雷达指向(rad)。

3)风速因子

$$G_\text{w} = [1.94V_\text{w} / (1 + V_\text{w}/15.4)]^{qw} \tag{6.4}$$

$$qw = 1.1/(\lambda + 0.015)^{0.4} \tag{6.5}$$

式中,V_w 为在充分发展海表面下由平均波高确定的风速,由下式确定

$$V_\text{w} = 8.67 h_\text{av}^{0.4} \tag{6.6}$$

4)散射系数

水平极化

$$\sigma°(H) = 10\lg(3.9 \times 10^{-6}\lambda\psi^{0.4}G_\text{I}G_\text{u}G_\text{w}) \tag{6.7}$$

垂直极化

$$\sigma_\text{V}^\text{o} = \begin{cases} \sigma_\text{H}^\text{o} - 1.73\ln(h_\text{av} + 0.015) + 3.76\ln(\lambda) + \\ \quad 2.46\ln(\psi + 0.0001) + 22.2 \qquad\qquad, f < 3\text{GHz} \\ \sigma_\text{H}^\text{o} - 1.05\ln(h_\text{av} + 0.015) + 1.09\ln(\lambda) + \\ \quad 1.27\ln(\psi + 0.0001) + 9.7 \qquad\qquad, 3\text{GHz} < f < 10\text{GHz} \end{cases} \tag{6.8}$$

GIT 模型的特点是同时采用了风速和波高作为输入参数,可以描述更复杂

的海面状态,风速和波高可以独立输入,也可以通过转换关系计算得到另一参量。

2. TSC 模型

TSC 模型是擦地角、道氏海况、风向角、雷达波长和极化的函数。TSC 模型在函数形式上与 GIT 模型相似,但有几个常数和变量的依赖关系稍有不同。该模型考虑了反常传播的影响,散射系数随擦地角减小下降的速率没有 GIT 模型那么快。有效波高和风速通过海况计算得到,也可单独输入这两个参量。TSC 模型适用的频率范围是 $0.5 \sim 35\mathrm{GHz}$,擦地角范围为 $0.1° \sim 90°$,海况等级 5 级及以下。模型中的各个因子表达式如下

1) 擦地角因子

$$G_A = \sigma_\alpha^{1.5} / (1 + \sigma_\alpha^{1.5}) \tag{6.9}$$

$$\sigma_\alpha = 14.9\psi(\sigma_z + 0.25)/\lambda \tag{6.10}$$

$$\sigma_z = 0.115 S^{1.95} \tag{6.11}$$

式中,λ 为雷达波长(ft);ψ 为擦地角(rad);S 为海况;σ_z 为海面高度标准差(ft)。

2) 风速因子

$$G_w = \left[(V_w + 4.0)/15 \right]^A \tag{6.12}$$

$$V_w = 6.2 S^{0.8} \tag{6.13}$$

$$A = 2.63 A_1 / (A_2 A_3 A_4) \tag{6.14}$$

$$A_1 = (1 + (\lambda/0.03)^3)^{0.1} \tag{6.15}$$

$$A_2 = (1 + (\lambda/0.1)^3)^{0.1} \tag{6.16}$$

$$A_3 = (1 + (\lambda/0.3)^3)^{Q/3} \tag{6.17}$$

$$A_4 = 1 + 0.35 Q \tag{6.18}$$

$$Q = \psi^{0.6} \tag{6.19}$$

3) 方位因子

$$G_u = \begin{cases} 1 & ,\psi = \pi/2 \\ \exp\{0.3\cos\varphi \times \exp(-\psi/0.17)/(\lambda^2 + 0.005)^{0.2}\} & ,其他 \end{cases} \tag{6.20}$$

式中,V_w 为风速(kt);φ 为相对风向的雷达指向(rad)。

4) 散射系数

水平极化

$$\sigma°(H) = 10\lg\{1.7 \times 10^{-5} \psi^{0.5} G_u G_w G_A / (\lambda + 0.05)^{1.8}\} \tag{6.21}$$

垂直极化

$$\sigma_V^o = \begin{cases} \sigma_H^o - 1.73\ln(2.507\sigma_z + 0.05) + 3.76\ln\lambda + \\ \quad 2.46\ln(\sin\psi + 0.0001) + 19.8 \quad ,f < 2\text{GHz} \\ \sigma_H^o - 1.05\ln(2.507\sigma_z + 0.05) + 1.09\ln\lambda + \\ \quad 1.27\ln(\sin\psi + 0.0001) + 9.65 \quad ,f \geqslant 2\text{GHz} \end{cases} \qquad (6.22)$$

2005 年, B. Spaulding 等人[11]对 TSC 模型的风向因子进行了进一步修正, 结合实测数据探讨了测量条件下模型值的准确性问题。保留模型原有函数形式, 增加了一个调制因子

$$G_m = 1 - B \times \sin^2(\varphi) \qquad (6.23)$$

式中, $B = 0.6$, 则修正后的水平极化下海杂波散射系数为

$$\sigma_H^o = 10\lg\{1.7 \times 10^{-5} \psi^{0.5} G_u G_m G_w G_A / (\lambda + 0.05)^{1.8}\} \qquad (6.24)$$

相应垂直极化下散射系数可由式(6.22)计算得到。

3. HYB 模型

HYB 模型在综合了 F. E. Nathanson 等人收集的数据和 GIT 模型的特性, 海杂波散射系数以垂直极化、逆风向、5 级海况、擦地角 0.1° 状态下的散射系数作为参考, 通过加入海况因子、擦地角因子、极化因子和风向因子对海杂波散射系数进行调整。该模型定义了一个过渡角, 当擦地角大于或小于该过渡角时, 散射系数采用不同的函数形式和参数值, 而极化修正直接源于 GIT 模型, 由 F. E. Nathanson 等人的数据经验拟合获得。HYB 模型适用的频率范围是 0.5 ~ 35GHz, 擦地角范围 0.1° ~ 30°, 海况等级 5 级及以下。

1) 散射系数(单位 dB)

$$\sigma^o = \sigma_r^o + K_g + K_s + K_p + K_d \qquad (6.25)$$

式中, σ_r^o 是参考散射系数, 对应海况 $S = 5$, 擦地角 $\psi = 0.1°$, 垂直极化, 逆风向 $\varphi = 0°$ 情况下的值; K_s, K_g, K_p, K_d 是相对任意值 S, ψ, P, φ 的修正因子。

参考散射系数

$$\sigma_r^o = \begin{cases} 24.4\lg(f) - 65.2, & f \leqslant 12.5\text{GHz} \\ 3.25\lg(f) - 42.0, & f > 12.5\text{GHz} \end{cases} \qquad (6.26)$$

式中, f 为频率(GHz)。

2) 擦地角修正因子

$$\psi_r = 0.1° \qquad (6.27)$$

$$\psi_t = \sin^{-1}(0.0632\lambda / \sigma_h) \qquad (6.28)$$

式中, ψ_r 为参考擦地角(°); ψ_t 为过渡角(°); σ_h 为均方根波高(m)。

$$\sigma_h = 0.031S^2 \qquad (6.29)$$

当 $\psi_t \geqslant \psi_r$ 时

$$K_g = \begin{cases} 0, & \psi < \psi_r \\ 20\lg(\psi/\psi_r), & \psi_r \leqslant \psi \leqslant \psi_t \\ 20\lg(\psi_t/\psi_r) + 10\lg(\psi/\psi_t), & \psi_t < \psi < 30° \end{cases} \tag{6.30}$$

当 $\psi_t < \psi_r$ 时

$$K_g = \begin{cases} 0, & \psi \leqslant \psi_r \\ 10\lg(\psi/\psi_r), & \psi > \psi_r \end{cases} \tag{6.31}$$

3）海况修正因子

$$K_s = 5(S - 5) \tag{6.32}$$

4）极化修正因子

垂直极化

$$K_p = 0 \tag{6.33}$$

水平极化

$$K_p = \begin{cases} 1.7\ln(h_{av} + 0.015) - 3.8\ln(\lambda) - \\ \quad 2.5\ln(\psi/57.3 + 0.0001) - 22.2, & f < 3\text{GHz} \\ 1.1\ln(h_{av} + 0.015) - 1.1\ln(\lambda) - \\ \quad 1.3\ln(\psi/57.3 + 0.0001) - 9.7, & 3\text{GHz} \leqslant f \leqslant 10\text{GHz} \\ 1.4\ln(h_{av}) - 3.4\ln(\lambda) - \\ \quad 1.3\ln(\psi/57.3) - 18.6, & f > 10\text{GHz} \end{cases} \tag{6.34}$$

式中，h_{av} 为平均波高（m）：

$$h_{av} = 0.08S^2 \tag{6.35}$$

5）风向修正因子：

$$K_d = (2 + 1.7\lg(0.1/\lambda))(\cos\varphi - 1) \tag{6.36}$$

式中，φ 为相对风向的雷达指向（°）；当逆风向时定义为 $\varphi = 0°$。

4. NRL 模型

NRL 经验模型是利用 F. E. Nathanson 等人的实验测量数据通过拟合得到的，适用雷达工作频率为 0.5 ~ 35GHz。

NRL 模型中散射系数（单位 dB）为

$$\sigma° = c_1 + c_2\lg(\sin(\psi)) + \frac{(27.5 + c_3\psi)\lg(f)}{(1 + 0.95\psi)}$$
$$+ c_4(1 + S)^{1/(2 + 0.085\psi + 0.033S)} + c_5\psi^2 \tag{6.37}$$

式中，ψ 为擦地角（°）；S 为海况；f 为雷达频率（GHz）；式中的 5 个参数如表 6.6 所示。

表 6.6 NRL 模型参数

参数	c_1	c_2	c_3	c_4	c_5
HH 极化	− 73.00	20.78	7.351	25.65	0.00540
VV 极化	− 50.79	25.93	0.7093	21.58	0.00211

5. SIT 模型

SIT 模型适用于 X 和 Ku 波段,其散射系数是风速、擦地角的函数,并假设海杂波是完全由风驱毛细波引起的。当风吹几个小时后产生完全发展海面,当风吹停止后,波高仍要保持一段时间,但是毛细波却在瞬间消失了。此时,若仍采用海况描述,将导致风速降低但波高保持不变条件下散射系数估值出现偏差。为此,SIT 模型采用风速代替海况作为输入参数,以提升散射系数估值的准确性。其模型形式为

$$\sigma^\circ = \alpha + \beta \lg \frac{\psi}{\psi_r} + \left[\delta \lg \frac{\psi}{\psi_r} + \gamma \right] \lg \frac{V_w}{V_{wr}} \tag{6.38}$$

式中,ψ 和 V_w 分别为擦地角(°)和风速(kt);ψ_r 和 V_{wr} 分别为参考擦地角(°)和参考风速(kt);α,β,γ 和 δ 为常数。

SIT 模型适用于逆风、侧风以及 HH 和 VV 极化条件。表 6.7 给出了利用 X 波段数据拟合得到的 SIT 模型参数的参考值。

表 6.7 X 波段下 SIT 模型参数值

风向	极化	$\psi_r/(°)$	$V_{wr}/(kt)$	α/dB	β/dB	γ/dB	δ/dB
逆风	HH	0.5	10	− 50	12.6	34	− 13.2
侧风	HH	0.5	10	− 53	6.5	34	0
逆风	VV	0.5	10	− 49	17	30	− 12.4
侧风	VV	0.5	10	− 58	19	50	− 33

6. 中等入射角散射系数模型

在中等入射角条件下,海杂波散射系数与入射角的关系可用指数函数拟合[12],并按入射角范围分成两个区域,每个区域有不同的系数

$$\sigma^\circ(\theta) = \begin{cases} \sigma_1^\circ(0) e^{-\theta/\theta_1} & \theta \leqslant 12° \\ \sigma_2^\circ(0) e^{-\theta/\theta_2} & 12° < \theta \leqslant 60° \end{cases} \tag{6.39}$$

式中,θ_1,θ_2 为与风速有关的参数。

散射系数随方位角的变化则用下式描述:

$$\sigma^\circ = A + B\cos\varphi + C\cos(2\varphi) \tag{6.40}$$

式中,φ 为雷达波入射方向与风向夹角,$\varphi = 0°$ 对应逆风,$\varphi = 180°$ 对应顺风,$\varphi = 90°$ 对应侧风。A、B、C 是与入射角、风速、极化有关的模型常数。

在逆风、顺风和侧风三种特定条件下的散射系数,可表示为

$$\sigma_u^o(\theta) = s_u(\theta) V_w^{\gamma_u(\theta)},逆风$$

$$\sigma_d^o(\theta) = s_d(\theta) V_w^{\gamma_d(\theta)},顺风 \qquad (6.41)$$

$$\sigma_c^o(\theta) = s_c(\theta) V_w^{\gamma_c(\theta)},侧风$$

式中,V_w 表示风速;$s(\theta)$ 和 $\gamma(\theta)$ 为随入射角变化参数值,角标 u、d、c 分别代表逆风、顺风和侧风,表 6.8 给出了频率为 14.65GHz 时,不同极化、入射角和三种风向条件下的参数值结果。A、B、C 与风速的关系与式(6.41)类似。

通过推导,可求出模型常数 A、B 和 C 值

$$A = \frac{\sigma_u^o + 2\sigma_c^o + \sigma_d^o}{4}, \quad B = \frac{\sigma_u^o - \sigma_d^o}{2}, \quad C = \frac{\sigma_u^o - 2\sigma_c^o + \sigma_d^o}{4} \qquad (6.42)$$

由三种风向下的参数值,将式(6.42)代入式(6.40),得到不同风向条件下的散射系数。

表 6.8 不同参数条件下模型参数值

极化	风向	入射角 20°		入射角 30°		入射角 40°		入射角 50°	
		$10^3 s(\theta)$	$\gamma(\theta)$	$10^3 s(\theta)$	$\gamma(\theta)$	$10^3 s(\theta)$	$\gamma(\theta)$	$10^3 s(\theta)$	$\gamma(\theta)$
VV	逆风	89	0.99	4.3	1.54	0.88	1.71	0.41	1.72
	顺风	80	1.06	2.7	1.72	0.28	2.11	0.089	2.24
	侧风	44	1.01	0.65	1.88	0.051	2.36	0.013	2.58
HH	逆风	96.4	0.96	3.78	1.48	0.26	1.91	0.033	2.24
	顺风	64.9	1.04	1.94	1.63	0.12	2.08	0.015	2.39
	侧风	45.6	0.99	0.72	1.76	0.034	2.29	0.0038	2.66

7. Morchin 模型

W. C. Morchin[13] 在详细讨论了海杂波散射系数在擦地角三个区域内的特性及模型描述基础上,给出了一个适用于宽范围擦地角条件的模型,其表达式为

$$\sigma^o = -64 + 6(S+1) - 10\lg\lambda + 10\lg(\sin\psi)$$

$$+ 10\lg\left\{\cot^2(\beta_0)\exp\left[\frac{-\tan^2(\pi/2-\psi)}{\tan^2\beta_0}\right]\right\} + \sigma_c^o \qquad (6.43)$$

式中,ψ 为擦地角(rad);S 为海况等级;其他参数如下

$$\beta_0 = \frac{2.44(S+1)^{1.08}}{57.29} \qquad (6.44)$$

$$\sigma_c^o = 0, \quad \psi > \psi_c$$

$$\sigma_c^o = 10K\lg(\psi_c/\psi), \quad \psi < \psi_c \qquad (6.45)$$

$$\psi_c = \sin^{-1}(\lambda/4\pi h_e) \tag{6.46}$$

$$h_e = 0.025 + 0.046S^{1.72} \tag{6.47}$$

式(6.45)中 K 取值范围为 $1 \sim 4$，建议取 1.9；式(6.46)中 ψ_c 单位为 rad，式(6.47)中 h_e 单位为 m。

8. 常数伽马模型

为了得到与入射角无关的散射系数，便于工程使用，区别于 σ° 的单位海面上的雷达散射截面积，通常用伽马(γ)表示

$$\sigma^{\circ} = \gamma\cos\theta \tag{6.48}$$

式中，γ 为一个常数，所以称为常数伽马模型；θ 为入射角。

这个模型描述了散射系数两种定义 σ° 和 γ 之间的关系，试验表明式(6.48)的适用范围是入射角 $30^{\circ} \sim 80^{\circ}$。

常数伽马模型用于海杂波平均强度的估计时，常数伽马(dB)为海况和雷达波长的函数[13]

$$\gamma = 6(S+1) - 10\lg\lambda - 64 \tag{6.49}$$

式中，S 为海况等级；λ 为雷达波长(m)。

6.2.3 海杂波散射系数模型对比分析

将上述关于散射系数的主要经验半经验模型的适用条件作一汇总，如表6.9 所列。可以看出，各模型的适用条件除雷达参数(频率、极化、擦地角等)相对明确外，对海洋环境参数(主要是海浪参数)的要求相对模糊，且差异较大，这无疑会导致各模型对散射系数的计算结果存在较大偏差，在实际应用中产生"错觉"。

表6.9 不同海杂波散射系数模型的适用条件

输入参数	GIT 模型	TSC 模型	HYB 模型	NRL 模型	SIT 模型
适用频率/GHz	$1 \sim 100$	$0.5 \sim 35$	$0.5 \sim 35$	$0.5 \sim 35$	$9.3, 17$
极化方式	HH,VV	HH,VV	HH,VV	HH,VV	HH,VV
擦地角/(°)	$0.1 \sim 10$	$0.1 \sim 90$	$0.1 \sim 30$	$0.1 \sim 90$	$0.2 \sim 10$
方位角/(°)	$0 \sim 180$	$0 \sim 180$	$0 \sim 180$	未明确	$0, 90$
海浪参数	平均波高、风速，或两者单独输入	海况等级	海况等级	海况等级	风速
海浪参数范围	平均波高 $0 \sim 4$m 风速 $3 \sim 30$kt	海况等级5级及以下	海况等级5级及以下	海况等级6级及以下	<40kt

1. 模型输入条件分析

为便于对表6.9中的模型之间进行比较，一致起见，统一采用国际标准单

位,波高统一采用有效波高表述,由于波高与风速关系比较复杂,将 L. B. Wetzel 在《雷达手册》[2]中给出的关系式也纳入比较。通过推导可以得到以下关系式

$$h_{1/3} = 7.2 \times 10^{-3} V_w^{2.5}, \quad V_w = 7.181 h_{1/3}^{0.4}, \quad \text{GIT 模型} \tag{6.50}$$

$$h_{1/3} = 8.3 \times 10^{-3} V_w^{2.4}, \quad V_w = 7.14 h_{1/3}^{0.4}, \quad \text{TSC 模型} \tag{6.51}$$

$$h_{1/3} = 6.8 \times 10^{-3} V_w^{2.5}, \quad V_w = 7.38 h_{1/3}^{0.4}, \quad \text{HYB 模型} \tag{6.52}$$

$$h_{1/3} = 0.015 V_w^2, \quad V_w = 8.16 h_{1/3}^{0.5}; \quad \text{Wetzel 公式} \tag{6.53}$$

同理,可得风速与海况之间的关系为

$$V_w = 3.16 S^{0.8}, \quad S = 0.237 V_w^{1.25}, \quad \text{GIT 模型} \tag{6.54}$$

$$V_w = 3.19 S^{0.8}, \quad S = 0.235 V_w^{1.25}, \quad \text{TSC 模型} \tag{6.55}$$

$$V_w = 3.2 S^{0.8}, \quad S = 0.234 V_w^{1.25}, \quad \text{HYB 模型} \tag{6.56}$$

$$V_w = 2.15 S^{1.04}, \quad S = 0.479 V_w^{0.96}, \quad \text{NRL 模型} \tag{6.57}$$

而波高与海况之间的关系为

$$h_{1/3} = 0.128 S^2, \quad S = 2.795 h_{1/3}^{0.5}, \quad \text{GIT 与 HYB 模型} \tag{6.58}$$

$$h_{1/3} = 0.14 S^{1.95}, \quad S = 2.74 h_{1/3}^{0.51}, \quad \text{TSC 模型} \tag{6.59}$$

$$h_{1/3} = 0.04 + 0.1 \times S^{2.1}, \quad S = 2.9936 (h_{1/3} - 0.04)^{0.4762}, \quad \text{NRL 模型} \tag{6.60}$$

关于海况等级描述的两种主要标准分别为道氏海况和世界气象组织(World Meteorological Organization,WMO)海况,各自均对应有相应的风速与波高。图 6.22 给出了风速与波高的关系及其两种海况等级之间的比较结果,可以看出 GIT 与 TSC 模型中风速与波高之间的关系基本一致,并且与道氏海况等级最接近;在同等风速条件下 HYB 模型的有效波高相比 GIT 与 TSC 模型略低;L. B. Wetzel 给出的公式与 WMO 海况等级较为接近,在同等风速条件下对应的有效波高结果明显比 GIT、TSC、HYB 模型给出的结果低[14,15]。

GIT、TSC、HYB 三个模型中风速与海况等级之间的关系基本一致,差别仅在于公式所采用的近似精度不一样,但与 NRL 模型之间的差别较大,同等风速条件下 NRL 模型估计的海况等级高于前三个模型。GIT、TSC、HYB 模型中波高与海况等级的关系基本一致,NRL 模型在同等波高条件下估计海况等级比前三个模型高。

从上述简单的比较分析可以看出,几个经典模型所采用的海洋环境参数关系之间存在一定的差异,即使排除模型本身函数因子形式的差别,同等输入条件所描述的海浪状态在不同的模型之间是有差别的,这种差异在某些情况下是不

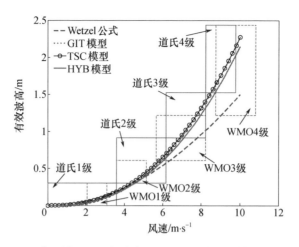

图 6.22　典型模型风速与波高之间关系及其海况等级之间对比

容忽视的,在模型的使用过程中必须引起注意。

2. 模型计算结果对比分析

图 6.23 和图 6.24 分别给出了 3 级海况下,0.3°与 5°擦地角两种极化下不同模型的散射系数随频率变化的结果。可以看出,各个模型的散射系数随频率变化是不同的。在 0.3°擦地角下,TSC 与 HYB 模型随频率增长趋势基本一致,散射系数值比同样条件下 NRL 模型和 GIT 模型结果略大,GIT 模型在 10GHz 频率出现拐点,散射系数随频率变化不连续,两种极化下 4 个模型散射系数随频率变化基本都呈递增趋势;在 5°擦地角下,HH 与 VV 两种极化模型结果随频率变化呈现不一致特性,HH 极化下 HYB 模型出现了两个较强的不连续拐点,GIT 与 HYB 模型结果基本一致,VV 极化下 GIT 与 TSC 模型分别在 3GHz 和 2GHz 频率处出现了不连续拐点,两种极化下 NRL 模型值随频率变化趋势平缓,基本上均

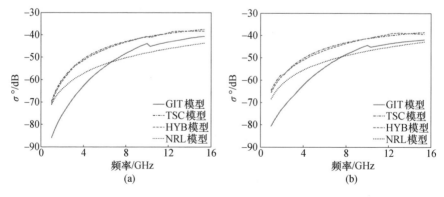

图 6.23　典型模型在 3 级海况 0.3°擦地角下的散射系数均值随频率变化
(a)HH 极化; (b)VV 极化。

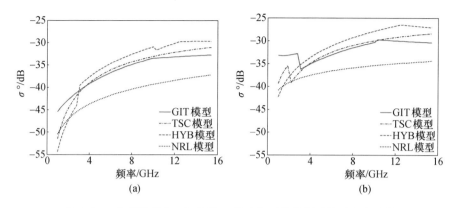

图 6.24　典型模型在 3 级海况 5°擦地角下的散射系数随频率变化

(a)HH 极化；(b)VV 极化。

小于其他模型值。对比两种角度下结果可以看出,在较小的擦地角下,GIT 模型随频率降低散射系数值下降趋势略快。

　　虽然 GIT、TSC 与 HYB 模型频率适用范围较广,但模型本身给出的是分波段公式,在某些条件下必然存在不连续情况,而 NRL 模型是纯经验模型,随频率变化是一个统一公式,因此给出的结果随频率是平缓连续变化的。

　　为了对比分析在不同海况下模型散射系数随擦地角的变化趋势,图 6.25 和图 6.26 给出了 L 波段分别在 2 级和 5 级海况下的结果。GIT 模型相比于其他模型在较低海况下,擦地角小于 3°后,随擦地角减小散射系数下降趋势加快,TSC、HYB 与 NRL 模型散射系数随擦地角变化量级与趋势基本一致。在较高的海况下,在擦地角小于 1°,随擦地角减小模型散射系数均出现较快速下降趋势,GIT 模型相比其他模型下降速率更快。

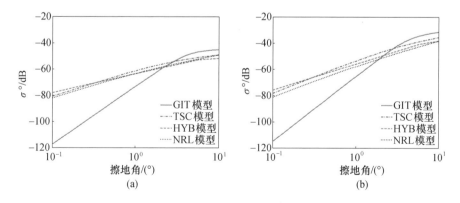

图 6.25　典型模型在 2 级海况下 L 波段散射系数随擦地角变化

(a)HH 极化；(b)VV 极化。

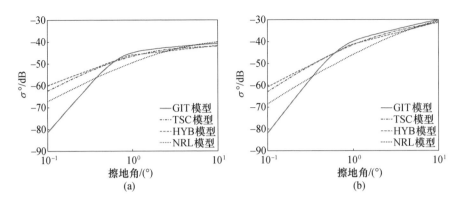

图 6.26　典型模型在 5 级海况下 L 波段散射系数随擦地角变化
(a)HH 极化；(b)VV 极化。

通过上述对比分析，可以看出几个典型模型在模型形式、输入参数以及估计结果上存在差异，模型输入参数较多，且标准不一，输入条件可变范围大。除 NRL 模型外，其他几个模型在某些条件下存在随频率变化的不连续情况，这些模型之间的差异与适用性问题都将导致模型使用的盲目性。

6.2.4　基于实测数据的两个修正模型

针对 GIT 模型和 NRL 模型，在上节海杂波实测数据的基础上，给出两个修正模型。

1. 修正 GIT 模型

针对 GIT 模型在较低风速和较高风速情况下海杂波散射系数偏小情况，对 GIT 模型中的风速因子进行修正。通过引入两个临界风速因子和两个相对斜率调整因子，导出散射系数随风速变化的非线性关系[16]，即

$$G_{\mathrm{w}}^{\mathrm{m}} = \left[\frac{1.94 V_{\mathrm{w}}}{1 + V_{\mathrm{w}}/15.4} + E_1 + E_2\right]^{qw} \qquad (6.61)$$

$$E_1 = \exp\left[\rho_1\left(v_1^{\mathrm{c}} - V_{\mathrm{w}}\right)\right] \qquad (6.62)$$

$$E_2 = \ln\left\{\exp\left[\rho_2\left(V_{\mathrm{w}} - v_2^{\mathrm{c}}\right)\right] + 1\right\} \qquad (6.63)$$

$$qw = 1.1/(\lambda + 0.015)^{0.4} \qquad (6.64)$$

式中，V_{w} 为风速；λ 为波长；$\rho_1 > 0, \rho_2 > 0, v_2^{\mathrm{c}} > v_1^{\mathrm{c}} > 0$。相对于 GIT 模型增加了两个分量，第一个为 E_1，表示当风速 V_{w} 小于临界风速 v_1^{c} 时在相对斜率 ρ_1 下的变化量，第二个分量为 E_2，表示当风速 V_{w} 大于临界风速 v_2^{c} 时在相对斜率 ρ_2 下的变化量，该分量采用对数形式是用来调整增量的变化幅度，即调整后使得风速增大引

起的该分量的变化较小。

　　GIT 模型中,采用风向因子 G_u 调整雷达视向与波向成不同夹角的情况。根据M. W. Long[4]的研究,并结合模型公式以及实测的海杂波数据结果,在不同方向情况下海杂波的散射系数差别一般在 3dB 以下或更小。GIT 模型中的干涉因子 G_i 描述了海杂波散射系数随擦地角变化趋势,在修正模型中可根据实测数据拟合得到。为了进一步简化模型,提高模型的灵活性,采用类似于NRL 模型的做法,令风向因子和干涉因子为 1,得到修正 GIT 模型的完整形式为

$$\sigma_H^o = 10 \lg \left[3.9 \times 10^{-6} \lambda \psi^{0.4} G_w^m \right] + C \qquad (6.65)$$

$$\sigma_V^o = \sigma_H^o - 1.73 \ln \left[\left(V_w/8.67 \right)^{2.5} + 0.015 \right] + 3.76 \ln(\lambda)$$
$$+ 2.46 \ln(\psi + 0.0001) + 22.2 \qquad (6.66)$$

式中,采用常数 C 用于调整海杂波的整体幅值,该参数和斜率调整参数 ρ_1、ρ_2,临界风速参数 v_1^c、v_2^c 为修正 GIT 模型的 5 个输入参数。

　　对于不同的雷达参数和海洋环境参数,上述模型的 5 个参数值会有所不同,可以通过拟合实测数据得到。该修正模型的 5 个输入参数相对灵活,可以用于建模不同的雷达系统及环境条件下获得的海杂波散射系数特性,而且该模型仍保留了 GIT 模型中与波长、擦地角之间的关系。

　　图 6.27 给出了保持其他参数不变情况下调整某一参数散射系数变化结果,频率为 1.34GHz,擦地角 4°,VV 极化。对比分析可以看出:①斜率调整因子参数 ρ_1 和 ρ_2 分别在风速小于临界低风速 v_1^c(3m/s)和大于临界高风速 v_2^c(9m/s)情况下能够灵敏地调整杂波幅度的变化速率;②临界风速参数 v_1^c 和 v_2^c 较好地控制了风速的临界值,仅在风速小于或大于临界风速条件下,散射系数才能通过其他参数进行调整。

　　选取多组 L 波段 VV 极化实测海杂波数据,用于分析修正 GIT 模型的建模效果。这些数据的擦地角范围为 2.71°~4.24°,同步记录的风速风向结果如图6.28 所示,风速范围为 0.1~11.1m/s,这些数据的风向不同,在进行建模分析时并未单独考虑风向的影响。

　　L 波段 VV 极化实测海杂波的修正 GIT 模型建模结果如图 6.29 所示,其中模型中的 5 个参数采用粒子群优化(Particle Swarm Optimization,PSO)算法得到。对比结果可以看出:①实测数据表现出当风速大于约 9m/s 时散射系数增长速率变快,在这种散射系数随风速的变化趋势建模中修正 GIT 模型要比 GIT 模型效果更好;②GIT 模型在高风速情况下与实测数据拟合较好,但是随风速增大散射系数增大的趋势存在拟合差异;③在大约低于 6m/s 风速情况下,GIT 模型明

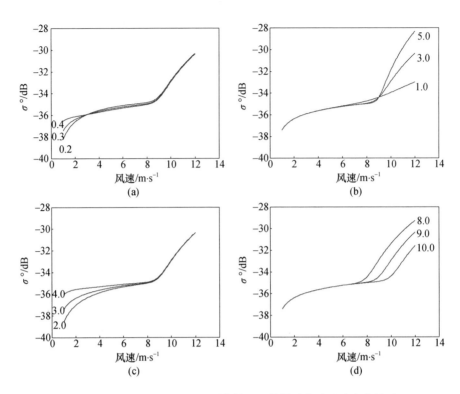

图 6.27　修正 GIT 模型在不同参数下的散射系数随风速变化关系

(a)ρ_1 变化；(b)ρ_2 变化；(c)v_1^c 变化；(d)v_2^c 变化。

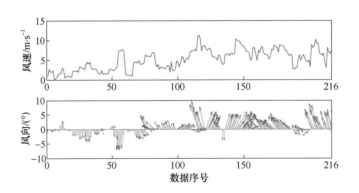

图 6.28　L 波段多组实测海杂波数据对应海洋环境参数

显出现了散射系数的低估计,与实测数据的偏差较大。

　　从图 6.29 可以看出,采用修正 GIT 模型估计实测海杂波幅度在不同的擦地角下略有差别,也就是说修正 GIT 模型中的参数是随着擦地角变化的,在不同的角度下模型的参数是不同的,最优化的参数需通过实测数据拟合得到。图 6.30

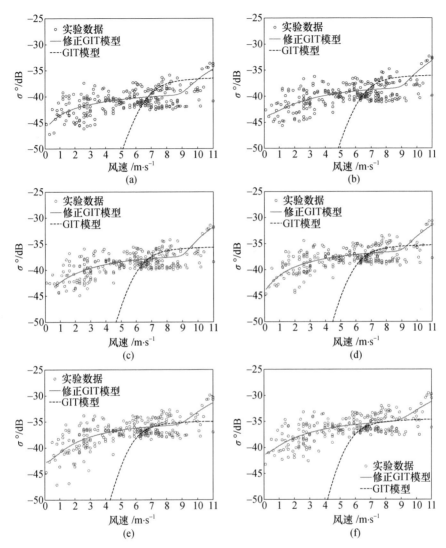

图 6.29　修正 GIT 模型估计结果与实测数据及 GIT 模型对比

(a)擦地角 2.71°；(b)擦地角 3.02°；(c)擦地角 3.31°；

(d)擦地角 3.60°；(e)擦地角 3.93°；(f)擦地角 4.19°。

给出了 L 波段 VV 极化实测海杂波数据拟合得到的 5 个参数随擦地角的变化关系。由于斜率调整因子 ρ_1 和 ρ_2 变化 10^{-1} 量级将导致模型估计值很大的偏移，因此从结果来看这两个参数与擦地角的依赖关系较强；临界风速 v_1^c 和 v_2^c 随擦地角的变化较小，在一定的擦地角范围内可采用一个不变值即可；由于常数 C 影响散射系数的整体幅度，随着擦地角增大近似线性增加。为了获得较高的模型估计精度，需要对修正 GIT 模型中的参数进行最优化拟合。

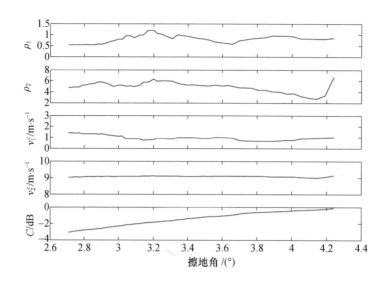

图6.30 实测数据拟合得到的修正 GIT 模型最优化参数

2. 修正 NRL 模型

利用 UHF、S 波段实测海杂波数据,通过与 NRL 模型对比分析,在式(6.37)的基础上,得到了一种修正 NRL 模型,数学表达式为

$$\sigma^\circ = c_1 + c_2 \lg(\sin(\psi)) + \frac{(27.5 + c_3\psi)\lg(f)}{(1 + 0.95\psi + c_4 S)} + c_5(1 + S)^{1/(2 + 0.085\psi + 0.033 S)}$$

$$(6.67)$$

利用岸基 UHF、S 波段海杂波数据,表6.10 给出了部分典型实测数据拟合得到的 HH 极化方式下式(6.67)中的 5 个参数。图6.31 给出两个波段下选取不同海况典型实测数据的修正 NRL 模型拟合结果。图6.32 和图6.33 分别给出了 UHF、S 波段侧浪条件下,NRL 模型、修正 NRL 模型与部分典型实测海杂波数据拟合效果的对比。综合上述结果可以看出,修正 NRL 模型相比于 NRL 模型,与测量海域海杂波数据拟合效果较好,特别是随擦地角变化趋势匹配较理想。表6.11 给出了两种浪向典型角度下的拟合偏差,可以看出整体上修正 NRL 模型拟合效果更好。

表 6.10 修正 NRL 模型参数

参数	c_1	c_2	c_3	c_4	c_5
逆浪	-74.54	31.79	20.57	-0.3655	32.30
侧浪	-75.79	35.03	26.92	-0.2530	36.38

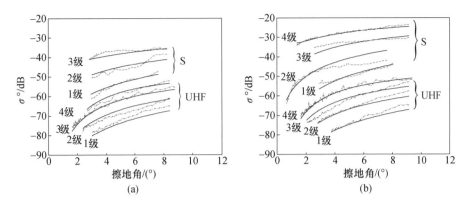

图 6.31　修正 NRL 模型与 UHF、S 波段实测数据对比（实线为修正 NRL 模型）

（a）逆浪；（b）侧浪。

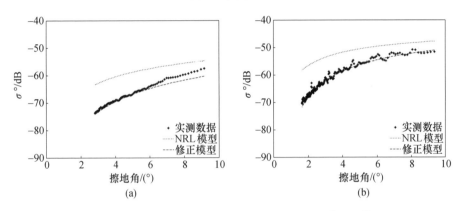

图 6.32　UHF 波段侧浪 NRL 模型与修正 NRL 模型比较

（a）2 级海况；（b）4 级海况。

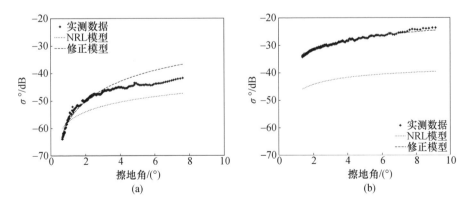

图 6.33　S 波段侧浪 NRL 模型与修正 NRL 模型比较

（a）2 级海况；（b）4 级海况。

表 6.11　UHF 和 S 波段修正 NRL 模型与典型实测海杂波拟合偏差

擦地角/(°)	浪向	模型	UHF 波段 2 级海况	UHF 波段 4 级海况	S 波段 2 级海况	S 波段 4 级海况
7	逆浪	修正模型	1.38	0.32	1.10	—
		NRL 模型	8.13	5.49	6.58	—
	侧浪	修正模型	2.20	1.08	5.06	0.21
		NRL 模型	4.46	3.22	5.12	14.72
6	逆浪	修正模型	2.02	0.98	1.78	—
		NRL 模型	9.36	7.48	3.24	—
	侧浪	修正模型	0.84	1.39	4.91	0.02
		NRL 模型	6.47	3.55	4.56	14.18
5	逆浪	修正模型	2.16	0.13	1.47	—
		NRL 模型	10.19	7.26	3.02	—
	侧浪	修正模型	0.04	0.54	3.24	0.10
		NRL 模型	8.02	5.19	5.41	13.66
4	逆浪	修正模型	1.57	2.19	1.41	—
		NRL 模型	10.59	10.98	2.37	—
	侧浪	修正模型	0.48	0.23	2.18	0.19
		NRL 模型	8.63	7.14	5.32	13.46

6.2.5　大气波导条件下海杂波散射系数特性

上述散射系数的经验或半经验模型之间的差异,在小擦地角下较明显,在大擦地角下,GIT 模型中散射系数与擦地角近似为一次方关系,HYB 模型接近 ψ^2 关系。

在小擦地角下,由干涉理论得到的关系为 ψ^4,一些实际测量结果支持了这种变化关系。模型与理论预测间的差异,其中的一个主要源头是雷达波传播环境的影响。当海面上出现空气对(平)流、下沉逆温、辐射冷却、水汽蒸发和锋面过程等大气过程时,会出现能够引起电波传播的超折射层或波导层[3],通常称之为大气波导。大气波导的存在,可使低仰角(小擦地角)雷达波传播距离增加,无疑会引起海面回波幅度的变化。可以认为,GIT 模型中用于调整经验参数的测量数据是在标准大气下得到的,而 HYB 模型的测量数据则反应了更多的大气环境条件,包括大气波导。

小擦地角特性通常是指小于某个过渡角(transitional angle),这个角度与 λ/h_e(λ 为雷达波长,h_e 为海浪的等效散射高度)呈比例关系。如果绘制后向散射系数与距离关系,当超过该过渡角后,认为杂波相对擦地角的关系应该以 R^{-7} 或 R^{-5} 衰减,与 ψ^4 或 ψ^2 相对应。当距离较近,且在过渡角范围内时,认为杂波以 R^{-3} 速率衰减,与 ψ^{-1} 相对应。但这些关系,通常是在没有大气波导条件下得到的。当存在大气波导时,实测结果表明散射系数与擦地角的 $\psi^{1.4}$ 拟合较好,而对同一个测量区域,不存在大气波导时的测量数据拟合结果则为 $\psi^{3.8}$。

当存在大气波导时,F. E. Nathanson 等人给出了一种 GIT 模型的修正方法[5]。首先对擦地角进行重新定义,将从天线端至测量点的直线与该点地球表面切线之间的夹角称作几何擦地角,而将入射能量与表面切线之间夹角称作物理擦地角。前者即为通常下的擦地角,可直接由几何关系计算得到;后者用于对散射系数模型的修正。在标准大气条件下,这两种擦地角的定义是一致的。在存在大气波导等复杂传播条件下,由于传播方向的改变,物理擦地角不再能够由几何关系确定。

在明确擦地角定义情况下,对 GIT 模型可采取两步修正。

第一步对标准大气条件下由 GIT 模型得到的散射系数进行修正,即

$$\sigma^{\circ\prime}(\psi) = \frac{\sigma^{\circ}(\psi)}{F_s^4(\psi)} \tag{6.68}$$

式中,$\sigma^{\circ}(\psi)$ 为由 GIT 模型在擦地角 ψ 下计算得到的散射系数;$F_s^4(\psi)$ 为在该擦地角下由标准大气传播因子确定。

第二步是在式(6.68)的基础上,考虑存在大气波导条件下的修正,即

$$\sigma_{op}(\psi_p) = \sigma^{\circ\prime}(\psi_p) F_p^4(\psi_p) \tag{6.69}$$

式中,$F_p^4(\psi_p)$ 为存在波导时在物理擦地角 ψ_p 下的传播因子,可由电波传播理论中的射线追踪方法计算得到。$\sigma_{op}(\psi_p)$ 综合反应了由地球曲率(擦地角)和大气波导等传播因子引起的散射系数变化情况。

6.3　海杂波幅度分布建模

海杂波幅度分布特性是指海杂波幅度的统计概率分布,常用概率密度函数(Probability Density Function,PDF)描述,能够反映海杂波回波幅度起伏特性。与地杂波幅度分布类似,海杂波幅度分布常用的 PDF 分布模型同样有瑞利分布、对数正态分布、韦布尔分布和 K 分布等。这些分布模型虽然在一定程度上可以模拟海杂波的幅度分布特性,且 K 分布对杂波拖尾区域的拟合有一定的改善,但对于高分辨、高海况、小擦地角等情况下出现的海杂波幅度分布的重拖尾现象,可能会存在较大偏差,由此促进了海杂波幅度分布的复合建模方法发展,如复合高斯分布、KA 分布、KK 分布、WW 分布等。理论与试验研究表明,在排除电磁干扰影响之外,海杂波幅度分布的重拖尾现象主要来自于满足一定条件

下的"海尖峰"回波,对"海尖峰"的合理判定并有针对性地开展建模方法研究,有助于解决重拖尾问题。

6.3.1 基于实测数据的海杂波幅度统计分布

分别利用 UHF、L、S、X 和 Ku 波段海杂波试验观测数据,采用瑞利分布、对数正态分布、韦布尔分布、K 分布等常用的幅度分布模型及参数估计方法(见 5.3.1 和 5.3.2 节),分析不同海况和不同雷达参数下的海杂波幅度分布特性。

1. UHF 波段海杂波幅度统计分布

图 6.34 给出了岸基 UHF 波段雷达测量得到的五种海况下典型海杂波数据的时空灰度图、时序图和幅度分布拟合结果,其中图 6.34(a)~(e)分别对应于五种海况下得到的结果。可以看出:

(1)随着海况的增加,回波幅度整体上逐渐增强,海杂波时间序列的起伏整体变强,特别是 5 级海况时起伏剧烈,表明此时海杂波时间平稳性变差。

(2)实测数据与四种常用分布模型对比,2 级海况及以下,除对数正态分布外,其他三种分布模型拟合效果较好,3 级海况时仅 K 分布保持较好拟合效果,而当海况大于 3 级时,所有的分布模型在拖尾部分均偏离实测数据。

(3)从高海况下拖尾部分的拟合效果看,K 分布最优,韦布尔分布次之,瑞利分布最差。

表 6.12 更进一步给出了 5 种海况下韦布尔分布和 K 分布的形状参数。其中相对波向为雷达波束中心方向与波向间的夹角。可以看出,低海况下韦布尔分布形状参数在 2 附近,接近瑞利分布,高海况下的 K 分布形状参数随海况等级增加而减小,体现了海杂波幅度分布的非高斯特性逐渐增强。

表 6.12 不同海况下 UHF 波段海杂波幅度分布模型的形状参数

海况	波高/m	相对波向/(°)	最优分布	形状参数
1 级	0.23	80.2	韦布尔分布	2.01
2 级	0.36	75.0	韦布尔分布	1.94
3 级	0.97	135.6	K 分布	5.62
4 级	1.57	94.3	K 分布	2.26
5 级	2.72	23.4	K 分布	1.50

2. L 波段海杂波幅度统计分布

1)不同风向

以逆风、顺风和侧风条件下的 L 波段典型数据为例进行幅度分布拟合,图 6.35 给出了相近擦地角下几种典型幅度分布模型的拟合结果,幅度分布模型参数估计值及拟合优度检验结果如表 6.13 所示,其中相对风向角为雷达波束中心

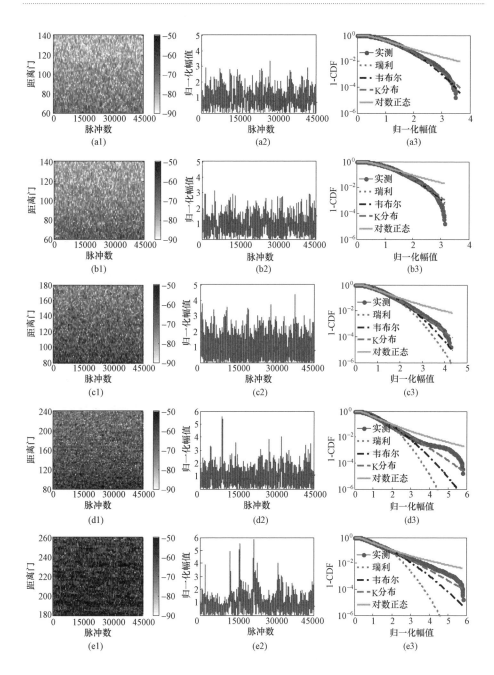

图 6.34　不同海况下 UHF 波段海杂波幅度分布特性

（a1）~（e1）1 ~ 5 级海况时空灰度图；（a2）~（e2）1 ~ 5 级海况时序图；

（a3）~（e3）1 ~ 5 级海况幅度分布拟合结果。

方向与风向间的夹角。

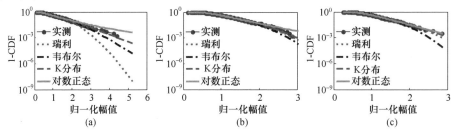

图 6.35   不同风向下 L 波段海杂波幅度分布特性
(a)逆风；(b)顺风；(c)侧风。

表 6.13   不同风向下 L 波段海杂波幅度分布拟合结果

风向	相对风向角/(°)	韦布尔分布		K 分布		对数正态分布	
		形状参数	卡方检验拟合优度	形状参数	卡方检验拟合优度	标准差	卡方检验拟合优度
逆风	8	1.57	7.44	1.73	3.05	0.70	11.06
顺风	190	2.17	40.92	77.11	46.20	0.48	5.20
侧风	128	2.41	32.91	98.42	53.43	0.42	3.20

从上述结果可以看出,其他参数相同或相近时,逆风情况海杂波幅度分布拖尾变长,尖峰性较强。这从 K 分布和韦布尔分布的形状参数偏小,以及对数正态分布标准差参数偏大的拟合结果也可以看出。从卡方检验拟合优度计算结果来看,逆风方向 K 分布与实测数据拟合效果相对较好,顺风和侧风条件下采用对数正态分布拟合效果更优。但从图 6.35(b)、(c)的 1－CDF 曲线可以看出顺风和侧风时 K 分布、瑞利分布的拟合效果与对数正态分布很接近,并不像逆风情况下三者间差异明显。

2) 不同海况

不同海况等级下海面粗糙程度明显不同,海杂波的幅度分布类型会受到直接的影响。选用 2 级、3 级、4 级海况下 L 波段实测数据,擦地角位于 1.8°~2.3°之间。图 6.36 给出了三种海况下典型数据的单个距离门时序图,以及相近擦地角下几种典型幅度分布模型的拟合结果。

从图 6.36 中可以看出,随着海况升高,时序起伏有变大的趋势。实测数据幅度分布明显偏离瑞利分布,特别是在拖尾部分,更符合韦布尔分布或 K 分布,两种分布曲线非常接近,理论上韦布尔分布和 K 分布在某些参数下会出现非常接近或相同的情况[17]。

表 6.14 进一步给出了不同海况下韦布尔分布和 K 分布的形状参数,以及卡方检验拟合优度计算结果。可以看出两种分布拟合优度统计量相差较小,与

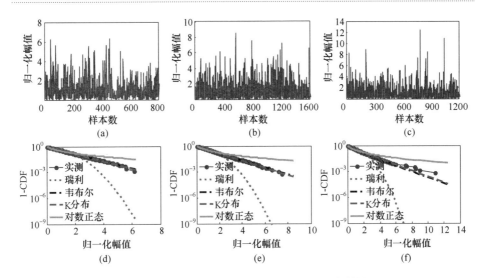

图 6.36 不同海况下 L 波段海杂波幅度分布特性

(a)~(c)2~4 级海况时序图;(d)~(f)2~4 级海况幅度分布拟合结果。

实测数据拟合效果相当,且均呈现随着海况等级增加形状参数逐渐减小,卡方检验拟合优度统计量增加,拟合效果略微变差的趋势。

表 6.14 不同海况下 L 波段海杂波幅度分布拟合结果

海况	韦布尔分布		K 分布	
	形状参数	卡方检验拟合优度	形状参数	卡方检验拟合优度
2 级	0.99	1.79	0.50	1.75
3 级	0.97	3.42	0.46	3.68
4 级	0.91	4.43	0.35	4.33

需要说明的是,上述统计结果是基于频率步进体制的 L 波段雷达在近岸(或称濒海)测量得到的海杂波数据[18]。一方面,近岸海杂波测量影响因素较多,如海岸回流、海上船只、陆海交界回波等,加之近海海面为不平稳海面,使得海杂波特性更为复杂;另一方面,与脉冲体制雷达相比,采用频率步进体制测量得到的杂波序列每一个样本的测量时间较长(通常在秒量级),从海杂波形成机理而言,测量得到的杂波序列中慢变的纹理分量贡献更为突出。

图 6.37 和图 6.38 给出了该 L 波段雷达在开阔海域测量得到的海杂波幅度分布统计结果。从图中可以看出,相比于近岸测量,由于海面相对平稳,两种海况下海杂波幅度分布与韦布尔分布或 K 分布匹配较好。表 6.15 中进一步给出了两种分布模型的形状参数,以及卡方检验拟合优度统计量。可以看出,与近海类似,形状参数同样呈现随海况等级增加而逐渐减小的趋势,但不同海况间卡方检验拟合优度差异小于近海统计结果。

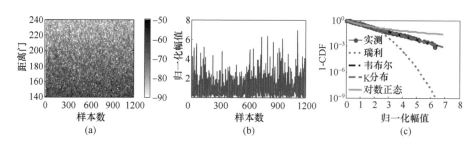

图 6.37 开阔海域 2 级海况 L 波段海杂波幅度分布特性

(a)时空灰度图；(b)时序图；(c)幅度分布拟合结果。

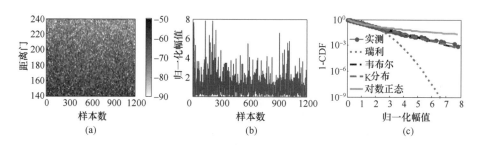

图 6.38 开阔海域 4 级海况 L 波段海杂波幅度分布特性

(a)时空灰度图；(b)时序图；(c)幅度分布拟合结果。

表 6.15 不同海况下 L 波段海杂波幅度分布拟合结果

海况	韦布尔分布		K 分布	
	形状参数	卡方检验拟合优度	形状参数	卡方检验拟合优度
2 级	1.02	5.30	0.53	5.21
4 级	0.97	5.54	0.45	5.57

3. S 波段海杂波幅度统计分布

图 6.39 给出了岸基 S 波段雷达系统测量得到的 5 种海况下典型海杂波数据的时空灰度图、时序图及其幅度分布拟合结果。其中图 6.39(a)～(e)分别对应于五种海况下得到的结果。

从图 6.39 中可以看出：

(1) 随着海况的增加,回波幅度整体上逐渐增强,海杂波时间序列的起伏整体变强,尖峰性变得更为明显,说明高海况下海杂波的时间平稳性变差。

(2) 实测数据与四种典型的海杂波幅度分布模型(瑞利、对数正态、韦布尔分布和 K 分布)的拟合结果对比可以看出,除了与对数正态分布拟合较差外,与其他几种分布的吻合情况相差不大。

(3) 从拖尾区域的拟合效果看,在高海况下,特别是 5 级海况,几种典型分布均与实测数据出现较明显偏差。

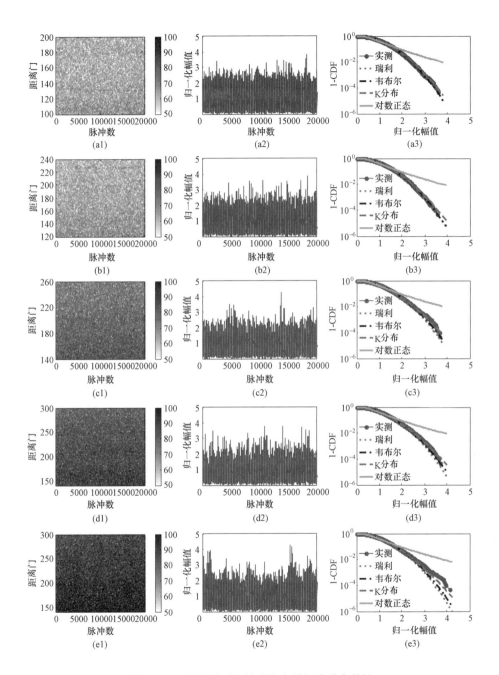

图 6.39　不同海况下 S 波段海杂波幅度分布特性

(a1) ~ (e1)1 ~ 5 级海况时空灰度图；(a2) ~ (e2)1 ~ 5 级海况时序图；

(a3) ~ (e3)1 ~ 5 级海况幅度分布拟合结果。

更进一步,为定量对比不同统计分布形式与实测数据的拟合效果,利用卡方拟合优度检验方法,得到了各组典型海杂波数据服从的最优幅度分布形式和对应的形状参数估计结果,如表6.16所示。

表6.16 1~5级海况下S波段海杂波最优幅度统计分布及对应形状参数

海况	波高/m	相对波向/(°)	最优分布	形状参数
1级	0.23	80.2	韦布尔分布	2.01
2级	0.36	75.0	韦布尔分布	1.98
3级	0.97	135.6	韦布尔分布	1.94
4级	1.57	94.3	K分布	17.68
5级	2.72	23.4	—	—

从表6.16可以看出:

(1)1~3级海况下的典型S波段海杂波数据服从的最优幅度统计分布为韦布尔分布,且形状参数随海况等级增加而减小,而4级海况下K分布拟合效果较其他分布更优,5级海况下几种统计分布拟合效果均不理想。

(2)1~3级海况下韦布尔分布的形状参数趋近于2,说明海杂波幅度分布接近于瑞利分布,4级海况下更符合K分布,但实际形状参数较大,与韦布尔分布曲线形状接近,5级海况下模型参数估计结果K分布形状参数为17.84,韦布尔形状参数为0.937,两者随海况的变化出现了不一致性,但此时观察图6.39(e3)发现,K分布和韦布尔分布与实测数据在拖尾部分已经出现了较为明显的偏差,均不能称为最优分布,此时其参数估计值已不能准确反映杂波的幅度分布特性变化。

4. X波段海杂波幅度统计分布

相对于其他波段而言,X波段是目前国际上开展海杂波观测试验研究较为集中的波段,如澳大利亚机载Ingara雷达海杂波试验、美国海军实验室X波段高分辨率海杂波专项试验、加拿大IPIX雷达海杂波测量试验等[6,19-25]。

图6.40和图6.41分别为加拿大IPIX雷达在不同分辨率下测量得到的海杂波幅度分布及典型分布模型的拟合结果,表6.17给出了多组实测数据幅度分布模型的参数估计值平均结果[25]。

从图6.40和图6.41以及其他参数条件下多组数据统计结果可以得到:

(1)随着距离分辨率的提高,海杂波幅度分布的"拖尾"逐渐变长,当分辨率达到9m和3m时,"拖尾"现象尤其严重。

(2)通常情况下,HH极化海杂波幅度分布"拖尾"比VV极化下长,仅在30m分辨率情况下发现不一样的结果,即VV极化海杂波幅度分布"拖尾"比HH极化下长。

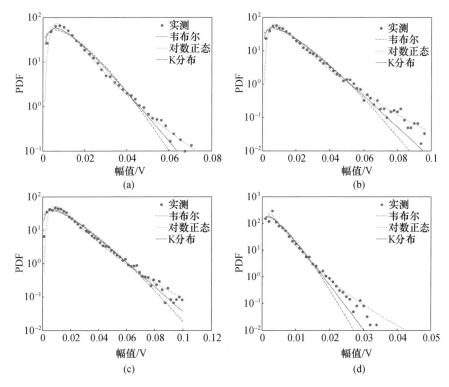

图 6.40　IPIX 雷达较低分辨率下海杂波幅度分布特性

(a)60m 分辨率 VV 极化；(b)60m 分辨率 HH 极化；

(c)30m 分辨率 VV 极化；(d)30m 分辨率 HH 极化。

表 6.17　IPIX 雷达不同分辨率下海杂波幅度分布模型参数估计结果

极化方式	分布模型	参数名称	距离分辨率				
			60m	30m	15m	9m	3m
VV 极化	对数正态	标准差	0.70	0.79	0.90	0.81	0.67
	韦布尔	形状参数	1.29	1.09	0.93	1.10	1.42
	K	形状参数	1.12	0.68	0.47	0.78	2.62
HH 极化	对数正态	标准差	0.72	0.73	0.94	0.87	0.71
	韦布尔	形状参数	1.23	1.22	0.87	0.99	1.31
	K	形状参数	0.93	0.94	0.38	0.56	1.59

（3）分辨率为 9m 和 3m 时，幅度分布"拖尾"更严重，几种模型的拟合效果都比较差。HH 极化下幅度分布拖尾"尖峰"特性更明显。相对其他分辨率而言，3m 分辨率情况下幅度分布形状参数估计值偏高，可能是热噪声的影响导致。

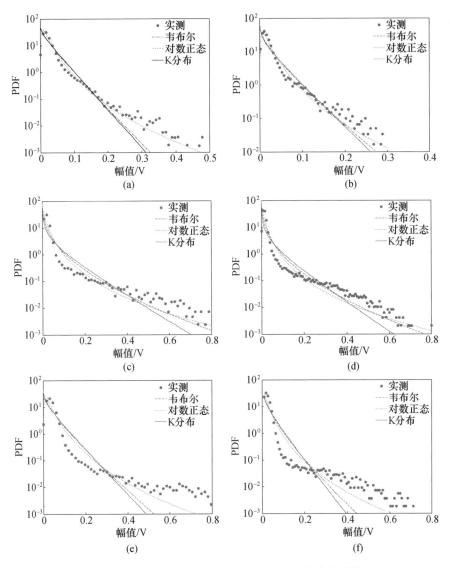

图 6.41　IPIX 雷达较高分辨率下海杂波幅度分布特性

(a)15m 分辨率 VV 极化；(b)15m 分辨率 HH 极化；

(c)9m 分辨率 VV 极化；(d)9m 分辨率 HH 极化；

(e)3m 分辨率 VV 极化；(f)3m 分辨率 HH 极化。

5. Ku 波段海杂波幅度统计分布

图 6.42 给出了 3 级海况下获取的 Ku 波段青岛近海海域高分辨海杂波数据与几种典型幅度分布模型的拟合结果，图 6.42（a）~（d）分别对应四组不同海杂波数据，幅度分布模型参数估计结果如表 6.18 所示。

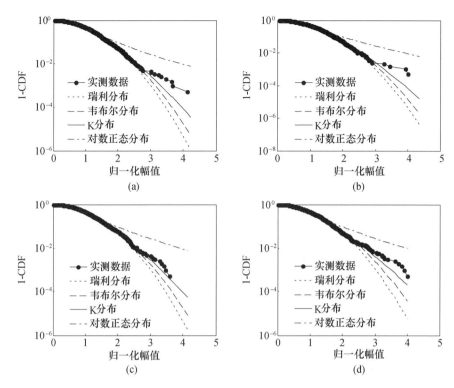

图 6.42　3 级海况下 Ku 波段海杂波幅度统计特性与模型拟合对比
（a）SkuV01；（b）SkuV02；（c）SkuV03；（d）SkuV04。

表 6.18　Ku 波段海杂波幅度分布参数估计结果

分布模型	参数名称	数据编号			
		SkuV01	SkuV02	SkuV03	SkuV04
对数正态分布	标准差	0.66	0.65	0.66	0.67
韦布尔分布	形状参数	1.13	1.13	1.88	1.83
K 分布	形状参数	10.26	11.83	9.51	6.12

　　从图 6.42 可以看出,对数正态分布与实测数据偏差较大,在较低幅值区域已开始偏离数据分布曲线,而其他三种类型分布拟合效果相当,且均在拖尾区域与实测数据出现了明显的偏差,曲线偏离位置接近,偏离程度有所差异,K 分布略优,但仍不能达到理想的拟合效果。

6.3.2　海杂波幅度分布重拖尾建模方法

　　由第 6.3.1 节对基于实测数据的海杂波幅度分布特性的讨论知道,传统的分布模型在解决重拖尾方面效果不佳。为解决重拖尾问题,人们相继尝试并发展了多种建模方法,大致可归为三大类:一是对 K 分布复合高斯建模思想的扩展,包括散斑分量仍采用瑞利分布而纹理分量则采用不同的分布形式,或者仍沿用两种散射分量的乘积形式,但假设散斑分量不再服从瑞利分布,散斑分量与纹理分量均可采用不同的分布形式;二是与海杂波形成机理相结合,在 K 分布的基础上,同时考虑布拉格散射、破碎波散射和白浪散射,发展形成的 KA 分布、KK 分布、WW 分布等复合结构建模方法;三是引入其他研究领域解决重拖尾问题的新方法,如 Pareto 分布、极值建模方法等,可将这类建模简称为尖峰建模方法。

1. 复合高斯建模方法

根据复合高斯模型的基本假设,海杂波幅度可以建模为两个独立分布分量乘积的形式,即

$$z(t) = y(t)x(t) = \sqrt{\tau(t)}x(t) \tag{6.70}$$

式中,τ 表示纹理分量,其随机性是由被观测单元的散射点随时间在空间分布和姿态上的变化引起的,它描述了海表面后向散射的局部功率水平,是一个慢变化分量,又称调制分量,建模为非负的实随机变量。$x(t) = x_1(t) + ix_0(t)$ 为散斑分量,属于快变化分量,建模为均值为零的复高斯随机过程。当散斑分量服从高斯分布、纹理分量服从伽马分布时,即为传统的 K 分布。若对散斑分量和纹理分量的分布函数进一步拓展,可得到以下几种形式[1,26-29]。

1) 散斑分量服从高斯分布,纹理分量服从广义伽马分布

广义伽马(generalized gamma,GΓ)分布的 PDF 为

$$f(\tau) = \frac{vb}{\mu\Gamma(v)}\left(\frac{v\tau}{\mu}\right)^{vb-1}\exp\left[-\left(\frac{v}{\mu}\tau\right)^{b}\right] \tag{6.71}$$

式中,b 为功率参数;v 为形状参数;μ 为尺度参数。当 $b=1$ 时,该分布退化为伽马分布,当 $b=1$ 且 $v\to\infty$ 时,则退化为高斯分布。此时整体分布的 PDF 为

$$f(z) = \frac{2bz}{\Gamma(v)}\left(\frac{v}{\mu}\right)^{vb}\int_{0}^{\infty}\tau^{vb-2}\exp\left[\frac{z^2}{\tau}-\left(\frac{v}{\mu}\tau\right)^{b}\right]\mathrm{d}\tau \tag{6.72}$$

各阶矩为

$$m_k = E\{z^k\} = \frac{\Gamma(k/2+1)\Gamma(k/2b+v)}{\Gamma(v)}\left(\frac{\mu}{v}\right)^{k/2} \tag{6.73}$$

2) 散斑分量服从高斯分布,纹理分量服从对数正态分布

对数正态分布的 PDF 为

$$f(\tau) = \frac{1}{\tau\sqrt{2\pi\sigma^2}}\exp\left(-\frac{1}{2\sigma^2}\left[\ln\left(\frac{\tau}{\delta}\right)\right]^2\right) \tag{6.74}$$

式中，σ 为形状参数；δ 为尺度参数。该分布是广义伽马分布在 $b = 0$ 且 $v \to \infty$ 时的特殊情况。此时整体分布的 PDF 为

$$f(z) = \frac{z}{\sqrt{2\pi\sigma^2}} \int_0^\infty \frac{2}{\tau} \exp\left(\frac{z^2}{\tau} - \frac{1}{2\sigma^2} \left[\ln\left(\frac{\tau}{\delta} \right) \right]^2 \right) \mathrm{d}\tau \tag{6.75}$$

各阶矩为

$$m_k = E\{z^k\} = \delta^{k/2} \Gamma(k/2 + 1) \exp\left[\frac{1}{2} \left(\frac{k\sigma}{2} \right)^2 \right] \tag{6.76}$$

3）散斑分量服从高斯分布，纹理分量服从逆伽马分布

逆伽马分布的概率密度函数为

$$f(\tau) = \frac{1}{\beta^v \Gamma(v)} \tau^{-(v+1)} \exp\left(-\frac{1}{\beta\tau} \right) \tag{6.77}$$

式中，v 为形状参数；β 为尺度参数；$\Gamma(\cdot)$ 为伽马函数。此时整体分布的 PDF 为

$$f(z) = \int_0^\infty f(z \mid \tau) f(\tau) \mathrm{d}\tau = \frac{2z\beta\Gamma(v+1)}{(\beta z^2 + 1)^{v+1} \Gamma(v)} \tag{6.78}$$

各阶矩为

$$m_k = E\{z^k\} = \frac{\Gamma(k/2 + 1)\Gamma(v - k/2)}{\Gamma(v)} \left(\frac{1}{\beta} \right)^{k/2} \tag{6.79}$$

对于模型中的未知参数 v 和 β，通常采用最大似然估计方法，其中 v 的估计公式为

$$\hat{v}_{\mathrm{ML}} = \frac{N_s}{\beta \sum\limits_{t=1}^{N_s} \dfrac{z(t)^2}{\beta z(t)^2 + 1}} - 1 \tag{6.80}$$

式中，N_s 为样本数。式（6.80）是一个与 β 有关的函数，而 β 的最大似然函数为

$$L(\beta) = \frac{N_s \beta \sum\limits_{t=1}^{N_s} \dfrac{z(t)^2}{\beta z(t)^2 + 1}}{N_s - \beta \sum\limits_{t=1}^{N_s} \dfrac{z(t)^2}{\beta z(t)^2 + 1}} - \sum\limits_{t=1}^{N_s} \lg(\beta z(t)^2 + 1) \tag{6.81}$$

上述方程取零得到的 β 值就是 β 的最大似然估计。将纹理分量建模为逆伽马分布的优点在于，数学表达式比较简单，可得到概率密度函数的封闭解析表达式。

4）散斑分量服从高斯分布，纹理分量服从对称 α–稳定（$S\alpha S$）分布

$S\alpha S$ 分布为偏度为 0 的稳定分布，其概率密度函数可以通过对其特征函数进行逆傅里叶变换得到，即

$$f(\tau) = \frac{1}{2\pi} \int_{-\infty}^{\infty} \varphi(t) \exp(-\mathrm{i}t\tau) \,\mathrm{d}t \qquad (6.82)$$

其中特征函数 $\varphi(t) = \exp(\mathrm{i}\delta t - \gamma |t|^{\alpha})$，$\alpha,\gamma$ 和 δ 分别为特征分量、尺度参数和定位参数。不考虑热噪声的情况下，整体分布的 PDF 可表示为

$$f(z) = \int_0^{\infty} f(z \mid \tau) f(\tau) \,\mathrm{d}\tau = \frac{1}{2\pi} \int_0^{\infty} \int_{-\infty}^{\infty} \varphi(t) \frac{2z}{\tau} \exp\left(-\mathrm{i}t\tau - \frac{z^2}{\tau}\right) \mathrm{d}t\mathrm{d}\tau \quad (6.83)$$

根据稳定分布的分解特性及海杂波 I、Q 分量幅度概率密度函数关于原点对称的研究结果，可将其等价表示为定位参数 $\delta = 0$ 的 $S\alpha S$ 分布。I、Q 通道数据的 PDF 可以简化为

$$f(z_I) = f(z_Q) = \frac{1}{2\pi} \int_{-\infty}^{\infty} \exp(-\gamma |t|^{\alpha}) \exp(-\mathrm{i}t\tau) \,\mathrm{d}t \qquad (6.84)$$

假设 I/Q 通道海杂波数据可建模为二变量的各向同性的 $S\alpha S$ 分布，可从 $S\alpha S$ 分布的特征函数推导海杂波幅度分布模型，表示为以下形式

$$f(z) = z \int_0^{\infty} t\exp(-\gamma t^{\alpha}) J_0(zt) \,\mathrm{d}t \qquad (6.85)$$

式中，$J_0(\cdot)$ 表示第一类零阶贝赛尔函数，α 越小表示拖尾越长，起伏越强。除非是在特定的 α 参数取值下，否则得不到解析表达式，M. Shao 等人[30]提供了一种对数矩的方法可以从杂波数据中估计得到模型参数。

以上几种分布类型均是在散斑分量满足中心极限定理的情况下得到的，某些情况下，如当分辨率进一步提高，分辨单元变得非常小时，散斑分量不再满足中心极限定理，此时可采用一种广义复合（Generalized Compound，GC）概率分布进行描述。

GC 分布认为散斑分量和纹理分量均服从 GΓ 分布，其概率密度函数为一个多参数模型

$$f_{GC}(x; a, b_1, b_2, v_1, v_2) = \frac{b_1 b_2}{\Gamma(v_1)\Gamma(v_2)} \frac{x^{b_1 v_1 - 1}}{a^{b_2 v_2}} \int_0^{\infty} s^{b_2 v_2 - b_1 v_1 - 1}$$

$$\times \exp\left[-\left(\frac{s}{a}\right)^{b_2} - \left(\frac{x}{s}\right)^{b_1}\right] \mathrm{d}s \qquad (6.86)$$

式中，a 为尺度参数；b_1,b_2 分别为散斑分量和纹理分量的功率参数；v_1,v_2 分别为散斑分量和纹理分量的形状参数。

很多分布模型都是该模型在某些参数取值下的特例。例如，当散斑和纹理分量的功率参数相同时，可得到广义 K 分布；在不考虑热噪声情况下，广义 K 分布取特定的形状参数和功率参数，可得到 K 分布和韦布尔分布。当散斑分量的形状参数取为 1，纹理分量的功率参数取为 2 时，可得到一个 4 参数的韦布尔 - 散斑和伽马 - 均值的复合模型。描述纹理分量的 GΓ 分布在形状参数较大时表

示杂波均值几乎为常量(去相关周期大于观察区域),此时 GC 的 PDF 分布近似为散斑分量的 PDF,即为 $G\Gamma$ 分布。

2. 复合结构建模方法

1) KA 分布

D. Middleton[31]借鉴接收机噪声的 A 类模型(即 Class A),提出以下海杂波幅度分布建模(称之为 KA 分布)思想:

(1) 少数强回波(离散尖峰)的贡献缘于破碎波事件,这种离散尖峰可由 Class A 模型描述。

(2) 海杂波的主要贡献来自于海面大量的反射小平面。这种大量的小散射体,根据中心极限定理可视为一个复高斯随机过程,其功率随海面的运动而变化,可用伽马分布较好地描述。

KA 分布可表示为[20]

$$p(x \mid t) = \sum_{n=0}^{\infty} \frac{2x}{t + \sigma_n + n\sigma_{sp}} \exp\left(-\frac{x^2}{t + \sigma_n + n\sigma_{sp}}\right) P_{poisson}(n) \quad (6.87)$$

式中,σ_n,σ_{sp} 分别为平均噪声强度和平均尖峰强度;t 表示布拉格/白浪散射体的局部强度,服从伽马分布,即

$$p(t) = \frac{1}{\Gamma(v_{bw})} t^{v_{bw}-1} \left(\frac{v_{bw}}{\sigma_{bw}}\right)^{v_{bw}} \exp\left(-\frac{v_{bw}t}{\sigma_{bw}}\right) \quad (6.88)$$

式中,v_{bw} 为布拉格/白浪分量的形状参数;σ_{bw} 为平均布拉格/白浪强度;$P_{poisson}(n)$ 为泊松分布,即

$$P_{poisson}(n) = \exp(-N_m) \frac{N_m^n}{n!} \quad (6.89)$$

式中,N_m 为每个距离单元内尖峰的平均数目;n 为给定的距离单元内的尖峰数目。

KA 分布的积分形式为

$$p(x) = \int_0^{\infty} p(x \mid t) p(t) \, dt \quad (6.90)$$

假设噪声、尖峰和小散射体散射之间互不相关,则平均杂波强度 σ 为

$$\sigma = E\{x^2\} = \sigma_n + N_m \sigma_{sp} + \sigma_{bw} \quad (6.91)$$

如果 $\sigma_n = \sigma_{sp} = 0$,$N_m = 0$,且令 $t = 4y^2/\pi$,$b^2 = 4v_{bw}/\pi\sigma$,上述的 KA 分布可退化为 K 分布。

KA 分布中有 5 个待定参数,即 σ_n,σ_{sp},σ_{bw},N_m 和 v_{bw}。其中噪声强度 σ_n 可测量,式(6.91)给出了参数间的一个关系等式,仍需要另外三个等式来确定其余的 4 个参数。Y. H. Dong[20]在他人研究基础上[32,33],对参数估计过程进行适当简化,认为可采用 K 分布形状参数得到 v_{bw},N_m 根据经验可取 0.01,设 $\rho = \sigma_{sp}/$

σ_{bw}, ρ 随尖峰强度不同在 0 到 40 之间浮动。

图 6.43 给出了 KA 分布与 K 分布 1 – CDF 曲线对比。可以看出,增加一个尖峰分量后,KA 分布在拖尾区域与 K 分布存在一个跳变的偏离。图 6.43(a)中不同的 ρ 值对应同一位置不同的偏离程度,图 6.43(b)中不同的 N_{m} 值对应不同的偏离位置和偏离程度。对比结果表明,KA 分布跳变偏离的位置和程度可通过选择不同的尖峰参数来建模。

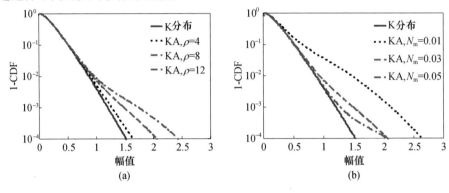

图 6.43 KA 分布不同参数取值的 1 – CDF 函数曲线对比
(a)不同 ρ 取值($N_{\text{m}} = 0.01$);(b)不同 N_{m} 取值($\rho = 8$)。

2) KK 分布

当海尖峰存在时,KA 分布可以很大程度上改善拖尾区域与杂波数据的拟合效果。但由于 KA 分布不能表示为闭式,其 PDF 和 CDF 需要数值计算,计算量过大。借鉴 KA 分布建模思想,Y. H. Dong[20] 提出了 KK 分布模型。KK 分布为两个 K 分布的混合,一个用于描述海面布拉格/白浪散射,另一个用于描述海尖峰,其表达式可写为

$$p(x) = (1 - k)p_1(x; v, \sigma) + kp_2(x; v_{\text{sp}}, \sigma_{\text{sp}}) \qquad (6.92)$$

式中,p_1 和 p_2 为具有指定形状参数和平均强度($\sigma = v/b$,b 为尺度参数)的 K 分布函数。v、σ 和 v_{sp}、σ_{sp} 分别为布拉格/白浪分量和海尖峰分量的形状参数及平均强度;k 为海尖峰分量的一个权重系数。如果 $k = 0$,$p(x) = p_1(x; v, \sigma)$ 退化为没有尖峰分量的普通 K 分布。由于海杂波幅度分布通常在 1 – CDF 等于 10^{-3} 或更小值时偏离 K 分布,可假设 $p_1(x; v, \sigma)$ 中布拉格/白浪浪散射体的形状参数和平均强度与 K 分布参数相同。k、v_{sp} 及 $\rho = \sigma_{\text{sp}}/\sigma$ 的选择共同决定尖峰分量。可将 $p_2(x; v_{\text{sp}}, \sigma_{\text{sp}})$ 的形状参数和 $p_1(x; v, \sigma)$ 设为相同,即 $v_{\text{sp}} = v$,通过调整参数 k 和 ρ 来拟合与实测数据的偏离。

图 6.44 给出了 KK 分布与 K 分布在不同参数下的 1 – CDF 曲线对比,可以看出,与 KA 分布类似,参数 ρ 主要影响 KK 分布和 K 分布间的偏离程度,而 k 对

偏离程度和偏离位置均有影响。

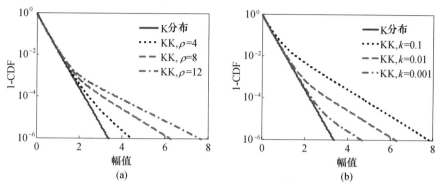

图 6.44 KK 分布不同参数取值的 1 – CDF 函数曲线对比

(a)不同 ρ 取值($k = 0.01$)；(b)不同 k 取值($\rho = 8$)。

在 KK 分布的模型参数估计中，k 和 ρ 参数的确定可采用在不同 1 – CDF 取值处，比较杂波数据幅度分布和 KK 分布两者分别与 K 分布间的偏离程度的方式，能减小计算量且在大样本数据量时获得较好的估计性能。另一方面为了简化算法，可预先结合实测数据与 K 分布实际偏离情况，确定合适的 k 取值量级（如 $k = 0.01$）。首先计算典型的 1 – CDF 取值下，K 和 KK 分布之间的 CDF 曲线偏离程度（以两曲线在同一 1 – CDF 取值时对应的杂波幅值比为例）随 ρ 变化的函数 $c_i(\rho)$，$i = 1,2,\cdots$，其中 i 表示不同 1 – CDF 取值（如 10^{-3}、10^{-4}、10^{-5}）时得到的结果。具体参数估计过程可参考以下步骤：

（1）采用 K 分布拟合数据，得到 K 分布的形状参数和尺度参数，得出平均强度。

（2）分别计算不同 1 – CDF 取值（如 10^{-3}、10^{-4}、10^{-5}）下，数据幅度分布和 K 分布的 1 – CDF 曲线对应的杂波幅值间的比值。

（3）将（2）中得到的幅值比，分别与预先计算的 $c_i(\rho)$ 进行比较，寻找最佳 ρ 值。

（4）求 ρ 的平均值和 $k = 0.01$ 作为 KK 分布尖峰分量参数估计值。

3）WW 分布

Y. H. Dong 在提出 KK 分布时，也提出了采用 WW(Weibull – Weibull)分布改善拖尾区域的匹配效果[20]。类似 KK 分布，WW 分布可表示为

$$f_{WW}(x) = (1 - k)f_{W1}(x;v,\sigma) + kf_{W2}(x;v_{sp},\sigma_{sp}) \qquad (6.93)$$

式中，$f_{W1}(x;v,\sigma)$ 和 $f_{W2}(x;v_{sp},\sigma_{sp})$ 分别代表布拉格散射/白浪和海尖峰的 PDF。类似 KK 分布的表示，$f_{W1}(x;v,\sigma)$ 中的形状参数 v 和平均强度 σ 可等价为数据全局 v 和 σ。平均强度 σ 可表示为尺度参数 b 和形状参数 v 的函数，即 $\sigma = b^2\Gamma(1 + 2/v)$。尖峰分量 $f_{W2}(x;v_{sp},\sigma_{sp})$ 中的形状参数 v_{sp} 可设为与全局形状参数

相同，即 $v_{sp} = v$。权重系数 k 和 $\rho = \sigma_{sp}/\sigma$ 决定尖峰分量。如果 $k = 0$ 或是 $\rho = 1$，则 WW 分布退化为韦布尔分布。

图 6.45 给出了 WW 分布与韦布尔分布的 1 – CDF 曲线对比，可以看出，参数对分布曲线的影响与 KK 分布类似，ρ 主要影响 WW 分布相对于韦布尔分布的偏离程度，而 k 对偏离程度和偏离位置均有影响。

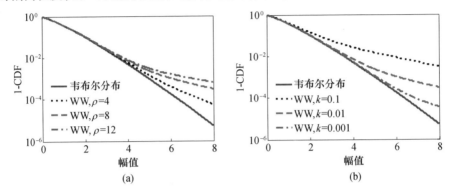

图 6.45　WW 分布不同参数取值的 1 – CDF 函数曲线对比

(a) 不同 ρ 取值 ($k = 0.01$)；(b) 不同 k 取值 ($\rho = 8$)。

WW 分布参数的确定方法类似于 KK 分布。k 和 ρ 的参数估计可采用在不同 1 – CDF 取值处，比较杂波数据幅度分布和 WW 分布两者分别与韦布尔分布间的偏离程度的方式。同样为了简化算法，可预先结合数据与韦布尔分布实际偏离情况，确定合适的 k 取值量级。

综合 KA 分布、KK 分布和 WW 分布，以下给出 L 波段两组典型实测数据的分布拟合效果[34]，如图 6.46 所示，数据对应测量参数如表 6.19 所示。其中第一组高海况数据幅度分布明显偏离 K 分布，KA、KK 和 WW 很好地拟合了这一偏离，与数据基本吻合，第二组低海况数据幅度分布与 K 分布基本吻合，且 KA、

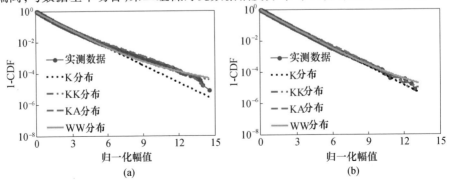

图 6.46　不同海况下 L 波段海杂波数据幅度分布与 KK 等分布拟合结果对比

(a) 高海况；(b) 低海况。

KK 基本退化为 K 分布。

表 6.19 L 波段两组典型海杂波数据对应主要参数

海况	波高/m	风向/(°)	波向/(°)
高海况	1.6	213	217
低海况	0.4	349	160

4）多结构建模

借鉴 KK 分布和 WW 分布,可将海杂波复合结构建模推广到一般情况,即认为海杂波幅度分布的概率密度函数具有一般表达式

$$p(x) = \lambda_1 p_1(x, \alpha_1, \alpha_2, \cdots, \alpha_n) + \lambda_2 p_2(x, \beta_1, \beta_2, \cdots, \beta_n)$$
$$+ \cdots + \lambda_n p_n(x, \gamma_1, \gamma_2, \cdots, \gamma_n) \tag{6.94}$$

式中,$\lambda_1, \cdots, \lambda_n$ 为权重系数,且 $\sum_{i=1}^{n} \lambda_i = 1$。式中第一项 $p_1(x, \alpha_1, \alpha_2, \cdots, \alpha_n)$ 主要描述纹理对散斑的调制作用,侧重于对纹理分量的建模。第二项至第 n 项可视为对分布"拖尾"部分的修正项。$\alpha_1, \alpha_2, \cdots, \alpha_n$、$\beta_1, \beta_2, \cdots, \beta_n$、$\gamma_1, \gamma_2, \cdots, \gamma_n$ 表示模型参数。权重系数 $\lambda_1, \lambda_2, \cdots, \lambda_n$ 的取值与雷达分辨率、海况等参数有关,在低分辨率、低海况情下,$\lambda_2, \lambda_3, \cdots$ 趋近于零,而在高海况时,$\lambda_2, \lambda_3, \cdots$ 增加,而 λ_1 减小。

原理上,式(6.94)中的多结构模型可以由很多项组成,但由此会带来模型选择及其参数估计的复杂性与困难。作为特例,当 $n = 2$、$\lambda_1 = 1 - \lambda_2$ 时,p_1 和 p_2 均选择为 K 分布,此时多结构模型即为 KK 分布;p_1 和 p_2 均选择为韦布尔分布,多结构模型即为 WW 分布。若 p_1 选择韦布尔分布,p_2 选择对数正态分布,则多结构模型可表示为

$$p(x) = \lambda_1 \cdot \frac{\gamma}{\varpi}\left(\frac{x}{\varpi}\right)^{\gamma-1} \exp\left[-\left(\frac{a}{\varpi}\right)^{\gamma}\right] + (1 - \lambda_1) \cdot \frac{1}{\sqrt{2\pi}\sigma x}\exp\left[-\frac{(\ln x - \mu)^2}{2\sigma^2}\right] \tag{6.95}$$

权重系数的确定是多结构建模中的重要内容,其主要步骤为:从概率分布函数出发,统计计算拖尾部分经验分布函数与理论建模分布函数所对应的幅度值差异,以幅度值差异的均方根误差最小为目标函数,在[0,1]区间范围内以固定步长对权重系数进行统计求解。比如,步长可设定为 0.001,步长越小,则精度越高,但是计算量增加,误差最小值对应的权重系数即为最优加权系数。

以 S 波段海杂波实测数据对权重系数的确定方法加以说明,数据为 3 级海况,波高 1.2m 条件下获取。图 6.47 给出了均方根误差随加权系数的变化曲线,可以看出,加权系数从 0 增加到 1 的过程中,均方根误差首先经历一个快速的下降趋势,在 0.22 附近时出现最小值,然后误差又逐渐增加。选取均方根误

差最小值对应的加权系数为最优加权系数,在最优加权的情况下,多结构建模结果如图6.48所示。为便于比较,这里还给出了非最优加权情况下的建模结果,其中,非最优加权系数在[0,1]之间随机选取,这里取为0.5。显然,相比于非最优加权的建模结果,在最优加权情况下建模结果与实测数据曲线吻合,尤其是在拖尾部分,表明了加权系数确定方法的有效性。

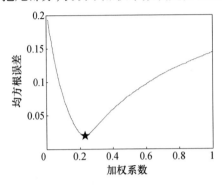

图6.47 均方根误差随
加权系数的变化

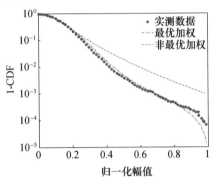

图6.48 最优加权和非最优加权
建模效果对比

3. 尖峰建模方法

1) Pareto 分布

Pareto 分布已广泛应用于物理学、经济学、水文学、地震学等领域。对于平均回波弱但存在猝发的尖峰情况,Pareto 分布具有比传统的泊松分布和二项分布更精确的拟合度,适合于解决数值分布的重拖尾问题。M. Farshchian 等人[35]首次将 Pareto 分布用于小擦地角高分辨率 X 波段海杂波建模,取得了比传统模型(如韦布尔分布、K 分布等)更好的拟合效果。

广义 Pareto 分布的 PDF 定义为[36]

$$f_{GP}(z) = \frac{1}{b}\left(1 - v\,\frac{z}{b}\right)^{\left(\frac{1}{v} - 1\right)} \tag{6.96}$$

式中,v 为形状参数;b 为尺度参数;z 的取值范围如下

$$z = \begin{cases} [0, \infty) & k \leqslant 0 \\ \left[0, \dfrac{b}{v}\right] & k > 0 \end{cases} \tag{6.97}$$

当 $v = 0$ 时,广义 Pareto 分布表现为均值为 b 的指数 PDF 的形式;当 $v < 0$ 时,广义 Pareto 分布表现为 Pareto 分布的形式;当 $v = 1$ 时,表现为 $[0, b]$ 上的均匀随机变量。Pareto 分布也可表示为伽马分布和指数分布的复合形式

$$f_P(z; v, b) = \int_0^\infty f_E(z; \xi) f_G(\xi; v, b)\,\mathrm{d}\xi \tag{6.98}$$

式中,f_E 为具有均值 $1/\xi$ 的指数 PDF;f_G 为具有参数 v 和 b 的伽马分布 PDF。

　　由于 Pareto 分布仅需估计两个参数,相比于 KK 和 WW 分布,操作更简单,可通过最大似然估计法得到。M. Farshchian 等人在比较韦布尔分布、对数正态分布、K 分布、KK 分布、WW 分布、Pareto 分布对 X 波段小擦地角实测数据的幅度拟合效果中发现,Pareto 分布在两参数分布中拟合效果最好,与 WW 分布和 KK 分布相比,Pareto 分布在 CDF = 0.99 拖尾处性能略差,但在 CDF = 0.999 时优于 WW 分布,且与 KK 分布性能非常接近[35]。

　　图 6.49 为 L 波段海杂波实测数据的 Pareto 分布拟合结果[37]。可以看出,当分辨率为 3m 时(见图 6.49(a)和(b)),低海况下 Pareto 分布与 K 分布及韦布尔分布拟合效果相当,较高海况下 Pareto 分布略优;当分辨率为 0.75m 时(见图 6.49(c)和(d)),Pareto 分布在低幅值区域拟合效果较差,但在拖尾区域拟合较好,优于 K 分布和韦布尔分布。

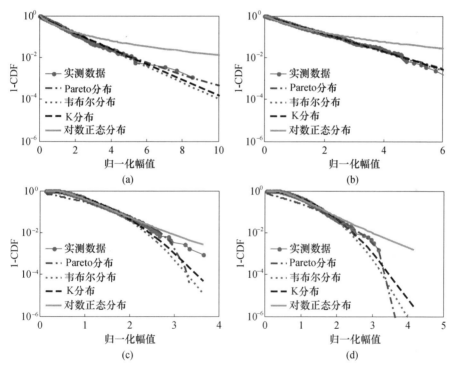

图 6.49　L 波段不同参数下 Pareto 分布拟合结果

(a)3m 分辨率,1.2m 波高,逆风;(b)3m 分辨率,0.2m 波高,侧风;

(c)0.75m 分辨率,0.8m 波高,逆风;(d)0.75m 分辨率,0.6m 波高,顺风。

2）极值建模方法

海尖峰在海杂波数据中表现出类似于冲激信号的特性,数学上的极值理论

为这类冲激信号的分布问题提供解决思路。丁昊等人[38]提出了包含海尖峰的海杂波数据的极值建模方法,其建模过程概括如下:

(1)先将海杂波数据分成两个数组,一组为含海尖峰样本数据,另一组为不含海尖峰样本数据。

(2)计算海尖峰、不含海尖峰样本以及完整海杂波样本的经验概率密度函数。

(3)以海尖峰样本为研究对象,采用极值理论中的广义极值分布模型对海尖峰的幅度分布特性进行建模,记为$f_s(x)$,其表达式为

$$f_s(x) = \frac{1}{\sigma}\exp\left\{ -\left[1 + k\frac{(x-\mu)}{\sigma} \right]^{-1/k} \right\}\left[1 + k\frac{(x-\mu)}{\sigma} \right]^{-1-1/k} \qquad (6.99)$$

式中,参数μ、σ和k分别表示位置参数、尺度参数和形状参数,参数估计采用最大似然估计方法。

(4)采用传统的分布模型(如瑞利分布、K分布等)对不含尖峰的海杂波样本进行建模,记为$f_{ns}(x)$。

(5)借鉴复合结构建模方法,极值建模方法的数学表述为

$$f(x) = (1-\alpha)f_{ns}(x) + \alpha f_s(x), \quad \alpha \in [0,1] \qquad (6.100)$$

式中,α表示加权系数,海尖峰越强,α的取值越大,如果不存在海尖峰,则$\alpha=0$。可采用多结构建模方法中的权重系数求解方法来确定加权系数α的值。

图6.50给出了UHF波段海杂波实测数据的极值方法建模结果,可以看出,极值建模方法与K分布拟合效果相当,4级海况下略优于K分布,3级海况下极值建模退化为K分布。

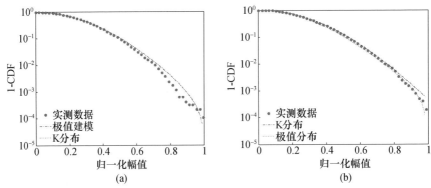

图6.50 UHF波段海杂波数据极值建模结果

(a)3级海况;(b)4级海况。

图6.51给出了L波段海杂波实测数据的极值方法建模结果。可以看出,VV极化下极值建模方法在幅度分布拖尾部分与实测数据的拟合效果明显优于

K 分布;HH 极化下低海况时极值分布与 K 分布拟合效果非常接近,与数据基本吻合,而高海况下在幅度分布拖尾部分则略优于 K 分布。

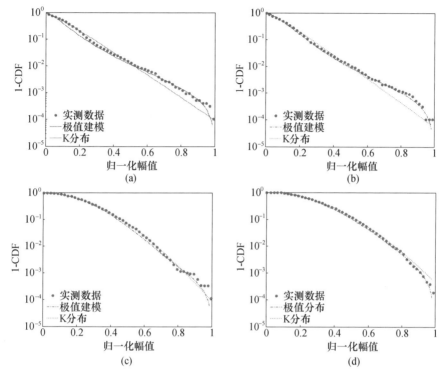

图 6.51　L 波段海杂波数据极值建模结果

(a)2 级海况 VV 极化;(b)4 级海况 VV 极化;(c)2 级海况 HH 极化;(d)4 级海况 HH 极化。

6.3.3　海尖峰判定方法

由 6.3.2 节可知,为解决海杂波幅度分布的重拖尾问题,出现了多种建模方法,其实质就是为了解决海杂波中出现的海尖峰离散大值的拟合问题。本书第 2 章中对海尖峰形成机理进行了探讨,但实际应用中,若能够对海尖峰进行准确判定和提取,将有利于建模方法的选择和建模精度的提升。

1. 海尖峰的基本特征

海尖峰是由海面即将波碎的波峰引起的强散射(镜面反射)回波,一般表现为以下几个基本特征[1]。

(1)回波幅度大,一定情况下接近或超过目标回波幅度。

(2)HH 极化的回波幅度大于等于 VV 极化的回波幅度。

(3)具有一定的持续时间,典型情况下可持续 200ms。

(4)具有较窄的多普勒频谱,且多普勒频移基本对应于海面波峰的运动速度。

通常情况下,认为海尖峰是在高分辨率、小擦地角、高海况且逆浪向等条件下产生的。但近年来的研究表明[39],在擦地角 $10° \sim 45°$ 条件下,同样会出现海尖峰现象。

2. 海尖峰量化描述与判定

根据海尖峰的基本特征,使用四个量化参数进行描述。四个量化参数包括尖峰幅度、尖峰最小宽度、尖峰间最小间隔和尖峰的频谱展宽[40,41]。通过这些参数,对海尖峰的判定过程概括如下。

1) 依据雷达检测性能,设定尖峰幅度门限值

通常设定雷达接收回波平均功率的 A_0 倍为尖峰幅度的门限值 I_s,即

$$I_s = \sqrt{\frac{A_0}{N_t N_d} \sum_{k=1}^{N_t} \sum_{l=1}^{N_d} |Z_k(l)|^2} \qquad (6.101)$$

式中,N_t 为时间序列数;N_d 为距离单元个数;$Z_k(l)$ 为 I、Q 两路复杂波数据序列。A_0 选择应适当,过小将导致雷达检测虚警率高,过大会导致尖峰数目减少并丢失目标信息,即漏警增加。

2) 计算 HH 极化和 VV 极化下的尖峰幅度比

利用式(6.101)可分别得到 HH 极化和 VV 极化下的尖峰幅度门限,对超过尖峰幅度门限的海杂波数据计算两种极化下的幅度比,即

$$R(n) = \frac{|Z_n^{HH}(l)|^2}{|Z_n^{VV}(l)|^2} \qquad (6.102)$$

式中,$|Z_n^{HH}(l)|^2$ 代表 HH 极化时超过尖峰幅度门限的海杂波幅值,$|Z_n^{VV}(l)|^2$ 代表 VV 极化时超过尖峰幅度门限的海杂波幅值,$R(n)$ 为两者比值。将 $R(n) \geq 1$ 时对应的海杂波数据判定为海尖峰数据,$n=1,2,\cdots,N$,即可有 N 个离散海尖峰。

3) 尖峰最小持续时间和多普勒谱宽

以上两个步骤仅从幅度上对海尖峰进行判定,按照海尖峰的基本特征,幅度判定仅为必要条件,而非充分条件。因此,判定结果只能是疑似海尖峰,不排除出现突发性冲击干扰的可行性。还需在时间域和谱域做进一步判定。

依据雷达探测性能,可设定一个尖峰最小持续时间 t_s(称为尖峰最小宽度),持续时间大于或等于 t_s 时,可判定为海尖峰,否则可认为是突发性干扰予以排除。

对于多个海尖峰,需要判定两个相邻尖峰间的时间间隔,可设定一个尖峰间最小间隔门限 d_s,若两个相邻尖峰间的时间间隔大于或等于 d_s,判定为两个独立的海尖峰,否则可认为只是一个独立尖峰。

最后,通过多普勒谱宽对海尖峰进行判定。分别计算尖峰多普勒和不含尖峰的海杂波多普勒谱,两者对比,若尖峰多普勒展宽小于不含尖峰的海杂波多普

勒展宽,则判定为海尖峰,否则可认为是由布拉格散射、白浪散射或其他干扰引起的尖峰现象,而非真正意义上的海尖峰。

这里给出两个判定实例。

实例1:S波段实测海杂波数据海尖峰提取

首先绘制典型海杂波数据时空灰度图,如图6.52(a)所示,擦地角范围0.5°~8°,脉冲重复频率(Pulse Repetition Frequency,PRF)为1kHz。选取单个距离门杂波散射系数的5倍作为尖峰幅度门限值,对于大于该门限值的数据制作成尖峰二维灰度图,见图6.52(b)。

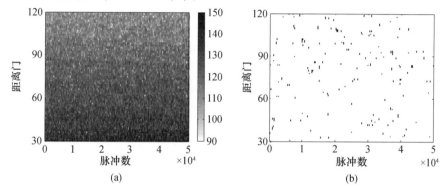

(a) (b)

图6.52　S波段海杂波数据时空灰度图和尖峰灰度图

(a)时空灰度图;(b)尖峰二维灰度图。

然后设定尖峰最小宽度为100ms,尖峰间最小间隔为500ms,初步由图6.52判定出尖峰数目。最后,利用杂波与尖峰的频谱特性,确定出海尖峰的个数,如图6.53所示。求出尖峰脉冲所占总脉冲数据的百分比(尖峰密度),作为海尖峰的一个量化指标。

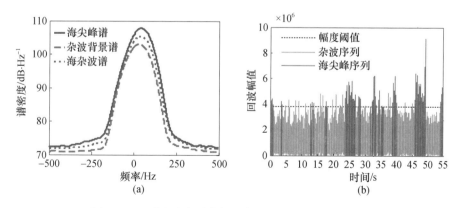

(a) (b)

图6.53　S波段海杂波数据海尖峰频谱特性及判定结果

(a)海尖峰频谱;(b)海尖峰判定结果。

表6.20给出了不同海况逆浪条件下S波段海杂波尖峰密度判定结果。可以看出,对于同一种海况,擦地角越小,尖峰密度越大;随着波高增加,尖峰密度基本呈增加趋势。

表6.20　不同海况逆浪条件下S波段海杂波海尖峰判定结果

海况	波高/m	风速/(m/s)	擦地角	尖峰密度/(%)
1 级	0.3	6.2	0.55° ~ 1.90°	1.02
	0.3	3.7	2.80° ~ 7.90°	0.36
2 级	0.8	9.0	0.55° ~ 1.90°	1.09
	0.8	7.0	2.80° ~ 7.90°	0.50
3 级	1.1	6.2	0.55° ~ 1.90°	1.44
	1.2	5.0		1.29

由于S波段海杂波实测数据仅有HH极化,缺乏海尖峰的极化判定条件,因此判定结果存在一定偏差。一般情况下,单极化时得到的尖峰密度要大于双极化判定条件下的尖峰密度,下面的实例2可以佐证。

实例2:X波段实测海杂波数据海尖峰提取

利用加拿大IPIX雷达海杂波观测数据进行分析,观测参数为HH极化和VV极化,PRF为1kHz,擦地角范围0.62° ~ 0.67°,距离分辨率15m。

采用与实例1相同的判定门限,图6.54为4级海况下HH和VV极化的尖峰灰度图,表6.21为三种海况下的尖峰密度值。可以看出,多数情况下HH极化时的尖峰密度大于VV极化时的尖峰密度;随海况(波高)升高,尖峰密度大体呈增加趋势;单极化下尖峰密度大于双极化判定条件下的尖峰密度。

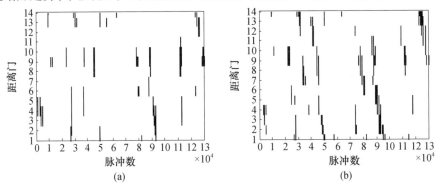

图6.54　4级海况X波段海尖峰灰度图
(a)HH极化; (b)VV极化。

对比实例1可以发现,同样海况(波高)时,X波段的尖峰密度远大于S波段。这可能缘于两方面原因,一方面是X波段雷达的距离分辨率高于S波段,另一方面是 X 波段的杂波数据对应的擦地角范围较小。

表 6.21　不同海况下 X 波段海杂波海尖峰判定结果

海况	波高/m	风速/(m/s)	海尖峰密度/(%)		
			HH	VV	HH/VV
2 级	0.7	5.5	3.01	3.09	0.29
	0.9	2.5	3.78	3.32	1.39
	0.9	7.7	3.33	2.21	0.26
3 级	1.0	2.5	3.76	3.21	1.52
	1.4	3.1	3.68	3.10	1.03
4 级	2.1	2.7	3.33	4.43	0.34

6.4　海杂波多普勒谱建模

海杂波频谱特性是指海表面单个距离门内连续相参时间序列信号自相关函数的傅里叶变换,实质上是一种用于表征海杂波时间序列在各频带上能量分布的功率谱,因此通常称为功率谱,它依赖于雷达参数和海洋环境参数,如频率、极化、擦地角、雷达相对风向的观测角度、海况等。由于涉及到海面的复杂运动,海杂波谱特性研究与海面散射机理密不可分,这也推动人们对海杂波起源的持续深入思考。对海杂波谱建模研究主要针对平均谱形状、短时谱变化、谱频移及展宽等特性。

6.4.1　海杂波多普勒谱形成机理

除受到雷达参数(如频率、极化、擦地角、方位角等)的影响外,海杂波的多普勒谱特性与海表面的运动和扰动状态密切相关,雷达与海面散射体之间的相对运动使得电磁波产生多普勒频移,而海面散射体运动的随机性使得多普勒谱具有一定的展宽。

设某一雷达分辨单元内海浪相对雷达的运动速度 V 基本不变,则雷达海杂波的多普勒频移可以表示为

$$f_d = \frac{2V}{\lambda}\cos\varphi \tag{6.103}$$

多普勒展宽可以表示为

$$\Delta f_d = \frac{2V}{\lambda}\left[\cos\psi_1 - \cos\psi_2\right]\cos\varphi \tag{6.104}$$

式中,λ 为雷达照射波波长;φ 为海浪速度方向与雷达视向的夹角;ψ_1、ψ_2 分别为对应分辨单元前后两边缘的擦地角。

对实际动态海面而言,它是在近似周期的风浪和涌浪上叠加着小尺度的波纹、泡沫和浪花,由大尺度的重力波和小尺度的张力波组成。重力波通常比雷达波波长大很多,反映了大尺度的海面结构,由持续稳定的海风产生,如海面涌浪结构。张力波通常比雷达波波长短或同一量级,反映海表面的细微结构,由海面瞬时风产生。海杂波的复合高斯模型中的纹理分量和散斑分量分别对应于实际海面的重力波散射和张力波散射。由于小尺度的张力波是按照表面大尺度重力波的斜率分布来倾斜的,因此海杂波的纹理分量对散斑分量进行相应的调制,产生满足复合结构的海杂波时间序列。此外,实际强风驱使下的海面还会出现海浪破碎现象,海浪破碎之后大量空气被卷入水中形成白浪,因此,实际的海杂波时间序列中还有来自海浪破碎散射和白浪散射的贡献。对海杂波多普勒谱而言,其谱特性(如谱线形状)直接与动态海面的多种散射机理相关,相应的表现为多普勒谱包含多种谱分量[42]。

1. 布拉格散射多普勒谱分量

海面布拉格散射指的是当海浪波长在入射电磁波方向的投影等于电磁波半波长的整数倍时产生的谐振(相干)散射。海浪波长与电磁波波长的关系为

$$\Lambda\cos\psi = n \cdot \frac{\lambda}{2}, n = 0,1,2,\cdots \tag{6.105}$$

式中,Λ 为谐振海浪波长;λ 为电磁波波长;ψ 为擦地角。

根据式(6.105)给出的产生谐振散射的条件可知,布拉格散射通常发生在两种尺度的海浪结构上。当雷达频率较低时(如 HF、VHF 波段),布拉格散射主要来自于海面的重力波结构,而当雷达频率较高时,布拉格散射主要来自于海面的张力波结构。对存在两种海浪尺度的复合海面模型而言,布拉格散射回波的多普勒频移为

$$f_\mathrm{d} = \frac{2}{\lambda}(v_\mathrm{B} + v_\mathrm{D}) \tag{6.106}$$

式中,v_B 为布拉格谐振散射波速度;v_D 代表重力波的漂移和轨道速度,用于对张力波进行调制;λ 为雷达照射波波长。

v_B 通常可表示成两项组合的形式,第一项为由于重力产生的海浪的相速度,第二项为由表面张力产生的速度,即

$$v_\mathrm{B} = \sqrt{\frac{g}{k_\mathrm{B}} + \kappa k_\mathrm{B}} \tag{6.107}$$

式中,κ 为单位体密度的表面张力($\kappa = \upsilon/\rho_\mathrm{w}$,$\upsilon$ 为水表面张力,ρ_w 为密度,对于海水,一般情况,$\upsilon = 0.078\mathrm{N/m}$,$\rho_\mathrm{w} = 1026\mathrm{kg/m}^3$);$g$ 为重力加速度;k_B 为布拉格谐振波数,表示为

$$k_\mathrm{B} = 2\frac{2\pi}{\lambda}\cos\psi \tag{6.108}$$

式中,ψ 为擦地角;λ 为雷达照射波波长。

海面漂移和轨道速度 v_D 可表示为

$$v_D = \left(\frac{H}{2}\right)^2 \left[\frac{\omega K_w \cosh(2K_w d_w)}{2\sinh^2(K_w d_w)}\right]\cos\varphi \qquad (6.109)$$

式中,H 为波峰到波谷的高度;ω 和 K_w 分别为重力波的角速度和波数;d_w 为水深;φ 为风向相对于雷达照射方向的角度,逆风向为 $0°$,顺风向为 $180°$,侧风向为 $90°$。对于水深较大的深海而言,式(6.109)可简化为

$$v_D = \left(\frac{H}{2}\right)^2 \omega K_w \cos\varphi \qquad (6.110)$$

对于 UHF 以下波段而言,由于布拉格散射主要来自海面重力波结构,而重力波可沿雷达视向作接近或远离观测点,因此在 UHF 以下波段的海杂波多普勒谱经常出现两个关于零频对称的谱峰。

2. 破碎散射多普勒谱分量

海浪的破碎散射指的是强风驱使下的海浪破碎波对电磁波的准镜像反射,该散射现象在微波波段(高于 L 波段)、小擦地角下频繁发生,是海杂波中出现"海尖峰"的主要原因。这一破碎散射机制使得海杂波多普勒谱中含有明显的破碎散射谱分量。

由于破碎散射来源于准镜像反射,且海浪破碎波的运动速度明显高于布拉格散射波,因此海杂波的破碎散射谱分量具有以下特点:

(1)破碎散射谱分量在水平极化下较强,而由于多径的影响,其在垂直极化下非常弱,甚至不存在。

(2)破碎散射的多普勒谱频移大于布拉格散射,谱展宽较窄,小于布拉格散射的谱展宽。

(3)由于海浪的破碎过程很短,因此破碎散射的持续时间通常在 0.2s 左右,在该持续时间内海杂波时间序列是相关的,海杂波谱在该时间内具有明显的谱形状变化。

3. 白浪散射多普勒谱分量

白浪散射指的是雷达波照射在海浪破碎后形成的泡沫浪花上的后向散射回波。海浪的破碎散射和白浪散射是顺序发生的,白浪散射之前必然已经产生破碎散射,而破碎散射之后却不总有白浪散射发生。由于海面白浪层呈现了体散射特点,极化不敏感性导致了 HH 和 VV 极化下该散射几乎具有相同强度。白浪散射持续时间长(秒级)但相关时间极短(几个毫秒)。体现在海杂波的多普勒谱上,白浪散射的多普勒谱频移取决于重力波的相速度,远大于布拉格散射的谱频移,而由于白浪散射来源于近随机的泡沫浪花的后向体散射,因此白浪散射的多普勒谱具有类似于噪声的宽多普勒谱特点。

通常情况下,一般的实测海杂波多普勒谱可以使用上述的三种谱分量对其进行描述和机理分析,但由于实际的动态海面还可能受到一些不确定因素的扰动,因此特殊的海杂波多普勒谱需要根据实际情况进行物理机理分析。

海杂波多普勒谱的估计方法有很多种,其中周期图法和离散傅里叶变换法是最基本的方法。假设雷达海杂波的脉冲时间序列为 $\{x(n), n = 0, 1, 2, \cdots, N-1\}$,雷达的脉冲重复周期为 T_r,则海杂波脉冲序列对应的观测时间长度为 NT_r。利用周期图法估计海杂波时间序列 $x(n)$ 的谱密度为

$$S(f_d) = \frac{1}{\sqrt{N}} \sum_{n=0}^{N-1} x(n) \exp(-2\pi i f_d n T_r), \quad f_d \in \left[-\frac{1}{2T_r}, \frac{1}{2T_r}\right] \quad (6.111)$$

式中,$\sqrt{N}$ 是为保证在时域和多普勒域信号能量相等的项。

式(6.111)的模称作海杂波的多普勒幅度谱,模平方称作海杂波的功率谱。

图 6.55 给出了 HH 极化和 VV 极化下各两组实测海杂波数据回波序列[1]。雷达频率为 9.75GHz,距离分辨率 2m。从图中可以看出,有的情况下两种极化的杂波序列类似,如图 6.55(a)所示,有时由于散射成分的组成不尽相同出现明显区别,如图 6.55(b)所示。破碎散射对极化很敏感,且在时间上是离散的。一般来讲,图 6.55(b)所示的破碎散射对海杂波散射系数和幅度分布的影响与图 6.55(a)所示的白浪散射相比而言较小。布拉格散射在 HH 和 VV 极化下起伏变化都很快,相较而言,VV 极化下幅值较大。

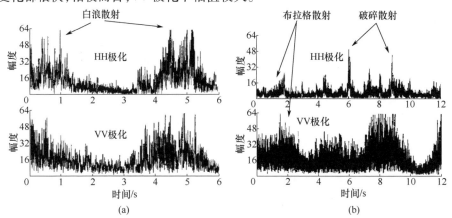

图 6.55　HH 极化和 VV 极化下某距离单元的时间序列(3 级海况)
(a)实例 1;(b)实例 2。

6.4.2　海杂波谱的经验与半经验模型

根据海杂波多普勒谱形成机理,对于不同的观测时间,海杂波多普勒谱表现出不同的形状与非平稳特性。因此,海杂波多普勒谱的建模主要分为以下两种

情况。

一是针对平均多普勒谱形状的建模,即较长时间(通常大于重力波周期,秒级)海杂波谱的平均特性。早期多采用指数、高斯或幂函数对海杂波平均多普勒谱拟合,但多数情况下拟合效果差。P. H. Y. Lee 等人[43]首先采用多组实测数据分析的方式,研究了平均多普勒谱形状的特点和规律,通过与海洋环境参数联合分析,提出了将谱线形状分解为三个表征不同散射机制的基函数建模方法,但模型形式及参数估计复杂,实际应用困难。以此为基础,D. Walker 等人利用造浪池数据分析了海浪从产生到破碎全过程的多普勒谱变化特性,利用三个高斯函数分别表征布拉格、白浪和破碎三种散射机制的谱分量,建立了一种简化的三分量海杂波平均多普勒谱模型,在实际中得到广泛应用[44,45]。

二是针对短时动态多普勒谱建模,即较短时间内(通常小于重力波周期,大于白浪和破碎散射的去相关时间)局部谱形状及其变化特性。R. J. Miller 等人[46]在分析多波段雷达海杂波数据的基础上,建立了由两个服从伽马分布的随机变量对高斯函数形式的谱结构进行调制的短时多普勒谱模型。考虑到短时多普勒谱是非高斯的,K. D. Ward 等人[1,8]则借鉴复合 K 分布幅度建模思想,提出利用两个高斯函数对谱形状进行描述的短时多普勒谱建模方法。但由于模型中假定海面的布拉格散射谱分量具有零多普勒频移,且白浪散射和破碎波散射共享相同的多普勒频移和展宽,因此会导致某些情况下拟合精度不高。

1. 早期经验模型

早期的研究表明,长时海杂波平均多普勒谱形状可以用高斯、指数或幂函数等形式进行建模[47]。

幂函数模型的表达式为

$$S(f) = (1-a)\left[1 + \left(\frac{|f-f_0|}{f_c}\right)^n\right]^{-1} + a \tag{6.112}$$

高斯模型的表达式为

$$S(f) = (1-a)\exp\left[-\frac{(f-f_0)^2}{2\sigma_f^2}\right] + a \tag{6.113}$$

指数模型的表达式为

$$S(f) = (1-a)\exp(-\beta|f-f_0|) + a \tag{6.114}$$

式中,f_0 为待定参数;f_c、σ_f 和 β 为尺度参数;a 为渐近值;n 为模型阶数。

2. 李(Lee)半经验模型

P. H. Y. Lee 等人[43]于 1995 年基于对多组实测数据的分析,提出了一个具有一定物理意义的平均多普勒谱模型。该模型将整个多普勒谱用高斯(Gaussian)、洛伦兹(Lorentzian)和沃伊特(Voigtian)三个基本函数描述。对于布拉格散射,在功率谱密度(Power Spectral Density, PSD)函数中体现为较低频率的高斯分量,采用高斯包络进行描述;对于偶尔出现的短时间周期快速移动的"单速"非退化破碎波小面元散射,在生存周期内体现为指数分布形式,采用洛伦兹函数对其进行描述;对于快速到中速的短时间周期边界布拉格波散射和(或)不同波长较短重力波的小面元散射,体现为高斯函数和洛伦兹函数的卷积,采用沃伊特函数对其进行描述。具体的函数形式如下。

(1) 由重力波和毛细波相互作用引起的布拉格散射由高斯包络函数描述为

$$\phi_{G}(f) = \frac{1}{v_{e}\sqrt{\pi}}\exp\left[-\frac{(f-f_{G})^{2}}{v_{e}^{2}}\right] \tag{6.115}$$

式中,f_{G} 为高斯谱峰的频移;$v_{e} = \omega_{e}/2\pi$ 为多普勒宽度。

(2) 快速移动的破碎波小面元散射,由洛伦兹分量描述为

$$\phi_{L}(f) = \frac{\Gamma/2\pi^{2}}{(f-f_{L})^{2} + (\Gamma/2\pi)^{2}} \tag{6.116}$$

式中,f_{L} 为洛伦兹谱峰的频移。

(3) 上述两种机制的联合影响,由高斯函数和洛伦兹函数包络的卷积沃伊特函数描述为

$$H(a,u) = \frac{a}{\pi}\int_{-\infty}^{+\infty}\frac{\mathrm{e}^{-y^{2}}}{(u-y)^{2} + a^{2}}\mathrm{d}y \tag{6.117}$$

式中,$u = (f-f_{V})/v_{e}$ 为归一化频率;f_{V} 为沃伊特包络函数的中心;$a = \Gamma/2\pi v_{e}$ 是沃伊特函数的参数。当 $a\to\infty$ 时沃伊特函数变成洛伦兹函数,当 $a\to0$ 时变成高斯函数。

李半经验模型虽然具有较为明确的物理意义,但模型形式复杂,且没有给出模型参数在实际应用中的估计方法与取值范围。

3. 沃克(Walker)半经验模型

D. Walker 等人利用造浪池的同步雷达和视频数据,建立了一个适应于较宽泛条件下的平均多普勒谱模型。通过对波从产生到破碎全过程的多普勒谱变化特性分析,推断了引起不同极化和多普勒谱的不同散射机制,即

(1) 可采用复合莱斯(Rice)理论对布拉格散射描述;

(2) 来自破碎波和白浪的散射,具有极化相对独立性;

(3) 破碎波散射是产生 HH 极化增强(即海尖峰)效应的主要原因。

基于这些分析,D. Walker 等人构建了完全由高斯函数组合而成的谱模型。对于 VV 极化,模型表达式为

$$\Psi_{V}(f) = B_{V}\exp\left[\frac{(f-f_{B})^{2}}{w_{B}^{2}}\right] + W\exp\left[\frac{(f-f_{G})^{2}}{w_{W}^{2}}\right] \tag{6.118}$$

对于 HH 极化,模型表达式为

$$\Psi_{\mathrm{H}}(f) = B_{\mathrm{H}}\exp\left[\frac{(f-f_{\mathrm{B}})^2}{w_{\mathrm{B}}^2}\right] + W\exp\left[\frac{(f-f_{\mathrm{G}})}{w_{\mathrm{W}}^2}\right] + S\exp\left[\frac{(f-f_{\mathrm{G}})}{w_{\mathrm{S}}^2}\right] \quad (6.119)$$

式中,f 为频率;f_{B} 和 f_{G} 对应于布拉格谐振波和重力波相位速度;B_{H} 和 B_{V} 由复合表面布拉格散射模型确定;W 和 S 分别为白浪和破碎波引起的回波相对强度;w_{B},w_{W} 和 w_{S} 分别表示布拉格、白浪和破碎波散射分量的频谱宽度。

　　与李半经验模型相比,沃克模型全部采用高斯函数,模型形式简单,与视频数据结合,侧重于对波浪散射演化过程的推断与描述,利用该模型可结合大量实测数据,研究不同参数条件下多普勒谱中各分量随参数变化关系,并进行经验建模。

　　为了验证这种在造浪池条件下得到的模型的适用性,D. Walker 等人利用1996 年英格兰南海岸波特兰角(Portland Bill)的崖顶雷达实测海杂波数据进行了对比分析,图 6.56 给出了逆风和顺风条件下多普勒谱的拟合结果[44]。可以看出,除了细节(毛刺)和边缘拟合效果欠佳外,模型对谱的总体形状刻画尚可,表明沃克模型可以用于描述海杂波谱的主要特征。

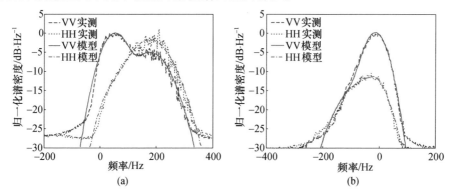

图 6.56　X 波段崖顶雷达实测海杂波谱与沃克模型拟合
(a)逆风;(b)顺风。

4. 沃德(Ward)半经验模型

　　K. D. Ward 等人[1]认为海杂波的多普勒形状应建模为一个随机过程。如果多普勒在信号时间周期 T 内形成,其中 T 比重力波调制短,但比破碎波和白浪散射的去相关时间长,即在重力波调制期间是时变的,如此多普勒谱可表述为

$$\Psi(2\pi f) = x\,\hat{\Psi}(2\pi f) \quad (6.120)$$

$$\hat{\Psi}(2\pi f) = \frac{\exp\left\{-\left[\frac{2\pi(f-f_{\mathrm{d}})}{2w^2}\right]^2\right\}}{\sqrt{2\pi w^2}} \quad (6.121)$$

式中,w 为频谱宽度;f_{d} 为平均多普勒频率;x 为伽马变化的局部功率,在短时功

率谱计算期间内起伏很小;$\hat{\Psi}(2\pi f)$ 为沃克模型的高斯谱线形状。

K. D. Ward 等人给出了一个取决于多普勒谱的归一化二阶矩的等效形状参数

$$v_{\text{eff}} = \left\{ \frac{E[\Psi^2(2\pi f)]}{E^2[\Psi(2\pi f)]} - 1 \right\}^{-1} \quad (6.122)$$

将式(6.121)进一步扩充为类似于沃克半经验模型的包含谐振波和非谐振波散射的平均多普勒频移和宽度的表达式,即

$$\Psi(2\pi f) = x \frac{A \hat{\Psi}(2\pi f, w_{\text{Bragg}}, 0) + x \hat{\Psi}(2\pi f, w_{\text{Breaking}}, 2\pi f_{\text{d}})}{A + x} \quad (6.123)$$

式中,w_{Bragg} 表示布拉格散射频谱宽度;w_{Breaking} 表示破碎波的频谱宽度;由于布拉格频移基本为 0,f_{d} 仅为破碎波的多普勒频移;A 为功率谱幅度。

沃德半经验模型基于两个基本假定,即布拉格散射分量与破碎波散射分量、白浪散射分量相互独立,且布拉格散射具有零多普勒中心;破碎波散射和白浪散射共享相同的多普勒偏移和带宽。实际中,布拉格散射存在多普勒偏移,且偏移量随着雷达频率的增加明显;破碎波散射伴随白浪散射,且两者在多普勒频移、多普勒带宽上是不同的。因此,沃德半经验模型对短时多普勒谱的刻画与实际可能存在偏差。

5. 时变多普勒谱模型

考虑到沃克半经验模型和沃德半经验模型存在的固有局限性,张玉石等人[48]发展了一种海杂波时变多普勒谱模型(以下简称时变谱模型)。该模型将三个谱分量的谱强度假设为受谱估计时间区间影响的时间随机变量,可以得到

$$S_{\text{HH}}(f, t | \Delta t) = I_{\text{Bh}}(t | \Delta t) \cdot \Psi_{\text{B}}(f) + I_{\text{W}}(t | \Delta t) \cdot \Psi_{\text{W}}(f)$$
$$+ I_{\text{S}}(t | \Delta t) \cdot \Psi_{\text{S}}(f) \quad (6.124)$$

$$S_{\text{VV}}(f, t | \Delta t) = I_{\text{Bv}}(t | \Delta t) \cdot \Psi_{\text{B}}(f) + I_{\text{W}}(t | \Delta t) \cdot \Psi_{\text{W}}(f)$$

其中

$$\Psi_{\text{B}}(f) = \exp\left(-\frac{(f - f_{\text{B}})^2}{w_{\text{B}}^2} \right) \quad (6.125)$$

$$\Psi_{\text{W}}(f) = \exp\left(-\frac{(f - f_{\text{G}})^2}{w_{\text{W}}^2} \right) \quad (6.126)$$

$$\Psi_{\text{S}}(f) = \exp\left(-\frac{[f - (f_{\text{G}} \pm \Delta f_{\text{s}})]^2}{w_{\text{S}}^2} \right) \quad (6.127)$$

式中,I_{B}、I_{W} 和 I_{S} 分别为当谱估计时间区间为 Δt 情况下随时间动态变化的布拉格、白浪、破碎波散射谱分量的强度;w_{B},w_{W} 和 w_{S} 分别表示布拉格、白浪和破碎

波散射分量的频谱宽度; Ψ_B、Ψ_W 和 Ψ_S 为三种散射谱分量的谱线形状基函数; f_B 和 f_G 分别表示对应于布拉格谐振波和重力波相速度的多普勒频率; Δf_s 表示由瞬时风和垂直重力加速度引起的在重力波相速度基础上的附加速度频移量,当重力波相速度频移量 f_G 为正时, Δf_s 前的符号取正,反之取负。该符号在物理意义上表征附加速度是沿着重力波相速度方向的。

值得注意的是,该时变多普勒谱模型中,三个谱分量的强度之和 $I_B + I_W + I_S$ 符合 K 分布中的调制分量 Γ 分布。在对时变多普勒谱进行参数优化时,需附加约束条件

$$\mathrm{abs}(f_G) > \mathrm{abs}(f_B) \qquad (6.128)$$

此条件可以保证破碎波和白浪散射的多普勒频移(主要来自于重力波相速度)大于布拉格散射的谱频移,与物理机理是相符的。

与沃克模型和沃德模型相比,式(6.124)的模型具有以下特点:

(1)沃德短时动态谱模型认为布拉格散射具有零多普勒频移,而时变谱模型引入了布拉格散射的多普勒频移。

(2)沃德半经验模型假定破碎波散射和白浪散射机制共同产生一个高斯谱分量,破碎波散射和白浪散射具有相同的多普勒频移和展宽,而时变谱模型考虑两种散射的产生机理和相关时间差异,认为海杂波多普勒谱由来自布拉格、破碎和白浪三种散射机制的三个谱分量组成。

(3)沃克半经验模型中破碎波散射和白浪散射共享相同的多普勒频移,而时变谱模型将破碎波散射谱分量的谱频移认为由重力波相速度引起的频移和附加速度引起的频移两部分组成。

6.4.3　基于实测数据的海杂波谱特性分析

1. UHF 波段海杂波多普勒谱特性

1)短时动态谱特性

图 6.57 给出了一组 UHF 波段岸基雷达海杂波数据的短时多普勒谱,采用非参数化的韦尔奇(Welch)法估计得到。谱估计过程中将海杂波数据分成 400 个观测时间区间,每个区间的长度为 100ms,由于 PRF 为 1kHz,因此短时谱估计中对应每个观测时间区间的脉冲数为 100。

由图 6.57 可以看出,由于短时谱估计的观测时间区间长度较小,海杂波多普勒谱表现出强烈的时间非平稳性。从谱的形状来看,在大部分时间段海杂波多普勒谱呈现出一种关于零频对称的双峰现象,主峰稳定性较好,频移大约为 $-8\mathrm{Hz}$ 左右,次峰有较强的时间起伏性,频移大约在 $+8\mathrm{Hz}$ 左右。这种谱双峰现象是由海面的布拉格谐振散射机制引起的,正频移谱峰代表靠近雷达的谐振波,负频移谱峰代表远离雷达的谐振波。

图 6.58 给出了与图 6.57 短时谱相对应的长时平均多普勒谱及其各频带上的谱强度起伏标准差(二阶强度矩)。从图中可以看出,平均谱与短时谱同样表现出关于零频对称的双峰现象。通过对比平均谱强度与强度起伏的标准差看出,在平均谱的正频移谱峰与谱边缘处,谱的强度起伏标准差较大,从统计意义说明谱强度的时间统计特性具有较强的尖峰性。正频移谱峰频带内的谱强度起伏较大,说明由靠近雷达的布拉格谐振波引起的海面回波起伏性较大,导致该谱分量时强时弱。平均谱边缘处(40Hz 左右)的谱强度起伏也较大,是由于谱边缘频带内只包含了偶尔出现的海杂波,而其他时间只含有热噪声贡献的缘故。

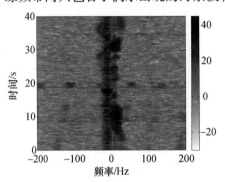

图 6.57　UHF 波段某组数据海杂波
短时多普勒谱

图 6.58　海杂波平均多普勒谱及其谱强度
起伏标准差(二阶强度矩)

　　图 6.59 给出了两个不同多普勒频率上平均谱强度随时间的变化,从图中可以直观地看出,在谱的主分量频带(-8Hz)上,谱强度的起伏较小,而在谱频率20Hz 时,谱强度的起伏性很大。

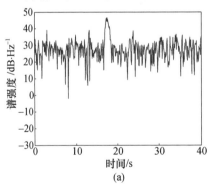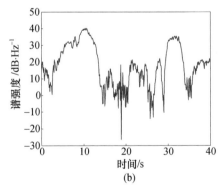

(a)　　　　　　　　　　　　　(b)

图 6.59　不同多普勒频带上平均谱强度随时间的变化
(a)多普勒频率为 -8Hz;(b)多普勒频率为 20Hz。

　　海杂波短时多普勒谱的时间非平稳性可以通过多普勒频移和展宽两个参数的时间变化特性来表征。多普勒频移 f_d 体现海面散射体运动速度的大小,多普

勒展宽 B_w 体现散射体运动速度的随机性。两个参数的定义为

$$f_d = \frac{\int_{-\infty}^{+\infty} f S(f) \, df}{\int_{-\infty}^{+\infty} S(f) \, df} \qquad (6.129)$$

$$B_w^2 = \frac{\int_{-\infty}^{+\infty} (f - f_d) S(f) \, df}{\int_{-\infty}^{+\infty} S(f) \, df} \qquad (6.130)$$

式中,f 为海杂波多普勒频率;$S(f)$ 为多普勒谱强度。

由图 6.57 给出的 UHF 波段海杂波短时多普勒谱,计算得到多普勒频移和展宽随时间的变化,如图 6.60 所示。为了分析两个参数与谱强度的关系,图 6.61 同时给出了最大多普勒谱强度随时间的变化。比较两幅图可以看出,多普勒频移在 40s 时间内起伏性很大,频移有时为正有时为负,表明布拉格散射的两个谐振波分量随海面的动态变化而变化;多普勒频移与多普勒谱强度具有较强的相关性,谱强度较大的时刻,谱频移相应较大,这主要缘于海面破碎波出现时会导致海杂波功率和谱强度变大,同时引起谱频移变大;多普勒展宽与多普勒谱强度的相关性较弱,谱展宽在整个时间区间内基本不变。

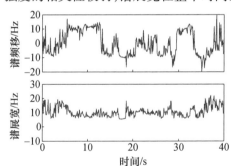 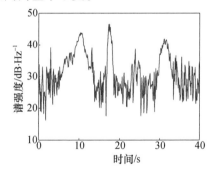

图 6.60　多普勒频移和展宽随时间的变化　　图 6.61　最大多普勒谱强度随时间的变化

2）长时平均谱特性

平均多普勒谱特性的分析对于研究海杂波谱与海面电磁散射物理机理之间的关联性具有重要的意义,由于海杂波平均多普勒谱为观测时间区间大于等于一个重力波周期时的平均谱,因此该谱能够反映整体的动态海面特性。

图 6.62 给出了不同海况下典型 UHF 波段海杂波的长时平均多普勒谱,从图中看出:

（1）低海况下多普勒谱双峰现象明显,说明布拉格散射为主要散射机制。

（2）随海况升高,布拉格双峰现象变弱,在 4 级海况下,双峰现象基本消失。

说明在高海况下,由于海面粗糙度的增加,布拉格散射机制所占比重减小,破碎波和白浪散射贡献逐渐增加。

（3）随海况增大,长时平均多普勒谱的展宽越来越大。这是由于在高海况下,破碎波和白浪散射增强,该两种散射机制会引起不同运动速度的海面散射体数量增多的缘故。

（4）随海况增大,长时平均多普勒谱的频移越来越大,说明海况越高,海浪运动速度越大,这与实际情况是吻合的。同时发现,在 3 级海况下,频移为 -2.3Hz,对应海浪速度为 0.76m/s,该速度与 3 级海况下海水的流速为 0.8m/s（参考浮标数据）基本一致。

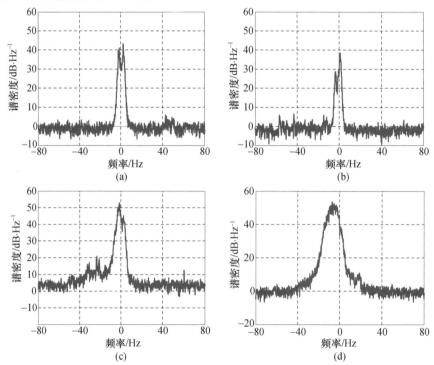

图 6.62　不同海况下 UHF 波段海杂波的长时平均多普勒谱特性
（a）1 级海况；（b）2 级海况；（c）3 级海况；（d）4 级海况。

3）模型拟合效果分析

图 6.63 给出了上述 UHF 波段海杂波短时多普勒谱数据,通过非参数化的韦尔奇法得到另一个距离门在两种观测时间长度情况下的短时多普勒谱。从图中可以看出,在观测时间为 100ms 时,多普勒谱形状中关于零频对称的两个布拉格峰非常明显,这是由于观测时间较短,可以获得海杂波动态谱精细结构的原因。然而,当观测时间较长（1000ms）,两个布拉格峰已经分辨不开,表现为一个

零频附近的主峰。若观测时间继续变长,当大于重力波周期时,海杂波谱将会随时间基本不变,变为平均多普勒谱。

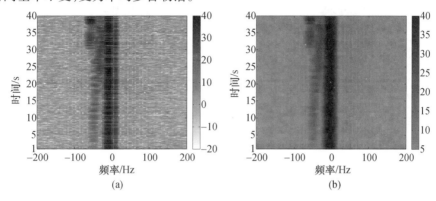

图 6.63 不同观测时间情况下的 UHF 波段海杂波短时多普勒谱(见彩图)
(a)100ms;(b)1000ms。

分别采用前面介绍的沃德短时多普勒谱模型和时变多普勒谱模型对图 6.63 中短时多普勒谱进行建模,其结果如图 6.64 和图 6.65 所示。谱建模中引入 PSO 算法用于实测谱形状的优化,PSO 算法在优化参数较多时,具有效率高,不易陷入局部极小值的优点。对比图 6.64、图 6.65 和图 6.63 可以看出:

(1)两种短时谱模型均能实现对随时间动态变化的海杂波短时多普勒谱建模,其结果基本能够描述短时谱的时间非平稳性。

(2)时变谱模型建模精度优于沃德短时谱模型。从谱的形状上来看,时变谱模型能够较好地描述短时谱的各个谱分量,例如图 6.65(a)中时变谱的建模结果能够显示出多普勒谱关于零频对称的两个布拉格峰,与实测谱一致。而沃德短时谱的建模结果中(图 6.64(a)),由于假设了布拉格散射谱分量的频移为零,两个布拉格峰被建模为一个移动到了零频上的峰,谱形状的精细结构消失。

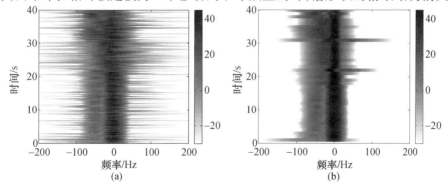

图 6.64 沃德短时谱模型对实测海杂波短时多普勒谱的建模效果
(a)100ms;(b)1000ms。

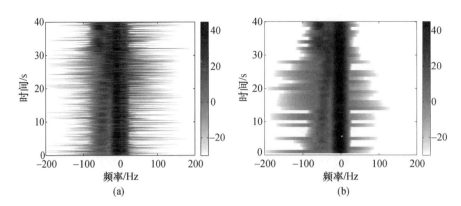

图 6.65　时变多普勒谱模型对实测海杂波短时谱的建模效果

(a)100ms；(b)1000ms。

对谱形状的建模结果差异是由谱模型的函数形式决定的,沃德短时谱模型由两个高斯函数组成,因此只能描述含两个谱峰的多普勒谱,而时变谱模型在沃德模型基础上引入了破碎波的谱分量高斯函数,因此可以描述含三个谱峰的多普勒谱。

(3) 当短时谱估计中观测时间区间较长时(如1000ms),两种谱模型的建模精度差异变小,沃德短时谱模型对实测谱的建模误差减小。这是因为当观测时间较长时,海杂波多普勒谱的精细结构不突出的原因。如图 6.63(b)中实测短时多普勒谱的精细结构不如图 6.63(a)明显,谱建模难度相应降低。

此外,当式(6.124)中各谱分量的强度不考虑时间变化时,时变谱模型可用于对平均多普勒谱的建模。图 6.66 给出了时变谱模型与沃克谱模型建模结果对比,实测谱来自图 6.62 给出的 2 级和 3 级海况平均多普勒谱。从图 6.66(a)中可以看出,在 2 级海况下,UHF 波段海杂波多普勒谱展现出两个谱峰,时变谱模型较好地刻画了两个谱峰形状,而沃克谱模型对于负频移位置处较弱的谱峰

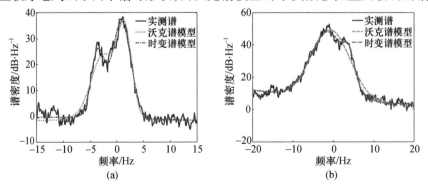

图 6.66　沃克谱模型与时变谱模型建模海杂波平均谱的性能比较

(a)2 级海况；(b)3 级海况。

描述不够准确。在 3 级海况下,实测海杂波多普勒谱在正频移位置处展现出一个较弱的谱峰,时变谱模型的建模结果对该谱峰有所体现,而沃克谱模型完全忽略了该细微结构。

表 6.22 给出了与图 6.66 对应的两种谱模型在实测海杂波平均多普勒谱建模中的参数,根据这些参数可以分析各个谱分量对总多普勒谱的贡献。

表 6.22　两种谱模型在实测海杂波平均多普勒谱建模中的建模参数

谱模型	海况	I_{Bh}/dB	I_W/dB	I_S/dB	w_B/Hz	w_W/Hz	w_S/Hz	f_B/Hz	f_G/Hz	Δf_s/Hz
沃克谱模型	2 级	31.8	15.8	9.4	1.9	3.8	2.7	1.5	−2.5	—
	3 级	43.6	8.6	0.1	6.8	17.5	6.4	−0.7	−22.3	—
时变谱模型	2 级	37.5	1.5	25.4	2.4	19.6	1.8	0.9	−10.0	−3.5
	3 级	42.8	8.6	13.7	6.3	16.8	1.8	−1.4	−22.9	3.9

2. S 波段海杂波多普勒谱特性

1) 短时动态谱特性

图 6.67 给出了一组岸基 S 波段海杂波数据所对应的短时多普勒谱。海杂波数据测量模式为岸基驻留模式,PRF 为 428Hz,短时多普勒谱采用韦尔奇法估计,谱估计过程中根据雷达的相干脉冲数限制,每个观测时间区间的脉冲数为100,由于 PRF 为 428Hz,因此谱估计的观测时间区间长度为 $100/428 \approx 0.234$s。

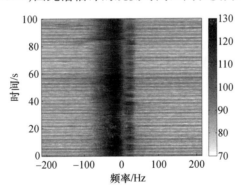

图 6.67　某组 S 波段海杂波数据的短时多普勒谱(见彩图)

从图 6.67 中可以看出,该组数据多普勒谱的形状随时间起伏变化,主要体现为负频移上的多普勒主峰与正频移上较弱的多普勒次峰,主峰的频移与展宽随时间变化较慢,而次峰随时间变化很快,该现象恰恰体现了实际海面速度分量的不断变化,表现出谱的短时动态特性。

2) 长时平均多普勒谱特性

图 6.68 给出了基于典型数据分析得到的不同海况下 S 波段海杂波的长时平均多普勒谱,其中擦地角为 4.1°,采用的海杂波数据 PRF 为 1kHz。与 UHF 波

段海杂波多普勒相比,S 波段海杂波数据的平均多普勒谱具有以下特点:

（1）不同于 UHF 波段多普勒谱易出现的双峰现象,S 波段多普勒谱基本无双峰现象,说明 S 波段布拉格散射机制在海杂波中所占贡献较小。

（2）随着海况等级增加,S 波段多普勒谱频移和展宽均增大,这与 UHF 波段多普勒谱特征相同的。说明海浪速度增加,且不同速度的海面散射体数量增多。

（3）4 级海况下,S 波段多普勒谱的展宽较大,尤其在频率 −300Hz ~ −50Hz 仍具有一定幅度的功率密度,这与海面白浪散射能够引起多普勒谱的展宽效应是对应的,说明在较高海况下,海面出现白浪散射,且该散射机制在海杂波中占有相当的比重。

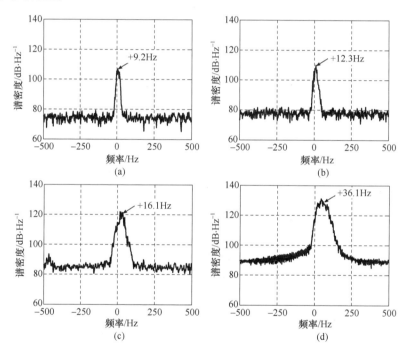

图 6.68　不同海况下 S 波段海杂波长时平均多普勒谱
(a)1 级海况；(b)2 级海况；(c)3 级海况；(d)4 级海况。

3）模型拟合效果分析

分别采用沃德短时多普勒谱模型和时变谱模型对实测海杂波短时谱进行建模,其结果如图 6.69 所示。谱建模中引入 PSO 算法用于实测谱形状的优化。建模结果与实测谱结构间的均方根误差统计（对每个时刻、每个多普勒频率上的误差取平均）表明,沃德短时多普勒谱模型拟合的均方根误差为 4.5dB,时变谱模型拟合的均方根误差为 4.4dB,尽管两者误差相差较小,但总体效果上时变谱模型建模结果仍优于沃德模型。

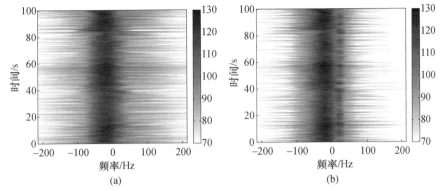

图 6.69　S 波段海杂波短时多普勒谱建模结果
（a）沃德短时多普勒谱模型；（b）时变谱模型。

对比图 6.69 和图 6.67,可以看出:

（1）时变谱模型能够实现对随时间动态变化的海杂波短时多普勒谱建模,建模结果基本能够描述短时谱的时间非平稳性。

（2）时变谱模型建模精度和稳定性优于沃德谱模型。时变谱模型对于负频移上的多普勒主峰以及正频移上的多普勒次峰刻画基本准确,而沃德短时多普勒谱模型建模结果基本体现不出多普勒次峰,造成多普勒谱中的谱分量丢失。

图 6.70 给出了两种谱模型对 S 波段海杂波平均多普勒谱建模结果对比。实测谱来自图 6.68 给出的 3 级和 4 级海况多普勒谱。从图中可以看出,由于 S 波段的谱线形状相对 UHF 波段较为简单,主要体现为单峰形式,因此沃克谱模型和时变谱模型的建模结果基本一致,均能实现对谱线结构的较准确描述,仅在一些细微结构处时变谱模型显得更为精确。表 6.23 给出与图 6.70 对应的两种

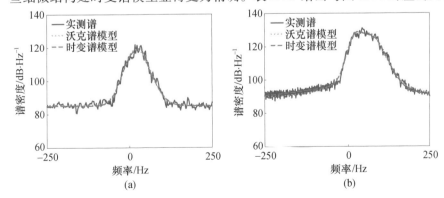

图 6.70　不同海况 S 波段海杂波平均多普勒谱与模型拟合效果
（a）3 级海况；（b）4 级海况。

谱模型的建模参数。

表6.23　两种谱模型在实测S波段海杂波平均多普勒谱建模中的建模参数

谱模型	海况	I_{Bh}/dB	I_W/dB	I_S/dB	w_B/Hz	w_W/Hz	w_S/Hz	f_B/Hz	f_G/Hz	Δf_s/Hz
沃克	3级	20.1	1.5	20.1	44.4	248.8	48.3	3.2	44.3	—
谱模型	4级	31.2	7.3	10.9	68.7	195.5	25.7	12.6	63.1	—
时变	3级	13.8	23.2	4.0	42.1	57.1	15.9	0.0	36.4	1.0
谱模型	4级	15.9	6.8	30.2	32.8	220.4	66.6	15.6	12.4	60.7

6.4.4　海杂波时间相关性

海杂波时间相关性是指来自同一区域不同时间杂波回波信号间的相关性，表征同一杂波距离单元的不同回波脉冲间的相关性。杂波样本序列的时间自相关函数(Autocorrelation Function, ACF)可以表示为

$$R(m) = \frac{1}{N} \sum_{n=0}^{N-m-1} x(n)x^*(n+m) \quad m \geqslant 0 \qquad (6.131)$$

式中，样本序列 $x(n)$ 由同一距离门不同时刻的回波构成。

通常采用归一化的自相关函数或相关系数来表示相关性，常用的皮尔逊(Pearson)相关系数计算过程可表示为

$$\rho(m) = \frac{R(m) - |\bar{x}|^2}{\overline{|x|^2} - |\bar{x}|^2} \quad m \geqslant 0 \qquad (6.132)$$

式中，$|\bar{x}|^2$、$\overline{|x|^2}$ 分别表示杂波时间序列均值的模平方和均方值。$\rho(m)$ 取值介于 -1 和 $+1$ 之间，通常将去相关时间定义为相关系数从1下降至 $1/e$ 即0.368的时间间隔。

海杂波时间相关性在频域上反映为杂波功率谱，即时间序列信号自相关函数的傅里叶变换。对于以零频为中心的对称多普勒谱，其自相关函数是一个实偶函数。如果多普勒谱存在频移，那么自相关函数可表示为一个实函数和复正弦函数 $\exp(\pm i\omega_d T)$ 的乘积，式中 ω_d 为多普勒角频率，T 为时延。复正弦函数的正负与多普勒频移方向有关，频移为正时对应 $\exp(-i\omega_d T)$，频移为负时对应 $\exp(i\omega_d T)$。对于一个可表示为高斯函数形式的对称海杂波频谱，可以从自相关函数中估计频谱宽度和频移。虽然通常海杂波频谱很少具有对称性，但是仍可以采用这种方法来较好地估计其多普勒谱频移和谱展宽。对于 X 和 S 波段，存在一个经验关系，即海杂波 3dB 谱宽近似等于 2 倍去相关时间的倒数[6]。图6.71(a)和(b)分别为林肯实验室 S 波段雷达得到的一个海杂波分辨单元的时间相关系数曲线和多普勒谱。根据图6.71(b)估计得到的多普勒频移和3dB谱宽度分别为17Hz和23Hz。由图6.71(a)可计算出相关时间约为22ms，由经验关系得到的3dB谱宽度为22.7Hz，自相关函数中正弦曲线的调制周期可以由其

虚部的第二个零点位置确定,约为 53.5ms,该周期与频移近似倒数关系,进而可计算频移约为 18.7Hz。两种途径得到的谱宽和频移估计结果基本相当。

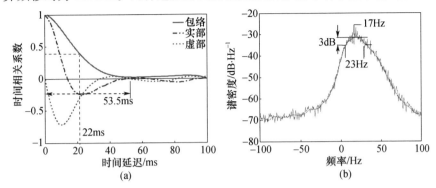

图 6.71　S 波段典型海杂波数据的时间相关系数曲线与多普勒谱

(a)时间相关系数曲线;(b)多普勒谱。

6.5　海杂波空间相关性建模

海杂波的空间相关性是指来自不同空间位置海杂波之间的相关程度,包括距离向和方位向的空间相关性。海杂波空间相关由与海洋表面轮廓相关的海杂波调制过程引起。当微波信号主要由毛细波散射(散斑)引起时,重力波的波结构引起某单元的平均功率的变化(调制过程)。另一方面,在涌浪形成的条件下,调制过程的空间自相关函数中会出现一个周期分量[49,50]。关于散斑的相关特性,I. Antipov 指出相邻距离单元之间,散斑分量建模是相互独立,海杂波的空间相关性仅由调制过程的伽马分量决定[10]。

6.5.1　海杂波距离向相关特性

海杂波距离向相关性是指径向分离的海表面后向散射信号在幅度上的相关性,测量这两个信号的时间间隔很短,可以忽略其时间相关性。海杂波距离向相关性主要采用相关函数或其归一化形式(即空间相关系数)进行分析。以 $x(k)$ 表示某个方位上第 k 个距离单元的海杂波序列,则 $x(k)$ 与 $x(k+l)$ 之间的空间相关系数定义为

$$\rho_{k,k+l} = \frac{E[x(k)x^*(k+l)] - E[x(k)]E[x^*(k+l)]}{\sqrt{D[x(k)]}\sqrt{D[x(k+l)]}} \qquad (6.133)$$

式中,$E(\cdot)$ 和 $D(\cdot)$ 分别为取均值和方差运算;上标"$*$"为复共轭。假定 $x(k)$ 是宽平稳随机序列,同时海杂波是空间均匀的,那么可以采用与式(6.132)

类似的皮尔逊相关系数估值公式

$$\rho(l) = \frac{\frac{1}{N}\sum_{k=0}^{N-l-1} x(k)x^*(k+l) - |\bar{x}|^2}{\overline{|x|^2} - |\bar{x}|^2}, \quad l \geqslant 0 \qquad (6.134)$$

式中，$|\bar{x}|^2$、$\overline{|x|^2}$ 分别表示杂波序列的模平方和均方值（即平均功率）。$\rho(l)$ 取值介于 $-1 \sim +1$ 之间，当 $\rho(l)$ 从 1 衰减为 $1/e$ 时，可以近似认为距离向的海杂波不再相关。

海杂波空间相关性与海浪或者海面波的状态有关，基于实测数据，S. Watts[51] 给出了海杂波在距离向的相关长度 L_{cor} 与风速、重力加速度等参数之间的经验公式，即

$$L_{cor} = \frac{\pi}{2} \cdot \frac{V_w^2}{g}(3\cos^2\varphi + 1)^{\frac{1}{2}} \qquad (6.135)$$

式中，φ 表示风向与雷达视线之间的夹角（°）；V_w 表示风速（m/s）；g 为重力加速度。如果雷达的距离分辨率为 ΔR，那么相关距离单元的个数 N_{cor} 为

$$N_{cor} = \frac{L_{cor}}{\Delta R} \qquad (6.136)$$

利用 X 波段岸基雷达海杂波数据对空间相关性作一分析。该试验雷达架设于距离海岸线 300m、海拔 80m 的固定平台上，可对海上船只等目标进行全天候不间断观测。数据采集方式为雷达全方位扫描，在一个方位角内，对某一波门内的径向海杂波进行采样，采集到的有效样本点数最多可达 8192 个。图 6.72 给出了不同海况时采集数据的 P 显画面，从画面中可以直观看到，低海况时，由于海表面比较平静，海杂波较弱，海杂波中的渔船等目标清晰可见；高海况时，海杂波较强，部分目标信号淹没在海杂波中。

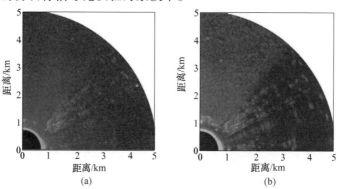

图 6.72　X 波段岸基雷达实测数据的 P 显画面（见彩图）

(a)低海况；(b)高海况。

　　图 6.73 给出了 2 级海况下实测海杂波空间相关系数随距离延迟的变化关系,可以看出,空间相关系数在不同脉宽条件下的总体变化趋势是一致的,即首先经历一段快速下降的衰减过程,然后出现一个缓慢的周期性衰减,并最终在一个很微弱的相关系数附近波动。相关长度随脉宽的不同具有显著差异,为了定量分析脉宽与相关长度的依赖关系,采用多个方位的数据分别计算相关长度并取其均值,得到的结果如表 6.24 所示。计算结果表明,相关长度与脉宽的变化趋势一致,当雷达分辨率提高时,相关长度出现下降的趋势,相关长度范围内的距离采样单元个数减少。

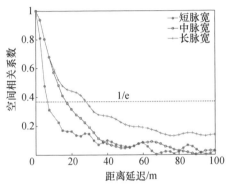

图 6.73　不同脉宽时的实测
海杂波距离向相关性

表 6.24　不同脉宽下的相关
长度计算结果

脉宽	长脉宽	中脉宽	短脉宽
距离分辨率/m	150.0	37.5	7.5
相关长度/m	30.0	17.5	7.5

　　图 6.74 给出了雷达工作在中等脉宽模式下空间相关系数在不同海况下的变化。可以看出,高海况时,海杂波的空间相关性增强,相关长度约为 190m(雷达分辨率为 37.5m),相关距离单元个数约为 5 个。对于同一片海域,在雷达参数、数据采集参数均保持相同的条件下,海杂波的空间相关性随海况的不同表现出显著差异,当海况升高时,相关长度和相关距离单元个数均明显增加。

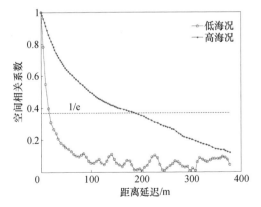

图 6.74　不同海况下的空间相关性比较

6.5.2 海杂波距离向相关建模方法

基于上述分析,结合海杂波形成机理,丁昊等人[52]提出了一种基于纹理分量的海杂波距离向相关建模方法。假设:

(1)海杂波的纹理分量和散斑分量是统计独立的随机变量。

(2)测量是在临界采样或者欠采样条件下获取的,即测量数据的距离采样间隔等于或者大于雷达距离分辨单元,在这种情况下,纹理分量在距离向相关,而散斑分量在距离向不相关。

若测量数据的获取是在过采样条件下得到的,即雷达的一个距离分辨单元内包含不止一个采样点,在进行距离向相关性分析和建模时要对数据进行抽取,以去除散斑分量之间的相关性。

令 $I(n)$ 表示海杂波强度数据,根据式(6.70)复合高斯模型,有

$$I(n) = |z(n)|^2 = \tau(n)|x(n)|^2 = \tau(n)v(n) \tag{6.137}$$

则纹理分量 $\tau(n)$、散斑分量 $v(n)$、海杂波强度 $I(n)$ 的空间相关系数 ρ_l^τ、ρ_l^v、ρ_l^I 可以分别表示为

$$\rho_l^\tau = \frac{E\{\tau(n)\tau(n+l)\} - E\{\tau(n)\}E\{\tau(n+l)\}}{\sqrt{D[\tau(n)]D[\tau(n+l)]}} \tag{6.138}$$

$$\rho_l^v = \frac{E\{v(n)v(n+l)\} - E\{v(n)\}E\{v(n+l)\}}{\sqrt{D[v(n)]D[v(n+l)]}} \tag{6.139}$$

$$\rho_l^I = \frac{E\{I(n)I(n+l)\} - E\{I(n)\}E\{I(n+l)\}}{\sqrt{D[I(n)]D[I(n+l)]}} \tag{6.140}$$

在空间均匀的情况下,以上各式可以简化为

$$\rho_l^\tau = \frac{E\{\tau(n)\tau(n+l)\} - E^2\{\tau\}}{\mathrm{var}(\tau)} \tag{6.141}$$

$$\rho_l^v = \frac{E\{v(n)v(n+l)\} - E^2\{v\}}{\mathrm{var}(v)} \tag{6.142}$$

$$\rho_l^I = \frac{E\{I(n)I(n+l)\} - E^2\{I\}}{\mathrm{var}(I)} \tag{6.143}$$

式中,$\rho_0^\tau = \rho_0^v = \rho_0^I = 1$。以下通过理论推导建立 ρ_l^τ 和 ρ_l^I 之间的关系,不难发现自

相关函数

$$R^I(l) = E\{I(n)I(n+l)\} = E\{\tau(n)\tau(n+l)v(n)v(n+l)\} \quad (6.144)$$

由于纹理分量和散斑分量独立,因此

$$R^I(l) = E\{\tau(n)\tau(n+l)\}E\{v(n)v(n+l)\} \quad (6.145)$$

当 $l \neq 0$ 时 $E\{v(n)v(n+l)\}$ 可以展开为

$$E\{v(n)v(n+l)\} = E\{x(n)x^*(n)x(n+l)x^*(n+l)\}$$

$$= 1 + E\{x(n)x(n+l)\}E\{x^*(n)x^*(n+l)\} +$$

$$E\{x(n)x^*(n+l)\}E\{x^*(n)x(n+l)\} \quad (6.146)$$

由于距离单元 n 和距离单元 $n+l$ 之间的距离间隔大于雷达距离分辨单元,根据假设条件可得式(6.146)的后两项为零。通过进一步理论推导可以建立 ρ_l^τ 和 ρ_l^I 之间的关系模型,即

$$\rho_l^I = \frac{\mathrm{var}(\tau)}{\mathrm{var}(I)}\rho_l^\tau \quad (6.147)$$

这就表明,一旦海杂波纹理分量的相关系数或者海杂波强度的相关系数中有一个为已知时,就可以利用上述关系得到另一个相关系数。因此,式(6.147)可以称为海杂波距离向相关性的关系模型。

以 K 分布为例展开,$\tau(n)$ 和 $I(n)$ 的方差分别为

$$\mathrm{var}(\tau) = \frac{\mu^2}{v}, \quad \mathrm{var}(I) = \frac{v+2}{v}\mu^2 \quad (6.148)$$

式中,v 为形状参数;μ 为杂波平均功率;利用距离向相关性的关系模型,可得

$$\rho_l^I = \frac{1}{v+2}\rho_l^\tau \quad (6.149)$$

为保证零距离延迟时的相关系数等于 1,在式(6.149)的基础上还要叠加一个修正项,以表示散斑分量的贡献,即

$$\rho_l^I = \frac{1}{v+2}\rho_l^\tau + \frac{v+1}{v+2}\delta(l) \quad (6.150)$$

$$\delta(l) = \begin{cases} 1, & l=0 \\ 0, & l \neq 0 \end{cases} \quad (6.151)$$

通过以上推导可以得出以下结论:

（1）在形状参数 v 已知的情况下，海杂波纹理分量和海杂波强度的距离向相关系数之间具有线性的变化关系（零距离延迟除外）。

（2）海杂波中快变化散斑分量的存在，使得其强度的距离向相关性要弱于纹理分量的距离向相关性。

（3）在纹理分量的距离向相关系数保持不变的前提下，随着形状参数 v 的减小（此时海杂波的拖尾程度增强），海杂波强度的距离向相关性增强。

基于上述分析，可对指数衰减型空间相关模型进行修正，得到新的模型，即

$$\rho_l^\tau = \left[\lambda + (1-\lambda)\cos^2(a\pi l)\right]\exp\left(-\frac{l}{b}\right) \tag{6.152}$$

式中的未知参数可采用非线性最小二乘法估计得到。利用式（6.152）给出的关系模型，可以得出海杂波强度的距离向相关性模型，即

$$\rho_l^l = \frac{\lambda + (1-\lambda)\cos^2(a\pi l)}{v+2}\exp\left(-\frac{l}{b}\right) + \frac{v+1}{v+2}\delta(l) \tag{6.153}$$

该模型除了包含形状参数 v 以外，还有 λ、a 和 b 三个未知参数，其含义分别为：

（1）λ 表示加权系数，取值在 $[0,1]$ 之间。它体现了周期性成分在距离向相关系数的指数衰减过程中所占的比重。若 λ 越大，则周期性趋势越不明显，当 $\lambda=1$ 时，模型退化为指数衰减模型。

（2）a 表示模型中周期性成分的变化周期。a 的取值越大，则距离向相关系数的周期性起伏越剧烈。

（3）b 存在于指数衰减成分的分母上，它反映了模型的衰减速率，与海杂波距离向的相关长度有关。b 越大，则相关性越强，相关长度也越大。

以下给出利用 S 波段实测数据对纹理分量距离向相关性模型的建模效果分析。分析步骤如下：首先从海杂波幅度的时间序列中提取出纹理分量，纹理分量的估计采用滑窗法，这里滑窗的长度取 10；接着选取某一时刻所有距离门上的纹理分量数据作为研究对象，计算其皮尔逊相关系数随距离单元延迟的关系曲线；然后采用非线性优化算法，估计出距离向相关性模型中的三个未知参数，并与实测数据计算得到的经验曲线以及指数衰减模型进行比较。图6.75 给出了 4 组不同海况下海杂波数据建模效果。可以看出，与指数衰减模型相比，距离向空间相关性修正模型与实测数据的拟合效果更好，能够反映出距离向相关系数随距离延迟的变化关系。随着海况的升高，海杂波的相关长度增大。

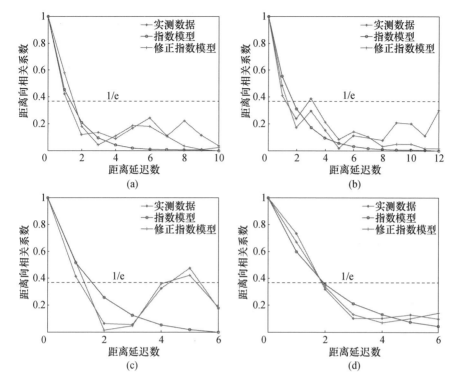

图 6.75　不同海况下海杂波距离向相关模型建模效果分析
(a)1 级海况;(b)2 级海况;(c)3 级海况;(d)4 级海况。

6.6　海杂波非线性建模

上述章节中,主要采用数理统计方法对海杂波幅度、多普勒谱、空间相关等特性进行建模,这种方法也是长期开展海杂波研究的主流方法。它基于一个重要的前提假设,即把海杂波回波信号视为一类随机信号,从而实现对随机信号的随机过程建模。随着海杂波测量数据的积累与研究的深入,人们发现在小擦地角、高分辨率、高海况等情况下,海杂波呈现出强的非高斯和不平稳性,尝试从新的视角对海杂波开展研究,其中基于分形和混沌的非线性理论成为两大研究热点。本节对此作一简要介绍。

6.6.1　海杂波分形分析

分形是指系统的组成部分与整体以某种方式相似,即系统形体内部嵌套有自相似结构,换句话说,就是系统内部任何一个相对独立的部分,在一定程度上均应是整体的再现与缩影。近年来有学者将分形理论中单一自相似变换方法用于海杂波建模,考虑到实际中海杂波局部与局部、局部与整体间的相似性并完全相同,又有学者将多重自相似变换引入到海杂波建模研究中,对海杂波内部具有自相似性的局部测度分别进行建模,比单一自相似变换建模方法更贴近实际。

由于低海况条件下海杂波的分形特性不明显,即在海面平静条件下海杂波完全失去分形特性,因此,基于分形理论的建模主要针对高分辨率和中高级海况等条件下的海杂波[53]。

1. 海杂波单一分形建模

分形理论所研究的系统是建立在自相似基础之上的,认为任何标度下,系统的局部与整体的不规则性具有相似性,这里的标度即为广义上的尺度。然而对于实际的系统,不可能在任何区间内均存在这种相似性,只可能在一定的区间(称为无标度区间)内成立,超出这个区间自相似性就不存在了,分形也就失去了意义。

设海杂波序列 $X = \{X_i, i = 1, 2, \cdots, N\}$ 表示一个平稳随机过程,其均值为 μ,方差为 σ^2。首先从该序列中减去均值得到序列 $x = \{x_i, i = 1, 2, \cdots, N\}$,其中 $x_i = X_i - \mu$。则通常情况下所谓的"随机游走"过程 $y(n)$ 即可定义为

$$y(n) = \sum_{i=1}^{n} x_i \tag{6.154}$$

实际上,$y(n)$ 为单一分形过程,而 x_i 即为 $y(n)$ 的增量过程。若采用如下幂律关系式来建模分形过程 $y(n)$,就可得到单一自相似变换模型

$$F(m) = \langle |y(n+m) - y(n)|^2 \rangle^{1/2} \sim m^H \tag{6.155}$$

式中,m 为抽取的时间间隔,即尺度;H 为 Hurst 指数。对式(6.155)两边同时取对数,可得到

$$\log_2 F(m) = \log_2(\langle |y(n+m) - y(n)|^2 \rangle^{1/2}) = H \cdot \log_2(m) + \text{const}$$
$$\tag{6.156}$$

通过解上式的线性关系式即可获得 Hurst 指数 H。这里需要说明的是,这种幂律关系可以是严格的,也可以是统计意义下成立的。

以岸基 X 波段海杂波观测数据为例,对该建模方法进行分析。图 6.76 给出了 3 级海况下 1.115km 和 3.250km 处的海杂波时间序列,可以看出图 6.76(a)起伏剧烈,表现出非高斯特性,图 6.76(b)起伏平稳,接近高斯分布。

图 6.77 分别给出了单一自相似变换建模结果。可以看到图 6.77(a)中有一段区间曲线具有良好的线性特征,而图 6.77(b)则杂乱无章,毫无线性可言。对于强的非高斯海杂波,采用单一自相似变换建模效果较好,否则不适用。

2. 海杂波多重分形建模

随着对分形研究的深入,人们发现并不存在一个普适的分形维数,仅用一个维数来描述经过复杂的非线性动力学演化过程而形成的结构显然是不够的。在

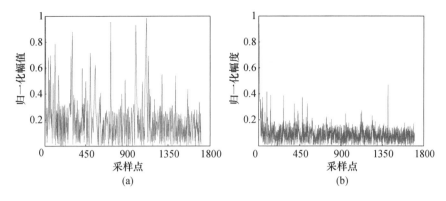

图 6.76　岸基 X 波段观测的海杂波时间序列

(a)距离 1.115km；(b)距离 3.250km。

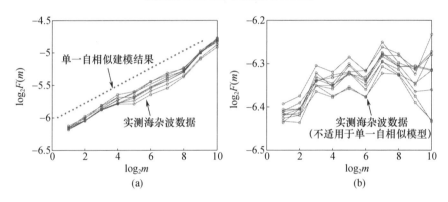

图 6.77　岸基 X 波段实测海杂波的单一自相似建模效果

(a)距离 1.115km；(b)距离 3.250km。

各个复杂形体形成过程中,其局部条件是十分重要的,不同的局部条件是造成各个复杂形体千差万别的主要原因之一。为了进一步研究在分形体形成过程中局部条件的作用,多重分形被提出来,也称"分形测度""多标度分形""复分形"等。

如果分形体的各个组成部分具有不同的几何或物理性质,即其测度(质量)μ 不再是一个均匀分布而是概率分布,使得 μ 的集中程度非常不规则,其局部测度 μ 分布服从一种指数为 α 的幂规律,这样对于不同的 α 值就可以确定不同的分形。于是,由单个测度可以生成各种各样的分形,把一个具有如此丰富结构的测度称为多重分形。

令 $P_i(\varepsilon)$ 为测度 μ 在某一区域上分布的概率,把全部概率分布 $P_i(\varepsilon)$ 组成的集划分为一系列子集,即按 $P_i(\varepsilon)$ 的大小划分为满足如下幂率的子集

$$P_i(\varepsilon) \propto \varepsilon^{\alpha} \tag{6.157}$$

式中,ε 为尺度;α 为奇异指数,它是反映分形上各个小线段奇异程度的一个量,其值与所在的子集有关。若分形上的测度是均匀的,则 α 只有一个值。令 $N_\varepsilon(\alpha)$ 为由 N_c 测度得到图形的奇异度为 α 的测量单元数,则 $N_\varepsilon(\alpha)$ 与尺度 ε 的关系定义为

$$N_\varepsilon(\alpha) \propto \varepsilon^{-f(\alpha)} \quad (\varepsilon \to 0) \tag{6.158}$$

另从测度角度定义的图形分形维数 D_0 为

$$D_0 = \frac{\ln N_\varepsilon}{\ln \varepsilon} \quad (\varepsilon \to 0) \tag{6.159}$$

变换式(6.159)得

$$N_\varepsilon = \varepsilon^{-D_0} \quad (\varepsilon \to 0) \tag{6.160}$$

对比式(6.158)与式(6.160)可以容易看出,多重分形奇异谱 $f(\alpha)$ 的物理意义是具有相同 α 值的子集的分形维数。并且由式(6.158)和式(6.160)可以得到观测到任一特定 α 的概率为

$$P_\varepsilon(\alpha) = \frac{N_\varepsilon(\alpha)}{N_\varepsilon} \propto \varepsilon^{D_0 - f(\alpha)} \tag{6.161}$$

令 $\mu_\varepsilon(x)$ 表示在尺度为 ε 的条件下以空间中一点 x 为中心的测量单元里的测度,则测度的矩为

$$M_\varepsilon(q) = \langle \mu_\varepsilon(x)^q \rangle \tag{6.162}$$

与质量指数 $\tau(q)$ 的关系为

$$M_\varepsilon(q) \propto \varepsilon^{\tau(q) + D_0} \quad (\varepsilon \to 0) \tag{6.163}$$

因此,质量指数 $\tau(q)$ 又称为矩指数。此时,配分函数为

$$\chi_q(\varepsilon) \equiv \sum_i \left[P_i(\varepsilon) \right]^q = \sum N_\varepsilon(P) P^q \tag{6.164}$$

即按照概率 P 大小进行分档后求和,$N_\varepsilon(P)$ 是概率为 P 的测量单元的数目。则将式(6.157)和式(6.158)代入式(6.164)得

$$\chi_q(\varepsilon) = \sum \varepsilon^{-f(\alpha)} \varepsilon^{\alpha q} = \sum \varepsilon^{\alpha q - f(\alpha)} = \varepsilon^{\tau(q)} \tag{6.165}$$

最后的等号在集为多重分形时成立,即

$$\sum \varepsilon^{\alpha q - f(\alpha) - \tau(q)} = 1 \tag{6.166}$$

当 $\varepsilon \to 0$ 时,$\sum$ 符号中 $\alpha q - f(\alpha) - \tau(q) > 0$ 的项趋于 0,$\alpha q - f(\alpha) - \tau(q) < 0$ 的项不应出现,否则式(6.166)将无穷大,这样只有 $\alpha q - f(\alpha) - \tau(q) = 0$ 的项保留下来,即

$$\tau(q) = \alpha q - f(\alpha) \tag{6.167}$$

对式(6.167)两边同时对 q 取微分可得

$$\alpha = \frac{\mathrm{d}\tau(q)}{\mathrm{d}q} \tag{6.168}$$

式(6.167)和式(6.168)即为由 $\tau(q)$ 和 q 求取多重分形谱 $f(\alpha)$ 的勒让德 (Legendre)变换。

以下结合实测海杂波数据,给出采用多重分形关联理论的分析结果。选取不同波段、不同极化方式和不同分辨率的两组实测海杂波数据进行分析对比。数据 1 为 IPIX 雷达低杂噪比数据,数据 2 为 S 波段雷达的海杂波数据。

首先,对数据进行简单的多重分形分析,判断其是否具有多重分形特性。图 6.78 和图 6.79 给出了两组实测海杂波数据的配分函数、奇异性强度、质量指数及多重分形谱曲线。可以看到配分函数与尺度的对数曲线在较大的区间范围内均为线性,且质量(矩)指数 $\tau(q)$ 不是 q 的线性函数,在 $q=0$ 处有一个明显的转折。因此,可以判定这两组海杂波数据都是多重分形的。由图 6.78(d)与图 6.79(d)可以看出,多重分形谱都呈向右的钩状,这表明大概率子集占主导地

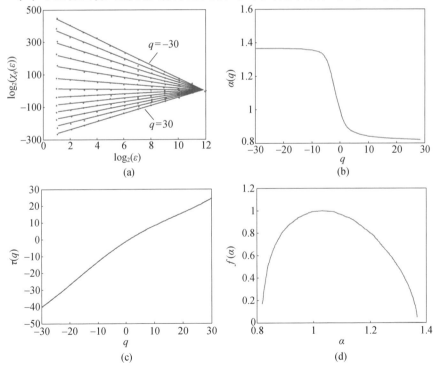

图 6.78　数据 1 多重分形特性

(a)配分函数;(b)奇异性强度;(c)质量指数;(d)多重分形谱。

位。另外,图6.79(d)中多重分形谱有负值,即出现了负维数,表明了各种可能样本之间多重分形特性的样本脉动。

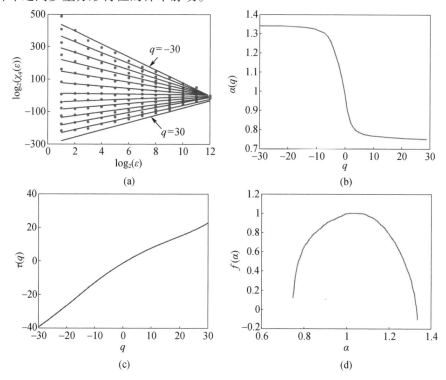

图 6.79　数据 2 多重分形特性

(a)配分函数;(b)奇异性强度;(c)质量指数;(d)多重分形谱。

6.6.2　海杂波混沌分析

混沌学认为,在确定性信号和随机信号之间,存在着另一类混沌信号,它有着非常不规则的波形,但却是由确定性机理产生的。混沌信号描述了某种不规则性,而这种不规则运动是由确定性系统内部的非线性相互作用的结果,而且混沌系统表现为对初始条件的敏感依赖性。这与海杂波的某些特性很相似,如对角度的敏感性(特别是小擦地角下)、复杂的回波序列等[54-56]。这正是促使人们采用混沌理论对海杂波研究的初衷。

1. 混沌的基本概念与判定准则

1)混沌定义

非线性动力学基于李—约克(Li–Yorke)定理,给出了比较公认的混沌定义。

李–约克定理:设 $f(x)$ 是 $[a,b]$ 上的连续自映射,若 $f(x)$ 有 3 周期点,则对

任何正整数 n,$f(x)$ 有 n 周期点。

混沌定义:闭区间 I 上的连续自映射 $f(x)$,如果满足下列条件,便可确定它有混沌现象。

(1) f 的周期点的周期无上界。

(2) 闭区间 I 上存在不可数子集 S,满足

对任意 $x,y \in S$,当 $x \neq y$ 时有

$$\limsup_{n \to \infty} |f^n(x) - f^n(y)| > 0 \tag{6.169}$$

$$\liminf_{n \to \infty} |f^n(x) - f^n(y)| = 0 \tag{6.170}$$

对任意 $x \in S$ 和 f 的任一周期点 y,有

$$\limsup_{n \to \infty} |f^n(x) - f^n(y)| > 0 \tag{6.171}$$

根据上述定理和定义,对闭区间 I 上的连续函数 $f(x)$,如果存在一个周期为 3 的周期点时,就一定存在任何正整数的周期点,即一定出现混沌现象。这一定理本身只预言有非周期轨道存在,表明一种数学上的"存在性"。

这个定义是针对一个集合给出的,但它表明了混沌系统应具有的三种性质:

(1) 存在所有阶的周期轨道。

(2) 存在一个不可数集合,此集合只含有混沌轨道,且任意两个轨道既不趋向远离也不趋向接近,而是两种状态交替出现,同时任一轨道不趋于任一周期轨道,即此集合不存在渐近周期轨道。

(3) 混沌轨道具有高度的不稳定性。

2) 奇异吸引子

描述系统演化与运动最有力的工具是相空间或状态空间。相空间是一动力系统所有可能状态集,相空间中的状态可以完全的描述系统,相空间的好处是能够用几何形式展示动力行为。

动力系统由一系列随时间改变的变量刻画,最适宜用来描述非线性系统的动力学特性是所谓的状态空间模型。状态空间可以是欧几里得(Euclidean)空间或其子空间,也可以是非欧几里得空间,例如环、球、环面等。

奇异吸引子是相空间的一个有界区域,当时间足够长时,它的所有充分接近的轨道都被吸引到吸引子的所谓吸引盆内。轨道对初始条件的敏感依赖性导致吸引子具有奇异性。即尽管体积收缩,但长度不一定在所有方向上收缩,而且和初始点任意接近的点,在充分长的时间以后,在吸引子上变成指数分离。

3) 关联维数

为完全理解混沌吸引子的特性,必须既考虑吸引子本身,又考虑其上点的"分布"或"密度"情况,因为混沌吸引子有着复杂和不规则的结构。关联函数 $C(q,r)$ 是吸引子上两点 $x(n)$ 和 $x(k)$ 被距离 r 分离概率的一种测度。这个函数

在吸引子上是一个不变量,当 r 非常小的情况下,在 D_q 维空间中关联函数遵循如下的标度法则

$$C(q,r) \approx r^{(q-1)D_q} \qquad (6.172)$$

式中,D_q 为广义分形维数,可以由下式计算

$$D_q = \lim_{r \to 0} \frac{\log[C(q,r)]}{(q-1)\log[r]} \qquad (6.173)$$

在实际中,通常要对很小 r 的一个范围来计算 $C(q,r)$,再截断 $\log[C(q,r)]$ 在 $\log[r]$ 上的线性区域,用斜率作为估计。$q = 2$ 时,D_2 被称为吸引子的相关维数。对于混沌系统,$D_2 \geq 3$ 或不是整数。

4)李雅普诺夫(Lyapunov)指数

李雅普诺夫指数(简称李指数)刻画混沌系统轨道的演化行为,不仅可以体现对初值的敏感依赖性,而且度量吸引子邻近轨道的分离或吸引的平均程度。最大李指数,如果是正的,则系统敏感依赖初始条件并初步认为是混沌的。对于 n 维混沌系统,它有 n 个李指数,称为李雅普诺夫指数谱(简称李指数谱),正的李指数表明状态空间中轨道的分离,负指数表明状态空间中轨道的收敛。对于混沌运动,至少有一个李指数大于零,轨道沿这个方向按指数律发散,但正的李指数只是混沌运动的必要非充分条件。

5)柯尔莫哥洛夫(Kolmogorov)熵

柯尔莫哥洛夫熵(简称 K 熵),也叫度量熵,是用来对任意维相空间中的混沌运动进行刻画的最重要测度。某个吸引子的 K 熵可被看作是对沿该吸引子的信息损失率的一种度量,或是在给定一个任意起点的情况下,沿该吸引子的点可预测程度的一种度量。

K 熵用于对混沌的度量,对规则运动,$K = 0$;在随机系统中,$K = \infty$;若系统表现确定性混沌,则 K 是大于零的常数。K 熵越大,那么信息的损失速率越大,系统的混沌程度越大。

6)混沌特性判定准则

给定一个实验时间序列,如何确定该时间序列是否产生于一个混沌过程呢?对于时间序列来讲,要想从数学上严格的证明系统是混沌的,几乎不可能,至少在目前是非常困难的。只能从混沌系统满足的必要条件来入手,如果所有的必要条件得到验证,说明混沌存在的可能。这些准则归纳为以下几点。

(1)系统应是非线性的。

(2)系统的吸引子维数(D_2)应该具有分形特性,并且随着嵌入维的增长收敛于一常数。

(3)系统的动力学特性敏感依赖于初始条件。也就是说至少有一个李指数应该是正的,最大李指数决定着系统的可预测程度。

（4）李指数的总和应是负的，表明系统是耗散的。

（5）卡普兰－约克（Kaplan－Yorke）维数（D_{KY}）在数值上应接近于关联维数。

（6）局部嵌入维数 d_L 应满足 $d_L < d_E$，d_E 为嵌入维数。

（7）K 熵应是大于零小于无穷的正数且由本身算法计算的数值应接近所有正的李指数和。

2. 海杂波数据的混沌预处理

被测数据的预处理是所有实验数据分析工作中的一个基本步骤。用不同的雷达，从不同的地点收集到的实验数据受各种各样噪声和误差的影响，这包括接收机噪声、A/D 转换器的量化噪声、因增益和相位不平衡产生的误差等。这些误差可在开始提取混沌参数前通过对数据进行适当的预处理而被减小，但最重要的是，要确保预处理过程不改变原杂波过程的动态特性。预处理过程主要包括滤波与同胚性测试、平稳性测试、非线性测试等。

关于滤波方式的选择，研究认为非因果 FIR 滤波有一定的优越性。而为测试各种形式滤波对混沌时间序列动力学特性的影响，通过连续性与可微性测试，可检验滤波前数据与滤波后数据的微分同胚性（diffeomorphisms）[56]。

测试时间序列是否由平稳过程产生主要基于两种方法，即周期图（Recurrence Plots）和空时分离图（Space Time Separation Plots）。周期图作为一种图形工具，用来诊断动力系统在时间的演化过程中存在的漂移和隐藏的周期性。

时间序列的非线性测试可以使用三种不同的方法来检验[57]：①整形滤波器；②替代数据分析，以点间距离的增长作为判决统计量；③替代数据分析，以相关维数 D_2 作为判决统计量。

3. 混沌特征量提取

1）相空间重建

对于几乎所有的非线性方法来讲，相空间也就是系统的原始状态空间的重建是一个基本问题。而给定一观测时间序列，如何重构相空间则成为讨论的关键。只有成功的重构相空间，保留系统的动力学特性，才能进行吸引子不变特性的估算。有两种主要的方法，分别为 MOD（Method of Delays）和 SSA（Singular Spectrum Approach）。这两种方法在理论上存在等价性。

给定观测时间序列 $\{s(i); i=1,2,\cdots,N\}$，采样间隔为 τ_s，N 是时间序列的总数据点数。利用 MOD 方法，由观测时间序列重建后得到的状态矢为

$$x^{d_E}(i) = [s_1(i), s_2(i), \cdots, s_{d_E}(i)]^T \qquad (6.174)$$

式中，$s_1(i)=s(i)$，$s_2(i)=s(i+J)$，$\cdots$，$s_{d_E}(i)=s(i+(d_E-1)J)$；d_E 是嵌入维，也称全局维，延迟时间定义为 $\tau=J\tau_s$，通常可以采用归一化令 $\tau_s=1$。

2) 关联维数估计

从实验序列中计算关联维数的方法主要有数盒子法、GPA（Grassberger - Procaccia algorithm）方法、基于最大似然估计的 STB（Schouten，Takens，and Bleek）方法等[54]。GPA 方法是应用最广泛，最经典的一个方法，它度量了吸引子表面局部点密度的改变速率。首先它计算在多维空间中矢量对 $(x(i),x(j))$ 的距离小于一给定半径 ε 的数，更精确的讲，它计算关联积分 $C(\varepsilon)$，接着通过计算 $C(\varepsilon) \sim \varepsilon$ 的 log - log 图的斜率来估计 D_2

$$D_2 = \lim_{\varepsilon \to 0} \frac{\ln(C(\varepsilon))}{\ln(\varepsilon)} \tag{6.175}$$

斜率的估计可以采用最小二乘拟合方法，对于混沌过程来说，随着嵌入维的增长，log - log 图的斜率应收敛于一常数；而对于随机过程来说，斜率是发散的。

图 6.80 给出了多组典型海杂波数据在不同入射角度下的关联维数计算结果，其中图 6.80(a) 为数据 01 集的三组不同数据结果，图 6.80(b) 为两个数据集的结果。图 6.81 给出了不同频率下海杂波数据关联维数计算结果。从结果可以看出在 70° 入射角情况下，当嵌入维数大于 18 后关联维数的变化不是很大，并随之出现了收敛值，三个数据测试结果关联维数值都集中在 12～14 之间；在 40° 入射角情况下，关联维数改变不大，出现了收敛值，范围集中在 9～12[58]。

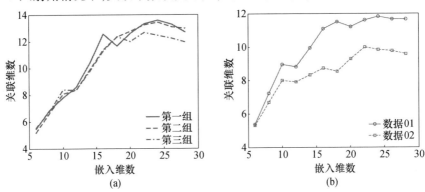

图 6.80　不同角度下 3GHz、HH 极化典型海杂波数据关联维数结果

(a) 入射角度 70°；(b) 入射角度 40°。

从这些计算结果的比较中，可以看出随着嵌入维数的增长关联维数的计算结果出现了收敛，不同的数据计算结果有差异，但是差别不大，维数值基本上集中在同一范围：9～14。关联维数可以反映出系统的复杂程度，关联维数越大，则系统越复杂。计算结果若存在差异，除了所采用的算法有区别外，可能主要是由于测量参数和海面条件的不同所致。

3) 李指数估计

从实验序列计算李指数方法较多，有些方法仅能估算最大李指数，全部李指

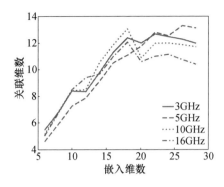

图 6.81　70°入射角、HH 极化条件不同频率数据关联维数计算结果

数的估算,可以采用 BBA(Brown,Bryant,and Abarbanel)算法[54],它是源于已知差分方程估计的方法。

表 6.25 给出了一组典型海杂波数据的最大李指数与李指数的总和,可以看出:

(1)最大李指数都大于零,范围也比较集中,也有个别指数较大或较小;当入射角很大时(80°以上),最大李指数比入射角较小情况下偏大,表明入射角较大时,海杂波对初值的敏感依赖程度增大。

(2)李指数的总和都是负的,说明系统是耗散的,物理可实现的。

表 6.25　频率 3GHz、HH 极化海杂波数据不同角度下多个数据的李指数谱

项目	40°,5 组数据	70°,10 组数据		83°,5 组数据
最大 李指数	0.0401 0.0982 0.0216 0.0160 0.1239	0.0340 0.0417 0.0478 0.0418 0.0386	0.0445 0.0392 0.0783 0.0582 0.0462	0.0905 0.0993 0.1284 0.0644 0.1977
李指数 总和	−0.0396 −0.0709 −0.1440 −0.2175 −0.0566	−0.1160 −0.1233 −0.1442 −0.1103 −0.1282	−0.1082 −0.1407 −0.1508 −0.0961 −0.1510	−0.0216 −0.1046 −0.1575 −0.0420 −0.2216

4)K 熵估计

根据 K 熵及二阶 K 熵的定义,可以根据彼此最初非常接近的两条轨迹分开所需的平均时间来计算熵。更准确方法是可以根据吸引子上最初相距小于某个给定最大距离 l_0 的两个点逐渐分离,直至其间距变得大于 l_0 所需的平均时间 t_0

来计算。

表 6.26 给出了多组典型海杂波数据的 K 熵估计结果,可以看出 K 熵的值在 0.1 左右,但不同日期、不同入射角度下数据的计算结果稍有差别。K 熵的值并不大,说明信息的损失速率比较小,表明系统的混沌程度不大。

表 6.26　不同数据集 3GHz,HH 极化数据 K 熵估计结果

	入射角度						
	40°	40°	50°	60°	70°	80°	83°
K 熵	0.0946	0.0961	0.1537	0.0620	0.0998,0.1066	0.0873	0.1601
	0.2250	0.1170			0.1099,0.0849	0.0759	0.1846
	0.0498	0.0884			0.1315,0.2427	0.0876	0.2272
	0.0250	0.1139			0.1049,0.1604	0.0764	0.1149
	0.2606	0.0912			0.0885,0.1221	0.0807	0.3464

S. Haykin 于 2002 年对海杂波混沌特性研究进行了系统总结与探讨[54]。研究表明,在中等以上海况或低海况逆浪向测量时,海杂波具有非线性。理论上,这些非线性特性可以通过严格的混沌模型进行描述,如利用判定时间序列是否为混沌的方法,可较好地区分即使存在噪声时的混沌与随机过程。但遗憾的是,对于实际获取的试验数据而言,目前的判定方法存在着严重的限制条件,往往难以得出确定性结果或结论,如对于混沌的关联维数和李指数两个关键特征量,其对海杂波的估计结果与具有随机特性的 K 分布估计结果差别不大。因此,S. Haykin 指出在某些情况下海杂波是非线性的,但是否由确定性混沌系统产生的尚无法给出决定性结论。

参考文献

[1] WARD K D,TOUGH R J A,WATTS S. Sea Clutter：Scattering,the K Distribution and Radar Performance 2nd Edition[M]. London：The Institution of Engineering and Technology,2013.

[2] SKOLNIK M I. Radar Handbook 3rd Edition[M]. New York：McGraw – Hill,2008.

[3] 焦培南,张忠治. 雷达环境与电波传播特性[M]. 北京：电子工业出版社,2007.

[4] LONG M W. Radar Reflectivity of Land and Sea 3rd Edition[M]. Boston London：Artech House,2001.

[5] NATHANSON F E,REILLY J P,COHEN M N. Radar Design Principles Second Edition[M]. New York：McGraw – Hill,1991.

[6] CHAN H C. Radar sea – clutter at low grazing angles[J]. IEE Proceedings F Radar and Signal Processing. 1990,137(2)：102 – 112.

[7] DALEY J C,RANSONE J T,JURKETT J A. Radar sea return – JOSS I[R]. Washington DC：Naval Research Laboratory,1971.

[8] WARD K D,BAKER C J,WATTS S. Maritime surveillance radar Part I：radar scattering from

the ocean surface［J］. IEE Proceedings Part F – Radar Signal Process. 1990,137（2）: 51 –62.

［9］ GREGERS – HANSEN V,MITAL R. An empirical sea clutter model for low grazing angles ［C］// IEEE International Radar Conference. Piscataway,NJ:IEEE Press,2009:1 – 5.

［10］ ANTIPOV I. Simulation of sea clutter returns［R］. Salisbury South Australia:Defence Science and Technology Organisation,1998.

［11］ SPAULDING B,HORTON D,PHAM H. Wind aspect factor in sea clutter modeling［C］// IEEE International Radar Conference. Piscataway,NJ:IEEE Press,2005:89 – 92.

［12］ ULABY F T,MOORE R K,FUNG A K. Microwave Remote Sensing Vol. II:Radar Remote Sensing and Surface Scattering and Emission Theory［M］. Massachusetts:Addison – Wesley, 1982.

［13］ MORCHIN W C. Airborne Early Warning Radar［M］. London:Artech House,1990.

［14］ ZHANG Y S,WU Z S,ZHANG Z D,et al. Applicability of sea clutter models in nonequilibrium sea conditions［C］// IET International Radar Conference. London: IET Press, 2009 （551）:1 – 4.

［15］ 张玉石,许心瑜,吴振森,等. L波段小擦地角海杂波幅度均值与风速关系建模［J］. 电波科学学报. 2015,30（2）: 289 – 294.

［16］ ZHANG Y S,ZHANG J P,LI X,et al. Modified GIT model for predicting wind – speed behaviour of low – grazing – angle radar sea clutter ［J］. Chinese Physics B. 2014, 23 （10）: 108402.

［17］ DONG Y H. Clutter spatial distribution and new approaches of parameter estimation for Weibull and K – distributions［R］. Edinburgh South Australia:Defence Science and Technology Organisation,2004.

［18］ 张玉石,张忠治,李善斌,等. 高分辨率海杂波观测研究［J］. 电波科学学报. 2008,23 （6）: 1119 – 1122.

［19］ HERSELMAN P L,BAKER C J,DE W H J. An Analysis of X – Band Calibrated Sea Clutter and Small Boat Reflectivity at Medium – to – Low Grazing Angles［J］. International Journal of Navigation and Observation. 2008,2008: 1 – 14.

［20］ DONG Y H. Distribution of X – Band high resolution and high grazing angle sea clutter［R］. Edinburgh South Australia:Defence Science and Technology Organisation,2006.

［21］ ANTIPOV I. Statistical analysis of northern Australian coastline sea clutter data［R］. Edinburgh South Australia:Defence Science and Technology Organisation,2002.

［22］ POSNER F L. Experimental observations at very low grazing angles of high range resolution microwave backscatter from the sea［R］. Washington DC:Naval Research Laboratory,1998.

［23］ STEHWIEN W. Statistics and correlation properties of high resolution X – band sea clutter ［C］// IEEE International Radar Conference. Piscataway,NJ:IEEE Press,1994:46 – 51.

［24］ CHAUDHRY A,MOORE R. Tower – based backscatter measurements of the sea［J］. IEEE Journal Of Oceanic Engineering. 1984,9（5）: 309 – 316.

[25] GRECO M, GINI F, RANGASWAMY M. Statistical analysis of measured polarimetric clutter data at different range resolutions[J]. IEE Proceedings Radar Sonar and Navigation. 2006, 153(6): 473 – 481.

[26] ANASTASSOPOULOS V, LAMPROPOULOS G A. A generalized compound model for radar clutter[C]// IEEE International Radar Conference. Piscataway, NJ: IEEE Press, 1994: 41 – 45.

[27] ANASTASSOPOULOS V, LAMPROPOULOS G A, DROSOPOULOS A, et al. High resolution radar clutter statistics[J]. IEEE Transactions on Aerospace and Electronic Systems. 1999, 35 (1): 43 – 60.

[28] BALLERI A, NEHORAI A, WANG J. Maximum likelihood estimation for compound – Gaussian clutter with inverse gamma texture[J]. IEEE Transactions on Aerospace and Electronic Systems. 2007, 43(2): 775 – 780.

[29] DING H, GUAN J, LIU N, et al. Modeling of Heavy Tailed Sea Clutter Based on the Generalized Central Limit Theory[J]. IEEE Geoscience and Remote Sensing Letters. 2016, 13(11): 1591 – 1595.

[30] SHAO M, NIKIAS C L. Signal processing with fractional lower order moments stable processes and their applications[J]. Proceedings of IEEE. 1993: 986 – 1010.

[31] MIDDLETON D. New physical – statistical methods and models for clutter and reverberation: The KA – distribution and related probability structures[J]. IEEE Journal of Oceanic Engineering. 1999, 24(3): 261 – 284.

[32] WARD K D, TOUGH R J. Radar detection performance in sea clutter with discrete spikes [C]// IET International Radar Conference. London: IET Press, 2002: 253 – 257.

[33] WATTS S, WARD K D, TOUGH R J. The physics and modelling of discrete spikes in radar sea clutter[C]// IEEE International Radar Conference. Piscataway, NJ: IEEE Press, 2005: 72 – 77.

[34] 许心瑜,张玉石,黎鑫,等. L 波段小擦地角海杂波 KK 分布建模[J]. 系统工程与电子技术. 2014, 36(7): 1304 – 1308.

[35] FARSHCHIAN M, POSNER F L. The Pareto distribution for low grazing angle and high resolution x – band sea clutter[C]// IEEE International Radar Conference. Piscataway, NJ: IEEE Press, 2010: 789 – 793.

[36] HOSKING J R M, WALLIS J R. Parameter and quantile estimation for the generalized Pareto distribution[J]. Technometrics. 1987, 29(3): 339 – 349.

[37] 张玉石,许心瑜,尹雅磊,等. L 波段小擦地角海杂波幅度统计特性研究[J]. 电子与信息学报. 2014, 36(5): 1044 – 1048.

[38] DING H, HUANG Y, LIU N B, et al. Modeling of Sea Spike Events with Generalized Extreme Value Distribution[C]// IEEE International Radar Conference. Piscataway, NJ: IEEE Press, 2015: 113 – 116.

[39] ROSENBERG L. Sea – spike detection in high grazing angle X – band sea – clutter[J].

IEEE Transactions on Geoscience and Remote Sensing,2013,51(8):4556 – 4562.

[40] MELIEF H W,GREIDANUS H,GENDEREN P V,et al. Analysis of sea spikes in radar sea clutter data[J]. IEEE Transactions on Geoscience and Remote Sensing. 2006,44(4):985 – 993.

[41] GRECO M,STINCO P,GINI F. Identification and analysis of sea radar clutter spikes[J]. IET Radar,Sonar and Navigation. 2010,4(2): 239 – 250.

[42] RAYNAL A M,DOERRY A W. Doppler characteristics of sea clutter[R]. New Mexico: Sandia National Laboratories,2010.

[43] LEE P H Y,BARTER J D,BEACH K L,et al. Power spectral lineshapes of microwave radiation backscattered from sea surfaces at small grazing angles[J]. IEE Proceedings – Radar Sonar and Navigation. 1995,142(5): 252 – 258.

[44] WALKER D. Doppler modelling of radar sea clutter[J]. IEE Proceedings Radar,Sonar and Navigation. 2001,148(2): 73 – 80.

[45] WALKER D. Experimentally motivated model for low grazing angle radar Doppler spectra of the sea surface [J]. IEE Proceedings Radar, Sonar and Navigation. 2000, 147 (3): 114 – 120.

[46] MILLER R J,DAWBER W N. Analysis of spectrum variability in sea clutter[C]// IET International Radar Conference. London: IET Press,2002:444 – 448.

[47] LOMBARDO P,GRECO H,GINI F,et al. Impact of clutter spectra on radar performance prediction[J]. IEEE Transactions On Aerospace and Electronic Systems. 2001,37(3): 1022 – 1038.

[48] 张玉石. 小擦地角海杂波测量与建模方法研究[D]. 西安:西安电子科技大学,2014.

[49] DONG Y H,MERRETT D. Analysis of L – band multi – channel sea clutter[J]. IET Radar, Sonar and Navigation. 2010,4(2): 223 – 238.

[50] WARD K D,TOUGH R J A,SHEPHERD P W. Sea clutter transient spatial coherece and scan – to – scan constant false alarm rate[J]. IET Radar,Sonar and Navigation. 2007,1(6): 425 – 430.

[51] WATTS S. Cell – averaging CFAR gain in spatially correlated K – distributed clutter[J]. IEE Proceedings Radar Sonar and Navigation. 1996,143(5): 321 – 327.

[52] DING H,GUAN J,LIU N,et al. New Spatial Correlation Models for Sea Clutter[J]. IEEE Geoscience and Remote Sensing Letters. 2015,12(9): 1833 – 1837.

[53] 关键,刘宁波,黄勇. 雷达目标检测的分形理论及应用[M]. 北京:电子工业出版社,2011.

[54] HAYKIN S,BAKKER R,CURRIE B W. Uncovering nonlinear dynamics – the case study of sea clutter[J]. Proceedings of the IEEE. 2002,90(5): 860 – 881.

[55] LEUNG S,HAYKIN S. Is there a radar clutter attractor? [J]. Applied Physics Letters. 1990,56(6): 592 – 595.

[56] HAYKIN S,PUTHUSSERYPADY S. Chaotic Dynamics of Sea Clutter [M]. Canada: Wiley –

Interscience,1999：217.

［57］张玉石,康士峰,张忠治. 海杂波的非线性测试［J］. 遥感技术与应用. 2005,20(1)：201-205.

［58］张玉石. 海杂波的混沌特性研究［D］. 青岛：中国电波传播研究所,2003.

第 **7** 章
地海杂波特性在雷达检测中的应用

◤ 7.1 引　言

任何对地对海目标探测雷达的研制与应用均离不开地海杂波数据或模型，特别是在雷达性能预测评估、波形选择、信号处理策略优选等方面尤为重要。雷达性能指标的确定，一定程度上依赖于对地海杂波特性的掌握。地海杂波数据或模型可为研究目标检测处理新方法以及雷达研制不同阶段的技术评定提供有力支持，同时它在雷达性能测试和用户验收测评中也扮演重要角色。总之，在雷达整个寿命周期内均离不开杂波数据或模型，只是在不同阶段对杂波特性的精度和细节的需求程度不同。

在地海杂波环境中，雷达性能的表征是一件相对困难的事情，因为往往无法对雷达使用环境进行准确描述。通常情况下，雷达性能指标被概括为在指定目标雷达散射截面积（Radar Cross Section，RCS）、给定地形或海况、检测概率和虚警概率条件下的探测距离。然而，对这种概括性指标若不进一步量化与说明，会导致雷达实际使用性能与设计指标产生较大偏差。比如，设计指标中给出了雷达使用的海况条件，似乎对雷达需求有了明确的定义，但实际中由于海洋气象条件、海域的不同，相同海况下会有不同的海面状态，海杂波强度及其时空变化特性不同，这将导致雷达性能出现非常大的变化。因此，对于地海杂波环境中的目标检测，不仅需要了解给定地形或海况下杂波的散射系数、幅度分布、功率谱、时间和空间相关等基本特性，还需要依据雷达频率、极化、空间分辨率、擦地角等雷达参数及风速、风向、浪高、浪向、地面粗糙度等使用环境参数，对技术指标进行认真研判和理解，合理设计雷达回波的响应及处理方法。

再者，雷达的动态性能既依赖于雷达使用环境，比如陆地、沿海、开放海域或目标密度、目标衰落、目标与杂波相互作用等，同时也依赖于采用的信号处理算法及其细节。显然，仅用探测距离不足以表征雷达的探测性能。如果对雷达竞争者之间进行性能比较，目标与杂波的所有特性必须予以明确。否则，雷达研制者会依据其自身假设，有选择性地提供一些技术指标，并由此得到雷达性能满足用户要求的"正确"结论。但这些结论往往经不起不同雷达研制方之间的相互比较,更甚者是,有可能完全偏离真实条件下的雷达动态性能。

本章首先就地海杂波对雷达性能的影响进行基本分析,然后以 K 分布杂波为例分析杂波特性对雷达检测性能评估的影响,最后针对目前对海目标检测的热点问题,介绍几种基于海杂波特性的相参自适应检测方法,这些方法对于发展海上动目标、漂浮目标以及小目标检测技术具有重要的应用前景。

◣ 7.2　地海杂波对雷达性能的影响

7.2.1　杂波散射系数

由雷达方程可知,由地面或海面的后向散射系数(均值)可以计算得到杂波平均功率、信杂比(Signal to Clutter Ratio,SCR)和杂波环境中的目标探测距离。因此,后向散射系数是雷达设计中优先考虑的因素。

以一部对海雷达为例,假定海面的后向散射系数 σ° 为 -30dB,由雷达方程得到海面散射截面为

$$\sigma_{\text{c}} = \sigma^\circ A = \sigma^\circ \frac{cT}{2} R \theta_{\text{B}} \tag{7.1}$$

取雷达探测距离 $R = 200\text{km}$,方位波束宽度 $\theta_{\text{B}} = 1°$,脉冲宽度 $T = 0.65\mu\text{s}$,则 $\sigma_{\text{c}} \approx 339\text{m}^2$。监视目标的 RCS 记为 σ_{T},若 $\sigma_{\text{T}} = 100\text{m}^2$,则雷达的输入 SCR 为

$$\text{SCR} = \sigma_{\text{T}}/\sigma_{\text{c}} \approx 0.295 \tag{7.2}$$

对一部探测性能良好的雷达,其输出信杂比通常要求达到 10dB 以上,这意味着杂波抑制因子必须做到 $10 - 10 \times \lg(\text{SCR}) \approx 15.3\text{dB}$。

杂波幅度是雷达接收机动态范围设计的重要依据。为了避免接收机限幅,并维持一个可实施探测的参考信号电平,接收机需要对接收信号幅度具有适应性。图 7.1 给出了机载雷达在特定海面场景下信干比(Signal to Interference Ratio,SIR)随距离和方位变化的例子[1]。接收机动态范围必须具备随距离和方位变化的调整能力。接收机动态范围一般通过扫描累积或灵敏度时间控制(Sensitivity Time Control,STC)实现。然而,采用自动增益控制(Automatic Gain Control,AGC)可以实现动态范围的最大化控制。为了快速适应接收信号幅度的剧烈变化(如陆海交界),AGC 的时间常数足够短,但对于大目标它的变化不显著。然而,即使一个非常好的 AGC,对于非常大型的目标,接收信号偶尔也会出现饱和现象。因此,限幅情况下的信号恢复能力是雷达设计时的一个基本要求。

本书第 5 章和第 6 章给出了多种形式的地海杂波散射系数模型。但是,还没有充分的证据证明其中任何一种模型能够代替其他模型用于准确描述杂波的

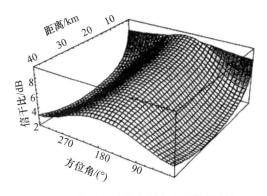

图 7.1　信干比随雷达距离和方位的变化

散射系数特性。这些模型具有基本相同的趋势,一般来说,地杂波 $\sigma°$ 随地面粗糙度、擦地角的增大而增大,而海杂波 $\sigma°$ 随海况、擦地角的增大而增大,且逆风向时最大、侧风向时最小,VV 极化条件下大于 HH 极化。但是,当某些条件或者细节变化时 $\sigma°$ 也会有较大的变化。就海杂波而言,在大多数中、大擦地角条件下,$\sigma°$ 差异约在 3dB 以内,而在小擦地角条件下,会有更大的差异,经常超过10dB。对使用者而言,如何针对其应用选择最合适的模型以及判定模型与实测数据的差别成为关键问题。虽然模型的选择是困难的,但它对雷达性能的量化评估影响却是直接的。

图 7.2 给出了由 GIT 模型得到的 X 波段(10GHz)在不同海况时的 $\sigma°$ 计算结果[2],图中 SS 代表海况,实线表示 HH 极化,虚线表示 VV 极化。从图中可以看出,相同擦地角条件下海况越高 $\sigma°$ 越大。在其他因素相同的条件下,杂波 $\sigma°$ 的增加将直接导致雷达探测性能的下降,雷达可探测目标的尺寸由小变大。因此,散射系数估计的准确性直接影响雷达探测性能的有效评估。

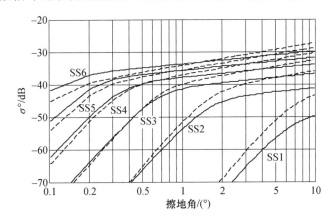

图 7.2　GIT 模型散射系数计算结果

7.2.2 杂波幅度分布

杂波幅度分布特性对于杂波环境中雷达性能表征具有重要作用。瑞利分布是一个简单的幅度分布模型。在早期的雷达中,为保持恒虚警率检测,通常利用快速时间常数电路(Fast Time – constant Circuit,FTC)或差分器控制对数视频放大器,这可以在噪声或瑞利分布杂波环境中提供一个恒定的幅度信号,实现自适应检测门限设置。但是,对于距离扩展目标或杂波边缘,该方法存在不足,即它不适用于非瑞利杂波环境。

在噪声环境中,采用单元平均恒虚警率(Cell Averaging – Constant False Alarm Rate,CA – CFAR)系统可以得到一个自适应门限。通过在距离向或方位向周围单元幅度取平均,对待检测单元的噪声水平进行估计。CA – CFAR 可以有诸多形式的变化,如有序统计量(Ordered Statistics,OS)– CFAR、有序统计选大(Ordered Statistics Greatest Of,OSGO)– CFAR、有序统计选小(Ordered Statistics Smallest Of,OSSO)– CFAR 等,不同的变化针对不同的环境情况,如杂波边缘、高密度目标环境等。

在噪声或瑞利分布杂波环境中,门限乘积因子可以通过给定的虚警概率事先求得。在非瑞利杂波环境中,仅估计待检测单元的杂波水平是不够的,门限乘积因子也需要根据局部杂波环境分别估计。为了维持一个恒定的虚警概率,需要将检测门限设置为与非高斯杂波统计特性相关的函数。对于 CA – CFAR 系统,它还依赖于杂波的空间相关特性。图 7.3 给出了机载雷达探测场景中杂波的 K 分布形状参数随距离和方位的变化,图 7.4 给出了检测门限随距离和方位的变化情况[1],可以看出,检测门限的变化量高达数个 dB。检测门限值的计算需要直接或间接地对本地杂波统计特性进行估计。任何统计特性估计误差将导致虚警概率的变化,它们依赖于所采用的估计方法以及杂波特性的时空变化。通常杂波统计特性的变化非常大,如图 7.5 所示为从海面到陆地的过渡区。在该过渡区,为了维持一个恒定的虚警概率,门限乘法因子也应该有相应的快速变化,而且变化量将达到数个 dB。

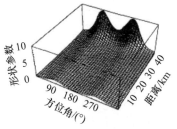

图 7.3　K 分布形状参数随
距离和方位的变化

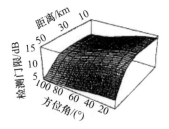

图 7.4　检测门限随距离
和方位的变化

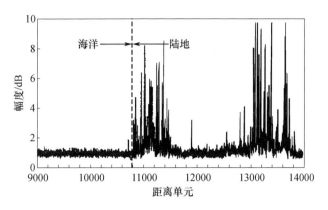

图 7.5　机载雷达陆海杂波幅度图

　　为了快速适应杂波环境的变化,一种简化方法是认为杂波幅度分布属于一个分布家族,如韦布尔分布或对数正态分布,这样可设计出分布稳健的检测器。这种方法虽可保证 CFAR 的性能,但也会带来检测性能损失。然而,真实的杂波很少在细节上能够满足这些分布,而与假设模型的偏差将导致虚警概率和检测灵敏度的显著变化。

　　在真实的杂波环境中,最好的方法是直接对本地杂波统计特性进行估计,并以此设置检测门限。很显然估计的准确性,将依赖于用于估计杂波统计特性的雷达照射区域的尺寸大小以及变化条件下(如从海面到陆地的过渡)的响应速率。

　　目前,K 分布模型是一种比较常用的幅度分布模型,它不仅匹配于宽泛条件下的观测数据,而且允许对加性噪声及相关特性的精确模拟。由该类模型预测的雷达性能虽然也会偏离雷达实际性能,但若恰当利用,能够得到比简单模型更为可靠的雷达性能估计。

　　图 7.6 给出了实测数据与 K 分布模型的拟合情况[3],其中 η 为检测门限与杂波平均强度之比,v 为 K 分布形状参数,P_{FA} 为虚警概率,实线代表 K 分布模型,虚线代表实测数据。从图中可以看出,虽然在 η 值较大时的匹配不太精确,但整个数据区间的拟合效果还是非常好的。但是为了更好地预测雷达检测性能,需要特别关注模型在尾部的拟合情况。

　　图 7.7 给出了由瑞利分布模型和 K 分布模型性能预测结果的对比[3]。图中曲线代表一个特定的视场及雷达参数情况下,最小可探测目标 RCS 的相对值随探测距离及海况的变化。图中可以看出,两种分布模型下得到的差异是明显的,而这种差异的存在使得雷达设计人员面对要求的雷达性能无所适从。因此分布模型与实测数据的匹配度对雷达性能预测有至关重要的作用。

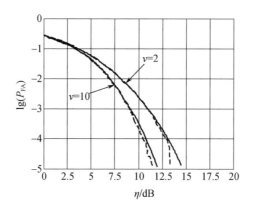

图 7.6 实测数据与 K 分布拟合

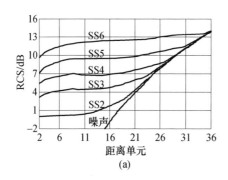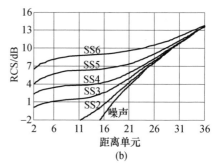

图 7.7 由 K 分布和瑞利分布模拟不同海况下的探测性能
(a)K 分布模型;(b)瑞利分布模型。

7.2.3 杂波多普勒谱

雷达回波的多普勒域处理能够提供目标与杂波间的附加鉴别,前提是目标径向速度引起的多普勒与杂波的多普勒能够区分开。成功鉴别需要地面或海面回波能够被识别和抑制。传统的实现方法是利用一个"缺口"滤波器如动目标显示(Moving Target Indication,MTI),或滤波器组如动目标检测(Moving Target Detection,MTD)。如果采用 MTI 缺口滤波器,需要把杂波"移动"到缺口的中心处使其产生最大衰减。杂波的多普勒中心频率将取决于雷达平台速度、视(观测)角及杂波本身的特性。杂波谱形状也随时空变化而变化,如被风吹动的树木、海面上的波浪、雷达天线转动或平台运动等,将导致杂波信号的谱线展宽。再如,在海杂波和风吹雨同时存在的条件下,可观测到双模谱。所有这些因素,要求雷达能够进行调整以便让杂波位于多普勒中心频率处,必要时滤波器形状也需要调整。通过采用自适应杂波锁定系统,即在一个闭环控制系统内使多普勒频移不断变化,可以实现杂波位于给定多普勒频率的中心位置。有多种方法用于锁定的保持。例如,让杂波中心位于滤波器组中的一个滤波器,闭环控制系统可以尝试对中心滤波器两边的邻近滤波器的功率进行平衡。多普勒频移通常在射频段进行处理,因为在检测前把较大的杂波回波放在 0Hz 中心位置是重要的。否则,检测器内的任何非平衡状态将被视为伪多普勒线。杂波谱的统计特性也可看作是多普勒频率的函数,对于一个 MTD 系统,每一个多普勒滤波器需要设置不同的检测门限。

　　由于实际杂波多普勒谱特性(功率、多普勒频移、频谱形状、频谱宽度等)的易变性,任何系统若想真正接近在杂波中检测目标的最佳滤波器的性能,都必须采用自适应方法。自适应方法需要估计未知杂波的统计特性,然后才能实现相应的最佳滤波。

　　在第 5 章和第 6 章中介绍了半经验地杂波和海杂波多普勒谱模型。其中沃克(Walker)半经验模型将海杂波多普勒谱描述为一个由布拉格散射、破碎波散射和白浪散射构成的三分量加权模型,且三分量均服从高斯分布。当谱时间长度远大于由海面大尺度结构引起的本地散斑功率的调制时间尺度(典型情况为秒量级),沃克半经验模型的描述是比较恰当的。这意味着,海杂波多普勒谱是表征平均调制特性的缓变功率谱。但是,当谱时间长度明显短于调制时间尺度且又长于本地散斑分量的去相关时间(0.1 秒甚至更短)时,沃克半经验模型预测结果与实际偏差较大。图 7.8 给出一个海杂波多普勒谱的典型事例[2],图中数据来自于 X 波段(10GHz)雷达一个距离单元相干观测数据,脉冲宽度为 29ns,方位波束宽度为 1.2°。沃德(Ward)半经验模型是把谱本身作为一个随较慢调制过程时间尺度变化的随机过程,并把谱看作一系列高斯型谱的加权叠加,

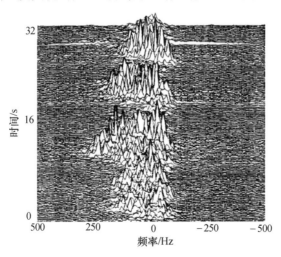

图 7.8　单个距离门海杂波多普勒谱时间序列

其中加权因子被认为是自身相关强度的调制。任何一个经验或半经验模型,其重要标志是能够表征谱的边缘特性,如海尖峰、空间上以及长时间间隔的瞬态特性等。

7.2.4 杂波的时间和空间相关性

杂波的时间和空间(距离向、方位向)相关性对雷达目标检测具有重要影响。K 分布模型为脉间频率捷变(杂波散斑分量去相关)、方位扫描以及加性噪声模拟等提供了重要评价工具[4]。

图 7.9 给出一个空间相关的例子,其中雷达距离采样间隔为 2.6m,雷达距离分辨率为 4.5m,每个距离采样点对 100 个连续脉冲进行平均去除杂波的散斑分量,并获得杂波的平均幅度[5,46-49]。图 7.10 为一个长周期的自相关函数(Autocorrelation Function, ACF),可以看出周期性特性不明显,这是由于杂波存在瞬时相干结构,可通过对距离—时间图的傅里叶变换分析(即 $\omega-k$ 图)进行验证[6,7]。

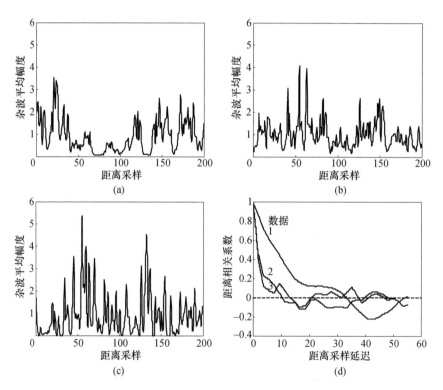

图 7.9 实测海杂波数据的空间相关性

(a)数据 1, $v=1$;(b)数据 2, $v=0.5$;(c)数据 3, $v=5$;(d)实测海杂波数据的空间相关性。

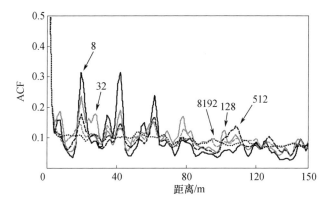

图 7.10　实测海杂波的距离 ACF(1 级海况,8 ~ 8192 个脉冲平均,显示瞬时相关性)

　　传统的 CA – CFAR,包括其变形(如对数 CFAR),必须根据杂波特性(包括空间相关)调整其门限乘法器。这可以直接通过杂波参量估计来实现,或者通过测量达到虚警概率的闭环控制系统来实现。人们感兴趣的方法还有基于先验知识(即利用对环境的先期认知)而进行处理的方法。

　　然而,由于杂波尖峰的出现,特别是不能通过脉间频率捷变去相关的离散尖峰,成为传统 CFAR 系统虚警概率不能有效控制的重要原因。区分离散尖峰和目标的一个主要特征是尖峰的有限持续时间。采用扫描积累或者去除一些单元耦合的跟踪前检测,将是消除短时移动尖峰的有效方法。而尖峰与漂浮目标(如潜望镜)之间的区分,需要利用其他方法,具有代表性的区分特征包括距离扩展、极化和多普勒特征等。对于慢速小目标,其多普勒谱淹没在杂波多普勒谱中,因此,传统的 MTD 处理是无效的。另外,窄波束扫描天线的短时波束驻留时间,导致传统的脉冲多普勒处理的分辨率不足以提供有效的杂波改善因子。因此,一般要求采用非相参处理。

　　采用非相参处理,对于固定频率,波束驻留时间内不足以对杂波的散斑分量去相关,此时脉间积累是无效的。可以通过快速扫描(每秒多次扫描)去相关,然后进行扫描间积累。也可以在波束驻留时间内采用频率捷变技术对杂波散斑分量去相关,使得脉间积累更加有效。然而,频率捷变会降低距离分辨率,较低的扫描速率会降低扫描间积累性能,所以通常需要折中。

　　由杂波的谱特性可知,常规的处理方法存在很大局限性,因为这些方法通常是在忽略(或平均掉)海杂波的空间变化的情况下,利用协方差矩阵对海杂波进行描述。沃德等人基于海杂波的瞬时相关特性,提出了一种检测处理方法[7]。该方法为预测海杂波结构、海尖峰的发生与发展等提供了有益探索。这意味着好的杂波谱及其空间变化模型对于发展新的检测技术将起到至关重要的作用。

▨ 7.3 K 分布杂波背景下的雷达检测性能评估

上节中概括性地介绍了地海杂波特性对雷达性能的影响,本节以 K 分布杂波为例,具体探讨杂波特性在雷达检测性能评估中的应用。

7.3.1 虚警概率

如果用门限装置来判断干扰背景中有无目标信号存在,则这种门限装置的性能可以用检测概率 P_D 和虚警概率 P_{FA} 来描述。若雷达接收机采用平方律检波,门限装置的特性可以用接收机输出功率的门限值 Y 来衡量,如果超出这个门限,则判断为"有目标",反之则判断为"无目标"。由于受干扰信号起伏的影响,偶尔也可以使接收机的输出超过其相应的门限值 Y。定义没有目标信号而接收机输出又超过门限值 Y 的概率称为虚警概率,可表示为

$$P_{FA} = \int_Y^\infty p_i(z)\,\mathrm{d}z \tag{7.3}$$

式中,z 为干扰信号功率;$p_i(z)$ 为其概率密度函数。

雷达回波信号检测时,首先将接收到的脉冲序列进行积累,然后建立基于合成积累信号的检测判决。K 分布海杂波的散斑分量,可以通过频率捷变去相关,而调制分量具有长的相关时间不受频率捷变影响。通过脉冲积累,可以提高输出信杂比。

若采用平方律检波,进行 N 脉冲积累检测,则总的杂波回波功率[5]为

$$\mu = \sum_{i=1}^N z_i \tag{7.4}$$

$\mu|x$ 的概率密度函数为

$$P(\mu|x) = \frac{\mu^{N-1}}{(x+p_n)^N(N-1)!}\exp\left(\frac{-\mu}{x+p_n}\right) \tag{7.5}$$

式中,调制分量 x 服从伽马分布。给定门限值 Y,则虚警概率表达式为

$$P_{FA}(Y) = \int_Y^\infty \int_0^\infty P(\mu|x)P(x)\,\mathrm{d}x\mathrm{d}\mu = \frac{1}{(N-1)!}\int_0^\infty \Gamma\left(N, \frac{Y}{x+p_n}\right)P(x)\,\mathrm{d}x$$

$$\tag{7.6}$$

$$P(x) = \frac{b^v}{\Gamma(v)}x^{v-1}\exp(-bx) \tag{7.7}$$

式中,$\Gamma(\cdot)$ 是不完全伽马函数。

图 7.11 ~ 图 7.13 分别给出了不同条件下雷达虚警概率 P_{FA} 随着门限值 Y 的变化,分别取 K 分布形状参数 $v = 0.1$、1、10 和 100。图 7.11 为采用单脉冲检测,从图中可以看出,对于给定的虚警概率 P_{FA}(小于 10^{-1}),当 v 值减小时,它所需要的检测门限值 Y 增加。这表明增强的尖峰效应容易淹没目标,从而导致雷达检测性能下降。图 7.12 为采用 10 个脉冲积累检测,且检测背景仅考虑杂波。图 7.13 为采用 10 个脉冲积累检测,同时考虑噪声和杂波影响时,其尖峰效应小于仅考虑杂波时的情况。尖峰效应的减小同时也降低了给定门限值时的虚警概率。

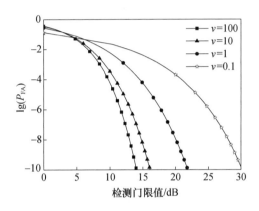

图 7.11　单脉冲检测虚警概率随门限值的变化

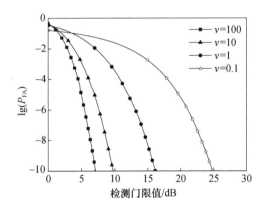

图 7.12　10 脉冲积累检测虚警概率随门限值的变化(仅考虑杂波)

7.3.2　检测概率

类似虚警概率,当目标信号存在时,使接收机输出功率超过门限值 Y 的概率称为检测概率。根据式(7.3),使用目标混合干扰信号的概率密度函数 $p_{si}(z)$

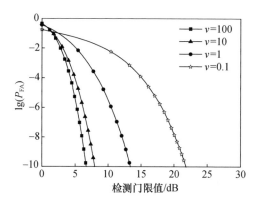

图 7.13　10 脉冲积累检测虚警概率随门限值的变化(考虑噪声和杂波)

代替干扰信号的概率密度函数 $p_i(z)$，可以得到检测概率的表达式为

$$P_D = \int_Y^\infty p_{si}(z)\,\mathrm{d}z \tag{7.8}$$

当瑞利分布杂波中包含一个非起伏目标回波信号时，使用平方律检波器检波，得到其检测概率为

$$P_D = \int_Y^\infty P(z\mid A)\,\mathrm{d}z = \int_Y^\infty \frac{1}{x}\exp\Big(-\frac{z+A^2}{x}\Big)I_0\Big(\frac{2A\sqrt{z}}{x}\Big)\mathrm{d}z \tag{7.9}$$

式中，$I_0(\cdot)$ 为第一类零阶修正贝塞尔函数；A 为目标信号的幅值；x 是杂波功率均值。

对于 K 分布杂波加噪声背景下的目标检测问题，其检测概率表达式[5]为

$$P_D(Y) = \int_0^\infty P_D(Y\mid x)P(x)\,\mathrm{d}x \tag{7.10}$$

$$P_D(Y\mid x) = \int_Y^\infty \frac{1}{x+p_n}\exp\Big(-\frac{z+A^2}{x+p_n}\Big)I_0\Big(\frac{2A\sqrt{z}}{x+p_n}\Big)\mathrm{d}z \tag{7.11}$$

其中，$P_D(Y|x)$ 表示噪声背景下推导得到的检测概率；$P(x)$ 表示伽马分布概率密度函数，其表达式如式(7.7)所示；p_n 表示噪声功率。将式(7.11)、式(7.7)代入式(7.10)，可得到 K 分布海杂波下的检测概率

$$P_D(Y) = \int_0^\infty \int_Y^\infty \frac{1}{x+p_n}\exp\Big(-\frac{z+A^2}{x+p_n}\Big)I_0\Big(\frac{2A\sqrt{z}}{x+p_n}\Big)\frac{b^v}{\Gamma(v)}x^{v-1}\exp(-bx)\mathrm{d}z\mathrm{d}x$$

$$\tag{7.12}$$

当对幅度为 A 的非起伏目标进行单脉冲检测时，接收回波信号的强度服从莱斯分布，其概率密度函数 $P(z|A,x)$ 表达式为

$$P(z|A,x) = \frac{1}{x+p_n}\exp\left(-\frac{z+A^2}{x+p_n}\right)I_0\left(\frac{2A\sqrt{z}}{x+p_n}\right) \qquad (7.13)$$

对式(7.13)进行 N 重卷积,能够得到 N 脉冲积累检测回波信号的检测概率,即

$$P(\mu|s,N) = \left(\frac{\mu}{s}\right)^{\frac{N-1}{2}} e^{-(\mu+s)}I_{N-1}(2\sqrt{\mu s}) \qquad (7.14)$$

式中,μ 为 N 脉冲回波功率总和由噪声和杂波散斑分量功率归一化得到,即

$$\mu = \frac{1}{x+p_n}\sum_{i=1}^{N} z_i \qquad (7.15)$$

s 为 N 脉冲目标回波功率的总和由噪声和杂波散斑分量功率进行归一化得到,即

$$s = \frac{1}{x+p_n}\sum_{i=1}^{N} A_i^2 \qquad (7.16)$$

式(7.14)中,$I_n(\cdot)$ 是第一类 n 阶修正贝塞尔函数。式(7.14)表明,μ 的概率密度函数仅仅依赖于 s。因此,为了计算检测概率 P_D,只需获得 s 的分布即可,而不需要 A_i^2 各自的分布。这意味着扫描间和脉间的目标起伏可以使用相同的公式进行计算。当 s 服从伽马分布时,马库姆(Marcum)和斯威林(Swerling)模型便是这一分布家族中的特例。

$$P(s|S,k) = \frac{s^{k-1}}{\Gamma(k)}\left(\frac{k}{S}\right)^k e^{-\frac{ks}{S}} \qquad (7.17)$$

式中,k 表示伽马分布形状参数,S 的表达式为

$$S = \frac{N\langle A^2\rangle}{x+p_n} \qquad (7.18)$$

当 k 取不同值时,对应于不同的斯威林模型,即斯威林 0、1、2、3 和 4 型。斯威林模型是关于目标 RCS 起伏的统计和相关特性的 5 种标准统计假设[8]。

(1) $k=1$ 时,对应于斯威林 1 起伏目标模型。该模型假设目标回波幅度在任意一次扫描周期内都是恒定的,但在扫描周期间是独立的、服从瑞利分布的随机变量。

(2) $k=N$ 时,对应于斯威林 2 起伏目标模型。该模型假设目标回波幅度在脉间是起伏变化的,它在脉间是统计独立的瑞利分布随机变量。

(3) $k=2$ 时,对应于斯威林 3 起伏目标模型。该模型假设目标回波幅度在任意一次扫描周期内都是恒定的,但在扫描周期间是独立的、服从一主加瑞利分布的随机变量。斯威林 3 型仅在目标回波幅度分布形式上与斯威林 1 型不同。

(4) $k=2N$ 时,对应于斯威林 4 起伏目标模型。该模型假设目标回波幅度在脉间其起伏变化的,它在脉间是统计独立的一主加瑞利分布随机变量。斯威

林4型仅在目标回波幅度分布形式上与斯威林2型不同。

（5）$k = \infty$ 时，对应于斯威林0起伏目标模型，即非起伏目标模型。

当K分布海杂波中存在起伏目标时，进行 N 脉冲积累，其检测概率的表达式为

$$P_D(Y \mid x) = \int_0^\infty \int_Y^\infty P(\mu \mid s;N) P(s \mid S;k) P(x) \mathrm{d}\mu \mathrm{d}x \qquad (7.19)$$

图7.14和图7.15分别给出了采用单脉冲检测和10脉冲积累检测非起伏目标时，检测概率 P_D 随信杂比的变化关系，取K分布的形状参数为1，虚警概率分别为 10^{-2}、10^{-4} 和 10^{-6}。从图中可以看出，随着虚警概率的增大，要达到给定的检测概率所需要的信杂比亦增大，同时检测概率随信杂比变化的曲线越来越陡峭，这说明当信杂比达到一定的范围时，其在一个很小范围内的变化将会导致检测概率发生较大变化。对比图7.14和图7.15可以看出，在相同虚警概率和检测概率条件下，10脉冲积累检测比单脉冲检测所需要的信杂比减小，更容易检测到目标。

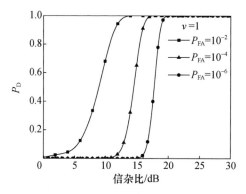

图7.14　非起伏目标检测概率随信杂比的变化（单脉冲检测）

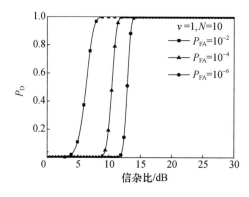

图7.15　非起伏目标检测概率随信杂比的变化（10脉冲积累检测）

图 7.16 给出了 K 分布形状参数为 1、虚警概率为 10^{-4} 时,10 脉冲积累检测 5 种斯威林型起伏目标的检测概率随信杂比的变化。图中可以看出,斯威林 0 型目标随信杂比的变化曲线最陡峭,当达到一定的信杂比后,检测概率随信杂比 的变化非常迅速,而其他 4 种斯威林型目标的变化较缓。

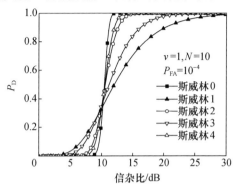

图 7.16　不同类型起伏目标检测概率随信杂比的变化(10 脉冲积累检测)

图 7.17 为 10 脉冲积累检测斯威林 1 型目标的检测概率随信杂比的变化。 可以看出,对于给定的虚警概率 10^{-4},海杂波的 K 分布形状参数越小,相同检测 概率条件下需要的信杂比越大。这是由于形状参数越小海杂波的非高斯特性越 强,海杂波中更可能出现“尖峰”,它容易与目标信号混淆,所以需要更大的信 杂比。

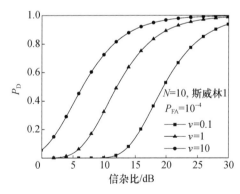

图 7.17　斯威林 1 型目标的检测概率随信杂比的变化(10 脉冲积累检测)

图 7.18 为 10 脉冲积累检测斯威林 1 型目标的检测概率随信干比(干扰指 杂波加噪声)的变化,可以看出,对于给定的虚警概率,随着杂噪比(CNR)的减 小,要达到给定的检测概率所需要的信干比减小,这是由于随着杂噪比的减小, 干扰越趋向于噪声,而噪声中的目标检测比 K 分布杂波中的目标检测更加 容易。

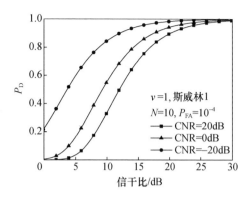

图 7.18　斯威林 1 型目标的检测概率随信干比的变化(10 脉冲积累检测)

7.3.3　雷达探测距离

对于发射和接收共用一副天线的单基地雷达,其雷达方程为

$$P_r = \frac{P_t G^2 \lambda^2 \sigma}{(4\pi)^3 R^4 L} \tag{7.20}$$

式中,P_t 为雷达的发射功率;P_r 为接收功率;G 为天线的增益;λ 为雷达的工作波长;σ 为目标截面积;R 为雷达的作用距离;L 为系统损耗。

当雷达检测杂波背景中的目标时,目标、杂波和噪声功率(P_s、P_c 和 P_n)分别为

$$P_s = \frac{P_t G^2 \lambda^2 \sigma_t}{(4\pi)^3 R^4 L_a L_\mu} \tag{7.21}$$

$$P_c = \frac{P_t G^2 \lambda^2 \sigma^\circ A_c}{(4\pi)^3 R^4 L_a L_\mu} \tag{7.22}$$

$$P_n = k T_0 B F_n \tag{7.23}$$

式中,u_c 为脉压增益;σ_t 为目标 RCS 均值;σ° 为杂波散射系数;A_c 为雷达分辨单元的尺寸;L_μ 代表所有的微波损耗和滤波器不匹配损耗;L_a 为传播损耗;k 为玻尔兹曼常数($k = 1.38 \times 10^{-23}\,\mathrm{W_s/K}$);$T$ 为基准温度 290K;B 为接收机带宽(单位 Hz);F_n 为接收机噪声系数。

由杂波背景下的虚警概率、检测概率的计算方法和杂波散射系数模型(或杂波实测数据),可以得到雷达最小可检测目标 RCS 随探测距离的变化,具体的计算步骤如下。

(1)根据经验模型或测量数据计算 K 分布杂波的形状参数 v 和尺度参数 b。

（2）给出雷达需要满足的虚警概率 P_{FA}，由形状参数 v 和尺度参数 b 得到此时的雷达检测门限值 Y。

（3）给出雷达的检测概率 P_D，由检测门限值 Y 得到满足与检测概率所对应的信干比 SIR。

（4）由散射系数模型或实测数据，得到杂波散射系数 $\sigma°$。

（5）根据信干比 SIR、散射系数 $\sigma°$、探测距离 R 以及其他相关参数，可以由信干比公式推导得到雷达最小可检测目标的 RCS，即

$$\frac{S}{I} = \frac{P_s}{P_c + P_n} \tag{7.24}$$

式中，P_s，P_c 和 P_n 的表达式如式（7.21）～式（7.23）所示。

这里以一部岸基 L 波段雷达为例，计算其不同情况下的探测距离。雷达工作频率为 1.3GHz，峰值发射功率为 2kW，天线增益为 32dB，脉冲重复频率 1.8kHz，雷达带宽 100MHz，天线温度 295K，噪声系数 4dB，所有损耗 6dB，单次检测概率 0.5，虚警概率 10^{-4}。图 7.19 和图 7.20 分别给出了 HH 和 VV 极化条件下雷达最小可检测目标 RCS 随探测距离的变化，其中雷达高度 H 为 100m，采用 TSC 海杂波散射系数模型，每种极化方式分别对应 1～5 级海况。可以看出，当检测近距离目标时，干扰背景以海杂波为主，雷达最小可检测目标 RCS 主要受海杂波影响。当探测距离增大到一定程度，杂波减弱，干扰背景以噪声为主，最小可检测目标 RCS 主要受噪声影响。图 7.21 给出了雷达高度 H 为 300m 时，采用 TSC 海杂波散射系数模型，极化方式为 VV，最小可检测目标 RCS 随探测距离的变化，与图 7.20 进行对比可以看出，当雷达天线升高时，在相同的探测距离上需要较大的目标 RCS 才能检测到。这是由于相同探测距离条件下，雷达天线越高对应的擦地角越大，杂波强度越大，因此可探测目标需要有更大的 RCS。

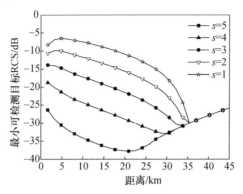

图 7.19　最小可检测目标 RCS 随探测距离的变化

（VV 极化，$H = 100$m，TSC 模型）

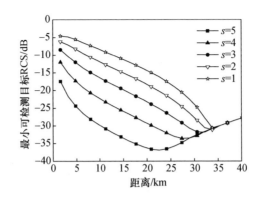

图 7.20 最小可检测目标 RCS 随探测距离的变化
（HH 极化，$H=100\text{m}$，TSC 模型）

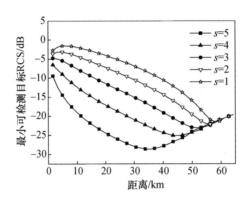

图 7.21 最小可检测目标 RCS 随探测距离的变化
（VV 极化，$H=300\text{m}$，TSC 模型）

在雷达高度 H 为 100m，VV 极化条件下，图 7.22 和图 7.23 分别给出了散射系数采用 GIT 模型和 NRL 模型时，雷达最小可检测目标 RCS 随探测距离的变化关系，与图 7.20 进行对比可以看出，由于选择海杂波散射系数模型的不同导致估算结果存在较大差异，其中采用 GIT 模型在低海况时估算性能较好，采用 TSC 模型和 NRL 模型时最小可检测目标 RCS 随距离变化较为缓慢，而采用 GIT 模型则下降比较快。

图 7.24 给出了基于实测海杂波数据、GIT 模型和 TSC 模型时估算的最小可检测目标 RSC 结果对比，其中雷达高度 H 为 100m，极化方式为 VV。可以看出，高海况时的最小可检测目标 RCS 大于低海况时的结果，说明低海况时雷达在同样的距离上可检测出 RCS 更小的目标，所以在低海况时探测距离大于高海况的情况，这与实际相符，并且高海况时的海杂波有更多的"尖峰"存在，容易和目标混淆，从而导致更高的虚警。高海况下经验模型与实测数据结果之间的差异明

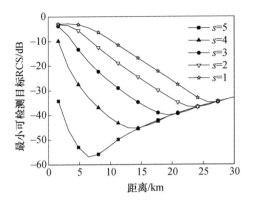

图 7.22 最小可检测目标 RCS 随探测距离的变化

（VV 极化,$H = 100\mathrm{m}$,GIT 模型）

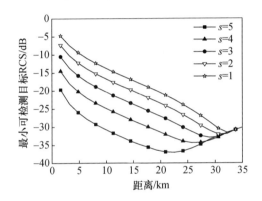

图 7.23 最小可检测目标 RCS 随探测距离的变化

（VV 极化,$H = 100\mathrm{m}$,NRL 模型）

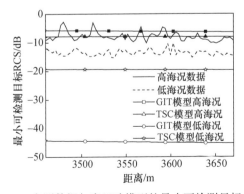

图 7.24 实测数据与半经验模型的最小可检测目标 RCS

显小于低海况情况下,这说明该测量条件下海杂波散射系数模型与高海况下的
实测数据吻合性更好。

7.3.4 雷达恒虚警检测

标准雷达门限检测假设干扰电平是已知常数,这就允许精确地设定一个对应于特定虚警概率指标的门限。但事实上,干扰电平通常是变化的,恒虚警检测就是致力于在实际干扰环境下提供可预知的检测技术。

在瑞利包络杂波环境中,采用平方律检波时,其虚警概率的表达式为

$$P_{FA} = \int_Y^\infty P(z)\mathrm{d}z = \exp(-Y/x) \tag{7.25}$$

式中,Y 表示检测门限值;x 表示杂波的平均功率。因此,检测门限值 Y 可表示为

$$Y = -x\ln P_{FA} \tag{7.26}$$

即门限值 Y 与海杂波平均功率 x 成正比关系。

假设杂波平均功率值为 x_0,预设门限值是 Y_0,则有 $P_{FA0} = \exp(-Y_0/x_0)$,但实际的海杂波平均功率值为 x,则此时的虚警概率为

$$P_{FA} = \exp(-Y_0/x) = \exp(x_0\ln P_{FA0}/x) = P_{FA0}^{x_0/x} \tag{7.27}$$

虚警概率的增量变化因子可以写为

$$P_{FA}/P_{FA0} = P_{FA0}^{(x_0/x-1)} \tag{7.28}$$

图 7.25 给出的是在三个不同的虚警概率设计下式(7.28)所表示的虚警概率的增量因子函数,由图可见,在杂波平均功率变化的前期阶段(小于 10dB),将导致虚警概率增长因子出现大的变化。这意味着对于一定的检测门限值,如果杂波平均功率变化时,虚警概率会在一个较大的范围内变化,此种情况下,即使信杂比很大,也无法正确检测信号。

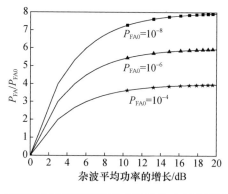

图 7.25 虚警概率增量因子随海杂波平均功率增量因子的变化

　　为了获得稳定的检测性能,雷达设计者希望无论杂波平均功率如何变化,检测系统的虚警概率能够保持不变。为了达到这一目的,需要具备对杂波平均功率实时估计的能力,从而相应地调整雷达检测门限以获得期望的虚警概率。能够保持恒定虚警概率的检测器被称为恒虚警率检测器。

1. 均值类恒虚警检测

　　这一类 CFAR 检测方法的共同点是在局部估计中采用了取均值的方法,最早的均值类 CFAR 方法是 CA – CFAR[9],后来为改善非均匀杂波背景中的检测性能,又相继出现了选大(Greatest Of,GO) – CFAR[10]、选小(Smallest Of,SO) – CFAR[11]和加权单元平均(Weighted Cell Averaging,WCA) – CFAR[12,13]等方法。

　　参考单元采样一般由杂波包络形成。图 7.26 为均值类单脉冲 CFAR 检测器的框图。图中 D 为待检测单元回波功率,两侧为保护单元,$\{x_i, i=1,2,\cdots,P\}$ 表示参考单元回波功率,参考滑窗总长度为 P,前沿和后沿滑窗的长度分别为 $P/2$。X_L 和 X_R 分别表示的是前沿和后沿滑窗的局部估计,其中比较器的自适应判决准则是

$$D \begin{cases} > TZ, & H_1 \\ < TZ, & H_0 \end{cases} \tag{7.29}$$

式中,H_1 为有目标;H_0 为没有目标;Z 为杂波功率估计;T 为门限乘积因子。保护单元的作用是为了防止检测单元中目标能量泄漏到参考单元影响杂波功率的两个局部估计值。

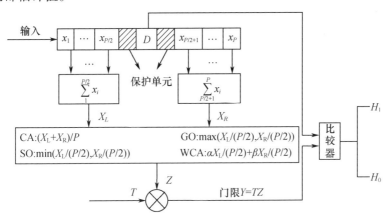

图 7.26　均值类单脉冲 CFAR 检测器框图

　　对于 CA – CFAR,当杂波幅度服从 K 分布时,Z 的概率密度函数很难得到闭形表达式,仅对于杂波形状参数 $v = m + 1/2(m = 0,1,\cdots)$ 的特殊情况,可得到闭形表达式[14]。

当 $v=0.5$ 时，Z 的概率密度函数为

$$f(Z) = \frac{2P\sqrt{b}}{\Gamma(P)}(2P\sqrt{b}Z)^{P-1}\mathrm{e}^{-2P\sqrt{b}Z} \tag{7.30}$$

式中，b 为 K 分布尺度参数。虚警概率可表示为[14]

$$P_{FA} = \int_0^\infty \left\{ \frac{2}{\Gamma(v)}(\sqrt{b}TZ)^v K_v(2TZ\sqrt{b}) \right\} f(Z)\,\mathrm{d}Z \tag{7.31}$$

将式(7.30)代入式(7.31)可得

$$P_{FA} = \int_0^\infty \frac{2}{\Gamma(v)}(\sqrt{b}TZ)^v K_v(2TZ\sqrt{b}) \frac{2P\sqrt{b}}{\Gamma(P)}(2P\sqrt{b}Z)^{P-1}\mathrm{e}^{-2P\sqrt{b}Z}\,\mathrm{d}Z \tag{7.32}$$

令 $u = 2\sqrt{b}Z$，则式(7.32)可变为

$$P_{FA} = \int_0^\infty \frac{2}{\Gamma(v)}\left(\frac{Tu}{2}\right)^v K_v(Tu) \frac{P}{\Gamma(P)}(Pu)^{P-1}\mathrm{e}^{-(Pu)}\,\mathrm{d}u \tag{7.33}$$

由式(7.33)可以看出，形状参数 v 已知时，虚警概率 P_{FA} 与尺度参数 b 无关。

2. 有序统计恒虚警检测

近年来，人们提出了一类基于有序统计量的恒虚警检测方法[15]，简称为 OS – CFAR 检测器。目的是抑制遮蔽效应所引起的性能恶化，它保留了 CA – CFAR 算法使用的一维或二维滑窗结构，如果需要也可以使用保护单元，但是彻底摒弃了 CA – CFAR 通过对参考单元的数据进行平均来直接估计杂波功率的方法。

OS – CFAR 对参考单元的数据 $\{x_1, x_2, \cdots, x_P\}$ 进行升序排列后形成新的序列 $\{x_{(1)}, x_{(2)}, \cdots, x_{(P)}\}$，然后选取第 k 个采样值 $x_{(k)}$ 作为总的背景杂波功率估计 Z，即 $Z = x_{(k)}$。OS – CFAR 检测器框图如图 7.27 所示。

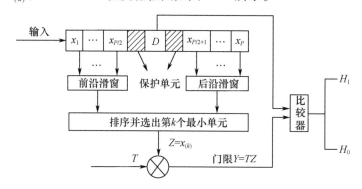

图 7.27 OS – CFAR 检测器框图

在 OS – CFAR 方案里,海杂波功率是从一个数据样本估计得到的,而不是取所有数据样本的平均值作为估计值。然而,该门限值本质上依赖于所有的样本数据,这因为第 k 个样本是由所有的样本值决定的。

OS – CFAR 的杂波功率估计 Z 是从由小到大排序的有序采样中选取的第 k 个采样,那么 Z 的概率密度函数为[14]

$$f(Z) = k\binom{P}{k}P_c^{k-1}(Z)p(Z)\left[1 - P_c(Z)\right]^{P-k} \tag{7.34}$$

式中,$p(Z)$ 和 $P_c(Z)$ 分别是均匀 K 分布杂波幅度的概率密度函数和累积分布函数:

$$p(Z) = \frac{4b^{(v+1)/2}Z^v}{\Gamma(v)}K_{v-1}(2\sqrt{bZ}) \tag{7.35}$$

$$P_c(Z) = 1 - \frac{2}{\Gamma(v)}(\sqrt{bZ})^v K_v(2\sqrt{bZ}) \tag{7.36}$$

将式(7.35)、式(7.36)代入式(7.34),得到 Z 的概率密度函数为

$$f(Z) = 2\sqrt{b}k\binom{P}{k}\left[\frac{2(\sqrt{bZ})^v}{\Gamma(v)}\right]^{P-k+1} \cdot K_{v-1}(2\sqrt{bZ})K_v^{P-k}(2\sqrt{bZ})$$

$$\cdot \left[1 - \frac{2(\sqrt{bZ})^v}{\Gamma(v)}K_v(2\sqrt{bZ})\right]^{k-1} \tag{7.37}$$

将式(7.37)代入式(7.31)可得

$$P_{FA} = \int_0^\infty \frac{2}{\Gamma(v)}(\sqrt{b}TZ)^v K_v(2TZ\sqrt{b})\, 2\sqrt{b}k\binom{P}{k}$$

$$\cdot \left[\frac{2(\sqrt{bZ})^v}{\Gamma(v)}\right]^{P-k+1} K_{v-1}(2\sqrt{bZ})K_v^{P-k}(2\sqrt{bZ})$$

$$\cdot \left[1 - \frac{2(\sqrt{bZ})^v}{\Gamma(v)}K_v(2\sqrt{bZ})\right]^{k-1}\mathrm{d}Z \tag{7.38}$$

令 $u = 2\sqrt{b}Z$,可得

$$P_{FA} = \int_0^\infty \frac{2}{\Gamma(v)}(Tu/2)^v K_v(Tu)k\binom{P}{k}$$

$$\cdot \left[\frac{2(u/2)^v}{\Gamma(v)}\right]^{P-k+1} K_{v-1}(u)K_v^{P-k}(u)$$

$$\cdot \left[1 - \frac{2(u/2)^v}{\Gamma(v)}K_v(u)\right]^{k-1}\mathrm{d}u \tag{7.39}$$

由式(7.39)可以看出,形状参数 v 已知时,虚警概率 P_{FA} 与尺度参数 b 无关。

在满足恒虚警概率的基础上,k 的选取原则就是使检测概率 P_D 最大,采用平均判决门限(Average Decision Threshold,ADT)作为衡量标准。对于不同的形状参数 v,在预先给定虚警概率 $P_{FA} = 10^{-6}$,杂波平均功率 $\mu = 2$ 和参考单元数 $P = 32$ 的条件下,对于 OS – CFAR 检测器,当 $k = 3P/4 \sim 7P/8$ 时,检测器基本上具有最小的检测损失,这与瑞利分布情况($v \to \infty$)是一致的[8],而且使 ADT 最小的 k 值与形状参数 v 无关。再考虑到对抗多目标的情况,序值越小检测器对抗多目标的能力越强,所以选择 k 取 $3P/4$ 作为最佳序值。

图 7.28 给出了 $P = 32$,$k = 24$ 时,不同形状参数 v 值情况下 OS – CFAR 检测器虚警概率 P_{FA} 与门限乘积因子 T 的关系曲线。可以看出,当形状参数 v 增大时,对于给定的虚警概率 P_{FA},所需的门限乘积因子 T 减小。

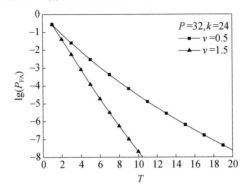

图 7.28　虚警概率 P_{FA} 与门限乘积因子 T 的关系

图 7.29 给出了不同参考单元数目条件下虚警概率 P_{FA} 与门限乘积因子 T 的关系,从图中可以看出,当参考数目增多时,对于给定的虚警概率 P_{FA},所需要的门限乘积因子 T 减小,因此进行恒虚警检测时,选取的参考单元数目越多越好。

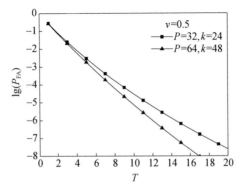

图 7.29　虚警概率 P_{FA} 与门限乘积因子 T 的关系

　　采用有序统计的方法取代平均估计的方法来进行 CFAR 处理,使得检测器对于由紧邻目标引起的遮蔽效应不敏感,前提是被干扰目标污染的参考单元数不能大于 $P-k$ 个。使用保护单元对于 OS – CFAR 来说不太重要,因为即使目标散布在多个单元也不会影响排序过程。H. Rohling 对参考窗长度及有序统计量 k 的选择方法对于杂波边缘处 CFAR 处理的影响进行了讨论[15]。若 $k \leqslant P/2$,则在杂波边缘处会出现较多的虚警。因此,k 的取值一般满足 $P/2 < k < P$ 的条件。通常,k 的取值在 $3P/4$ 的附近[16]。

　　为了分析 OS – CFAR 的恒虚警损失,需要先决定在给定 P_{FA} 和 P_D 时所需的信噪比,并且将这个值与理想门限下的值或均匀干扰条件下 CA – CFAR 的对应值进行比较,从而得到恒虚警损失。S. Blake 给出了另一种分析方法[17],当不存在干扰目标效应时,OS – CFAR 比 CA – CFAR 多出了一个小的附加损失。该损失大小与 k 和 P 均有关,一般在 $0.3 \sim 0.5$ dB 之间。但如果存在干扰目标,OS – CFAR 的恒虚警损失增加的很缓慢,直到干扰目标数目超过了 $P-k$。作为对比,CA – CFAR 的恒虚警损失由于处理中对海杂波功率估计过高而迅速增大。因此,存在干扰目标影响时,OS – CFAR 的损失低于 CA – CFAR 的损失。有关 OS – CFAR 的其他性能,包括非相干积累效应及其在韦布尔杂波背景下的表现,可以参考文献[18]中的描述。

3. 有序统计选大和选小恒虚警检测

　　在 OS – CFAR 的基础上,A. R. Elias 等人[19]提出了有序统计选大(OSGO)和有序统计选小(OSSO)恒虚警检测方法,得到了在均匀杂波背景中 OSGO – CFAR 和 OSSO – CFAR 虚警概率解析表达式。

　　OSGO – CFAR 是对前后沿滑窗参考单元幅值分别进行升序排序,再分别取第 k_1、k_2 个样本 $L_{(k_1)}$ 和 $R_{(k_2)}$ 作为局部估计值,然后选取较大的值作为总的海杂波功率估计,即

$$Z_{OSGO} = \max(L_{(k_1)}, R_{(k_2)}) \tag{7.40}$$

　　OSSO – CFAR 方法与 OSGO – CFAR 方法类似,只是对于前后沿滑窗两个局部估计值,选取较小的值作为总的海杂波功率估计,即

$$Z_{OSSO} = \min(L_{(k_1)}, R_{(k_2)}) \tag{7.41}$$

　　由于两种方法使用的前后沿参考单元的数目都为 $P/2$ 个,分别对其排序选取第 k 个样本作为局部估计值,根据式(7.37)可得其概率密度函数为

$$f_L(Z) = 2\sqrt{b}k \binom{P/2}{k} \left[\frac{2(\sqrt{b}Z)^v}{\Gamma(v)} \right]^{P/2-k+1} \cdot K_{v-1}(2\sqrt{b}Z) K_v^{P/2-k}(2\sqrt{b}Z)$$

$$\cdot \left[1 - \frac{2(\sqrt{b}Z)^v}{\Gamma(v)} K_v(2\sqrt{b}Z) \right]^{k-1} \tag{7.42}$$

其累积分布函数为

$$F_L(Z) = \int_0^Z f_L(y)\,\mathrm{d}y \qquad (7.43)$$

对于 OSGO-CFAR，杂波功率估计 Z 的概率密度函数为

$$f(Z) = 2f_L(Z)F_L(Z) \qquad (7.44)$$

将上式代入式(7.31)，并令 $u = 2\sqrt{b}Z, p = 2\sqrt{b}y$，可得

$$
\begin{aligned}
P_{FA} &= \int_0^\infty \frac{2}{\Gamma(v)}(Tu/2)^v K_v(Tu)\,2k\binom{P/2}{k}\left[\frac{2(u/2)^v}{\Gamma(v)}\right]^{P/2-k+1} \\
&\quad \cdot K_{v-1}(u)K_v^{P/2-k}(u)\left[1 - \frac{2(u/2)^v}{\Gamma(v)}K_v(u)\right]^{k-1} \\
&\quad \cdot \int_0^u k\binom{P/2}{k}\left[\frac{2(p/2)^v}{\Gamma(v)}\right]^{P/2-k+1}K_{v-1}(p) \\
&\quad \cdot K_v^{P/2-k}(p)\left[1 - \frac{2(p/2)^v}{\Gamma(v)}K_v(p)\right]^{k-1}\mathrm{d}p\mathrm{d}u
\end{aligned} \qquad (7.45)
$$

由式(7.45)可以看出，形状参数 v 已知时，虚警概率 P_{FA} 与尺度参数 b 无关。

对于 OSSO-CFAR，海杂波功率估计 Z 的概率密度函数为

$$f(Z) = 2f_L(Z) - 2f_L(Z)F_L(Z) = 2f_L(Z)(1 - F_L(Z)) \qquad (7.46)$$

同上可得

$$
\begin{aligned}
P_{FA} &= \int_0^\infty \frac{2}{\Gamma(v)}(Tu/2)^v K_v(Tu)\,2k\binom{P/2}{k}\left[\frac{2(u/2)^v}{\Gamma(v)}\right]^{P/2-k+1} \\
&\quad \cdot K_{v-1}(u)K_v^{P/2-k}(u)\left[1 - \frac{2(u/2)^v}{\Gamma(v)}K_v(u)\right]^{k-1} \\
&\quad \cdot \left(1 - \int_0^u k\binom{P/2}{k}\left[\frac{2(p/2)^v}{\Gamma(v)}\right]^{P/2-k+1}K_{v-1}(p)\right. \\
&\quad \left.\cdot K_v^{P/2-k}(p)\left[1 - \frac{2(p/2)^v}{\Gamma(v)}K_v(p)\right]^{k-1}\mathrm{d}p\right)\mathrm{d}u
\end{aligned} \qquad (7.47)
$$

由式(7.47)可以看出，形状参数 v 已知时，虚警概率 P_{FA} 与尺度参数 b 无关，

图 7.30 给出了 $P = 32, k = 12$ 时，不同 v 值情况下 OSGO-CFAR，OSSO-CFAR 检测器虚警概率 P_{FA} 与门限乘积因子 T 的关系曲线。由图可知，对于给定的虚警概率 P_{FA}，OSGO 方法所需的门限乘积因子 T 小于采用 OSSO 方法所需的情况。随着形状参数 v 的增大，两种方法所需的门限乘积因子 T 都相应减小。

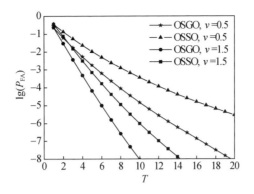

图 7.30　虚警概率 P_{FA} 与门限乘积因子 T 的关系

4. 恒虚警检测性能分析

利用岸基 L 波段对海观测雷达测得的数据,对恒虚警检测器性能进行分析。选择四组观测数据,数据编号记为 01,02,03 和 04,其中 01 和 02 为不包含目标的雷达回波数据,03 和 04 为包含目标的雷达回波数据。

对四组数据幅度采用 K 分布模型进行拟合,分别得到相应的 K 分布形状参数和尺度参数,如表 7.1 所示。分别采用 OS – CFAR、OSGO – CFAR 和 OSSO – CFAR 方法对四组数据进行检测性能分析,参考单元数 $P = 64$,OS – CFAR 方法选择第 $k = 48$ 个有序统计量,OSGO – CFAR 和 OSSO – CFAR 在两边的参考单元均选择第 $k = 24$ 个有序统计量。

表 7.1　四组岸基 L 波段雷达观测数据

数据编号	K 分布参数	
	形状参数	尺度参数
01	0.67	22.2
02	0.84	13.5
03	1.2	17.2
04	1.9	1.9

图 7.31 和图 7.32 分别给出了对于数据 01 和 02 时 OS – CFAR、OSGO – CFAR 和 OSSO – CFAR 的检测性能对比。虚警概率分别设定为 10^{-3} 和 10^{-5}。可以看出,当虚警概率较大(10^{-3})时,OS – CFAR 产生较多虚警,把"尖峰"杂波误认为是目标信号,而 OSGO – CFAR 和 OSSO – CFAR 产生的虚警则少很多;当虚警概率较小(10^{-5})时,OS – CFAR 方法仍存在少量虚警,而 OSGO – CFAR 和 OSSO – CFAR 则没有虚警产生。

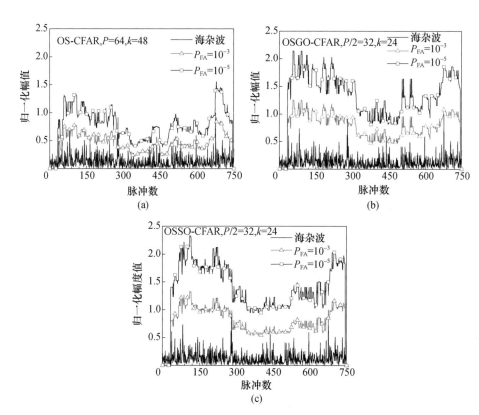

图 7.31 OS 类 CFAR 方法检测(数据 01)

(a)OS – CFAR;(b)OSGO – CFAR;(c)OSSO – CFAR。

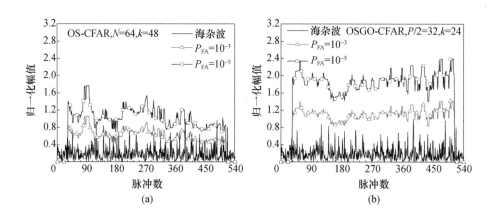

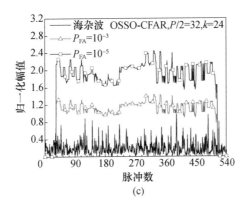

图 7.32　OS 类 CFAR 方法检测（数据 02）

(a)OS - CFAR；(b)OSGO - CFAR；(c)OSSO - CFAR。

图 7.33 和图 7.34 分别给出了对于数据 03 和 04 时 OS - CFAR、OSGO - CFAR 和 OSSO - CFAR 的检测性能对比，虚警概率分别设定为 10^{-3} 和 10^{-5}。图 7.34 中由于目标强度过大，杂波归一化后幅值较小，因此截取纵坐标的较小范

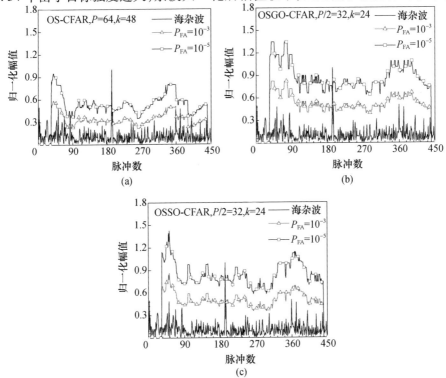

图 7.33　OS 类 CFAR 方法检测（数据 03）

(a)OS - CFAR；(b)OSGO - CFAR；(c)OSSO - CFAR。

围进行效果显示。由图 7.33 可以看出,对于包含弱目标回波的数据 03,三种检测方法均能成功检测到目标信号,但 OS - CFAR 方法依然产生了虚警现象,而另外两种方法没有虚警现象。从图 7.34 可以看出,对于包含强目标回波的数据 04,三种检测方法均能成功检测到目标信号,OS - CFAR 方法在检测到目标的同时检测到很多海杂波"尖峰",从而导致虚警现象。

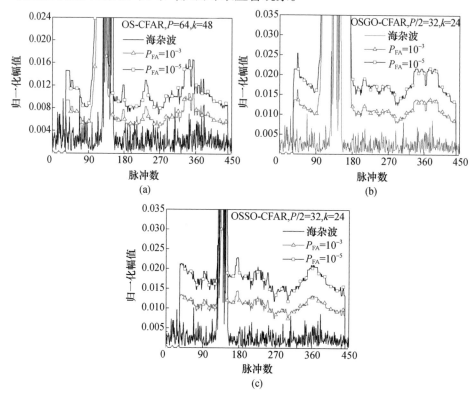

图 7.34 OS 类 CFAR 方法检测(数据 04)
(a)OS - CFAR; (b)OSGO - CFAR; (c)OSSO - CFAR。

从以上检测结果可以得知,三种 OS 类 CFAR 检测器都能检测到目标的存在,但在高海况、设定较高的虚警概率时,OS - CFAR 方法容易将杂波"尖峰"误判为目标,从而导致虚警的产生,OSSO - CFAR 方法会导致少量的虚警,OSGO - CFAR 方法检测性能最好,很少有虚警现象产生。

经分析可知,虚警误差主要来自对 K 分布杂波形状参数的估计,由于数据样本有限,估计的杂波形状参数和真实值有一定的误差,会导致计算门限乘积因子时存在误差。在 K 分布杂波形状参数 v 一定时,随着参考滑窗长度 P 的增大,计算的虚警概率值与设定的虚警概率值之间的差距减小。但 P 的取值也不能过大,否则会导致处理器的速度跟不上杂波的变化,因此要根据检测器的性能要求作出合理的选择。在选择第 k 个有序统计量时，k 值选择的不同也会使检测性能发生较大的变化，通常 k 的取值在 $3P/4$ 的附近[20]时检测性能最好。

7.4　海杂波环境中相参自适应检测方法

海杂波背景下的运动目标检测一直以来都是目标检测领域中的研究热点和难点。本节主要针对低分辨 – 短驻留时间条件下的杂波环境，阐述几种海杂波背景下运动目标自适应检测方法。另外，由于近年来杂波环境中"低（低空）小（小 RCS）、慢（慢速）"目标检测受到广泛关注，除了提高雷达分辨率、延长波束驻留时间等解决途径外，需要探索新的目标检测方法，本节后半部分对该方面最近的研究进展进行简要介绍。

7.4.1　动目标检测方法

MTD 是多普勒域处理中的一种经典方法，也可称为频域的 CA – CFAR[21,22]。通过待检测单元邻近距离单元（即参考单元）接收的回波向量（假定为纯杂波向量）估计各多普勒通道的杂波平均功率，利用待检测单元接收向量在各多普勒通道功率与其杂波平均功率的比值作为检验统计量，实现恒虚警检测，其检测性能对参考单元中存在的异常回波（如岛礁回波、大型目标回波等）是高度敏感的。异常散射单元的存在常常导致检测性能的急剧下降。在少量异常散射单元存在的条件下，用每个多普勒通道在距离参考单元功率的中值或其他有序统计量代替均值是一种简单有效的抗异常散射单元的途径。MTD 简单、易于实现，但其检测性能即使在高斯杂波下也不是最优的。图 7.35 为 MTD 方法处理的数据结构，其算法流程可概括为以下步骤。

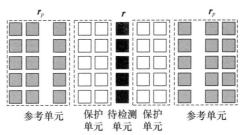

图 7.35　MTD 方法处理数据结构

（1）对参考单元回波矢量和待检测单元回波矢量作离散傅里叶变换（Discrete Fourier Translation，DFT），即

$$
\begin{cases}
R_p(k) = \text{DFT}\{r_p(n), n=1,2,\cdots,N\}, k=1,2,\cdots,N \\
R(k) = \text{DFT}\{r(n), n=1,2,\cdots,N\}
\end{cases}
\tag{7.48}
$$

式中，N 为积累脉冲数，也是多普勒通道数。

（2）计算各多普勒通道的平均功率

$$\bar{p}(k) = \frac{1}{P} \sum_{p=1}^{P} |R_p(k)|^2, k = 1, 2, \cdots, N \tag{7.49}$$

（3）计算各多普勒通道的比率检验统计量

$$\xi(k) = \frac{|R(k)|^2}{\bar{p}(k)}, k = 1, 2, \cdots, N \tag{7.50}$$

（4）门限判决

$$\begin{cases} \xi(k) \geqslant \eta(N, P, P_{FA}), & H_1 \\ \xi(k) < \eta(N, P, P_{FA}), & H_0 \end{cases} \tag{7.51}$$

式中，$\eta(N, P, P_{FA})$ 为与积累脉冲数 N、参考单元数 P 和虚警概率 P_{FA} 相关的检测门限；H_0 为回波向量中不包含目标信号的情况；H_1 表示回波向量中包含目标信号的情况。

所有多普勒通道是否采用相同的检测门限，依赖于各多普勒通道的比率检验统计量在 H_0 假设下是否具有相同的概率分布。传统 MTD 方法中，不同多普勒通道、不同空间分辨单元均采用相同的虚警门限，且多普勒通道数目等于积累脉冲数目，也就是在多普勒域是临界采样的。然而，实际的杂波特性往往是随着空间分辨单元变化的，采用临界采样的 DFT 会造成目标多普勒频率与导向矢量多普勒频率失配的性能损失。为此，可通过采用依赖于待检测单元 K 分布形状参数的虚警门限，并利用过采样 DFT 代替临界采样的 DFT，减小多普勒导向矢量的失配损失[23]。分析表明采用过 4 采样的 DFT 时，失配损失基本上可以忽略不计。因此，时间和计算资源充分的情况下，建议采用过 4 采样 DFT。将此时的检测方法称为改进 MTD 方法，其处理流程如下：

（1）计算参考单元回波向量和接收单元回波向量的 DFT

$$\begin{aligned} R_p(k) &= DFT\{r_p(n), n = 1, 2, \cdots, N\}, k = 1, 2, \cdots, \gamma N \\ R(k) &= DFT\{r(n), n = 1, 2, \cdots, N\} \end{aligned} \tag{7.52}$$

式中，N 为积累脉冲数；γN 为多普勒通道数；γ 为过采样因子。

（2）计算各多普勒通道的平均功率

$$\bar{p}(k) = \frac{1}{P} \sum_{p=1}^{P} |R_p(k)|^2, k = 1, 2, \cdots, \gamma N \tag{7.53}$$

（3）计算各多普勒通道的比率检验统计量

$$\xi(k) = \frac{|R(k)|^2}{\bar{p}(k)}, k = 1, 2, \cdots, \gamma N \tag{7.54}$$

（4）门限判决

$$\begin{cases} \xi(k) \geqslant \eta(N,P,P_{FA},v), & H_1 \\ \xi(k) < \eta(N,P,P_{FA},v), & H_0 \end{cases} \quad (7.55)$$

式中，v 为待检测单元杂波的 K 分布形状参数；$\eta(N,P,P_{FA},v)$ 为与积累脉冲数 N、参考单元数 P、虚警概率 P_{FA} 和形状参数 v 相关的检测门限。

通过采用依赖于 K 分布形状参数的检测门限，改进 MTD 方法可实现复杂大场景的恒虚警检测。但其前提条件是必须事先获得探测场景 K 分布形状参数的空间分布。另外，由于方法本身仍然沿用了传统 MTD 方法的结构，其检测性能在整个探测场景也并不是最优的。

7.4.2　自适应匹配滤波检测方法

在高斯杂波环境下，自适应匹配滤波（Adaptive Matched Filter，AMF）检测方法[24]可达到最优检测性能，而对于重拖尾的非高斯杂波，AMF 检测方法性能损失明显。针对这种情况，可采用自适应归一化匹配滤波（Adaptive Normalized Matched Filter，ANMF）检测方法[25]。

1. 检测问题描述

在脉冲多普勒雷达中，杂波背景中的目标检测问题可以用二元假设检验进行描述

$$\begin{cases} H_0: \begin{cases} \boldsymbol{r} = \boldsymbol{c} \\ \boldsymbol{r}_p = \boldsymbol{c}_p, & p=1,2,\cdots,P \end{cases} \\ H_1: \begin{cases} \boldsymbol{r} = \boldsymbol{s} + \boldsymbol{c} \\ \boldsymbol{r}_p = \boldsymbol{c}_p, & p=1,2,\cdots,P \end{cases} \end{cases} \quad (7.56)$$

式中，H_0 为回波矢量中不包含目标信号的情况，H_1 为回波矢量中包含目标信号的情况；$\boldsymbol{r}$ 为待检测单元回波矢量；$\boldsymbol{r}_p$ 为参考单元回波矢量，$\boldsymbol{s}$ 为待检测单元中的感兴趣的目标信号；$\boldsymbol{c}$ 表示接收的纯杂波矢量，$\boldsymbol{c}_p$，$p=1,2,\cdots,P$ 为一组来自待检测单元周围的参考单元的杂波矢量。

假定杂波是均匀的，即待检测单元中的杂波矢量和参考单元中的杂波矢量具有相同的杂波协方差矩阵。在杂波均匀的假设下，当待检测单元的杂波协方差矩阵未知时，可以利用参考单元数据来估计杂波协方差矩阵。为使协方差矩阵估计损失不小于3dB，一般要求参考单元数目不小于两倍的脉冲积累数目，即 $P \geqslant 2N$，N 为积累脉冲数。短的相干处理时间里，目标信号 $\boldsymbol{s}$ 可以建模为复信号幅度和多普勒导向矢量乘积的形式，即 $\boldsymbol{s} = a\boldsymbol{p}$，其中 $\boldsymbol{p}$ 是多普勒导向矢量，其形式为

$$\boldsymbol{p} = \begin{bmatrix} 1, \mathrm{e}^{\mathrm{i}2\pi f_{\mathrm{d}}T_{\mathrm{r}}}, \cdots, \mathrm{e}^{\mathrm{i}2\pi(N-1)f_{\mathrm{d}}T_{\mathrm{r}}} \end{bmatrix}^{\mathrm{T}} \quad (7.57)$$

式中，f_{d} 为目标的多普勒频率；T_{r} 为雷达脉冲重复间隔；a 为与传输信道和 RCS

有关的复数,它可以建模为已知量或未知量。当a是未知量时,它又可以分为未知的确定性随机常数和未知的随机变量两种情形。假定a是未知的确定性随机常数,通常采用最大似然估计方法对其进行估计。

2. 自适应匹配滤波检测方法

AMF 和 ANMF 检测由杂波协方差矩阵估计、杂波白化和匹配滤波接收三个基本模块构成,如图 7.36 所示,其检测流程为

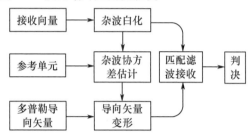

图 7.36　自适应匹配滤波检测的构成及处理流程

(1) 杂波协方差矩阵估计

$$\hat{\boldsymbol{R}}_{\mathrm{SCM}} = \frac{1}{P} \sum_{p=1}^{P} \boldsymbol{r}_p \boldsymbol{r}_p^H \tag{7.58}$$

式中,$\hat{\boldsymbol{R}}_{\mathrm{SCM}}$为杂波向量样本协方差矩阵(Sample Covariance Matrix,SCM)估计值;$\{\boldsymbol{r}_p, p=1,2,\cdots,P\}$为杂波参考单元;$P$为参考单元数。对于满足空间均匀性假设的杂波环境,即待检测单元杂波特性与参考单元杂波特性相同,$\hat{\boldsymbol{R}}_{\mathrm{SCM}}$为杂波矢量协方差矩阵的最大似然估计。

(2) 杂波近似白化(抑制)和多普勒导向矢量变型

$$
\begin{aligned}
&\bar{\boldsymbol{r}} = \hat{\boldsymbol{R}}_{\mathrm{SCM}}^{-1/2} \boldsymbol{r}, \\
&\bar{\boldsymbol{p}} = \hat{\boldsymbol{R}}_{\mathrm{SCM}}^{-1/2} \boldsymbol{p}, \\
&\boldsymbol{p} = \left[1, e^{\mathrm{i}2\pi f_d T_r}, \cdots, e^{\mathrm{i}2\pi(N-1)f_d T_r} \right]^{\mathrm{T}} \\
&f_d \in \left[-1/(2T_r), 1/(2T_r) \right]
\end{aligned}
\tag{7.59}
$$

一般情况下,为减小导向矢量多普勒频率与目标多普勒频率的失配损失,导向矢量多普勒频率也要进行过 4 采样。

(3) 匹配滤波接收

$$
\begin{cases}
\xi_{\mathrm{AMF}} \equiv \dfrac{\left| \langle \bar{\boldsymbol{r}}, \bar{\boldsymbol{p}} \rangle \right|^2}{\left| \bar{\boldsymbol{p}} \right|_2^2} = \left| \bar{\boldsymbol{r}} \right|_2^2 \cos^2 \langle \bar{\boldsymbol{p}}, \bar{\boldsymbol{r}} \rangle = \dfrac{\left| \boldsymbol{p}^{\mathrm{H}} \hat{\boldsymbol{R}}_{\mathrm{SCM}}^{-1} \boldsymbol{r} \right|^2}{\boldsymbol{p}^{\mathrm{H}} \hat{\boldsymbol{R}}_{\mathrm{SCM}}^{-1} \boldsymbol{p}} \\[3ex]
\xi_{\mathrm{ANMF}} \equiv \dfrac{\left| \langle \bar{\boldsymbol{r}}, \bar{\boldsymbol{p}} \rangle \right|^2}{\left| \bar{\boldsymbol{r}} \right|_2^2 \left| \bar{\boldsymbol{p}} \right|_2^2} = \cos^2 \langle \bar{\boldsymbol{p}}, \bar{\boldsymbol{r}} \rangle = \dfrac{\left| \boldsymbol{p}^{\mathrm{H}} \hat{\boldsymbol{R}}_{\mathrm{SCM}}^{-1} \boldsymbol{r} \right|^2}{\left(\boldsymbol{p}^{\mathrm{H}} \hat{\boldsymbol{R}}_{\mathrm{SCM}}^{-1} \boldsymbol{p} \right) \left(\boldsymbol{r}^{\mathrm{H}} \hat{\boldsymbol{R}}_{\mathrm{SCM}}^{-1} \boldsymbol{r} \right)}
\end{cases}
\tag{7.60}
$$

式中,ξ_{AMF} 为 AMF 检测方法的检验统计量;ξ_{ANMF} 为 ANMF 检测方法的检验统计量。

从检验统计量的表达式可以看出,AMF 检测方法是向量匹配接收,它既考虑了回波向量的幅度信息也考虑了回波矢量的相位信息,ANMF 检测方法是相位匹配接收,仅考虑了回波的相位信息。当杂波分布拖尾严重时,回波在幅度上必须同海杂波的尖峰分量竞争,提供了很少目标存在的信息,此时仅利用相位信息的 ANMF 更为有效。

3. 杂波协方差矩阵估计

自适应匹配滤波检测方法的性能高度依赖于杂波协方差矩阵的有效估计。在 SCM 估计中,参考单元中如果存在大功率的异常散射单元,也就是存在几个散射单元其平均功率远大于其他参考单元的平均功率,则 SCM 估计的协方差矩阵将接近于奇异。比如存在一个大功率的异常散射单元时,SCM 估计的协方差矩阵为接近于秩为 1 的奇异矩阵。接近奇异的协方差矩阵求逆将导致杂波白化失效和检测算法的数值不稳定,直接后果是虚警和漏检增加。针对这一问题,可采用以下两种解决方案。

方案一:对估计的样本协方差矩阵进行对角加载,其表示形式如下

$$\hat{R}_{D-SCM} = \hat{R}_{SCM} + \beta \times trace(\hat{R}_{SCM}) \times I \tag{7.61}$$

式中,$\hat{R}_{D-SCM}$ 为对角加载协方差矩阵估计值;β 为对角加载因子;$trace(\cdot)$ 为求矩阵的迹;I 为与 $\hat{R}_{SCM}$ 维数相同的单位矩阵。

对角加载就是对 SCM 估计加上一个对角矩阵,对角矩阵的对角元素等于 SCM 估计的迹与对角加载因子 β 的乘积。对角加载并不改变协方差矩阵的特征矢量,因此仍然保证了白化滤波的作用。但对角加载改变了协方差矩阵的特征值,从而改善了矩阵的条件数,消除了检测算法数值不稳定可能导致的虚警和漏检。

对角加载在本质上等于在接收信号上加一定比例的白噪声,用来消除 SCM 估计求逆数值不稳定问题,但也带来了检测算法灵敏度下降的问题,检测性能有一定的损失。性能损失的控制可以通过在实际应用中调节加载因子 β 来实现。将采用对角加载协方差矩阵估计的 AMF 记作 D-AMF,其数学描述如下

$$\xi_{D-AMF} \equiv \frac{|\langle \tilde{r}, \tilde{p} \rangle|^2}{|\tilde{p}|_2^2} = |\tilde{r}|_2^2 \cos^2\langle \tilde{p}, \tilde{r} \rangle = \frac{|p^H \hat{R}_{D-SCM}^{-1} r|^2}{p^H \hat{R}_{D-SCM}^{-1} p}; \tag{7.62}$$

式中,$\tilde{r} = \hat{R}_{D-SCM}^{-1} r$; $\tilde{p} = \hat{R}_{D-SCM}^{-1} p$。

方案二:利用参考单元的功率中值估计和归一化协方差矩阵的乘积代替样本协方差矩阵[26],其表示形式如下

$$\hat{R}_{\text{NSCM}} = \frac{1}{P} \sum_{p=1}^{P} \frac{r_p r_p^{\text{H}}}{r_p^{\text{H}} r_p},$$

$$\bar{p}_{\text{median}} = \text{median}\{r_p^{\text{H}} r_p, p = 1, 2, \cdots, P\},$$ (7.63)

$$\hat{R}_{\text{M-NSCM}} = \bar{p}_{\text{median}} \hat{R}_{\text{NSCM}}$$

式中,$\hat{R}_{\text{NSCM}}$ 为归一化样本协方差矩阵估计;$\bar{p}_{\text{median}}$ 为参考单元的功率中值;median $\{\cdot\}$ 为取序列的中值;$\hat{R}_{\text{M-NSCM}}$ 为中值归一化样本协方差矩阵估计。

归一化样本协方差矩阵(Normalized Sample Covariance Matrix,NSCM)估计中首先对每个参考单元回波矢量进行了能量归一化处理,因此 NSCM 估计具有天然的抗异常散射单元干扰的优势。在应用中,参考单元可以包括待检测单元以及保护单元,操作上更为方便。进一步,采用同样具有抗异常散射单元的中值功率估计代替传统的平均功率估计,即中值归一化样本协方差矩阵估计(Median Normalized Sample Covariance Matrix,M−NSCM)。采用此协方差矩阵估计方法的 AMF 记作 M−NSCM−AMF,其数学描述如下

$$\xi_{\text{M-NSCM-AMF}} = \frac{|p^{\text{H}} \hat{R}_{\text{M-NSCM}}^{-1} r|^2}{p^{\text{H}} \hat{R}_{\text{M-NSCM}}^{-1} p} = \frac{|p^{\text{H}} \hat{R}_{\text{NSCM}}^{-1} r|^2}{\bar{p}_{\text{median}}(p^{\text{H}} \hat{R}_{\text{NSCM}}^{-1} p)}$$ (7.64)

式(7.64)的意义非常明确,检验统计量 $\xi_{\text{M-NSCM-AMF}}$ 是协方差矩阵为 NSCM 时 AMF 的输出与杂波中值功率的比值。

SCM−AMF(即采用 SCM 估计的 AMF)检测方法的检验统计量在 H_0 假设下与杂波协方差矩阵无关[24],因而,SCM−AMF 是一种 CFAR 检测方法。可以证明,M−NSCM−AMF 与 SCM−AMF 检测方法的性质类似,它是一种渐近的自适应 CFAR 检测方法[27]。然而,两种 AMF 检测方法也有不同点。从形式上看,SCM 估计方法在任何杂波环境中将各个参考单元的作用视作是相同的,所有参考单元的权重等于参考单元数目的倒数。显而易见,这种做法只适用于均匀杂波环境。而 M−NSCM 估计方法会自适应赋予功率较大的异常单元一个较小的权重,即对参考单元中的异常单元进行抑制,从而减弱异常单元对杂波协方差矩阵估计的影响。因此,对于非均匀杂波环境,由于异常单元的存在,相比 SCM 估计方法,M−NSCM 估计方法能够很好地估计杂波协方差矩阵,从而提高 AMF 检测方法在含有异常单元环境中的检测能力。特别地,当杂波满足均匀性假设时,M−NSCM 与 SCM 具有相同的形式,两种检测方法理论上具有相同的检测性能。

图 7.37 给出了 S 波段机载雷达对海观测下分别采用传统 MTD、AMF、D−AMF 和 M−NSCM−AMF 方法的检测结果。选取一个波位的数据,参考单元数目 $P = 30$,虚警概率 $P_{\text{FA}} = 10^{-4}$,D−AMF 方法中对角加载因子 $\beta = 0.05$。可以看出,在一个波位的 1000 个距离单元中,MTD 检测出了 20 个目标单元、AMF 检测

出 25 个目标单元、D – AMF 检测出 24 个目标单元,而 M – NSCM – AMF 检测出 31 个目标单元。M – NSCM – AMF 检测出的位于强目标附近的两个单元为目标单元,而其他三种方法均漏检,如图 7.37(d)中箭头所指。D – AMF 的对角加载虽然解决了数值不稳定的风险问题但检测器灵敏度下降,比 AMF 少检出一个目标单元。由于 SCM 协方差矩阵和对角加载的协方差矩阵抗异常强散射单元的能力不足,出现了大目标附近小目标的漏检。M – NSCM – AMF 获得了最好的检测性能,表明该方法是单重自适应 AMF 检测方法中首选的检测方法。

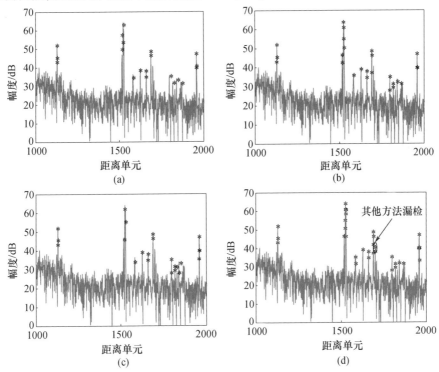

图 7.37　S 波段机载雷达对海模式下四种检测方法检测结果比较
（a）MTD 检测结果；（b）AMF 检测结果；（c）D – AMF 检测结果；（d）M – NSCM – AMF 检测结果。

7.4.3　可控参数的自适应匹配滤波检测方法

复合高斯杂波模型作为一种广泛应用的杂波模型,它将杂波向量建模为慢速变化的纹理分量和快速变化的复高斯分布的散斑分量的乘积。当纹理分量用双参数伽马分布进行建模时,海杂波的幅度服从 K 分布,其形状参数 v 的大小与海杂波幅度分布的拖尾有关。当形状参数 v 趋于 0 时,杂波为严重拖尾的强非高斯杂波,此时,ANMF 检测方法具有渐进最优的检测效果,而当形状参数 v 趋于 ∞ 时,杂波具有高斯特性,此时 AMF 检测方法具有最优的检测效果。那么,当杂波环境介于严重拖尾的强非高斯杂波和高斯杂波之间时,是否存在一种与杂波特性自适应匹配的最优检测方法呢? 这正是可控参数的自适应匹配滤波检测方法(简称为 α – AMF 检测方法[28])的基本出发点。

1. α – AMF 检测方法

复合高斯杂波背景下最优检测器的形式为匹配滤波的输出与数据依赖门限(Data Dependent Threshold,DDT)相比较[29]。接收机接收到的回波复向量用 $\boldsymbol{r}$ 表示,当目标信号 s 和杂波协方差矩阵 $\boldsymbol{R}$ 已知时,最优检测结构形式为

$$\mathrm{Re}(s^{\mathrm{H}}\boldsymbol{R}^{-1}\boldsymbol{r}) - \frac{1}{2}s^{\mathrm{H}}\boldsymbol{R}^{-1}s \underset{H_0}{\overset{H_1}{\gtrless}} f_{\mathrm{opt}}(\boldsymbol{r}^{\mathrm{H}}\boldsymbol{R}^{-1}\boldsymbol{r}, T) \tag{7.65}$$

式中,$\boldsymbol{r}^{\mathrm{H}}\boldsymbol{R}^{-1}\boldsymbol{r}$ 为数据依赖项;T 为一个与虚警概率有关的检测门限。

当目标信号的复幅度采用最大似然估计方法获得,此时最优检测结构形式可表示为

$$\frac{|\boldsymbol{p}^{\mathrm{H}}\boldsymbol{R}^{-1}\boldsymbol{r}|^2}{\boldsymbol{p}^{\mathrm{H}}\boldsymbol{R}^{-1}\boldsymbol{p}} \underset{H_0}{\overset{H_1}{\gtrless}} f_{\mathrm{opt}}(\boldsymbol{r}^{\mathrm{H}}\boldsymbol{R}^{-1}\boldsymbol{r}, T) \tag{7.66}$$

因此,在给定杂波模型情况下的最优检测方法可以归结成寻找最优的 DDT 函数。DDT 可以近似成如下的幂次形式

$$f_{\mathrm{opt}}(\boldsymbol{r}^{\mathrm{H}}\boldsymbol{R}^{-1}\boldsymbol{r}, T) \approx T(\boldsymbol{r}^{\mathrm{H}}\boldsymbol{R}^{-1}\boldsymbol{r})^{\alpha}, \alpha \in [0,1] \tag{7.67}$$

于是获得了一族 α – MF 检测器形式。当信号复幅度采用其最大似然估计表示,检验统计量 $\xi_{\alpha-\mathrm{MF}}$ 可以表示为

$$\xi_{\alpha-\mathrm{MF}} \equiv \frac{|\boldsymbol{p}^{\mathrm{H}}\boldsymbol{R}^{-1}\boldsymbol{r}|^2}{(\boldsymbol{r}^{\mathrm{H}}\boldsymbol{R}^{-1}\boldsymbol{r})^{\alpha}(\boldsymbol{p}^{\mathrm{H}}\boldsymbol{R}^{-1}\boldsymbol{p})}$$

$$= \| \boldsymbol{R}^{-1/2}\boldsymbol{r} \|_2^{2(1-\alpha)} \cos^2 \angle (\boldsymbol{R}^{-1/2}\boldsymbol{r}, \boldsymbol{R}^{-1/2}\boldsymbol{p}), \alpha \in [0,1] \tag{7.68}$$

考虑两种极端情况,当杂波服从高斯分布,也就是 K 分布形状参数 v 趋于 ∞,MF 检测是最优的,它对应于 $\alpha = 0$ 时 α – MF 的检测形式;当 K 分布形状参数 v 很小趋于 0 时,NMF 是一个渐近最优的检测方法,它对应于 $\alpha = 1$ 时 α – MF 的检测形式。α – MF 是 MF 和 NMF 的广义形式,它可以设计成不同形状参数或者不同程度拖尾均可满足的形式。大量实测杂波的幅度都是介于极重拖尾分布和瑞利分布之间的。在这种情况下,无论是 MF 还是 NMF 检测都不是最优的。α – MF 检测方法提供了关于形状参数从 0 到 ∞ 变化过程中的一系列选择。通过理论分析和仿真实验,可建立杂波 K 分布形状参数 v 与检测器控制参数 α 之间的简洁依赖关系,即

$$\alpha = \frac{N}{N+v} \qquad (7.69)$$

在许多实际应用中,杂波的协方差矩阵是未知的,并且随着时间和空间是变化的。从参考数据中估计杂波的协方差矩阵获得了自适应类的 MF 和 NMF(即 AMF 和 ANMF)检测方法。对于 α – MF 检测方法,将杂波协方差矩阵用其估计值代替,便获得了自适应 α – MF(即 α – AMF)检测方法,公式如下

$$\xi_{\alpha-\text{AMF}} = \frac{|p^{\text{H}}\hat{R}^{-1}r|^2}{(p^{\text{H}}\hat{R}^{-1}p)(r^{\text{H}}\hat{R}^{-1}r)^{\alpha}} \mathop{\gtrless}\limits_{H_0}^{H_1} T(P_{\text{FA}}, N, P, v), \alpha \in [0,1] \qquad (7.70)$$

式中,$\xi_{\alpha-\text{AMF}}$ 为 α – AMF 的检验统计量;$T(P_{\text{FA}}, N, P, v)$ 为与虚警概率 P_{FA}、积累脉冲数 N、参考单元数 P 以及形状参数 v 有关的检测门限。

α – AMF 检测方法的自适应性有两个方面的含义。一方面,当假定杂波的幅度分布或非高斯特性保持不变时,与其他的自适应检测方法相同,α – AMF 利用杂波协方差矩阵估计来进行杂波白化,通过杂波 K 分布形状参数、积累脉冲数和参考单元数来确定检测门限。另一方面,在大场景的杂波背景中,杂波的形状参数是随时间和空间变化的,α – AMF 检测方法利用局部杂波数据来估计局部形状参数,根据形状参数值自适应调整检测器控制参数 α,使得 α – AMF 检测方法与杂波的局部非高斯特性相适应。

2. 岸基雷达试验

利用岸基 UHF 波段雷达对 α – AMF 检测方法的检测性能进行试验验证。试验中,配试目标是木质渔船(长度小于 10m),航速不超过 3.5m/s,目标船距离雷达的径向距离范围约为 5300 ~ 6360m。

在对雷达目标检测方法性能测试过程中,常存在很难分辨方法优劣的“天花板效应”和“地板效应”。所谓的“天花板效应”是指在信杂比很高情况下,几乎所有检测方法检测概率都接近 1。所谓“地板效应”是指信杂比很低情况下,所有方法检测概率都接近零。此时都很难分辨方法的优劣。为避免这两种效应的出现,考虑到 UHF 波段雷达宽波束特点,通过调整目标船在波束内的航行路线来调节信杂比,使得在不同路径上获得的信杂比在较大的范围内变化,因此总会存在一条路径的试验可以获得合适信杂比的数据,能够有效检验检测方法的优劣。让目标船在雷达波束内的不同航线行进,如图 7.38 所示。由于 UHF 波段雷达发射和接收使用相同的天线方向图,在相同试验条件下(海杂波平均功率相同),路径 A 的信杂比比路径 B 高 6dB,比路径 C 高 10dB。

图 7.39 ~ 图 7.41 分别给出了 A、B、C 三条路线的检测结果。可以看出,在高信杂比(路线 A)条件下,α – AMF 与改进 MTD 均可检测到配试目标,前者的

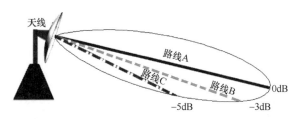

图 7.38　UHF 波段雷达测量试验中测试小船的三条运行路线

检测概率稍高;中等信杂比(路线 B)条件下,改进 MTD 检测概率下降到 0.32,而 α－AMF 仍然保持了高达 0.72 的检测概率,配试目标在距离－时间平面上的轨迹清晰可见;低信杂比(路线 C)条件下,改进 MTD 已无法检测到目标,而 α－AMF 方法的检测概率仍然达到 0.62。

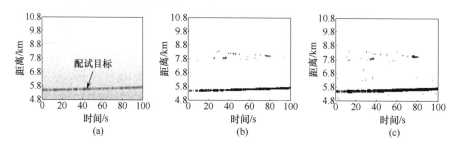

图 7.39　路线 A 时改进 MTD 和 α－AMF 检测效果对比

(a)时空灰度图;(b)改进 MTD 方法结果图($P_D = 0.91$);

(c)α－AMF 检测方法结果图($P_D = 0.97$)。

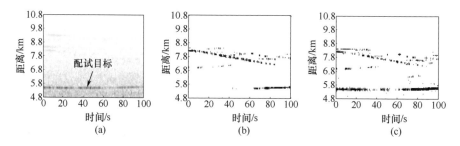

图 7.40　路线 B 时改进 MTD 和 α－AMF 检测效果对比

(a)时空灰度图;(b)改进 MTD 方法结果图($P_D = 0.32$);

(c)α－AMF 检测方法结果图($P_D = 0.72$)。

　　综观三种情况,可以看出,匹配于海杂波非高斯特性的 α－AMF 检测方法在中低信杂比条件下能够实现检测性能的明显提高。α－AMF 检测方法对于海杂波背景下海面舰船目标检测提供了两方面优势,一是可使雷达检测目标 RCS 的下限变小,更小的目标能够被检测发现;二是对于 RCS 较大的目标,可以有效

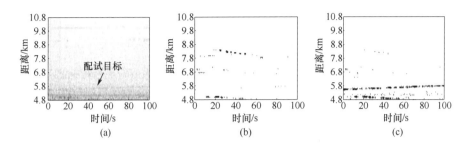

图 7.41 路线 C 时改进 MTD 和 α − AMF 检测效果对比

(a)时空灰度图;(b)改进 MTD 方法结果图($P_D = 0.01$);

(c)α − AMF 检测方法结果图($P_D = 0.62$)。

减少由目标 RCS 闪烁导致的航迹不连续问题。

3. 机载雷达试验

利用机载 S 波段雷达对 α − AMF 检测方法的检测性能进行试验验证。图 7.42(a)为雷达回波时空灰度图,由于机载雷达探测场景大且复杂,因此,检测前先进行陆海场景的快速分割处理,然后将检测聚焦在海面区域,这样既减小了处理数据的总量,又减小了陆地杂波对濒海区域海面目标检测的影响。图 7.42(b)为海陆分割结果图,陆海场景分割处理主要在于运算速度,对于大场景图像分割需要耗时为秒量级。图 7.43 给出了海杂波 K 分布形状参数的空间分布情况,可以看出雷达探测海域包括了形状参数很小即非高斯性很强的近海区域和形状参数很大即杂波接近高斯的深海区域,这也揭示了另一个重要事实,机载雷达由于探测场景大,海杂波特性差异非常大。因此,传统的自适应检测方法在这样海杂波特性迥异的大场景中难以实现有效检测,而 α − AMF 检测方法与杂波 K 分布形状参数相关联,能够很好地适应杂波特性的变化。

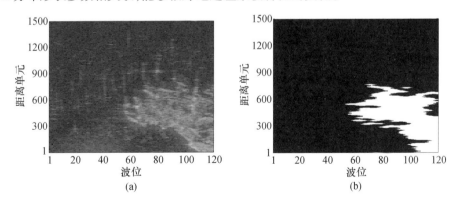

图 7.42 机载 S 波段雷达回波图(见彩图)

(a)时空灰度图;(b)海陆分割图。

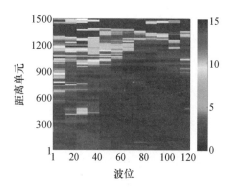

图 7.43　海杂波 K 分布形状参数空间分布(见彩图)

图 7.44 给出了距离分辨率 60m 和距离分辨率 30m 情况下不同检测方法在不同信杂比条件下的检测概率。利用雷达一个扫描周期的数据,在不同信杂比条件下,在不同杂波单元随机添加仿真目标,然后统计被正确检测到的目标数,计算相应的检测概率。设置虚警概率为 10^{-5},检测方法均利用了匹配于海杂波 K 分布形状参数的恒虚警门限,即检测是全场景恒虚警的。对比图 7.44(a)和图 7.44(b)可以看出,在检测概率为 0.8 的条件下,当距离分辨率为 60m 时,α - AMF 检测方法比传统的 MTD 方法检测性能改善 3dB 以上,而当距离分辨率为 30m 时,α - AMF 检测方法比传统的 MTD 方法性能改善达 7dB。这意味着匹配于海杂波特性的 α - AMF 检测方法的性能改善幅度,与探测平台提供的杂波特性的精细程度有关,平台提供的海杂波特性越精细(较高的距离 - 多普勒分辨率),α - AMF 检测方法的性能改善潜力越大。相比于距离分辨率为 60m 的情况,检测概率同为 0.8 的条件下,距离分辨率为 30m 时 α - AMF 信杂比的要求可降低约 4dB。相同条件下海杂波功率减半,意味着同等条件下,距离分辨率

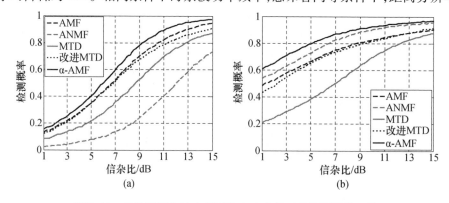

图 7.44　五种检测方法在不同信杂比条件下的检测性能比较
(a)距离分辨率 60m; (b)距离分辨率 30m。

为 30m 时雷达检测目标所需求的 RCS 可降低约 7dB,能检测出更小尺寸的目标。

7.4.4　中等驻留时间条件下的检测方法

为有效检测海面弱小运动目标,雷达通过延长波束驻留时间(可达数百毫秒)和增加积累脉冲(可达几十个以上)来实现。目前许多新型雷达体制,如宽波束发射 – 多个窄波束接收,以及同时多波束的 MIMO 雷达等均支持实现这样的功能。此种情况下,海杂波抑制除利用幅度特性、协方差矩阵特性外,还可以利用海杂波的高分辨多普勒谱特性。

1.　子带自适应双重目标检测方法

海杂波具有空时非平稳特性,表现为在时间上具有短期平稳性和长期非平稳性以及在距离上具有局部平稳性和全局非平稳性。由于海杂波的这种空时特性,对于杂波抑制和自适应目标检测带来了困难。海杂波的空间非均匀性限制了可利用的参考单元数目,在有限的参考单元条件下,能够独立积累的脉冲数是有限的。而对于弱小目标的检测需要大的积累增益,大的积累增益则需要长积累时间。虽然目前已有各种雷达系统支持长的波束驻留时间,但如何解决有限参考单元数目和大积累脉冲数之间的矛盾仍然是悬而未决的问题。

针对这一问题,文献[30]中阐述了一种基于双重杂波抑制的子带 ANMF 检测方法。该方法采用多速率滤波器组与自适应检测方法相结合,其原理如图 7.45 所示。其中 $\{H_k(w), k = -K, -K+1, \cdots, K-1, K\}$ 是 $2K+1$ 个通道的线性相位 DFT 调制滤波器组,$2K+1$ 同样表示分解的子带总数,K_1 为下采样因子,$\{x_k(n), k = -K, -K+1, \cdots, K-1, K\}$ 是滤波下采样后的子带时间序列,η_k 是第 k 个子带中 ANMF 的检测门限。

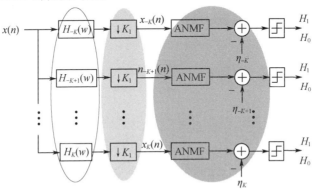

图 7.45　子带自适应双重海杂波抑制方法原理框图

分解后的子带信号具有比原杂波时间序列更小的多普勒带宽,因此可以在每个子带上进行下 K_1 抽取,得到低速率的子带接收信号。对于待检测单元和参考单元进行同样的操作,可以得到每个子带接收信号的参考子带杂波时间序列。然后,在每个子带上对杂波进行自适应抑制和自适应检测。图 7.45 中左边白色椭圆内的子带滤波器组实现了第一重海杂波抑制,抑制每个子带外的杂波和噪声分量;中间浅灰色椭圆内的下采样用于降低子带信号的传输速率,一般在参考单元有限的情况下可以延长积累时间;右边深灰色椭圆内的 ANMF 用于实现第二重海杂波抑制和目标检测。

子带 ANMF 在参考单元有限的情况下能够延长积累时间,通过以下示例具体阐述。

假定雷达的脉冲重复频率是 1kHz,波束驻留时间是 128ms。那么,在每个距离单元上可以接收长度为 128 的时间序列。经过 17 个子带的多速率滤波后,每个子带信号的带宽降低为约 1000/17Hz。因此,可以对信号进行下采样,若下采样因子 $K_1 = 8$,则每个子带的时间序列为 16 个样本。假定由于空间非均匀性限制,海杂波统计特性一致的参考单元数目仅为 32 个(对大部分较高分辨率的海杂波统计特性抑制的距离区间)。按照自适应检测中的基本要求(RMB 准则[31]),积累 128 个脉冲,至少需要 256 个参考单元。显然,这样长的积累时间传统的自适应检测器无法实现。对于图 7.45 中的结构,子带接收向量的维数仅为 16,此时 32 个参考单元可满足 RMB 准则的要求。子带 ANMF 可以实现长的积累时间,获得更大的积累增益,对于微弱目标的检测更为有利。而且,可以通过下采样因子的改变来积累更长的时间。例如,当下采样因子 $K_1 = 16$ 时,在相同参考单元数目情况下,积累时间可以延长到 256ms。这种灵活性对于实际雷达系统的应用是重要的,多速率滤波器组的结构以及下采样因子,可以根据雷达的波束驻留时间和目标的相干积累时间灵活选择。

在常规自适应检测中,若积累 96 个脉冲至少需要 192 个参考单元。如此多的参考单元很难保证杂波在统计特性上的一致性。若采用下 8 采样的子带分解,则仅需要 24 个参考单元就能实现有效的目标检测。因此,子带分解不仅在积累时间上带来好处,还带来了海杂波时间非平稳性的改善以及带外杂波的抑制等。

以加拿大 IPIX 雷达 1998 年采集获得的海杂波数据为例,对子带 ANMF 双重海杂波抑制方法进行讨论。雷达回波数据包含 34 个距离单元,每个距离单元 60000 个相干脉冲,剔除数据中目标所在单元及其影响的第 23 ~ 27 个距离单元。利用线性相位 DFT 调制滤波器组将来自每个距离单元的海杂波序列分解为 $2K + 1$ 个子带杂波序列。海杂波的多普勒谱是非高斯形状的,杂波能量主要集中在零多普勒附近的一个宽的区域里,其多普勒中心的偏移与风速和海况有关。由于杂波能量在整个多普勒区域上分布的不均匀,故而每个子带杂波序列的平均功率是不同的。若将原始杂波的平均功率归一化到 1,此时每个子带杂波的平均功率都小于 1 且各子带杂波的平均功率也不尽相同,如图 7.46 所示。图中显示了 17 个子带杂波的平均功率,杂波能量主要集中在四个子带上(子带索引 $k=0,1,2,3$),其他 13 个子带的杂波平均功率都很小,且这些子带的平均功率都远小于原始杂波的平均功率。因此,多速率滤波器组除了下采样带来的积累时间增加外,还实现了海杂波的有效抑制。

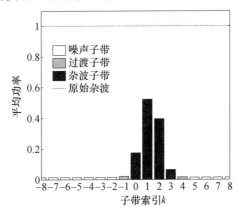

图 7.46　原杂波序列和子带杂波序列的平均功率图

　　雷达回波(不含目标)往往是海杂波与噪声的混合,在常规的非子带自适应杂波抑制中,整个回波时间序列被不加区分的统一处理。事实上,海杂波时间序列在多普勒域的不同区域具有不同的性质。噪声均匀分布在整个多普勒域,而海杂波主要集中在零频附近的一个有限区域内。子带分解把杂波分割成不同的多普勒子带,各子带中杂波的特性是不同的,其中重要的特性之一是幅度分布,其中 b 和 v 分别表示 K 分布的尺度参数和形状参数,σ 表示瑞利分布的尺度参数。图 7.47 是用 K 分布和瑞利分布模型对原始杂波和子带杂波幅度分布的拟合。可以看出强杂波子带($k=0,1,2,3$)服从 K 分布,且具有小的形状参数,说明具有强的非高斯特性;对于 $k<-1$ 或者 $k>4$ 的弱杂波子带,杂波能够用瑞利分布很好地拟合,且分布的参数也近似相同,展现了高斯特性,可以认为是噪声占优的;对于 $k=-1$ 和 $k=4$ 的临界杂波子带,尽管同弱杂波子带一样具有很小的平均功率,但是它们仍然符合 K 分布,它们的非高斯特性与强杂波分量的泄漏有关。

　　自适应杂波抑制的隐含假设是杂波向量在积累时间内必须是平稳的,否则,估计非平稳杂波向量的协方差矩阵将无意义。杂波平稳时间不同于相干处理间隔(Coherent Processing Interval,CPI),CPI 强调目标回波与一个预先给定的参数模型相吻合,而杂波的平稳时间是为了保证协方差矩阵是有意义的。即使空间参考样本足够多,自适应检测器的积累时间也受到杂波短期平稳时间限制。因

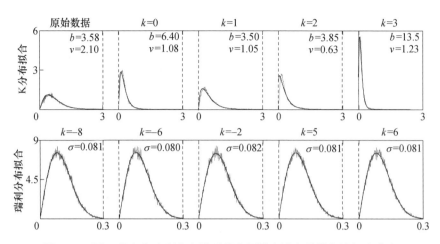

图 7.47　用 K 分布和瑞利分布模型拟合原始杂波和子带杂波幅度分布

此在参考样本有限的这种非均匀环境下,子带 ANMF 比 ANMF 可以具有更长的积累时间。还需要指出的是,子带 ANMF 的积累时间也受子带杂波的短期平稳时间限制。所以,若通过子带分解能提高杂波的短期平稳性,则必然能增长子带 ANMF 的积累时间。

事实上,子带分解确实能提高杂波的短期平稳性。海杂波时间序列是长期非平稳的,在几十毫秒的时间里,可以认为是短期平稳的,这说明,ANMF 的积累时间不能超过几十毫秒。由于目前还没有定量衡量时间序列非平稳性程度的定量指标,引入归一化协方差矩阵的一致性因子来度量非平稳的程度。一致性因子介于[0,1]之间,一致性因子越小,表明时间序列越接近平稳[30]。图 7.48 是原始杂波和子带杂波时间序列在不同时间偏移下归一化协方差矩阵一致性因子的变化。可以看出,所有弱杂波子带具有很接近零的一致性因子,表明这些子带的时间序列基本是平稳的;而强杂波子带和临界子带具有较大的一致性因子,表

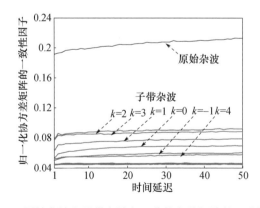

图 7.48　原始杂波和子带杂波归一化协方差矩阵的一致性因子

明这些子带的时间序列是非平稳的。而原始杂波时间序列具有很大的一致性因子,表明原始杂波时间序列比子带杂波时间序列具有更强的时间非平稳性。子带处理带来的另外一个好处是,改善了子带杂波时间序列的时间平稳性,并且非平稳性的因素集中在少量的强杂波子带和临界子带中,这更有利于杂波抑制中的精细化处理。

由于杂波在空间上是非平稳的,且实测数据除检测单元外只有 28 个有限的空间样本用来估计杂波的协方差矩阵,基于 RMB 准则,设置积累脉冲数 $N=8$,雷达脉冲重复间隔 $T_r=1\mathrm{ms}$,则 ANMF 的积累时间是 NT_r,即 $8\mathrm{ms}$,子带 ANMF 的积累时间是 NK_1T_r,即 $8K_1\mathrm{ms}$,它依赖于下采样因子 K_1,当 K_1 取 2、4、8 和 13 时,子带 ANMF 相应的积累时间分别为 $16\mathrm{ms}$、$32\mathrm{ms}$、$64\mathrm{ms}$ 和 $104\mathrm{ms}$。给定平均信杂比为 $-12\mathrm{dB}$ 和 $0\mathrm{dB}$,当目标多普勒频移范围是 $[-500\mathrm{Hz},500\mathrm{Hz}]$ 时,比较不同下采样因子的子带 ANMF 和 ANMF 的检测结果,如图 7.49 所示。

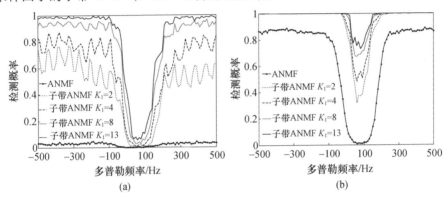

图 7.49　不同下采样因子的子带 ANMF 和 ANMF 的检测性能比较
(a)平均信杂比 $-12\mathrm{dB}$;(b)平均信杂比 $0\mathrm{dB}$。

从图 7.49 中可以看出,随着下采样因子 K_1 的增加,子带 ANMF 的检测性能越来越好,这是因为在长的积累时间里,子带 ANMF 获得了更高的目标回波积累增益。值得注意的是,K_1 是一个可调节的参数,调节 K_1 可以使子带 ANMF 适合不同的杂波环境,例如,当参考样本有限,将取一个较大的下采样因子(一般 $K_1 \leqslant 2K+1$)来增长积累时间,这说明,当参考单元数 P 给定时,子带 ANMF 增长积累时间并不以协方差矩阵的不精确估计为代价。

进一步,给定三个多普勒频移,通过检测概率随平均信杂比的变化,评估检测方法的性能。三个多普勒频移分别为 $60\mathrm{Hz}$、$250\mathrm{Hz}$ 和 $410\mathrm{Hz}$,它们分别位于强杂波子带、临界杂波子带和弱杂波子带。积累脉冲数 $N=8$,子带 ANMF 的下采样因子 K_1 分别取 2、4、8 和 13,两种方法的检测性能比较如图 7.50 所示。从图中可以看出,子带 ANMF 相于比 ANMF 的信杂比改善超过 7.5dB。

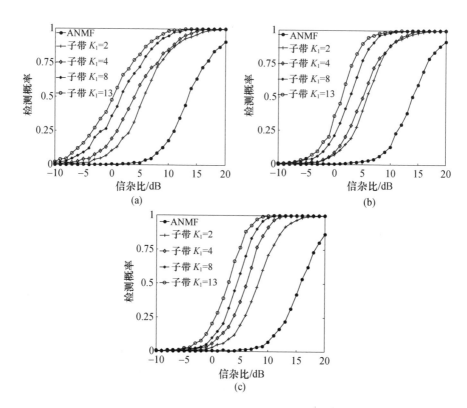

图 7.50　相同积累脉冲条件下,子带 ANMF 和
ANMF 在三个多普勒频率处的检测性能比较
(a)多普勒频率为 60Hz; (b)多普勒频率为 250Hz; (c)多普勒频率为 410Hz。

在相同积累时间条件下,比较子带 ANMF 与 ANMF 的检测性能。受限于 28 个空间样本,取积累时间为 16ms,则下采样因子为 $K_1 = 2$ 的子带 ANMF 积累脉冲数为 8,ANMF 的积累脉冲数为 16。第一个检验取平均信杂比为 $-8dB$ 和 0dB,比较两种检测方法在不同的多普勒频率的检测概率,如图 7.51 所示;第二个检验取多普勒频率为 60Hz、250Hz 和 410Hz,比较两种检测方法在不同信杂比条件下的检测概率,如图 7.52 所示。

从图 7.51 和图 7.52 中可以看出,相同积累时间条件下,子带 ANMF 在检测性能上优于 ANMF。子带 ANMF 相比于 ANMF 在三个给定的多普勒频移的信杂比改善大约为 4dB。相同的积累时间条件下,两种检测方法具有相同的目标能量积累效应,它们的性能差异主要源于双重杂波抑制和协方差矩阵估计的准确性。子带 ANMF 使用了双重杂波抑制,而 ANMF 单纯使用了近似白化滤波;子带 ANMF 使用 28 个空间样本估计维数为 8×8 的协方差矩阵,$P/N = 3.5$,信杂比损失为 2.67dB,估计值更准确,而 ANMF 使用 28 个空间样本估计 16×16 的

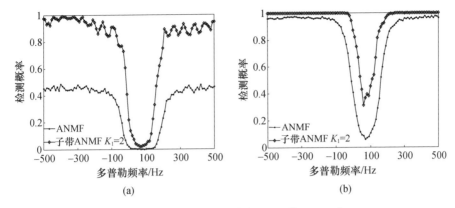

图7.51　相同积累时间条件下,子带 ANMF 和
ANMF 不同信杂比条件下的检测性能比较

(a)平均信杂比 −8dB;(b)平均信杂比 0dB。

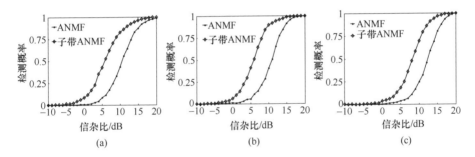

图7.52　相同的积累时间条件下,子带 ANMF 和
ANMF 在三个多普勒频移处的检测性能比较

(a)多普勒频率为60Hz;(b)多普勒频率为250Hz;(c)多普勒频率为410Hz。

协方差矩阵,$P/N = 1.75$,信杂比损失为 7.28dB,估计值不够准确。

　　由于子带自适应检测方法要求目标在积累时间内满足平稳模型,一般积累时间达到秒级后这一条件已经不再成立,表明该方法更适应于中等波束驻留时间条件下海杂波抑制和弱运动目标检测,随着波束驻留时间的进一步增加,将不再适用。

2. 匹配于多普勒谱二阶特性的检测方法

　　将海杂波多普勒功率谱描述为一个定义在多普勒域上的随机过程,则该随机过程的均值函数和方差函数构成了描述海杂波多普勒功率谱沿着距离和时间演化的二阶统计特性。利用 IPIX 雷达 1993 年测得的两组海杂波数据对海杂波多普勒功率谱进行随机过程描述,如图 7.53 所示。雷达观测时间 1.024s(雷达脉冲重复频率为 1kHz),即积累脉冲数 $N = 1024$。利用邻近距离单元的多普勒功率谱提取随机过程的均值和方差函数,可以获得待检测单元的归一化多普勒功率谱,进行匹配于谱二阶特性的杂波抑制,实现多普勒域扩展目标的有效检测[32]。

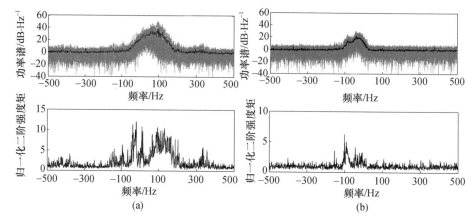

图 7.53 IPIX 雷达海杂波数据随机过程描述(观测时间 1.024s)

(a)数据 1;(b)数据 2。

利用参考单元多普勒功率谱,估计待检测单元多普勒功率谱的均值和方差函数,可以由下式给出

$$
\begin{cases}
\hat{m}_{\mathrm{c}}(k) = \dfrac{1}{P} \sum_{p=1}^{P} S_{r_p}(k), & k = 1,2,\cdots,N \\[2mm]
\mathrm{v\hat{a}r}_{\mathrm{c}}(k) = \dfrac{1}{P-1} \sum_{p=1}^{P} \left(S_{r_p}(k) - \hat{m}_{\mathrm{c}}(k) \right)^2
\end{cases}
\tag{7.71}
$$

式中,$\hat{m}_{\mathrm{c}}(k)$ 为第 k 个多普勒单元的功率均值;$S_{r_p}(k)$ 为第 p 个参考单元第 k 个多普勒单元的功率值;P 为参考单元数;N 为积累脉冲数;$\mathrm{v\hat{a}r}_{\mathrm{c}}(k)$ 为第 k 个多普勒单元的功率方差。定义待检测单元的归一化多普勒功率谱为

$$
\mathrm{NDPS}(k) \equiv \frac{S_r(k) - \hat{m}_{\mathrm{c}}(k)}{\sqrt{\mathrm{v\hat{a}r}_{\mathrm{c}}(k)}}, \quad k = 1,2,\cdots,N
\tag{7.72}
$$

式中,$S_r(k)$ 为待检测单元第 k 个多普勒单元的功率值;$\mathrm{NDPS}(k)$ 为待检测单元第 k 个多普勒单元的归一化功率值,它统一刻画了多普勒功率谱在各多普勒单元偏离均值的程度。通过如下选择性积累的检测方案,可以很好地积累目标分布在多个多普勒单元内的能量,从而实现海上漂浮小目标的检测

$$
\xi_{\mathrm{NDPS}} \equiv
\begin{cases}
0 & ,\mathrm{NDPS}(k_{\max}) < \lambda \\[2mm]
\sum_{k \in [k_1,k_2]} \left(\mathrm{NDPS}(k) - \lambda \right) & ,其他
\end{cases}
\tag{7.73}
$$

式中,ξ_{NDPS} 为匹配于谱二阶特征的检验统计量;λ 为第一重检测门限;$k_{\max} = \arg\max_k \{\mathrm{NDPS}(k)\}$;$k_1$ 和 k_2 分别表示第 k_1 和 k_2 个多普勒单元;$[k_1,k_2]$ 是满

足如下条件的最大区间

$$\begin{cases} k_{\max} \in [k_1, k_2] \\ \text{NDPS}(k) \geqslant \lambda, \forall k \in [k_1, k_2] \end{cases} \tag{7.74}$$

利用 IPIX 雷达 1993 年测得含目标数据进行方法检验,其中测试目标为浮筒,距离分辨率为 30m,检测结果如图 7.54 所示。基于 Hurst 指数的分形特征检测方法[33]是国际公认较好的漂浮目标检测方法。设置虚警概率 10^{-3},在不同积累时间条件下进行检测性能比较。实验结果表明,匹配于谱二阶特性的检测性能明显优于基于 Hurst 指数的分形检测方法,且即使短的积累时间(0.128s)条件下,匹配于谱二阶特性的检测仍能得到较高的检测概率。

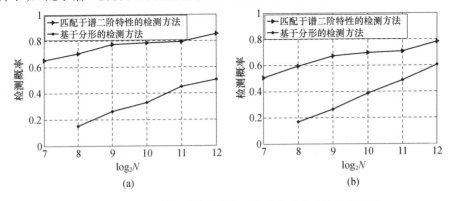

图 7.54　匹配于谱二阶特性与基于分形的检测方法性能对比
(a)HH 极化;(b)VV 极化。

7.4.5　高分辨—长驻留时间条件下的检测方法

提高雷达距离向和方位向的分辨率以及延长波束驻留时间(亚秒级或秒级以上)被认为是检测海上隐身舰船目标、慢速小目标的主要技术途径。此种情况下,依靠单一的能量特征或多普勒特征的海杂波抑制方法能力有限。利用海杂波更多特征的联合抑制方法,可实现海杂波的有效抑制和低可探测目标的有效检测[34,35]。

海杂波的多特征联合抑制主要包括了海杂波特征提取、特征筛选以及在特征空间中海杂波特征分布判决区域的学习和确定。抑制方法的主要思想来源于异常检测理论。对于对海雷达而言,接收时间序列内海杂波回波是常态,而目标回波加海杂波回波则是小概率事件。因此,从大量获得的数据中,可以提取、筛选海杂波的特征以及学习海杂波的特征分布和判决区域。联合相对平均幅度(Relative Average Amplitude, RAA)、相对多普勒峰高(Relative Doppler Peak Height, RPH)和相对矢量熵(Relative Vector Entropy, RVE)三维特征检测的方案如图 7.55 所示。当一个雷达分辨单元的观测序列特征出现异常,落在判决区域之外时,则判断该分辨单元有目标。

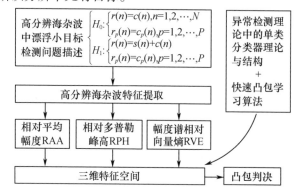

图 7.55　多特征联合海杂波抑制和低速－漂浮目标检测方案

　　图 7.56 给出了 IPIX 雷达高分辨海杂波数据在不同观测时间条件下海杂波和具有漂浮目标单元雷达回波的三维特征在特征空间中的分布情况,图中黑色点代表海杂波特征,灰色点代表含目标单元回波的特征。可以看出,随着观测时间变长,海杂波特征和具有漂浮目标单元的回波特征,在特征空间上具有更好的

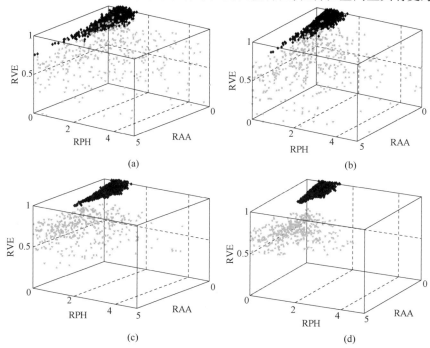

图 7.56　海杂波和具有漂浮目标单元雷达回波的三维特征空间分布

(a)0.512s;(b)1.024s;(c)2.048s;(d)4.096s。

分离性。因此,通过学习海杂波特征的分布,可以在特征空间中实现海杂波的有效辨识和抑制,以及低速 – 漂浮目标的有效检测。多特征的联合利用为高分辨海杂波抑制和低速 – 漂浮目标检测建立了一个开放式理论框架,其检测示意图如图 7.57 所示,可通过特征筛选不断优化性能。雷达需要检测不同类型的漂浮目标,其特征分布很不相同。在目标特征分布未知情况下,可通过利用海杂波的特征分布,确定海杂波在特征空间的判决区域,特征向量落在判决区域外的单元被判定为包含目标。凸包结构支持快速学习和快速判决,因此可采用凸包学习算法来确定给定虚警概率情况下的判决区域。

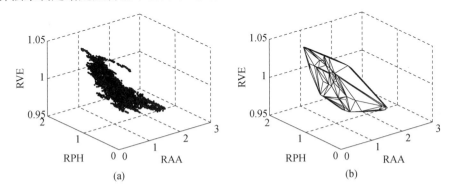

(a)　　　　　　　　　　　　　(b)

图 7.57　三特征联合检测方法示意图

(a)特征分布;(b)判决区域。

利用加拿大 IPIX 雷达 1993 年采集的 10 组不同海况下含测试目标的海杂波数据,图 7.58 给出了 10 组数据四种极化方式下的平均信杂比,图 7.59 给出了四种不同极化和不同观测时间条件下的检测概率。其中由于受每组数据中纯海杂波数据样本数的限制,虚警概率设为 10^{-3}。由于在不同海况、极化条件下雷达回波的信杂比很不相同,因此海杂波的抑制性能和目标检测结果也很不相同。

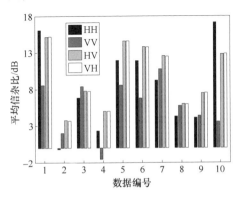

图 7.58　10 组数据在不同极化条件下的平均信杂比

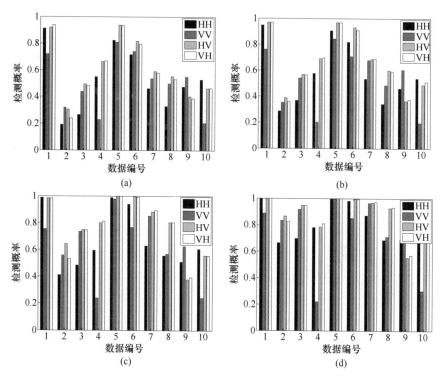

图 7.59　10 组数据在不同观测时间和不同极化条件下的检测概率

(a)0.512s；(b)1.024s；(c)2.048s；(d)4.096s。

通过对 10 组数据实验结果的分析,可以得到以下结论:第一,检测概率随观测时间增长而提高。一方面观测时间的提高,海尖峰被平滑,RAA 有了更好的分辨目标的能力;另一方面由于目标类型为漂浮目标,在短时间内目标速度变化很小,较长的相干积累时间可以得到更好的频率分辨率,而海杂波去相关时间很短,只能获得非相干积累的增益,因此基于多普勒谱的特征 RVE 和 RPH 也随着观测时间的增加,分辨能力提高。第二,检测概率依赖于数据的平均信杂比,可以看到高的平均信杂比对应着更高的检测概率,但是这种关系由于风速和雷达方向角的不同,不是严格成立的。事实上,对于海面漂浮小目标检测,海况是影响检测性能的一个主要因素。在低海况条件下,随着平均信杂比的改善,检测性能逐步改善。然而,在较高海况下,由于遮挡效应和海杂波非高斯特性的加剧,相同检测概率情况下需要更高的平均信杂比要求。

将三特征联合检测方法与基于 Hurst 指数的分形检测方法和基于联合分形的检测方法[36]进行性能比较。图 7.60 是三种检测方法在观测时间为 4.096s 时,四种极化下的检测性能曲线。可以看出三特征联合检测方法具有更好的检测性能,当虚警概率较高时基于联合分形的检测方法性能略优于三特征联合检测方法。另外,该试验结果也表明,对于海杂波背景下的低速或漂浮小目标检测,除了通过高分辨—长时间观测外,充分利用高分辨海杂波的丰富信息是成功检测的关键。

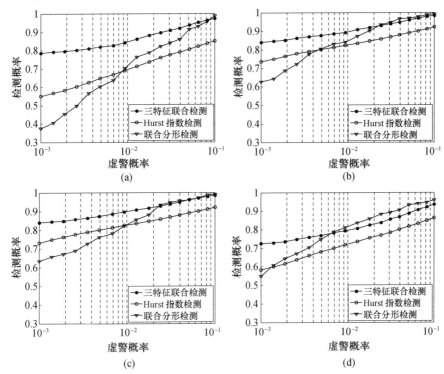

图 7.60　三特征联合检测方法与分形特征检测方法的性能比较
(a)HH 极化;(b)HV 极化;(c)VH 极化;(d)VV 极化。

自适应海杂波抑制和目标回波匹配积累是检测的有效途径,但对于海面漂浮小目标来说,由于其回波较弱,多普勒通常淹没在强杂波区内,因此需要进行长时间的脉冲积累以获得更多的增益。然而自适应匹配滤波方法的关键是对海杂波向量协方差矩阵的有效估计,由于海杂波具有较强的空时非平稳特性,通常无法获得大量统计一致的参考单元完成对杂波协方差矩阵的估计,因此传统自适应匹配滤波方法无法通过长时间脉冲积累来获得对海面漂浮小目标的有效检测。

为了进行实验分析,将 ANMF 方法变形为组合 ANMF 方法[35]以适应长时间积累的条件。图 7.61 给出了利用 IPIX 雷达采集的含小船目标数据,对三特征联合检测方法和组合 ANMF 方法进行性能比较。雷达的工作方式为波束驻留模式,图 7.61(b)中可以看出,由于目标随海浪漂浮,存在明显的多普勒调制。在虚警概率为 10^{-3} 条件下,图 7.61(c)是组合 ANMF 的检测结果,其检测概率为

0.65;图 7.61(d)是三特征联合的检测结果,其检测概率为 0.89。由此可以看出,三特征联合检测比组合 ANMF 检测有明显性能改善。

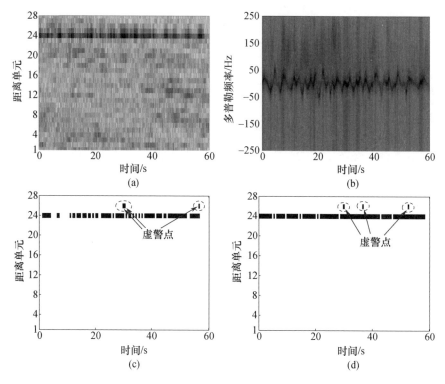

图 7.61 三特征联合与组合 ANMF 对实测目标的检测结果对比

(a)雷达回波时空灰度图;(b)目标所在单元时频谱;

(c)组合 ANMF 检测结果(P_D =0.65);(d)三特征联合检测结果(P_D =0.89)。

按照图 7.61(b)中目标回波的多普勒调制形式,仿真了不同信杂比的目标回波加到实测海杂波数据中,对组合 ANMF 方法和三特征联合方法进行了检测性能的比较,观测时间为 0.512s,脉冲重复频率为 1kHz。实验结果如图 7.62 所示。由于目标的多普勒频移落在了海杂波的主杂波区域,因此组合 ANMF 的杂波抑制能力有所下降。除此之外还发现组合 ANMF 在 HH 和 VV 极化条件下的检测概率高于 HV 和 VH 极化。这是杂噪比造成的,由于在交叉极化条件下,海杂波的强度远小于同极化,在雷达噪声不变的情况下,交叉极化条件下的杂噪比也会低于同极化。在仿真目标试验时,由于低的杂噪比,组合 ANMF 的抑制杂波能力也明显降低,因此交叉极化下的检测性能较差。而无论是同极化还是交叉极化条件下,三特征联合检测相比组合 ANMF 都具有更好的检测性能。

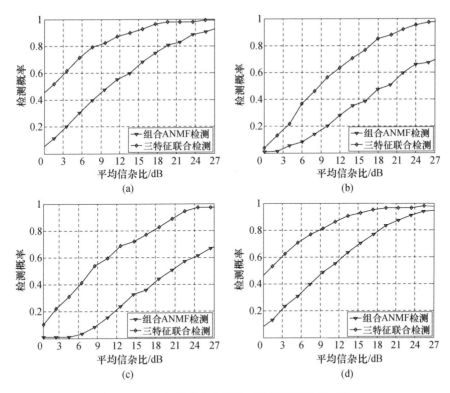

图 7.62　三特征联合与组合 ANMF 检测性能对比

(a)HH 极化；(b)HV 极化；(c)VH 极化；(d)VV 极化。

参考文献

[1] WATTS S. Adaptation to the clutter environment by airborne maritime surveillance radars[J] IEE Multifunction Radar and Sonar Sensor Management Techniques,2001,105 suppl 5(173): 2/1 – 2/5.

[2] WATTS S. Radar Sea Clutter: Recent progress and future challenges[C]. International Conference on Radar,2008: 10 – 16.

[3] WATTS S. The modelling of sea clutter and its application to the specification and measurement of radar performance[C]. International Conference on Radar,2001: 431 – 435.

[4] WATTS S. Radar Sea Clutter Modelling and Simulation – Recent Process and Future Challenges[C]. Seminar on Radar Clutter Modelling,2008(12189): 1 – 7.

[5] WARD K D,WATTS S,and TOUGH R J A. Sea clutter: scattering,the K distribution and radar performance[M]. 2nd ed. London: Institution for Engineering and Technology,2013.

[6] TOUGH R J A,WARD K D,and SHEPHERD P W. The modelling and exploitation of spatial correlation in spiky sea clutter[C]. European Radar Conference,2005: 17 – 18.

［7］WARD K D,TOUGH R J A and SHEPHERD P W. Sea clutter transient spatial coherence and scan－to－scan constant false alarm rate［J］. IET Radar Sonar Navigation,2007,1（6）: 425－430.

［8］何友,关键,彭应宁. 雷达自动检测与恒虚警处理:第二版［M］. 北京:清华大学出版社, 2011.

［9］FINN H M,and JOHNSON R S. Adaptive detection mode with threshold control as a function of spatially sampled clutter－level estimates［J］. RCA Review,1968,29:414－464.

［10］HANSEN V G. Constant false alarm rate processing in search radars［C］. IEEE International Radar Conference,London,1973:325－332.

［11］TRUNK G V. Range resolution of targets using automatic detectors［J］. IEEE Transactions on Aerospace and Electronic Systems,1978,78（5）:750－755.

［12］BARKAT M,and VARSHNEY P K. A weighted cell－averaging CFAR detector for multiple target situations［C］//Proc. Of the 21st Annual Conference on Information Sciences and Systems,Baltimore,Maryland,1987:118－123.

［13］Barkat M,Himonas S D,and Varshney P K. CFAR detection for multiple target situations ［J］. Radar and Signal Processing lee Proceedings F,1989,136（5）:193－209.

［14］ARMSTRONG B C,and GRIFFITHS H D. CFAR detection of fluctuating targets in spatially correlated K distributed clutter［J］. Radar and Signal Processing lee Proceedings F,1991, 138（52）:139－152.

［15］ROHLING H. Radar CFAR thresholding in clutter and multiple target situations［J］. IEEE Transactions on Aerospace and Electronic Systems,1983,19（4）:608－621.

［16］NATHANSON F E,REILLY J P,and COHEN M N. Radar design principles:signal processing and the environment［M］. 2nd ed. McGraw－Hill,1999.

［17］BLAKE S. OS－CFAR theory for multiple targets and nonuniform clutter［J］. IEEE Transactions on Aerospace and Electronic Systems,1988,24（6）:785－790.

［18］SHOR M and LEVANON N. Performances of order statistics CFAR［J］. IEEE Transactions on Aerospace and Electronic Systems,1991,27（2）:214－224.

［19］ELIAS A R,De MERCAD M G,and DAVO E R. Analysis of some modified order statistic CFAR:OSGO and OSSO CFAR［J］. IEEE Transactions on Aerospace and Electronic Systems,1990,26（1）:197－202.

［20］GREGERS－HANSEN V,and MITAL R. An empirical sea clutter model for low grazing angles［C］. IEEE Radar Conference,2009:1－5.

［21］TRUNK G V,GORDON W B,and CANTRELL B H. False alarm control using doppler estimation［J］. IEEE Transactions on Aerospace and Electronic Systems,1990,26（1）:146－ 152.

［22］DILLARD G M,and SUMMERS B F. Mean－level detection in the frequency domain［J］. IEE Proceedings of Radar on Sonar and Navigation,1996,143（5）:307－312.

［23］陈帅. 海杂波背景下的过采样 MTD 方法研究［D］. 西安电子科技大学,2015.

［24］ ROBEY F C,FUHRMANN D R,KELLY E J,et al.. A CFAR adaptive matched filter detector ［J］. IEEE Transactions on Aerospace and Electronic Systems,1992,28(1)：208 – 216.

［25］ CONTE E,LOPS M,and RICCI G. Asymptotically optimum radar detection in compound Gaussian clutter ［J］. IEEE Transactions on Aerospace and Electronic Systems, 1995,31 (2)：617 – 625.

［26］ 刘明,水鹏朗. 基于功率中值和归一化采样协方差矩阵的自适应匹配滤波检测器［J］. 电子与信息学报,2015,37(6)：1395 – 1401.

［27］ 刘明. 海杂波中微弱运动目标自适应检测方法［D］. 西安电子科技大学,2016.

［28］ SHUI P L,LIU M,and Xu S W. Shape – parameter – dependent coherent radar target detection in K distributed clutter［J］. IEEE Transaction on Aerospace and Electronic and Systems, 2016,52(1)：451 – 465.

［29］ SANGSTON K J,GINI F,GERCO M V,and Farina A. Structures of radar detection in compound Gaussian clutter［J］. IEEE Trans. Aerosp. Electron. Syst.,1999,35(2)：445 – 458.

［30］ 时艳玲. 高距离分辨海杂波背景下目标检测方法［D］. 西安电子科技大学,2011.

［31］ REED I S,MALLETT J D,and BRENNAN L E. Rapid convergence rate in adaptive arrays ［J］. IEEE Transactions on Aerospace and Electronic Systems,1974,10(6)：853 – 863.

［32］ LI D C,and SHUI P L. Floating small target detection in sea clutter via normalized doppler power spectrum［J］. IET Radar Sonar and Navigation,2016,10(4)：699 – 706.

［33］ HU J,GAO J. B.,and POSNER F L,etal. Target detection within sea clutter：a comparative study by fractal scaling analyses［J］. World Scientific,2006,14(3)：187 – 204.

［34］ 李东宸. 海杂波中小目标的特征检测方法［D］. 西安电子科技大学,2016.

［35］ SHUI P L,Li D C,and XU S W. Tri – feature – based detection of floating small targets in sea clutter［J］. IEEE Transactions on Aerospace and Electronic Systems,2014,50(2)：1416 – 1430.

［36］ XU X K. Low Observable Targets detection by joint fractal properties of sea clutter：an experimental study of lPIX OHGR datasets［J］. IEEE Transactions on Antennas and Propagation, 2010,58(4)：1425 – 1429.

主要符号表

f_B	布拉格谐振波多普勒频率
f_G	重力波多普勒频率
G_r	雷达接收天线增益
G_t	雷达发射天线增益
$h_{1/3}$	有效波高
h_{av}	平均波高
m_g	重量含水量
m_v	体积含水量
P_D	检测概率
P_{FA}	虚警概率
P_r	雷达接收功率
P_t	雷达发射功率
V_w	风速
w_B	布拉格散射分量频谱宽度
w_S	破碎波散射分量频谱宽度
w_W	白浪散射分量频谱宽度
ε	介电常数
λ	雷达波长
ρ_L	距离向空间相关长度
σ°	散射系数

缩略语

ACF	Autocorrelation Function	自相关函数
AGC	Automatic Gain Control	自动增益控制
AMF	Adaptive Matched Filter	自适应匹配滤波
ARC	Active Radar Calibration	有源校准器
ASM	Automated Storage Management	自动存储管理
CA – CFAR	Cell Averaging – Constant False Alarm Rate	单元平均恒虚警
CDF	Cumulative Distribution Function	累积分布函数
CNR	Clutter to Noise Ratio	杂噪比
GIS	Geographic Information System	地理信息系统
IDPCA	Inverse Displaced Phase Center Antenna	逆偏置相位中心天线阵
IMO	International Meteorological Organization	国际气象组织
MACARM	Multi – Channel Airborne Radar Measurements	机载多通道雷达测量
MTD	Moving Target Detection	动目标检测
NRL	Naval Research Laboratory	海军实验室
OCFS	Oracle Cluster File System	Oracle 集群文件系统
OS – CFAR	Ordered Statistics – Constant False Alarm Rate	有序统计量恒虚警
PDF	Probability Density Function	概率密度函数
PRF	Pulse Recurrence Frequency	脉冲重复频率
PSD	Power Spectral Density	功率谱密度
SCM	Sample Covariance Matrix	样本协方差矩阵
SCR	Signal to Clutter Ratio	信杂比
SIRP	Spherically Invariant Random Process	球不变随机过程法

SPM	Small Perturbation Method	微扰法
STAP	Space Time Adaptive Processing	空时二维自适应处理
STC	Sensitivity Time Control	灵敏度时间控制
TSM	Two Scale Method	双尺度法
VRT	Vector Radiative Transfer	矢量辐射传输
WMO	World Meteorological Organization	世界气象组织
ZMNL	Zero Memory Nonlinearity	零记忆非线性变化法

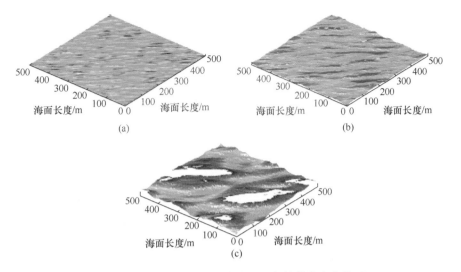

图 1.28　不同风速下多尺度海面几何结构数字化模型

（a）风速为 6m/s，无破碎海面；（b）风速为 10m/s，含破碎海面；（c）风速为 19m/s，含白冠海面。

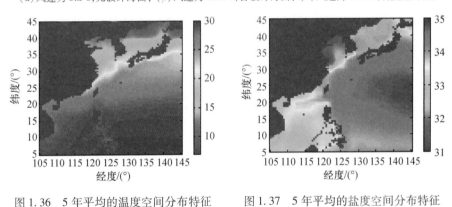

图 1.36　5 年平均的温度空间分布特征　　　图 1.37　5 年平均的盐度空间分布特征

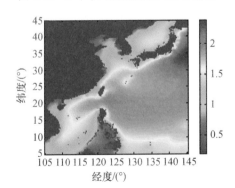

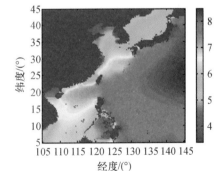

图 1.38　5 年平均的有效波　　　　　图 1.39　5 年平均的平均波
　　高空间分布特征　　　　　　　　　周期空间分布特征

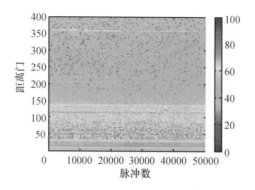

图 4.2　雷达脉冲－距离回波图

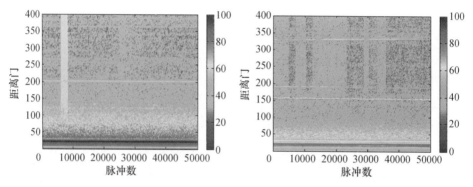

图 4.3　雷达脉冲－距离回波图
（干扰较强）

图 4.4　雷达脉冲－距离回波图
（干扰较弱）

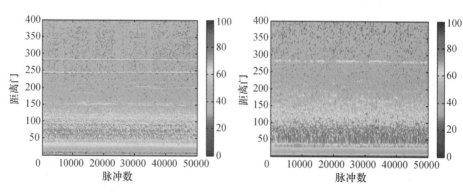

图 4.9　雷达脉冲－距离回波图
（存在疑似目标信号）

图 4.10　雷达脉冲－距离回波图
（存在不规律强点信号）

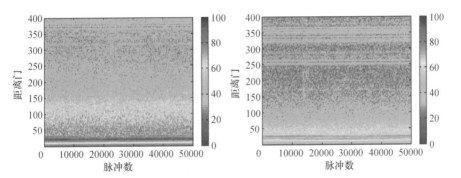

图 4.11　雷达脉冲－距离回波图　　　图 4.12　雷达脉冲－距离回波图
（距离门 50 到 200 为海杂波区域）　　（距离门 50 到 150 为海杂波区域）

图 5.10　测量的地形实况

（a）戈壁；（b）裸土地；（c）小麦田；（d）草地；（e）雪地；（f）海冰。

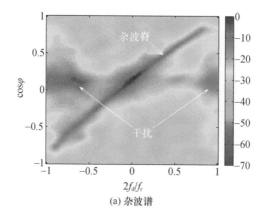

(a) 杂波谱

图 5.69　MCARM 编号 RL050575 数据的杂波谱和特征谱

彩
／
4

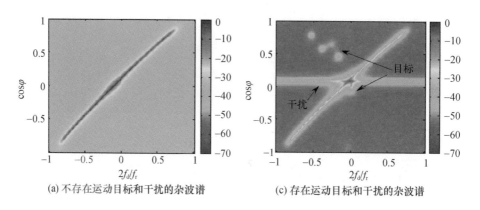

(a) 不存在运动目标和干扰的杂波谱　　　　(c) 存在运动目标和干扰的杂波谱

图 5.70　仿真杂波谱和特征谱

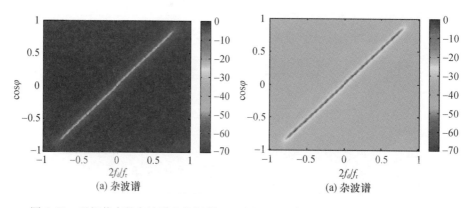

(a) 杂波谱　　　　　　　　　　　　　　(a) 杂波谱

图 5.71　理想状态的杂波谱和特征谱　　图 5.72　存在阵元误差的杂波谱和特征谱

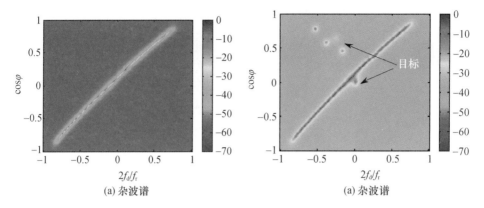

(a) 杂波谱

图 5.73 载机偏航时的杂波谱和特征谱

(a) 杂波谱

图 5.74 有目标时的杂波谱和特征谱

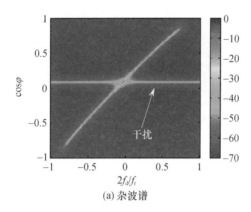

(a) 杂波谱

图 5.75 有干扰时的杂波谱和特征谱

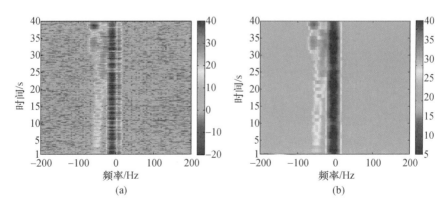

(a)   (b)

图 6.63 不同观测时间情况下的 UHF 波段海杂波短时多普勒谱

(a)100ms；(b)1000ms。

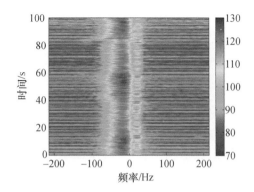

图 6.67　某组 S 波段海杂波数据的短时多普勒谱

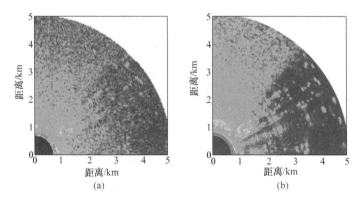

图 6.72　X 波段岸基雷达实测数据的 P 显画面

(a)低海况；(b)高海况。

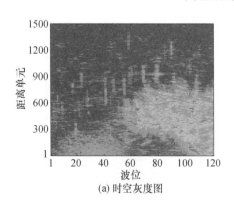

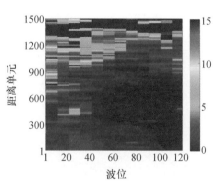

图 7.42　机载 S 波段雷达回波图　　　图 7.43　海杂波 K 分布形状参数空间分布